"十三五"普通高等教育印刷专业规划教材

印 刷 设 备

武秋敏　武吉梅　主　编

陈允春　冷彩凤　马利娥　刘琳琳　罗如柏　编著

周世生　主　审

图书在版编目（CIP）数据

印刷设备/武秋敏，武吉梅主编. —北京：中国轻工
业出版社，2018.8

"十三五"普通高等教育印刷专业规划教材
ISBN 978-7-5184-2006-3

Ⅰ.①印… Ⅱ.①武…②武… Ⅲ.①印刷-设备-高
等学校-教材 Ⅳ.①TS803.6

中国版本图书馆 CIP 数据核字（2018）第 137990 号

内 容 摘 要

本书系印刷包装教学指导委员会印刷教学分指导委员会指定教材，是为讲述印刷机与印后设备典型机构及工艺专门编写的著作，可供印刷院校师生及有关工程技术人员参考，也可作为印刷机械操作人员的培训教材。

本书共分十章。第一章为印刷设备概述；第二章为平版胶印机；第三章为柔版印刷机；第四章为凹版印刷机；第五章为印刷机控制系统；第六章为裁切工艺与设备；第七章为书芯加工工艺与设备；第八章为包本工艺与设备；第九章为生产线工艺与设备；第十章为表面整饰工艺与设备。本书力求反映近年来在印刷设备结构开发方面取得的技术进展，同时兼顾我国印刷工业实际情况，对一些传统工艺方法也作了介绍。

责任编辑：杜宇芳

策划编辑：杜宇芳　　责任终审：孟寿萱　　封面设计：锋尚设计
版式设计：霸　州　　责任校对：吴大鹏　　责任监印：张　可

出版发行：中国轻工业出版社（北京东长安街 6 号，邮编：100740）
印　　刷：三河市万龙印装有限公司
经　　销：各地新华书店
版　　次：2018 年 8 月第 1 版第 1 次印刷
开　　本：787×1092　1/16　印张：20.25
字　　数：450 千字
书　　号：ISBN 978-7-5184-2006-3　定价：59.80 元
邮购电话：010-65241695
发行电话：010-85119835　传真：85113293
网　　址：http://www.chlip.com.cn
Email：club@chlip.com.cn
如发现图书残缺请与我社邮购联系调换
160575J1X101ZBW

前　言

近年来，印刷行业新技术新工艺不断涌现，印刷包装设备制造、印刷工艺技术快速发展，我国的印刷装备技术也取得了长足的进步：数字化印刷技术发展更加迅猛和繁荣，印刷设备精度和印刷质量已接近欧美等发达国家水平。我国的印刷机械制造行业承担着为书刊出版、新闻出版、包装装潢、商业印刷、办公印刷、金融票证等专业部门提供装备的任务。近年来，中国印刷机械行业产品结构进一步改善，各类印刷机逐步实现自动化、智能化，部分印刷技术装备研发取得重大突破。代表当代先进技术发展方向的计算机直接制版机、喷墨数字印刷机、卫星式柔性版印刷机等高新设备研发取得突破性进展。数字印刷、绿色印刷等新兴技术的不断涌现和生产方式的转变，为印机制造行业开拓了新的发展领域，提供了新的发展机遇。

随着自动化、智能化技术的不断提高，印后加工设备与技术取得长足发展。书本的装订，包装的模切、烫金、糊盒，表面整饰的上光、覆膜及烫金等，都实现了采用全自动设备进行加工和整型。

近 10 年来，在国际市场环境的推动下，随着国家改革开放政策的进一步放开，我国印刷产业发展迅猛，印刷包装制造业也获得了前所未有的发展机遇。然而，人才短缺已成为我国印刷行业发展的瓶颈问题，相关技术人员的培养，远远跟不上行业的发展需求。专业书籍及教材的短缺已严重影响了印刷相关专业学生的学习，制约了印刷设备制造企业对专业技术人员的指导与培养。

本书系印刷包装教学指导委员会印刷教学分指导委员会指定教材。本书内容共分为十章。第一章为印刷设备概述；第二章为平版胶印机；第三章为柔版印刷机；第四章为凹版印刷机；第五章为印刷机控制系统；第六章为裁切工艺与设备；第七章为书芯加工工艺与设备；第八章为包本工艺与设备；第九章为生产线工艺与设备；第十章为表面整饰工艺与设备。本书力求反映近年来在印刷设备结构开发方面取得的技术进展，同时兼顾我国印刷工业实际情况，对一些传统工艺方法也作了介绍。

本书涉及的专业范围广泛，涵盖了平版印刷机、凹版印刷机、柔版印刷机的结构、工作原理等内容，还包括印后设备的典型工艺结构以及表面整饰的工艺结构。本书重点剖析了印刷机的原理与结构、印刷质量控制及故障排除等相关内容。本书力求紧扣时代发展需求，理论与工程实践并重，深入浅出、图文并茂。本书可供印刷院校师生及有关工程技术人员参考，也可作为印刷设备操作人员的培训教材。

本书由武秋敏、武吉梅任主编，周世生教授任主审，陈允春、罗如柏、冷彩凤、刘琳琳、马利娥参与编著。由于编者水平所限，书中难免有错误和不妥之处，恳请读者批评指正。

武吉梅

2018 年 2 月 6 日

目　　录

第一章　印刷设备概述 ·· 1

　　第一节　印刷机概述 ·· 1

　　　　一、平版胶印印刷机 ·· 1

　　　　二、凸版印刷机 ·· 5

　　　　三、凹版印刷机 ·· 6

　　　　四、孔版印刷机 ·· 7

　　　　五、柔版印刷机 ·· 9

　　第二节　印后设备概述 ·· 10

　　　　一、开料设备 ·· 10

　　　　二、书芯加工设备 ·· 11

　　　　三、包本设备 ·· 13

　　　　四、表面整饰设备 ·· 13

　　第三节　印刷设备的现状及发展趋势 ································ 14

　　　　一、印刷机发展趋势及数字印刷机 ······························ 14

　　　　二、印后设备现状及发展趋势 ·································· 17

　　　　思考题 ·· 19

第二章　平版胶印机 ·· 20

　　第一节　胶印机整体结构及传动系统 ································ 20

　　　　一、胶印机整体结构概述 ······································ 20

　　　　二、典型胶印机传动系统 ······································ 21

　　　　三、无轴传动技术 ·· 27

　　第二节　平版胶印机纸张传递装置 ·································· 31

　　　　一、印刷机输纸部分 ·· 31

　　　　二、印刷机纸张定位系统 ······································ 46

　　　　三、印刷机纸张交接机构 ······································ 54

　　　　四、印刷机收纸机构 ·· 65

　　第三节　印刷机印刷装置 ·· 70

　　　　一、印刷部件 ·· 70

　　　　二、输墨部件 ·· 83

　　　　三、润湿部件 ·· 93

　　　　思考题 ·· 99

第三章　柔版印刷机 ·· 101

　　第一节　柔版印刷机概述 ·· 101

　　　　一、柔版印刷机的组成 ·· 101

　　二、柔版印刷机的分类 ……………………………………………………… 102

第二节　卫星式柔版印刷机的放卷装置及控制 ……………………………… 103

　　一、放卷装置的组成 ………………………………………………………… 103

　　二、放卷机构的分类 ………………………………………………………… 104

　　三、自动续纸装置 …………………………………………………………… 106

　　四、纸带纠偏装置 …………………………………………………………… 106

第三节　卫星式柔版印刷机印刷部件 ………………………………………… 107

　　一、印刷部件的作用及组成 ………………………………………………… 108

　　二、中心压印滚筒的结构及温度控制 ……………………………………… 109

　　三、印刷单元移动装置、压力调节及套准装置 …………………………… 111

第四节　卫星式柔版印刷机的输墨系统 ……………………………………… 115

　　一、输墨系统的作用与组成 ………………………………………………… 115

　　二、墨量计量系统 …………………………………………………………… 116

第五节　卫星式柔版印刷机的干燥 …………………………………………… 120

　　一、干燥/冷却系统的作用及组成 ………………………………………… 120

　　二、干燥装置工作原理 ……………………………………………………… 121

第六节　卫星式柔版印刷机的复卷装置及控制 ……………………………… 125

　　一、收卷装置的原理与结构 ………………………………………………… 125

　　二、收卷装置的分类 ………………………………………………………… 127

　　三、收卷功率参数 …………………………………………………………… 132

　　四、复卷张力控制系统 ……………………………………………………… 132

　　五、收卷纠偏 ………………………………………………………………… 136

　　思考题 ………………………………………………………………………… 140

第四章　凹版印刷机 …………………………………………………………… 141

第一节　凹版印刷机概述 ……………………………………………………… 141

　　一、凹版印刷机的分类 ……………………………………………………… 141

　　二、凹印机的基本构成 ……………………………………………………… 143

　　三、机组式卷筒料凹版印刷机 ……………………………………………… 144

第二节　机组式卷筒料凹印机的放、收卷单元 ……………………………… 146

　　一、放、收卷机构 …………………………………………………………… 146

　　二、纠偏装置 ………………………………………………………………… 148

　　三、牵引装置 ………………………………………………………………… 148

　　四、裁切装置 ………………………………………………………………… 149

第三节　凹印机印刷单元 ……………………………………………………… 150

　　一、输墨机构 ………………………………………………………………… 151

　　二、压印机构 ………………………………………………………………… 152

　　三、印版滚筒及调版机构 …………………………………………………… 154

第四节　凹印机的干燥冷却单元 ……………………………………………… 154

　　一、凹印机干燥单元结构 …………………………………………………… 155

二、凹印油墨的干燥机理 …………………………………………………… 155

三、影响油墨干燥的因素 …………………………………………………… 156

四、冷却辊 …………………………………………………………………… 157

思考题 ………………………………………………………………………… 158

第五章　印刷机控制系统 ……………………………………………………… 159

第一节　胶印机控制系统 …………………………………………………… 159

一、给墨量和套准遥控装置 CPC1 ……………………………………… 159

二、印刷质量控制装置 CPC2 …………………………………………… 164

三、印版图像测读装置 CPC3 …………………………………………… 167

四、套准控制装置 CPC4 ………………………………………………… 168

五、数据管理系统 CPC5 ………………………………………………… 170

六、自动监测和控制系统 CP Tronic …………………………………… 172

七、其他典型印刷机控制系统 …………………………………………… 173

第二节　印刷张力控制系统 ………………………………………………… 176

一、张力控制的作用及原理 ……………………………………………… 176

二、张力控制及检测装置 ………………………………………………… 179

三、张力控制系统及应用 ………………………………………………… 182

四、张力控制系统典型执行机构 ………………………………………… 189

思考题 ………………………………………………………………………… 193

第六章　裁切工艺与设备 ……………………………………………………… 194

第一节　开料 ………………………………………………………………… 194

一、开料的方法 …………………………………………………………… 194

二、开料的质量要求 ……………………………………………………… 195

第二节　开料设备 …………………………………………………………… 195

一、切纸机的分类与组成 ………………………………………………… 195

二、常见的切纸机及技术规格 …………………………………………… 196

第三节　机械式切纸机 ……………………………………………………… 197

一、机器组成及结构特点 ………………………………………………… 197

二、主要机构及调节方法 ………………………………………………… 197

第四节　液压切纸机 ………………………………………………………… 200

一、机器组成及结构特点 ………………………………………………… 200

二、QZ104 型液压切纸机 ………………………………………………… 200

三、SQZKNJZ 型液压程控切纸机 ……………………………………… 201

四、QZYK92E 液压程控切纸机 ………………………………………… 204

第五节　三面切书机 ………………………………………………………… 209

一、机器的组成及结构特点 ……………………………………………… 209

二、传动系统 ……………………………………………………………… 209

三、主要机构及调节方法 ………………………………………………… 210

思考题 ………………………………………………………………………… 214

第七章　书芯加工工艺与设备 ………………………………………………… 215

　第一节　折页工艺与设备 ………………………………………………… 215

　　一、折页工艺 ………………………………………………………… 215

　　二、刀式折页机 ……………………………………………………… 216

　第二节　配页工艺与设备 ………………………………………………… 228

　　一、配页工艺与设备 ………………………………………………… 228

　　二、辊式配页机及主要机构 ………………………………………… 229

　第三节　订联工艺与设备 ………………………………………………… 235

　　一、书芯订联方式 …………………………………………………… 235

　　二、锁线订工艺与设备 ……………………………………………… 235

　　三、铁丝订 …………………………………………………………… 239

　　思考题 ………………………………………………………………… 241

第八章　包本工艺与设备 ………………………………………………… 243

　第一节　包本工艺 ………………………………………………………… 243

　　一、包本工艺 ………………………………………………………… 243

　　二、书刊包本的质量要求 …………………………………………… 245

　第二节　PRD-1 型无线胶订包本机 …………………………………… 245

　　一、直线型包本机组成及结构特点 ………………………………… 245

　　二、工艺流程 ………………………………………………………… 246

　　三、传动系统及主要结构 …………………………………………… 248

　第三节　YBF-103 型圆盘式无线胶订包本机 ………………………… 254

　　一、机器组成及结构特点 …………………………………………… 254

　　二、工艺流程 ………………………………………………………… 254

　　三、传动系统及主要结构 …………………………………………… 255

　　思考题 ………………………………………………………………… 261

第九章　生产线工艺与设备 ……………………………………………… 262

　第一节　生产线概述 ……………………………………………………… 262

　　一、生产线的作用、特点及分类 …………………………………… 262

　　二、自动生产线的节拍与工序同步 ………………………………… 263

　　三、生产线的生产率 ………………………………………………… 265

　第二节　平装生产线 ……………………………………………………… 267

　　一、平装生产线的作用与组成 ……………………………………… 267

　　二、无线胶订生产线 ………………………………………………… 268

　　三、典型无线胶订平装生产线 ……………………………………… 270

　第三节　精装生产线 ……………………………………………………… 271

　　一、精装生产线的作用与组成 ……………………………………… 271

　　二、书芯压平工艺与设备 …………………………………………… 273

　　三、书背刷胶烘干工艺与设备 ……………………………………… 274

　　四、书背扒圆起脊工艺与设备 ……………………………………… 276

五、贴背工艺与设备 ……………………………………………………… 279

六、上书壳工艺与设备 …………………………………………………… 281

七、压槽整形工艺与设备 ………………………………………………… 282

思考题 ……………………………………………………………………… 284

第十章　表面整饰工艺与设备 ……………………………………………… 285

第一节　印品表面的覆膜工艺与设备 ………………………………………… 285

一、覆膜技术与材料 ……………………………………………………… 285

二、覆膜工艺 ……………………………………………………………… 285

三、影响覆膜质量的主要因素 …………………………………………… 286

四、覆膜设备 ……………………………………………………………… 287

第二节　印品表面的上光工艺与设备 ………………………………………… 291

一、上光工艺 ……………………………………………………………… 291

二、上光方式 ……………………………………………………………… 292

三、上光涂布结构形式 …………………………………………………… 294

四、上光设备 ……………………………………………………………… 296

五、上光新技术 …………………………………………………………… 298

六、上光加工的故障分析及处理 ………………………………………… 299

第三节　模切压痕工艺与设备 ………………………………………………… 300

一、模切压痕原理与模切工艺 …………………………………………… 301

二、模切压痕设备 ………………………………………………………… 303

第四节　电化铝烫印工艺与设备 ……………………………………………… 306

一、电化铝烫印工艺 ……………………………………………………… 306

二、电化铝烫印设备 ……………………………………………………… 307

三、电化铝烫印常见故障 ………………………………………………… 309

思考题 ……………………………………………………………………… 309

参考文献 …………………………………………………………………………… 310

第一章　印刷设备概述

印刷是对原稿进行批量复制的加工制作过程。印刷设备是指能够完成印刷的工艺过程，并对印刷完成后的印张进行加工、整饰最终成为合格印刷成品的机械设备的总称。印刷的生产过程，通常包含印前（图形、图像文字处理、版面设计制作、制版等）、印刷、印后加工与整饰三大工序，而每一工序中又包含若干复杂、精细的生产制作过程。印刷学科不仅涉及机械学、物理学、化学等基本理论、而且涉及艺术美学等知识，还与印刷工艺、材料及加工设备密切相关。因此，任何一件完美的印刷制品都是现代科学与艺术结合的综合产物。

按照印刷过程进行区分，印刷设备可分为印刷机和印后加工设备两种类型。

印刷机是印刷过程的基础，直接决定着印品质量的优劣，按照印版的不同，印刷机分为平版印刷机、凸版印刷机、凹版印刷机和孔版印刷机以及柔版印刷机等。

印后加工是对印刷完成后的印品进行各种再加工的总称。书刊的装订、装帧、印品的表面整饰等（如覆膜、上光、模切、压痕、烫箔等），是印刷品加工的最后工序。对印刷品进行再加工所使用的设备称为印后加工设备。随着人们经济文化生活水平的提高，人们对印刷品的外观要求越来越高，随之发展起来的是印品的表面整饰技术。通过对印刷品进行各种表面整饰，可提高印刷品表面的物理化学性能，增加美感，提升印刷产品的质量与档次。近年来，印后加工市场需求旺盛，从国际到国内，得到了越来越多的重视和关注。

第一节　印刷机概述

传统印刷机主要有平版印刷机、凸版印刷机、凹版印刷机和孔版（丝网）印刷机以及柔版印刷机等几种。其中，平版印刷机的使用最为广泛，是所有种类印刷机中结构最为复杂、技术最为成熟的一种印刷机，它广泛应用于书籍、报纸、杂志等印刷品印刷。目前，平版印刷机多指平版胶印印刷机。凸版印刷机有多种形式，它主要用于薄膜、纸板等包装印刷品的印刷。凹版印刷应用也非常广泛，主要应用于对印品质量要求较高的印刷品（如纸币等）的包装印刷中。孔版（丝网）印刷机使用范围广泛、承印物多样，可以完成对丝绸、服装等的印制。柔版印刷机采用具有弹性的版材进行印刷，网纹辊精确传墨，油墨环保无污染，属于绿色环保印刷方式，是包装印刷的主要印刷方式。

一、平版胶印印刷机

平版胶印是一种多年来被广泛使用的印刷方式，其技术的发展和进步对印刷产品的质量起着重要作用。胶印机可分为多色胶印机和单色胶印机两种。在一个工作循环中，能完成两色以上印刷的胶印机称为多色胶印机。多色胶印机可以通过一次走纸完成多色印刷，得到质量较高的彩色印刷品。现阶段最常见的多色胶印机是四色胶印机，通过橡皮布的转印，把黄色、品红色、青色、黑色四种颜色的油墨叠加套印完成印刷，以达到精美的印刷

1

效果。另外，还可以加入专色、银和金等特殊油墨成分，以达到印刷的特殊效果及更宽广色域的复制。

（一）胶印机的分类

根据不同的分类方法，胶印机可分为多种类型。

1. 按纸张类型分

按所使用纸张类型的不同，平版胶印印刷机可分为卷筒纸胶印机和单张纸胶印机两大类。

（1）卷筒纸胶印机 卷筒纸胶印机是以卷筒状的连续纸带作为承印材料进行印刷及折页等工艺制作过程的印刷机。图1-1所示为卷筒纸胶印机的示意图。工作时，由纸卷1输送出的纸带源源不断输送至印刷机组2完成多色印刷；由于卷筒纸印刷机的速度较高，完成一色印刷后，需经干燥装置3干燥后方能进入下一色印刷；多色印刷完成后，进入印后加工装置4完成印刷品的后续加工；最后，印刷后的纸带进入复卷装置5进行复卷，完成整个印刷流程。由于采用卷筒材料连续不断地供纸，纸张的输送、定位较单张纸胶印机要简单，可较容易地实现双面、多色以及多纸卷多纸路印刷。此外，由于纸带连续匀速地走纸，消除了输纸机构的往复运动，使卷筒纸胶印机的工作速度得以提高。目前，其印刷滚筒的转速已突破50000r/h，远远高于单张纸胶印机的印刷速度。卷筒纸承印材料的品质对印刷套印精度影响较大，通常卷筒纸胶印机多用于书刊、报纸及宣传品等对套印要求不高的印品。

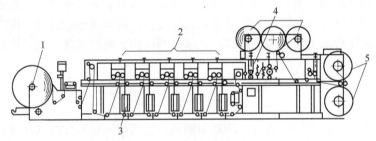

图1-1 卷筒纸胶印机示意图

1—卷筒纸 2—印刷机组 3—干燥单元 4—印后加工装置 5—复卷装置

（2）单张纸胶印机 单张纸胶印机的承印材料是一叠相同规格的纸张。印刷时单张纸从纸堆中分离、传递、定位、交接后进行印刷，印刷精度高，工艺适应性强，并且结构紧凑、占地面积小。目前，最先进的单张纸胶印机的最高速度为18000～20000r/h，是目前印刷业中应用最为广泛的设备。

图1-2所示为单张纸胶印机（一个机组单色）的结构组成。纸张1由给纸部分2输送，在进入压印装置前完成定位、交接；之后，纸张进入橡皮滚筒4和压印滚筒3之间进行印刷，印刷完成后被收纸部分6接走并放在收纸台7上。

2. 按纸张幅面分

按可印刷纸张幅面来分，平版胶印机可分为全张纸胶印机、对开胶印机、四开胶印机和八开胶印机等。

我国最为常见的印刷用纸规定了四种通用规格（$B \times L$）。它们分别是880mm×

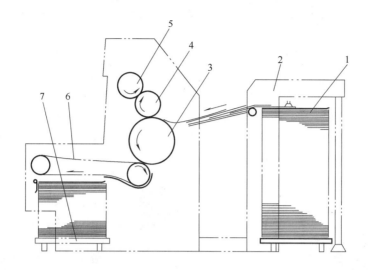

图 1-2　单张纸胶印机结构示意图

1—单张纸　2—给纸部分　3—压印滚筒　4—橡皮滚筒　5—印版滚筒　6—收纸部分　7—收纸台

1230mm、850mm×1168mm、787mm×1092mm、781mm×1092mm。

　　包装印刷的迅速发展，使纸张的规格丰富起来。因此，胶印机的规格也相应增多，如大全张、小全张胶印机，大对开、小对开胶印机等，它们在包装印刷中都发挥了较好的作用。

　　3.按印刷色数分

　　按照机器在一个工作循环中可完成的印刷色数，平版胶印机可分为单色胶印机、双色胶印机和多色胶印机等。

　　（1）单色胶印机　在一个工作循环中只能完成一色印刷的胶印机称为单色胶印机。单色胶印机的结构如图 1-3 所示。单色胶印机只有一个印刷色组。单张纸经分离、输送、前

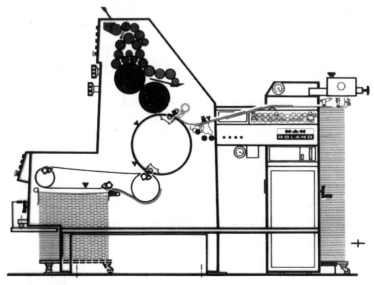

图 1-3　单色胶印机

规与侧规定位后，递纸牙从前规处取纸，一般取纸速度为 0。递纸牙取纸后，将纸张交给压印滚筒咬纸牙。递纸牙与压印滚筒交接时为等速交接。然后，两牙共同控制纸张一段时间（通常为 3mm 弧长的间隔），完成交接。纸张在压印滚筒咬纸牙的带动下，在压印滚筒与橡皮滚筒之间通过，完成印刷。最后，印刷完成的纸张通过收纸传送链条传送，整齐地堆放在收纸台上，完成了一色印刷。

（2）双色胶印机　双色胶印机是在一个工作循环中完成印品表面两色印刷，并进行套印的印刷机。这种双色胶印机的工作效率比单色胶印机高，但结构较为复杂，如图 1-4 所示。北人 J2205 胶印机属于这种结构类型。

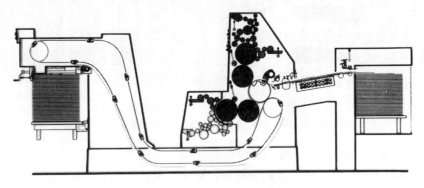

图 1-4　卫星式双色胶印机

（3）多色胶印机　在一个工作循环中，能完成两色以上印刷的印刷机称为多色胶印机。目前，多色胶印机有四色、五色、六色、八色等多个印刷色序。多色胶印机，又可以分为卫星式和机组式。海德堡 CD102 和海德堡 XL105 胶印机属于机组式胶印机。

机组式胶印机有多个印刷机组，每个机组结构相同，如机组式四色胶印机就有 4 个色组，结构简单，印刷效率高，缺点是占地面积较大。图 1-5 为机组式四色胶印机。

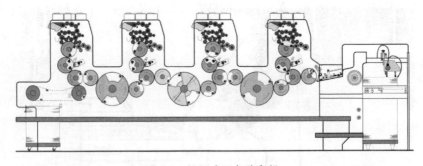

图 1-5　机组式四色胶印机

4. 按印刷面数分

按印刷面数分，胶印机可分为单面印胶印机和双面印胶印机。通常所指的胶印机为单面印胶印机。双面印胶印机有带翻转机构的胶印机和 B-B 型胶印机，如 Roland 900 型胶印机。

(二) 胶印机的组成

单张纸胶印机由传动、给纸、定位、传纸、印刷、润湿、输墨及收纸八大部分组成。单色机有一组匀水匀墨和压印机构；双色机有两组匀水匀墨和压印机构；四色机有四组匀水匀墨和压印机构，以此类推。

1. 传动部件

传动部件通常包括原动机、传动部件和执行机构三部分。原动机一般指电动机。传动部件通过各种运动形式把电机的输出功率和扭矩传递到执行机构上。执行机构实现印刷机的各种具体运动。

2. 给纸部件

单张纸胶印机的给纸部件主要由输纸台、纸张分离头（飞达）、输纸台板和输送滚轮等组成。纸张的输送过程是：输纸台→飞达分离→输纸辊轮、传送带→定位部件。

3. 定位部件

为保证套印精度，单张纸胶印机在纸张输送过程中需进行定位，因此胶印机上要设有定位部件。定位部件主要包括前规和侧规。

4. 传纸部件

单张纸胶印机的传纸部件主要包括递纸机构和传纸滚筒等，它主要完成纸张在印刷机各机构间的交接与传送。

5. 印刷部件

印刷部件是印刷机的核心部分。单张纸胶印机的印刷部件主要包括印版滚筒、橡皮滚筒、压印滚筒。此外，还有滚筒的离、合压机构及调压机构。经定位后的纸张通过印刷部件完成印刷过程。

6. 输墨部件

输墨部件主要由供墨机构、匀墨机构和着墨机构三部分组成。其主要作用是为印刷部件提供均匀的油墨。油墨的离、合机构保证适时停墨或着墨。墨辊的数量、排列形式及各墨辊直径等参数，对输墨系统性能皆有影响。

7. 润湿部件

润湿部件主要由供水机构、匀水机构和着水机构三部分组成。该部件的作用是将水液均匀地涂布在印版表面。它是胶印机的特有部件。

8. 收纸部件

单张纸胶印机的收纸部件主要包括收纸滚筒、收纸链条、收纸台等。印刷完成后，由收纸部件将纸张整齐、平稳地传递并堆放到收纸台上。

二、凸版印刷机

凸版印刷机印版上的图文部分较空白部分突起，在压印滚筒与印版滚筒相互挤压的印刷压力作用下，将版面上的油墨转移到承印物表面，完成图文的印刷复制。

凸版印刷机分为平压平型凸版印刷机、圆压平型凸版印刷机以及圆压圆型凸版印刷机三类。

平压平型凸版印刷机装置印版的版台和压印机构均为平面形，工作时，印版与压印平板全面接触，机器一次所承受的总压力比较大，相对压印时间较长。如图1-6所示。这种印刷机要求印版和压印平板平整，印刷幅面不大；目前印刷厂使用的圆盘机、方箱机都属于这种机型。它适用于印刷商标、书刊封面、精细的彩色画片等较小幅面的印刷品。

圆压平型凸版印刷机又称平台印刷机，它装置印版的版台为平面形，而压印机构则为圆形滚筒，如图 1-7 所示。机器工作时，版台往复运动，印刷速度比平压平型印刷机速度要快，但仍受到一定限制，故产量不高。按照压印滚筒的运动形式，圆压平型凸版印刷机又分为一回转和二回转两种。

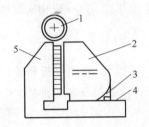

图 1-6 平压平凸版印刷机工作原理
1—墨辊 2—压印板 3—弧形滑板
4—平面导轨 5—版台

图 1-7 圆压平停回转式凸版印刷机工作原理
1—版台 2—压印滚筒

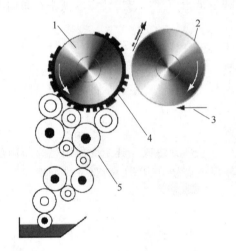

图 1-8 圆压圆凸版印刷机工作原理
1—印版滚筒 2—压印滚筒 3—承印物
4—印版 5—供墨装置

圆压圆凸版印刷机又称轮转印刷机，它装置印版的版台和压印机构均为圆形滚筒，如图 1-8 所示。机器工作时，压印滚筒带着印刷物运动，并与印版滚筒互相接触。压印滚筒和印版滚筒连续不断地飞速旋转，故生产率较高，主要印刷数量很大的报纸、书刊内文、杂志等。圆压圆凸版印刷机又分为单张纸印刷机和卷筒纸印刷机。

三、凹版印刷机

凹版印刷机印版图文低于印版空白部分，在较大印刷压力的作用下，将凹槽部分的油墨挤压转移到承印物表面，完成图文的转移。该印刷方式主要应用在包装印刷中，国内的大部分包装盒、瓦楞纸等主要采用凹版印刷机进行印刷。进行单色印刷时，首先将印版浸在油墨槽中并转动，使整个印版表面涂布满油墨层；然后，通过刮刀将印版表面空白部分（即凸起部分）的油墨层刮掉，图文部分（凹进部分）则填充满油墨，凹进的程度越深，油墨层也越厚。最后，通过压印滚筒与印版滚筒的对滚，将凹进部分的油墨转移到印刷物上，完成印刷过程。

凹版印刷机的印版主要有两种，一种是照相凹版，即影写版；另一种是雕刻版。雕刻版的制作方法有手工雕刻、机械雕刻和电子雕刻等。

凹版印刷制品具有墨层厚实、层次丰富、立体感强、印刷质量好等优点，主要用于印刷精致的彩色图片、商标、装潢品、有价证券和彩色报纸等。过去，由于凹版印刷机的制版工艺复杂、周期长及含苯油墨对环境的污染，所以使用范围较窄。近年，随着自动化技术和化工技术的进步，凹版印刷机的自动化程度越来越高，对环境的污染也越来越少，凹版印刷在整个印刷行业中所占的比重大幅提高。

凹版印刷机按照承印物类型来分，可以分为单张纸凹版印刷机（图1-9）和卷筒纸凹版印刷机（图1-10）两种类型。

图1-9　单张纸凹版印刷机

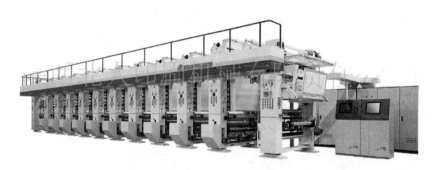

图1-10　卷筒纸凹版印刷机

四、孔版印刷机

孔版印刷是指在平面的版材上挖割出孔穴，然后施墨，在刮板的使用下，油墨从网孔（图文不分）漏至承印物上。非图文部分的油墨由于网孔被堵塞，油墨不能漏至承印物上，从而完成印刷品的印刷。孔版印刷分为型版、誊写版、打字孔版和丝网印刷四种类型。其中丝网印刷应用最为广泛。图1-11所示为丝网印版及对应印刷品的示意图。丝网印刷机的工作过程如图1-12所示。

根据印刷方式和成像的不同，丝网印刷机可以分为平面丝网印刷机、曲面丝网印刷机、转式丝网印刷机和静电丝网印刷机四种。

平面丝网印刷机主要在平面状承印物上进行印刷，其工作原理如图1-13所示。平面丝网印刷机主要由机架、印版装置、刮墨装置和烘干装置等构成。印刷时，把承印物放在印版的下方固定，在印版上面涂上油墨，版夹夹紧，用刮墨刀从印版上方水平刮过，油墨会透过丝网的空隙转印到承印物上构成图文，其印刷过程如图1-14所示。

曲面丝网印刷机的承印物主要是曲面材料。印刷时，刮墨刀固定在印刷机机架上不动，承印物和印版固定在一起等速运动，油墨在压力的作用下转移到承印物表面，如图1-15所示。

转式丝网印刷机又称为圆筒丝网印刷机，该种印刷机的印版是圆筒丝网版，在圆筒内装有固定的刮墨刀。印刷时，圆筒丝网版和承印物一起运动，刮墨刀刮动油墨转移到承印

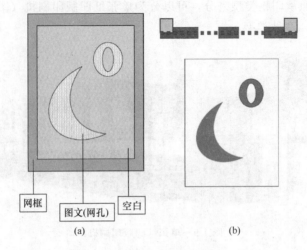

网框

图文(网孔) 空白

(a)   (b)

图 1-11 丝网印版示意

（a）丝网印版 （b）丝网印刷后的图文

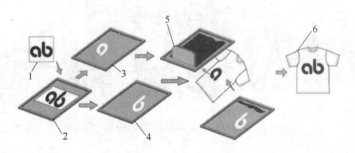

图 1-12 丝网印刷机印刷过程

1—原稿 2—印版 3—红色印版 4—蓝色印版 5—刮墨刀 6—印品

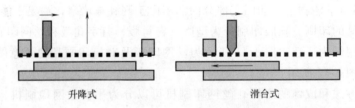

升降式   滑台式

图 1-13 平面丝网印刷原理（升降式和滑台式）

物上。

　　静电丝网印刷机是一种非接触式丝网印刷机，主要在一些不规则形状、不规则几何形体表面进行印刷，其外形如图 1-16 所示。静电丝网印刷机的印版采用导电性良好的金属丝网板，金属丝网板接电源正极，负极接铜质或铁质金属板，承印物放在正负电极板之间。通电以后，带电油墨滴在静电的驱动下由印版转印到承印件的表面，经过高温定影形成固着图像。静电丝网印刷机一般包括承印物输入部分、印刷部分、油墨固着干燥部分和承印物收集部分。其中印刷部分是机器的核心部件，由丝网印版、电极板、高压发生装置等组成。

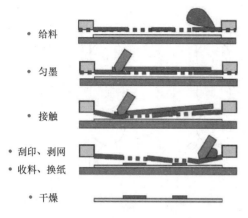

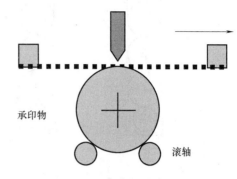

图 1-14　平面丝网印刷机印刷工艺过程　　　　图 1-15　曲面丝网印刷原理

五、柔版印刷机

柔性版印刷（flexography），也常简称为柔版印刷，是一种使用柔性版并通过网纹辊传递油墨施印的一种印刷方式，它是凸版印刷方式中最典型的一种。柔版印刷方式属于一种采用橡皮印版及快干油墨的轮转凸印印刷方法。印版由雕刻了墨孔的网纹辊施墨，网纹辊与另一根墨辊或刮墨刀配合实现墨量计量控制，其基本构成如图 1-17 所示。

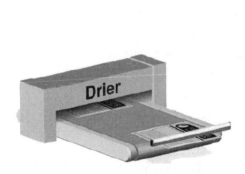

图 1-16　静电丝网印刷机外形

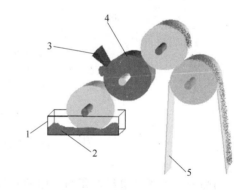

图 1-17　柔版印刷机原理图

1—墨槽　2—油墨　3—刮墨刀　4—网纹辊　5—承印物

柔版印刷采用感光树脂版作为版材，使用水性墨或者 UV 墨进行印刷，由于采用网纹辊计量供墨，其传墨路线较短，属典型的短墨路供墨方式。柔版印刷采用的印刷压力较小，承印物材料范围广泛，印品质量优良，适合高速多色印刷及高效印后加工。

在欧美等印刷工业发达的国家，柔性版印刷发展很快，包装印刷已从以凹印和胶印为主转变为以柔性版印刷为主，约 70％的包装材料使用柔版印刷。

柔性版印刷在我国的起步较晚，特别是在高档产品的印刷方面。近年来，随着新技术的不断应用，柔性版印刷已经取得了很大的进步，产品质量也有显著提升，在国内具有了相当强的市场竞争力。

柔版印刷机按照机器的列组方式可以分为机组式柔版印刷机、层叠式柔版印刷机和卫星式柔版印刷机三种，如图 1-18 所示。

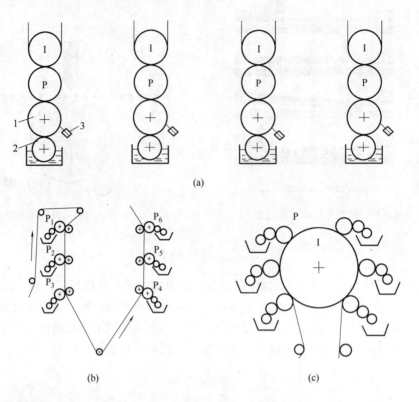

图 1-18　柔版印刷机按列组方式分类

（a）机组式柔版印刷机　（b）层叠式柔版印刷机　（c）卫星式柔版印刷机

I—压印辊筒　P—印版辊筒　1—网纹辊　2—墨辊　3—刮墨刀

第二节　印后设备概述

印刷品的生产通常要经过印前、印刷和印后加工三个步骤才能完成。印后加工主要分为两大类，一类主要完成印品的装订工作；另一类完成印品的表面整饰。表面整饰主要包括覆膜、上光、模切压痕、烫金及凹凸压印等。

根据印后加工功能的不同，印后设备通常可以分为开料设备、书芯加工设备、包本设备及表面整饰设备四种。

一、开 料 设 备

广义上讲，在印刷及印后加工过程中，除成品裁切外，对所有材料的裁切都称为开料。开料前，要求操作人员分析待开料的版面设计，确定正确的开料方法。开料所用的设备为切纸机。切纸机是印刷包装的重要设备，切纸机的性能直接影响到印后加工的质量，提高切纸机的性能可以较大地提高包装产品的档次及印刷厂的工作效率。

目前的切纸机自动化程度有了很大提高，高档的切纸机都采用了触摸屏式的电脑控制。德国海德堡公司的波拉切纸机可通过控制系统 CIP4 的数据传输及控制，实现印前、印刷、印后连续的印刷质量管理流程。电脑程控切纸机的主要功能有：电脑控制推纸器前进和后退，实现高精度定位；消除因丝杠机械磨损而产生的丝杠传动间隙，从而减少传动误差；工作更安全可靠；大屏幕液晶显示功能，每屏可查看几十个刀位的工况，操作方便可靠；电脑自动编程，并可长期保存用户编写的裁切程序。图 1-19 所示为常见的切纸机设备。

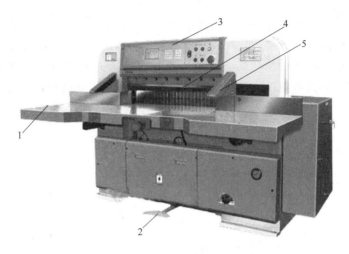

图 1-19　切纸机

1—操作台　2—脚踏板　3—控制面板　4—裁刀　5—红外线控制器

二、书芯加工设备

书芯加工主要是指对书芯进行折页、配页、订联等操作，书芯加工质量的好坏直接影响着后序印品加工质量的优劣。书芯加工设备包括折页设备、配页设备和订联设备。

(一) 折页设备

折页设备主要是指折页机，它的作用是将大幅面的印张按一定规格要求折叠成书帖，如图 1-20 所示。除卷筒纸轮转印刷机有专门的折页装置外，其他类型印刷机印刷的大幅面印张都要由单独的折页机折成书帖。

图 1-20　折页机

折页机按其结构形式可分为三种类型：刀式折页机、栅栏式折页机和栅刀混合式折页机。

刀式折页机由给纸系统、折页系统和电器控制系统三部分组成。折刀和折页辊是刀式折页机的主要部件，折刀和折页辊配合动作，共同完成折页工作。

栅栏式折页机是利用折页栅栏与相对旋转折页辊的相互配合完成折页工作。栅栏式折页机由机架、传动机构、给纸部分、折页系统、收帖台及气泵组成。因此，折页栅栏和折页辊是栅栏式折页机的主要部件。不同数量和不同排列形式的折页栅栏和折页辊配合，可完成不同的折页要求。

栅刀混合式折页机既有刀式折页机构，又有栅栏式折页机构，是两种折页形式的组合。因此，栅刀混合式折页机既具有栅栏式折页机折页速度快的优点，又具备刀式折页机折页质量高的优点。因此，栅刀混合式折页机得到了广泛的应用。

（二）配页设备

把书帖按照页码顺序配集成册的机器叫配页机，如图1-21所示。书册采用套配法配页时，配页机就是骑马订生产线中的搭页机。根据配页机所配书页形式的不同，配页机可分为单张纸配页机和书帖配页机。

图 1-21　配页机

据配页机叼页时所采用的结构及其运动方式的不同，可分为钳式配页机和辊式配页机两种。辊式配页机又分为单叼辊式配页机和双叼辊式配页机两种。

（三）订联设备

订联工序是通过某种联接方法将配好的散帖书册订在一起，使之成为可翻阅书芯的加工过程。在书刊的印后加工中订联工序是一道重要工序，订联的质量关系到书刊的使用寿命。多年来订联工序的研究、发展以及与工艺相适应的新设备的研制与开发都备受关注。

目前书芯订联的方法有订缝连接法和非订缝连接法两种。

订缝连接法是用纤维丝或金属丝将书帖连接起来。这种方法可以用于书帖的整体订缝和一帖一帖的订缝。锁线订和缝纫订是用纤维订缝，铁丝订和骑马订是用金属铁丝订联。

非订缝连接法是通过胶粘剂把配好的散帖书页连接在一起，使之成为一本书芯的加工方法，又称为无线胶订法。

按照书刊装订装饰技术的发展及演变过程，现代书刊订联的方法可分为三眼订、缝纫订、铁丝订、骑马订、锁线订、无线胶订和塑料线烫订等多种装订方法。

三、包本设备

经过订本的书芯再包上封面的工艺过程称为上封面或包本。对书芯背脊自动上胶并粘贴封皮的机器，叫包封皮机或者包本机。除了采用骑马钉方法装订的书刊在订本时一次完成订本、上封面外，其余平订书刊都要单独上封面，或者在装订联动机上设有上封面工序，包好封面的书刊称为毛本，毛本再经过裁切就得到成品书刊。

包本一般要经过进本、刷胶、抓本、给封面、压痕、包本和出书七个环节，如图1-22所示为典型包本机。

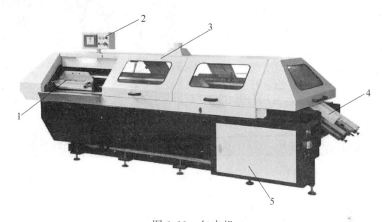

图 1-22　包本机

1—夹书器　2—操作面板　3—刷胶装置　4—封皮进纸装置　5—收料装置

四、表面整饰设备

印刷品的表面整饰包括覆膜、上光、模切压痕、电化铝烫印、凹凸压印等。

覆膜设备分为即涂型覆膜机和预涂型覆膜机两类，如图1-23和图1-24所示。目前广泛使用的覆膜机是即涂型覆膜机。预涂型覆膜机，无上胶和干燥部分，体积小、操作灵活，目前国内已生产出采用计算机控制的较先进的预涂型覆膜机。预涂型覆膜机具有广阔

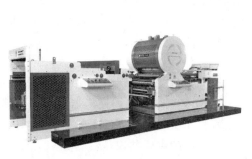

图 1-23　即涂型覆膜机

图 1-24　预涂型覆膜机

的应用前景，代表着覆膜机的发展方向。

在印刷品表面涂敷上一层无色透明的涂料，经流平、干燥、压光后，在印刷品的表面形成薄而均匀的透明光亮层，这个工艺过程叫上光。印刷品的上光工艺包括上光涂料的涂布和压光两项，上光涂布方式有逆向辊涂布与印版涂布两种类型。

用以进行模切压痕加工的设备称为模切机或模压机，如图 1-25 所示。模切机由模切版台和压切机构两部分组成。

烫印机就是将烫印材料经过热压转印到印刷品的机械设备，如图 1-26 所示。烫印设备按烫印方式分，有平压平、圆压平、圆压圆三种烫印机。

图 1-25　模压机　　　　　　　　　　　图 1-26　烫印机

第三节　印刷设备的现状及发展趋势

一、印刷机发展趋势及数字印刷机

（一）平版胶印印刷机现状与发展趋势

1. 印刷速度高

印刷速度是评价印刷机性能的一项重要指标。提高印刷速度是提高生产率的关键。现代胶印机的印刷速度已达到 18000～20000 张/h，如海德堡 CD102、XL105、曼罗兰 700、高宝利必达 105 和小森丽色龙 40 等机型，国内北人集团的 BEIREN300、上海高斯 YP4104 等机器，它们均代表着国内外胶印机的发展水平，是被广大用户公认的高质量的胶印机。高宝利必达 72K 型双色胶印机印速已达到 20000 张/h。因此，随着先进技术的应用和结构的优化设计，胶印机的印刷速度还会不断提高。

2. 机器结构设计的共识

随着多色胶印机的发展，采用模块式的机组设计方案是现代胶印机发展的特点。它们可以根据用户的需求任意安排机组的个数和上光、干燥及冷却装置。使机器具有多功能、灵活性高的特点，因而扩大了机器的使用范围。随着胶印机印刷速度的不断提高，国内外许多厂商不断地改进或重新设计新机型，其在设计上达成的主要共识是：

（1）采用双倍（或 3 倍）径压印滚筒和传纸滚筒，其目的是保证套印精度而减少纸张的交接次数，以降低交接时所产生的交接误差。同时，双倍径压印滚筒印刷时纸张弯曲小，为印刷厚纸提供了有利条件。因此，采用双倍径压印滚筒和传纸滚筒的印刷机既可印刷薄纸又可印刷厚纸，从而扩大了机器的印刷范围。

（2）采用下摆式递纸和前规机构。为了适应高速印刷，保证递纸机构运动的平稳性和前规定位的准确性，下摆式递纸机构冲击小，下摆前规具有充足的定位时间。因此，高速胶印机大多采用了下摆机构。

（3）多采用吸气带输纸变速的输纸装置。在高速印刷输纸过程中，纸张前边缘（咬口）到达前规处时，产生冲击和反弹卷曲等现象，影响了前规的定位精度，故现代高速胶印机当纸张分离出并输送时，由吸气带吸住纸张，实现变速输送纸张，即当纸张远离前规运行时加快速度，在靠近前规时速度变慢，使纸张缓慢与前规接触，消除纸张对前规的冲击与反弹，提高了前规定位的准确性。

（4）采用气动式三点悬浮离合压机构。该机构可以降低胶印机加工和装配的难度，保证机器的精度，降低机器的噪声，有利于环保，提高胶印机的平稳性和使用寿命。

3. 已走向自动化一体化发展之路

自从 1990 年海德堡胶印机推出全数字化技术为基础的 CP 窗整机遥控技术以来，各大生产厂商相继以设计出先进的控制系统作为发展方向，到目前为止，现代胶印机均有自动化控制系统，如曼罗兰 700 型的 PECOM，高宝利必达 104 型的可乐奇 MC，三菱 F 型的 COMRAC、小森 pressstation 等，它们均具备了水墨平衡自动控制、印刷质量自动控制、纸张尺寸预置控制、自动或半自动上版自动控制，并实现自动清洗墨辊、橡皮布和压印滚筒以及不停机输纸和收纸的功能，具有对机器随时进行控制、监测和诊断的全数字化电子显示系统。

2000 年，海德堡推出了代表胶印机走向印刷一体化的 CP2000 胶印机中心控制技术，它采用无鼠标无键盘的 TFT 超薄屏显示技术。CP2000 的配套技术包括印前接口技术、印刷活件预量连接技术、图像控制技术（用于印刷过程的质量控制）、印刷色彩管理系统、在线求助系统和管理信息系统。图像控制与色彩管理系统已经形成在印刷一体化条件下的新型质量控制模式。管理信息和在线求助系统是印刷厂家跨地域发展的技术保障。因此 CP2000 是海德堡胶印机控制核心，它不仅连接海德堡胶印机从输纸飞达到收纸装置的各子系统，也是海德堡胶印机印刷一体化的基础。

4. 发展趋势

首先，追求更快的印刷速度、更高的自动化程度、更简单的操作、更方便的调整与设置，更注重环保仍是印刷机制造商们不改的初衷。他们通过机构优化、结构改进、增强自动控制功能、开发和使用环保耗材等各种手段，力图使现代胶印机无论在印刷品质量提高，还是在降低废品率，缩短辅助时间，降低劳动强度、环境保护等方面取得更大的进步。

其二，从单一印刷机制造拓展到印刷系统的集成开发。印刷机制造商正在从单一印刷设备生产发展到开发完成印刷解决方案的一体化设备。以往，印前、印刷、印后有着严格的划分，印刷机制造商需要完成的只是生产单一的印刷机。随着数字化、网络化的发展及印刷市场对印刷解决方案的需求，印前、印刷与印后加工设备已开始有机地结合到一起，形成可以完成印刷解决方案的印刷系统。为提高印品的附加值而采用联机上光则是印刷与印后相结合的系统之一。在印刷机组后再配上一个或两个上光机组，就可进行一次或两次上光。

其三，扬长避短，走联合开发的道路。随着印刷解决方案的提出，印机制造商必然面临着对印前、印刷、印后整体系统的开发与联合。伴随着印刷微电子信息技术、网络技术、激光技术、材料科学等前沿技术的发展，印机制造商凭借自己的力量已经难于达到对这些技术的全面掌握，更何况还受制于独立开发的时间和成本限制。因此，印刷系统的配置与开发已不再仅仅局限于印刷机制造商自身。与印前、印后设备制造商联手，走强强联合的道路是目前最普遍的发展方向。此外，印刷方式的组合也是印刷机发展的一种趋势。例如，在标签的生产过程中，如果标签的正反面需要单独印刷，为了得到较好的性能/价格比，正面用丝网印刷，反面用柔印将是最佳选择。目前，德国海德堡公司已开发出了这种组合式的印刷系统。

在国际印刷市场，胶印印刷近年来明显由单张纸胶印机向轮转印刷机倾斜，小型中速轮转机已占大多数，一万印以下的印件往往都在轮转机上印刷，这意味着胶印轮转印刷已开始从原来以大批量印刷为主的守势向小批量生产范围扩展。双面四色和五色印件成为轮转机的业务范围，从而更扩大了轮转机市场。单张纸胶印机要走出阴影，找回优势，必须以独特的个性展现其魅力。国际上的单张纸胶印机已进入一个更高的层次，用高起点，配以展现个性的印刷方式来保持其持续发展。

其四，印刷机向多色化方向发展。欧美印刷业对多色化的采用已从四色、五色进入到六色，而美国的特色是八色。具有现代化设计特征的表现方法使多色机的需求大增。如采用金属或上光使之具有一种高档感的印刷品，不是用调合墨而是采用特色油墨直接在印刷机上进行同色叠印产生。多色机的发展，满足了人们的个性需求。

（二）数字印刷机现状与发展趋势

数字印刷是20世纪90年代发展起来的全新印刷技术。根据其成像印刷的原理，数字印刷机主要分为静电照相数字印刷机和喷墨数字印刷机两大类。

静电照相数字印刷机主要基于静电效应和光导效应。印刷时，首先通过充电装置对光导鼓/带进行充电，在其表面形成均匀一致、电位足够高、极性正确的电荷层，然后以RIP后的原稿信息作为控制信号，控制曝光光源，对光导鼓表面进行曝光，形成与原稿图文一致的静电潜像。在目前的静电照相数字设备中，最常用的光源有激光光源和发光二极管光源两大类。曝光结束，进入显影过程。显影过程与胶片摄影类似，是从潜像转换到视觉可见图像的过程。曝光后电荷的电位不再均匀，受光脉冲作用的电荷电位升高或降低。墨粉颗粒吸附到静电潜像的特定区域，形成与页面图文内容对应的墨粉像。显影过程仅完成了墨粉颗粒从显影装置到光导鼓或光导带表面的迁移，这种迁移结果是临时性的，必须再次转移到纸张，才能产生最终的印品。与传统印刷不同，墨粉颗粒转移到纸张后尚未与纸张牢固地结合，还"浮"在纸张表面。还需对墨粉进行熔化处理。定影与熔化几乎同时完成，根据采用的熔化方式不同，有的系统没有定影过程，如滚筒熔化系统。熔化过程结束后，光导材料表面还残留着未转移到纸张的墨粉颗粒以及残留电荷，需要清理装置对其进行清理，这样就完成了一张印品的复制工作。

喷墨印刷是当前两大主流数字印刷技术之一。喷墨印刷是一种非撞击的"点阵"打印技术，墨滴从小型器械中喷射而出，根据控制条件飞行到记录介质表面，直接在规定位置建立印刷图像。喷墨印刷是严格意义上的非接触复制工艺，成像结果直接在承印材料表面完成，无须借助任何中间载体，因而不存在中间转印过程。

喷墨成像技术可实现非常高的分辨力，并且可以直接成像在除了水和空气以外的柔性、刚性以及平面和非平面的所有材质上，不受承印物的限制，完全满足所有高档应用的要求，这些都是其他技术无可比拟的。随着喷墨技术的不断革新，使喷墨技术不仅仅局限于作为办公与家庭彩色输出系统以及数字彩色打样、数字印刷、大幅面数字喷绘等方面。如果将喷墨印刷中的墨水换成特殊液体如聚合物、导电性金属液体或是生物液体等，这将会引起相关的各个不同应用领域的重大变革。例如在电子产品生产或高密度线路制作方面技术已趋于成熟。最新的科技成果表明喷墨技术在显微注射、平板显示和生物技术领域同样发挥着重要作用。

在欧洲，已有大约20万家企业采用了全彩色数字印刷系统。一些传统印刷设备供应商也开始逐渐向数字印刷设备转型，如海德堡、曼罗兰、高宝、小森等世界知名大型印机制造企业已纷纷进入数字印刷领域，推出了各自的数字印刷设备。这反映了数字印刷技术将来具有广阔的发展前景。印刷工业的发展趋势正在向短版、可变数据印刷，目前正在以个性化方式来吸引顾客。美国CAP印刷调查公司预测：美国的按需印刷零售额的年增长率将为18％，2005年的零售额为480亿美元。

数字印刷经过几年的推广应用，其生产工艺几乎被人们全面接受。但是我国数字印刷的发展仍较慢，部分企业经营状况不尽如人意，究其原因主要有以下问题：①数字印刷机价格昂贵；②企业对我国按需印刷市场心存疑虑，对购买昂贵的设备，能否收回投资，提出怀疑；③数字印刷产品生产价格较高；④市场认可度较低。

但是即便如此，由于数字印刷具有反应及时、按需印刷和操作简单的特点，所以近年来在一些企业中得到快速发展。

二、印后设备现状及发展趋势

（一）书刊装订技术的发展

印刷品是科技与艺术的综合产品，高质量的印刷品应给读者赏心悦目的感觉。除了印品的内容外，精美的原稿设计、生动的版面安排、鲜艳的色彩调配、典雅的装潢及表面整饰等，都会给人以更美的享受。

当今社会，人们对印刷品的外观要求越来越高。而满足这一需求的主要途径，就是对印刷品进行精加工，通过对印刷品表面的整饰和装潢，提升其档次及视觉感受。

印刷品印后加工技术伴随着印刷术的发展及高分子材料工业和加工设备的开发而发展。印刷品印后加工作为印刷技术的补充，与印刷相结合，同适当的色彩、文字、图案等相配合构成均衡的画面，能产生动感和节奏感，形成强烈的视觉效果。从某种意义上讲，印后加工是提高印刷产品质量和档次的关键。

我国书籍装订的形式，古代装订形式是由龟册、简策的简单装订开始，经过卷轴装，发展为经折装、旋风装、蝴蝶装、包背装、线装等形式。现代的装订形式主要有平装、精装和骑马订装等形式。

我国印刷装订技术历史悠久，早在公元前1500年的殷商时代，就出现了最早的装订方式——龟册装。随着社会生产的发展，在商末周初又出现了简策装。"简策"是由带孔眼、写或刻有文字的一根根长条形竹（或木）片，用绳连接起来，形成一篇著作的竹木书籍。简策装书籍笨重，阅读困难，在公元 3 世纪，被卷轴装所代替，即竹简被纸书所代替。纸张的出现和使用，促进了社会文化的发展和进步，书籍在卷轴装使用的同时，又出现了旋风装。到公元 9 世纪的唐朝，又发展为将大幅面的卷轴改成可随意携带的重叠式的小幅面书籍，这就是当时盛行的经折装。公元 12 世纪末，出现蝴蝶装，在我国历史上第一次把分散的带有折缝的页张形成订口而装订成册。随后又出现了和合装。随着装订工艺和方法的不断发展，在元末明初又出现了包背装。在明朝中期出现了线装。它是将零散书页集中后用订线方式订连成册。至公元 18 世纪后我国装订发展到平装、精装、骑马订。

由于书籍的种类和开本规格较多，质量要求高，因而装订工序繁杂、工艺流程长。长期以来，装订工艺比较落后，印刷与装订存在着比较严重的不平衡状况，产生的原因主要有以下几方面：首先，印刷工序单一，而装订作业工序繁多，最简单的骑马订书法也要五六道工序，平装、精装工序更多，因而在印刷和装订相同数目的印刷品时，工作量方面相差很大。二是书刊的品种规格和装订材料的变化，也增加了装订工作的复杂性。装订机械的发展落后于印刷机械的发展也是造成印刷装订不平衡的原因之一。印刷机品种较少，结构形式基本稳定，设计、制造、使用和调整都已积累了较为成熟的经验。装订机械品种多，结构复杂，通用零部件少，设计、制造、使用和调整都有一定的难度。近年来，在一些工业发达的国家中，装订设备的研制与开发发展很快，书刊装订机械的机械化和自动化程度有了较大的提高，印刷与装订的不平衡状况有了一定的缓解。

在工业发达国家，书刊装订在原有的装订设备基础上，用传送带和同步装置将单机联成生产线，并广泛采用电子技术实现程序化和数据化生产。例如，全自动切纸机用电子计算机控制集中操作，可以自动完成纸台升降、分叠、取叠、振动闯齐、改变规距、堆积成品等工作，这种新型的切纸机采用信号记忆存储装置进行程序控制。为操作安全，还装有光电安全操作保护装置等。工业发达国家还注重产品品种规格系列化，零部件标准化、通用化。在新技术、新设备的推广方面，无线胶粘装订得到了广泛的应用。印刷与装订联动机也相继在一些国家出现。电子控制装置，机、光、电技术的综合应用，使得装订机械有了较大的发展。

我国在新中国成立后，先后成批生产了折页机、配页机、自动锁线机、切纸机、切书机、包封面机、骑马订书机等，装订机械化程度有了很大提高。近几年来，装订机械由单机操作向由单机组成的生产线、流水线及联动机方向发展。平装、精装、骑马订三条生产线（联动机）都已研制成功并成批生产，书刊装订的机械化、自动化程度有了进一步的提高，大大提高了装订生产率。

近几十年印后加工技术发展很快，生产模式由原来的作坊式的手工劳动方式转化为规模较大的、工业自动化程度较高的机械化生产或自动线的生产方式。

（二）表面整饰技术的发展

包装印刷品表面整饰的加工形式主要包括覆膜、烫印、上光、模切与压痕、凹凸压印加工等形式。

不同要求的印刷品，印后加工的内容和工序有较大的差别。如报纸在印刷后只需折页和打包；期刊、杂志则增加了订本和裁切工序；较精美的画册、辞典、书籍等，书芯须经锁线、挤压、扒圆起脊等精加工工序，书壳的制作也格外讲究。

通过对印刷品上光、压光、覆膜、过胶、上蜡、凹凸压印、烫金等处理，可以提高印品的光泽性、耐磨性、耐腐蚀性和防水性；通过采用自动化程度较高的折页、锁线、平装胶订、无线胶订、骑马订、精装、裁切等设备，可以提高书刊产品的内在和外观质量；通过模切压痕、烫金、折叠糊盒、复合、分切制袋等，可以满足迅速增长的包装市场多品种、高质量、短周期的需求。

烫金和烫粉箔是常见的印后加工工艺，在书籍装帧和包装装潢上得到了广泛的应用，类似的方法还有压凸和静电植绒等装饰方法。

数字印刷彻底改变了传统的印制模式，只要操作者通过触屏或键盘给定一种工作模式，一体化系统便可自动完成从处理原稿到印后加工的全部制作过程，最终输出制成品。它将传统印刷的印前处理、印刷和印后加工与表面整饰三大工序融为一体，形成了一体化工作流程。它要求印后部分从工艺到结构必须很好地适应这种流程和模式。

文化消费的多元化和个性化，使得快速印刷迅速发展起来。快速变更的短版活、零件活与日俱增。消费者可能希望立等可取地拿到他所需求的、为数不多的印制品，它可能是请帖、广告，也可能是卡片、光盘甚至是一本书的精美封面。目前已经出现了能满足这种需要的、带有印后加工环节的数字印刷新设备。

思 考 题

1. 什么是印刷设备？按照印刷过程进行区分，印刷设备可分为哪几类？
2. 传统印刷机主要有哪几类？简述这几类印刷机的特点。
3. 印后设备包括哪几大类？其作用分别是什么？
4. 什么是数字印刷设备？它与传统印刷机的主要区别是什么？
5. 印刷设备的发展趋势是什么？

第二章　平版胶印机

平版胶印机包括单张纸胶印机和卷筒纸胶印机。在各种印刷设备中，单张纸胶印机的机械结构最为复杂，印刷精度最高。其主要组成部分有印刷部分、输纸部分、输水部件、输墨部分、定位部件、收纸部件、动力传动部件以及控制系统等。卷筒纸胶印机没有定位部件，承印物是连续展开并张紧的料膜料带，它主要由不停机更换纸卷机构、烘干机构、张力控制系统以及纠偏装置等组成。卷筒纸胶印机印刷套印精度不及单张纸胶印机，但速度快，生产效率高。

第一节　胶印机整体结构及传动系统

印刷机传动系统是印刷机的主要组成部分之一。印刷机传动部分设计的合理与否，直接关系到印刷品的质量与印刷的精度。传统印刷机主要是以链条、齿轮等传统传动方式进行动力传输；而现代行进的印刷设备已经采用无轴传动的方式进行动力传输。在印刷机传动系统中，三滚筒的传动是胶印机的主体传动，它通常由电机通过齿轮传动获得。为保证三滚筒滚压时的纯滚动，要求滚筒工作表面直径与三滚筒齿轮的节圆直径相等。除主体传动外，还有输水、输墨、给纸、收纸部分的传动，输墨输水部分的传动通常是从滚筒齿轮中经齿轮传动引出动力，收纸传动通常采用链条传动。

一、胶印机整体结构概述

图 2-1 所示为机组式单张纸四色胶印机。印刷时，输纸部件将机器一端按照工艺要求堆放的纸张一张张分离后，经前规、侧规定位，以预定的生产节拍将其准确、平稳地输送给印刷部件。纸张到达印刷单元后，从压印滚筒与橡皮滚筒的间隙通过，完成一色印刷。机组式四色印刷机的四个色组按直线方式依次排列，纸张依次经过四个色组，完成四色的套印，形成最终印品。最后，收纸机构将已印刷完成的印张从压印滚筒上取走，传送到收纸台，由理纸机构把印刷品闯齐，堆叠成垛。

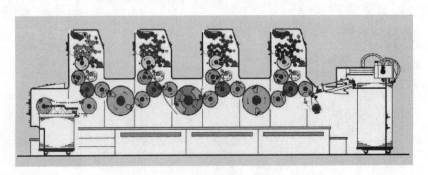

图 2-1　机组式单张纸四色胶印机

图 2-2 所示为机组式 5 滚筒 4 色印刷机，这是 Manroland 的典型机型。它由两个机组构成，每一机组中有两个色组，每个色组有各自的印版滚筒、橡皮滚筒，但两个色组共用同一压印滚筒，因此每一机组中共由五个滚筒构成。该类型印刷机的另一大特点是滚筒之间采用链传动，为保证套印精度，在纸张交接时需采用专门的定位装置进行定位。

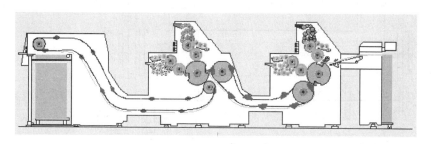

图 2-2 机组式 5 滚筒 4 色印刷机

图 2-3 所示为机组式双面胶印机，它是曼罗兰的一款双面印机型。它通过偶数个传纸滚筒的纸张交接实现双面印刷。印刷色组 1 和印刷色组 2 的供墨方向不同（一个从上往下供墨，一个从下往上供墨），使得两个色组的输墨系统有所区别。

图 2-4 所示为海德堡 QM DI 46-4 型卫星式四色胶印机。与机组式四色印刷机不同，它的四个色组围绕在一个大的压印滚筒周围，在印刷的过程中，减少了纸张交接的次数，所以它的套印精度更高；但由于两个色组间距离较短，易产生印品的蹭脏。同时，由于采用卫星式的排列，它的占地面积更小。

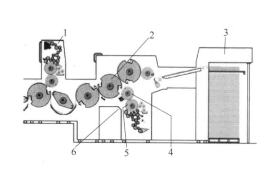

图 2-3 机组式双面胶印机

1—印刷色组 1　2—压印滚筒　3—输纸台
4—橡皮滚筒　5—印版滚筒　6—印刷色组 2

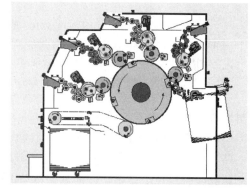

图 2-4 海德堡 QM DI 46-4 型卫星式四色胶印机

二、典型胶印机传动系统

（一）J2108 型单色胶印机的传动系统

J2108 型单色胶印机有正常工作和慢速工作两种状态，图 2-5 为其传动系统示意图。

1. 滚筒部件传动系统

（1）压印滚筒的转动　主电机 1→电磁调速滑差离合器 2→轴 7→带轮 3 转动（离合器 4 断开，带轮 5 不转动)→经皮带→带轮 8 转动→斜齿轮 9→斜齿轮 10→斜齿轮 11→压

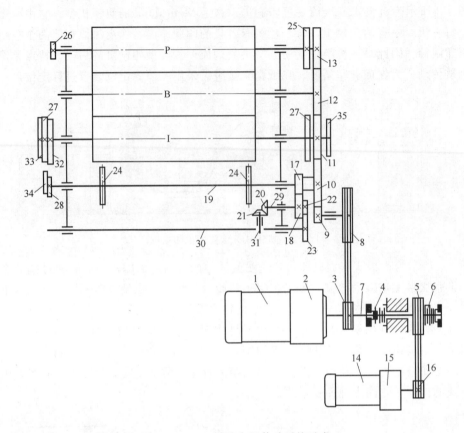

图 2-5　J2108 型胶印机传动系统示意

1—主电机　2—电磁调速离合器　3、5、8、16—带轮　4—制动电磁离合器　6—低速电磁离合器　7、29—轴

9～13、17、18、22、23、25～28—齿轮　14—辅助电机　15—摆线轮减速器　19—收纸链轮轴

20、21—圆锥齿轮　24—收纸链轮　30—侧规传动轴　31—万向轴　32～35—凸轮

印滚筒转动。

（2）橡皮滚筒的转动　斜齿轮 11→斜齿轮 12→橡皮滚筒转动。

（3）印版滚筒的转动　斜齿轮 11→斜齿轮 12→斜齿轮 13→印版滚筒转动。

若胶印机慢速工作，动力部分的传动路线为：

辅助电机 14→摆线针轮减速器 15→带轮 16→带轮 5→低速电磁离合器 6 接通→轴 7
转动→带轮 3→带轮 8→各部分传动同以上 1、2、3 条。

2. 输纸动力传动

斜齿轮 10 联体的齿轮 17→齿轮 18→轴 29 转动→圆锥齿轮 20、21→轴 31 转动→传递
给输纸装置。

3. 输墨、输水及其他传动

（1）侧规轴转动　轴 29 转动→齿轮 22→齿轮 23→侧规传动轴 30 转动。

（2）收纸传动　收纸链轮 24→链传动→收纸牙排收纸。

（3）串墨辊、串水辊的转动　印版滚筒轴 P→斜齿轮 25→分别传动输墨润湿装置，使
串墨辊、串水辊转动。

（4）串墨辊、串水辊的轴向串动　印版滚筒 P→齿轮 26→通过杠杆机构使串墨辊、串水辊作轴向串动。

（5）递纸牙排偏心轴承转动　压印滚筒轴头→齿轮 27→递纸牙排摆动轴的偏心轴承转动。

（6）凸轮 32、33 是滚筒离合压机构的传动凸轮。

（7）凸轮 35 转动→通过凸轮连杆机构→递纸牙排摆动。

（8）收纸链轮轴轴端的凸轮 34，是递纸装置拉簧恒力凸轮。

4. 大三角带轮减速机构

大三角带轮上装有宽齿轮 2（$Z_2 = 14$），该齿轮是变位齿轮，可以同时与齿数不同的两个齿轮 4（$Z_4 = 22$）和 5（$Z_5 = 20$）啮合。由于齿轮 5 用闸块卡住，固定不转动，因此这个机构可以看成是周转减速轮系，图 2-6 为其结构简图。

这样就可以把大三角带轮看作系杆 3，它支撑在机架 1 的孔中，带着齿轮 2 作整周转动。齿轮 2 既自转，又围绕齿轮 4、5 公转。当齿轮 2 公转一周时，齿轮 4 转过两个齿，即大三角带轮转过 11 转时，齿轮 4 转 1 转，经计算，它的传动比 i_{H1} 为：

$$i_{H1} = 11。$$

大三角带轮减速机构可以替代行星针轮摆线减速器，能有效节约占地面积。

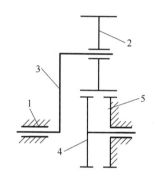

图 2-6　大三角带轮减速机构
1—机架　2、3、4—齿轮　5—系杆

（二）J2205 型胶印机的传动系统

J2205 型胶印机属单张纸对开双色胶印机。全机共用一个压印滚筒。印版滚筒、橡皮滚筒及输水、输墨共有两套机构工作。它们分别是上、下印版滚筒，上、下橡皮滚筒及上、下输水输墨系统。该机的传动主要包括两组印刷滚筒的传动，上、下输水输墨系统的传动，规矩部件的传动以及将动力引向输纸部件凸轮轴的传动等。

图 2-7、图 2-8 所示为 J2205 型胶印机传动系统图。

1. 滚筒部件的传动

（1）压印滚筒的转动　电机 1→带轮 2→皮带 3→带轮 4→齿轮 5→齿轮 6（收纸链轮轴 I 转动）→齿轮 7→压印滚筒转动（Ⅱ轴）。

（2）橡皮滚筒的转动　齿轮 7→齿轮 10→一色橡皮滚筒轴转动（Ⅴ轴）。

齿轮 7→齿轮 8→二色橡皮滚筒轴转动（Ⅲ轴）。

（3）印版滚筒的转动　齿轮 7→齿轮 10→齿轮 11→一色印版滚筒轴转动（Ⅵ轴）。

齿轮 7→齿轮 8→齿轮 9→二色印版滚筒轴转动（Ⅳ轴）。

（4）系统慢速运转　慢速电机 12→带轮 13→皮带 14→带轮 15→带轮 2→皮带 3→传动各滚筒。

2. 输墨部分的传动

（1）第一色组的输墨运动

① 墨辊的转动。印版滚筒轴端齿轮 16→齿轮 17→齿轮 18→下串墨辊轴Ⅶ转动。

齿轮 17→齿轮 19→中心串墨辊轴Ⅷ转动。

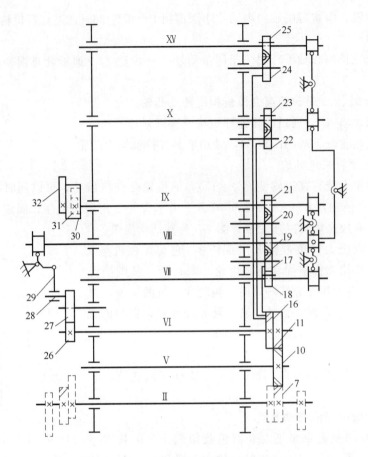

图 2-7 J2205 型胶印机传动系统图 (一)

1—电机 2、4、13、15—带轮 3、14—皮带 5～11、16～27、30、31、33～36、42～55、57、58、60～64、70、71—齿轮
28、56—曲柄 29—连杆 32、59—凸轮 37、38、40、41、65、66—圆锥齿轮 39—连轴器
67—万向轴 68—收纸链轮 69—链条

齿轮 19→齿轮 20→齿轮 21→上串墨辊轴 Ⅸ 转动。

印版轴齿轮 16→齿轮 22→齿轮 23→下串墨辊 Ⅹ 转动。

② 串墨辊的轴向串动。印版滚筒轴端齿轮 26→齿轮 27→曲柄 28、连杆 29→中串墨辊轴 Ⅷ 轴向往复运动。

中串墨辊→另一端杠杆→两根下串墨辊和上串墨辊轴向往复运动。

③ 传墨辊的摆动。上串墨辊轴 Ⅸ →齿轮 30→齿轮 31→减速轮系→凸轮 32→传墨辊摆动。

(2) 第二色组的输墨运动

① 二色中串墨辊的转动。第二色印版滚筒轴 Ⅳ 转动→齿轮 33→齿轮 34→齿轮 35→齿轮 36→圆锥齿轮 37、38→离合器 M (未示出)→联轴器 39→圆锥齿轮 40、41→齿轮 42→齿轮 43→二色中串墨辊转动 (Ⅺ 轴)。

② 下串墨辊轴 Ⅻ 的转动。齿轮 43→齿轮 44→齿轮 45→二色下串墨辊轴 Ⅻ 转动。

③ 下串墨辊轴 ⅩⅢ 的转动。齿轮 43→齿轮 47→齿轮 46→二色下串墨辊轴 ⅩⅢ 转动。

④ 上串墨辊的转动。齿轮 47→齿轮 48→上串墨辊轴 ⅩⅣ 转动。

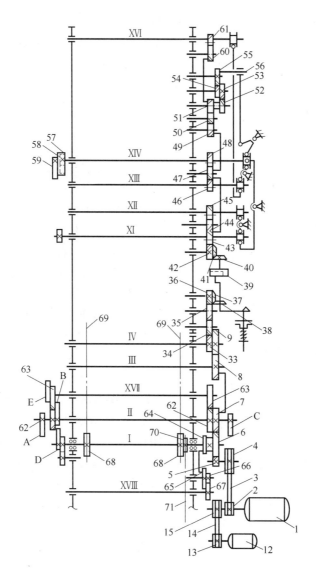

图 2-8 J2205 型胶印机传动系统图（二）

1、12—电机 2、4、13、15—带轮 3、14—皮带 5~11、16~27、30、31、33~36、42~55、57、58、60~64—齿轮
28、56—曲柄 29—连杆 32、59—凸轮 37、38、40、41、65、66—圆锥齿轮 39—连轴器
67—万向轴 68、70—链轮 69、71—链条

⑤ 各串墨辊的串动。齿轮 47→齿轮 49→齿轮 50→齿轮 51、52（两齿轮固接）→齿轮 53→齿轮 54→齿轮 55→端面曲柄 56→杠杆机构→各串墨辊轴向串动。

3. 输水部件的传动

（1）一色串水辊的转动 一色印版滚筒齿轮 16→齿轮 24→齿轮 25→一色串水辊轴Ⅳ转动。

（2）二色串水辊的转动 齿轮 51→齿轮 60→齿轮 61→二色串水辊轴Ⅵ转动。

（3）传水辊的摆动 传水辊摆动由凸轮连杆机构带动，在输水部分章节中会详细叙述。

4. 其他辅助机构的传动

（1）压印滚筒轴Ⅱ上的齿轮 62→齿轮 63→递纸牙轴Ⅻ两端的偏心轴承转动。

（2）收纸链轮轴Ⅰ上链轮 70→链条 71→将运动传给输纸部件。

（3）收纸链轮轴Ⅰ上两个收纸链轮 68→链条 69→将运动传给收纸部件。

（4）齿轮 64→齿轮 65→齿轮 66→齿轮 67→侧规轴ⅩⅧ转动。

凸轮 A 控制滚筒合压动作。

凸轮 B 控制滚筒的离压动作。离合压时间由电磁开关控制。

凸轮 C 控制递纸牙摆动。

凸轮 D 是递纸牙拉簧恒力装置控制凸轮。

凸轮 E 控制前规轴的摆动。

图 2-9 所示为两个摩擦片式电磁离合器的传动图。离合器 n 的作用是接通或断开低速电机 6 与带轮 2 之间的传动。当低速电机 6 工作时，主电机处于断电状态，电磁离合器 n 通电，接通低速电机和带轮 2 之间的传动联系，使滚筒获得低速运动。m 的作用是在主电机或低速电机停止工作时，立即通电，对机器制动刹车。主电机在工作状态下，电磁离合器 m 和 n 均不起作用。电磁离合器的通电和断电由电器互锁电路实现。

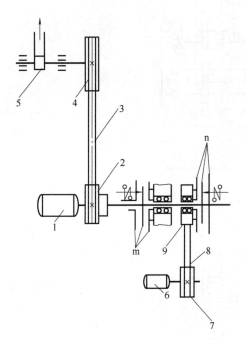

图 2-9　摩擦片式电磁离合器传动

1—主电机　2、4、7、9—带轮　3、8—皮带

5—齿轮　6—低速电机

（三）PD11230A 型胶印机的主传动系统

PD11230A 型胶印机是国产全张双面胶印机，机器功率为 17kW，转速范围约为 0～1550r/min 之间。由于该机的主传动采用正齿轮传动，而且直流电机的转速较高，一级齿轮减速不能满足需要，所以该机型比 J2108 型胶印机多一级齿轮传动，如图 2-10 中齿轮 6 和齿轮 7。

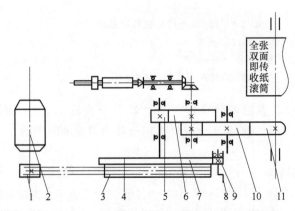

图 2-10　PD11230A 型胶印机主传动示意图

1—小带轮　2—直流电机　3—大带轮　4—盘车大齿轮　5—小齿轮　6—中齿轮

7—小齿轮　8—盘车手把　9—盘车小齿轮　10—大齿轮　11—传纸滚筒大齿轮

三、无轴传动技术

胶印机属于高精密的印刷设备，为保证输纸装置和印刷机组之间、印刷机组和印刷机组之间的同步性，缩短印刷准备时间，提高印刷生产效率，提升印刷产品质量，必须选择更适合的传动方式和更高的传动精度。传统的卷筒纸印刷机是电机通过巨大的长钢轴与齿轮将不同的印刷滚筒联接在一起，保证它们的同步运转，人们称这种印刷机为有轴印刷机。传统有轴印刷机的全部机械由一个驱动电机提供动力，由水平和垂直长轴、齿轮和齿形带分配驱动力矩到机械的所有单元。机械的连接强制所有的印版滚筒同步运动，如图2-11所示。

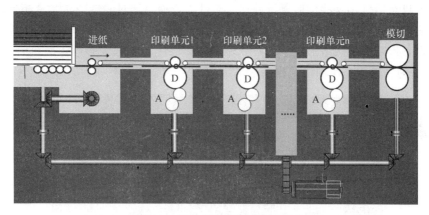

图 2-11 传统有轴印刷机传动示意

随着数控技术、计算机技术和通讯技术的巨大进步，1995年报纸印刷机组才首次实现不同电机直接连接滚筒，各印刷单元独立运转，其同步依靠同步控制，取消了长钢轴与齿轮以及链传动的应用，这就是无轴驱动印刷机，如图2-12所示。无轴传动是目前比较先进的、可以解决高精度印刷同步性的一种新的传动方式。

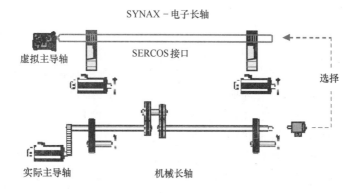

图 2-12 无轴传动与有轴传动对比

（一）无轴传动技术定义

无轴传动（Shaftless）技术又称为伺服传动技术，它是以相互独立、电气互联的伺服电机驱动系统代替了原有的轴、齿轮等机械传动，通过现场总线技术及相关程序软件形成了内部虚拟的电子轴，各电子轴通过现场总线进行高速的数据交换传输，使各个装置随各自虚拟的电子轴运转，保证各印刷机组、装置相位严格同步。以现场总线技术为基础的无轴传动技术具有抗干扰能力强、数字化、高速化、自诊断、双向传输等优点。

有轴传动是由齿轮、轴等将动力传递到各个印刷机组，通过机械传动方式保证各印刷机组的同步运转来完成印刷任务。无轴传动印刷机，各印刷机组或装置由独立的电机驱动，机组之间不设有机械轴，各机组不再依靠机械轴传动达到同步运行，而是通过现场总线进行高速的数据交换传输，各个版辊随虚拟的电子轴运转，保证各机组和装置相位严格同步。无轴传动系统实际上是一种伺服系统，是使物体的位置、方位、状态等输出被控制量能够跟随输入目标值或给定值的任意变化而变化的自动控制系统。它采用多个伺服电机分别驱动各机组运行，这些伺服电机并非完全独立，而是通过总线技术紧密相连的，它们的驱动系统由不同层次的网络传输信号来控制，从而在瞬间实现协作和机组的同步运行，这些驱动设备以及各种网络形成了一条"虚拟轴"取代了有轴来带动印刷机组同步运行。图 2-13 所示为无轴传动印刷机结构示意。

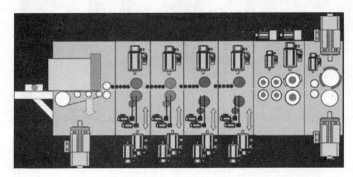

图 2-13　无轴传动印刷机结构示意图

（二）无轴传动的优点

1. 更高的印刷速度和套印精度

利用比机械传动更为精确的电子长轴来代替机械长轴，提高了机械控制精度，特别是采用单独驱动，减少了多机组间动力传递的累积误差，实现精确套印。无轴传动技术避免了传统机械传动中的反向间隙、惯性、摩擦力和刚度不足等缺点，实现了直接驱动，具有高精度、高速度运动和极好的稳定性。无轴传动采用多个电动机分别向主要机组传递动力，减少传递级数和误差。在各印刷单元安装一个高质量的伺服电机，每转动一圈就会产生出几百万个脉冲，进行定位、比例及速度的控制。中央控制器以数字形式给定，经由光缆无干扰地、循环地传递给印刷机的各个伺服电机，控制各个电机的运转，从而保证各印刷单元的精确同步。由于无轴传动的电机采用智能驱动器及高速微处理器，可大幅度提高套准精度的控制。在高达 600m/min 的印刷速度下，位置转换精度为一转的百万分之一，通过光纤完成的伺服驱动信息传输，同步误差小于万分之一秒。

2. 开放性、自动化程度高

无轴传动印刷机的每个印刷单元，都采用一个独立电机驱动，独立电机在上版、打墨、清洗时，作为辅助电机使用，采用机组或色组的单独驱动技术，印刷工可以同时分别对每一个滚筒进行操作，节约印前准备时间。机器组合方便，如扩展、加色等，提高了机器的印刷精度，缩短了调试时间，使设备操作更加快捷灵活。

3. 模块化设计，系统结构简单，噪声小

各机组之间无直接机械传动连接，各自用独立的电机驱动，减少了齿轮箱传递力矩和齿轮箱的润滑系统，因此就减少了因为齿轮传动而形成的套印误差。整体时序配合采用电气通讯方式来实现。这样可以使机组模块化、标准化、大批量化，再配上模块化、标准化的供纸机构、收纸机构，可实现"积木化"的任意组合生产。传动齿轮、链条、皮带、凸轮、蜗轮蜗杆、机械长轴等传递部件的去除，减小了机器重量，降低了转动惯量，从而减少了机械振动，降低了噪声。总之，将整体驱动改为分散驱动，使整体结构变得非常简单。

4. 承印范围大，生产成本低

无轴传动印刷机的承印范围大，可以保证在非常高的印刷精度以及无需更换任何组件的前提下，从容地印制 $12\mu m \sim 6mm$ 范围内包装材料的印刷。传统印刷机是通过印版滚筒和压印滚筒上的一对齿轮传动而印刷的，当承印物厚度过薄或过厚时，两个齿轮的相互啮合不在节圆上，使得齿轮传动时易发生晃动和磨损，从而影响印品的精度。而无轴传动的每个印刷单元都安装有多组独立的交流伺服电机，在不影响承印物张力的情况下，由控制中心来调整印版滚筒相位，来保证套印精度，从而提升产品质量。德兰特·格贝尔公司在胶印轮转机上采用伺服驱动技术，其印刷机的印版滚筒、橡皮布滚筒和压印滚筒均由独立的伺服电机驱动，套印精度可达 0.01mm。除了标签印刷外，还可以适应各种包装盒的印刷。另外，由于减少机械传力部件，机械加工制造成本相应降低，而且也消除了机械制造中的累积误差，机器装配精度要求也降低。机械部件的减少，使得印刷设备的维护和保养变得简单。同时，驱动系统交流伺服电机具有极其灵敏的动态响应特性及其数字化的调节机构，只要改变参数就可以适应不同活件的生产要求，而不需要像传统印刷机械那样改变机械结构，以适应不同活件的生产要求。这样既减少机械的加工成本，也更大限度地减少了由于改变这些结构所需要的非生产性准备时间，从而节约了生产成本。

5. 操作方便灵活

目前无轴传动技术大多采用了符合国际数字传输接口标准的串行实时通信系统，通过无噪声光纤电缆同步协调每个传动装置，每个驱动单元的光电信号的获取及传输，都是通过无噪声光纤电缆来完成的，不再使用主轴及齿轮箱传递力矩，这样就简化了人员培训、产品支持以及公司内部的生产管理。无轴传动是由多台电机驱动的，控制信号直接作用于伺服电机，各电机都可独立工作，由电机直接调节各印刷单元的相位。这就为快速响应提供了可靠保证，而有轴传动是做不到这一点的。另外每个印刷单元之间都是独立的，在准备印刷阶段每个部分的操作都可以不受其他部分的约束，可以选择程序跳开联动，这就给操作者节省了大量时间，提高了生产效率。另外无轴传动系统的灵活性还体现在它可以和不同的厂商提供不同的设备实现理想的对接，任意组合，达到完美的组合。

(三) 印刷机无轴传动的实现方案

图 2-14 所示为一种卷筒纸印刷机采用无轴传动的实现方案。在该系统中，采用 SYN-AX 200 驱动与控制系统取代了迄今为止仍然经常使用但较为昂贵的机械齿轮箱、万向轴联结、传动长轴和凸轮等机械装置与机构，代之以数字化智能伺服驱动、精确的电子同步系统，从而无需为不同的齿轮箱或满足各种特殊功能再配备额外的辅助驱动系统。

SYNAX 200 控制系统为每个独立驱动系统计算出同步的虚拟"电子轴"位置，根据标准化的 SERCOS（光纤维）驱动，通过光纤维以一定的周期传送到印刷机的无轴独立驱动系统上。在该系统中，运动控制板 CLC 是无轴传动控制的核心，由它控制伺服控制系统实现系统的同步。该系统中，每个单元配备独立的电机，滚筒间仍采用的是齿轮箱传动。

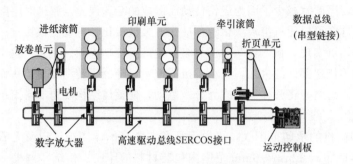

图 2-14　卷筒纸印刷机无轴传动实现方案 1 示意

　　图 2-15 所示的卷筒纸印刷机无轴传动实现方案与图 2-14 所示系统的实现基本相同，不同的是在该系统中去掉了滚筒间的机械传动机构，为每个滚筒都配备了独立的电机进行驱动。

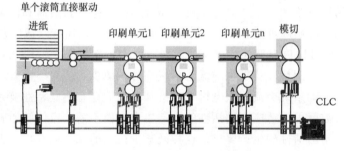

图 2-15　卷筒纸印刷机无轴传动实现方案 2 示意

　　此外，通过一个编码器电子主导轴可以与一个印刷机械长轴带动的 real master（真实主导轴）同步，从而可以在传统机械长轴的印刷机上增加新的印刷单元，如图 2-16 所示。其中，图中右侧灰色单元部分为传统的机械长轴驱动，左侧黄色单元为扩展的输纸与印刷单元，它们传动方式为无轴传动。机械长轴与电子长轴通过中间蓝色的测速电机进行动力的传输跟踪与连接，通过测速电机测定机械长轴的传动比，并发送给运动控制器，由运动控制器控制电子长轴的传动速率，从而保证新扩展的机组与旧机组传动的一致性。

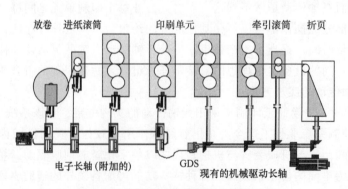

图 2-16　无轴传动实现印刷机组的扩展

第二节 平版胶印机纸张传递装置

平版胶印印刷机的纸张传递装置包括输纸部分、纸张定位系统、纸张交接机构和收纸系统等。输纸部分是指纸张的输送装置，一般包含输纸机构、纸张分离机构、纸张输送装置和供纸系统等。纸张定位系统的主要作用在纸张进入印刷机印刷之前完成对纸张的定位，确保印刷成品质量的稳定性。纸张的定位系统一般包含前规定位和侧规定位两个部分。纸张的交接是主要发生在链条和滚筒之间以及滚筒和滚筒之间的交接。收纸系统主要是对印刷完成的纸张进行规理和收齐。

一、印刷机输纸部分

(一) 输纸部件类型

单张纸胶印机必须配备输纸部件，才能实现全自动作业。因此，输纸部件是现代单张纸印刷机上不可缺少的部件。在一些装订机械（如折页机、上封机）中也被广泛应用，只是在结构上有所不同。

输纸部件的作用是将机器一端按照工艺要求堆放的纸张一张张分离后，以预定的生产节拍将其准确、平稳地输送给印刷部件，以实现机器的连续印刷作业。

输纸部件的性能直接影响整机的印刷质量和生产效率，随着印刷质量和印刷速度的不断提高，要求输纸部件的结构与性能不断地改善。当代印刷机的印刷速度已经突破15000张/h，正向着20000张/h的高速度发展。这就要求输纸部件的性能与之适应，若输纸部件的速度、工作稳定性等达不到应有的要求，会制约印刷机整体性能的发挥。

输纸部件的作用是自动、平稳、准确、有序性地将纸张输送给印刷部件。输纸部件的性能直接影响印刷机的效率。因此，根据印刷工艺的要求，输纸部件的工作过程应满足下列要求：①对印纸张进行连续、准确、可靠的分离并输送到定位部件；②准确地对纸张进行前后和左右两个方向的定位；③在输送过程中不损坏纸张，不蹭脏印刷过的图文；④纸堆高度能自动调整，确保纸张分离工作的正常进行；⑤输纸台有足够的容量，工作时不用频繁更换纸堆，提高生产率；⑥防止歪张及双张进入机器；⑦在机器运转过程中，能补充或更换纸堆，保证机器连续工作。

输纸部件在印刷机和折页机上承担着分离和输送纸张的任务。

根据纸张分离的方法不同，输纸部件分为摩擦式输纸部件和气动式输纸部件。

(1) 摩擦式输纸部件 摩擦式输纸部件依靠摩擦力的作用将纸张进行分离。图 2-17 为其工作原理图。

印张成阶梯形送到输纸台 7 上，当最上面的纸张 3 到达耙纸轮 4 下面时，匀速转动的耙纸轮 4 摆下，依靠摩擦力的作用进行分纸。由于摩擦力对纸张 3 (表面第一张纸) 作用力最大，因此它向前移动的距离也大于后面的第二、三、四张纸，从而就与第二张

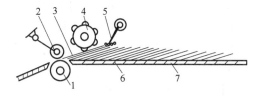

图 2-17 摩擦式输纸部件工作原理图
1—送纸辊 2—送纸压轮 3—第一张纸
4—耙纸轮 5—压纸脚 6—第二张纸
7—输纸台

纸分离，并被送纸辊 1 和送纸压轮 2 输送到输纸台板上。在送走之前，为了保持第一张与第二、三张的分离状态，耙纸轮下降的同时，压纸脚 5 也下降，压住第二张纸 6，使其不再前移，以免出现双张。当第一张纸 3 即将被送走时，耙纸轮 4 和压纸脚 5 上升离开印张表面，待纸张 6 到达耙纸轮 4 下面时，此时纸 6 处于第一张纸的位置。耙纸轮 4 和压纸脚 5 又摆下来压住纸张 6 下面的一张纸。压纸脚 5 又开始了新一轮的压纸分纸过程。

这种输纸部件结构简单，但缺点也较多。它在多色套印时，分离印张时容易将印迹擦模糊把印张弄污。输送碴动薄纸时，易擦破纸张。厚而光的纸因摩擦力小而不易分离。此外，它采用环包式上纸，工人劳动强度大，不适应高速印刷。因此，目前印刷机很少采用此类输纸机构。这种结构形式的输纸部件曾在 ZY101 折页机上采用。

（2）气动式输纸部件 气动式输纸部件利用气泵及吹嘴、吸嘴进行纸张的分离。它工作平稳、噪声小，纸张不易弄污。目前印刷机上所使用的输纸部件大部分采用气动式。

气动式输纸部件一般由以下几部分组成：

① 纸张的分离机构。又称分离头或分纸头，主要完成输纸工艺过程中的分纸、压纸、递纸三个动作。它由分纸吸嘴、压纸吹嘴和送纸吸嘴组成。

② 纸张输送机构。它的任务是把分离头分离出来纸张输送到前规处进行定位。该机构由送纸辊、输送带和输纸台等组成。

③ 纸台升降机构。使纸堆在工作时自动上升，以调整纸堆与输纸头的相对位置。它有快速升降和间歇自动上升两种运动。纸台升降机构由传动装置、链条和纸台组成。

④ 齐纸块机构。完成纸堆上纸张的齐平，使纸张按印刷要求堆放整齐。

⑤ 纸张控制机构。如双张、空张、歪斜、折角控制等。

⑥ 气泵和气路系统。为纸张分离机构的各吹嘴和吸嘴供气。

气动输纸部件把印张整齐地平放在纸台上，纸台可以自动上升以适应分离纸张的需要。由于上纸方便，操作者劳动强度低，分纸准确，自动化程度高，因此，越来越广泛地应用于印刷机和折页机的输纸部分。图 2-18 所示为气动输纸部件。

（3）气动输纸部件工作过程 图 2-18 所示为气动输纸部件分离纸张的过程简图。

① 分纸吹嘴吹风，分纸吸嘴下落吸纸，送纸吸嘴后移，压纸吹嘴停止上抬。

② 分纸吹嘴停止吹风，分纸吸嘴吸住纸张上升（或同时摆动一个角度），压纸吹嘴下落并压纸吹风，送纸吸嘴下落准备吸纸。

③ 压纸吹嘴继续吹风，送纸吸嘴吸住纸张，分纸吸嘴松掉纸张。

④ 压纸吹嘴停止吹风并开始上抬，送纸吸嘴抬起并前移送纸，此时齐纸块开始让纸。

输纸部件中，松纸吹嘴、分纸吸嘴、压纸吹嘴、送纸吸嘴、齐纸板、送纸辊等在机器上的布置见图 2-19。图 2-19 示出了各组件的平面布置。

压纸吹嘴设在输纸堆右侧中央的右上方位置，其作用是，当分纸吸嘴将最上面的一张纸吸起后，压纸吹嘴从右上方插入，一方面将下面的纸张压住，另一方面接通吹气气路，将最上面一张纸吹起，以利于纸张的分离。同时，它还起检测纸堆高度的作用，一旦纸堆高度过低便自动接通纸堆自动上升机构，使纸堆自动上升。

松纸吹嘴设在输纸堆右侧上部位置，前后各设一个，根据纸张的定量和印刷速度等因素调整其高低、前后和左右的位置。其作用是将纸堆上部的纸张吹松，以便于纸张的正确分离。

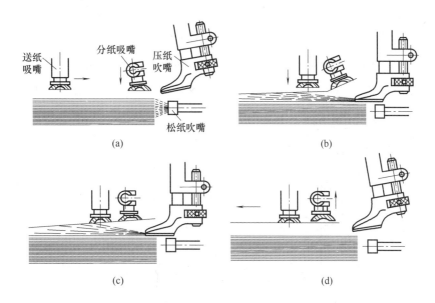

图 2-18　气动输纸部件分纸动作过程

（a）松纸吹嘴吹松纸张　（b）分纸吸嘴分离纸张

（c）分纸吸嘴与递纸吸嘴交接纸张　（d）递纸吸嘴向递纸辊递送纸张

分纸吸嘴一般设在输纸堆的右上方，前后设两个。其作用是将纸堆最上面的一张纸吸起分离纸张。

送纸吸嘴设在纸堆左上方，前后设两个。其作用是，将分纸吸嘴吸起的最上面一张纸接过来，并将其送往送纸辊处。

前挡纸板设在输纸堆左侧位置，一般设置三个。其作用是，当分纸吹嘴吹风时，为防止上面纸张向左面移动，由前挡纸板将纸张挡住齐纸，一旦压纸吹嘴压住下面的纸张，前挡纸板在凸轮机构的控制下向左摆动让纸。

送纸辊与送纸压轮配合使用。由于送纸辊不停地旋转，当送纸吸嘴吸住纸张向左输送时，送纸压轮应抬起让纸，以便使纸张从送纸压轮

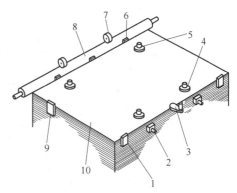

图 2-19　平台式气动输纸部件布置示意图

1—后挡纸板　2—松纸吹嘴　3—压纸吹嘴

4—分纸吸嘴　5—送纸吸嘴　6—前挡纸板

7—送纸压轮　8—送纸辊　9—侧挡纸板

10—纸堆

下方通过，而后随即将接纸轮放下，靠送纸压轮与送纸辊的摩擦力将纸张送往输纸台板。

（二）纸张分离机构

纸张的分离机构又叫分离头、分纸器，主要完成分纸、压纸、送纸三个动作。它的作用是准确、及时地从纸堆中逐张分离出单张纸，并向前传递到送纸辊。其分离要求既不能出现双张、多张也不能出现空张。

纸张分离机构主要由分纸吹嘴、压纸吹嘴、分纸吸嘴、送纸吸嘴、挡纸毛刷、前挡纸板、挡纸板等部分组成。各部分机构按节拍动作，通过送纸吸嘴将纸张交给送纸辊，完成纸张的分离工作。

图 2-20 所示为 SZ201 型输纸部件的分离头结构图。分离头由支承轴 1、2 支承，支承轴一端安装在固定轴 I 上的支架上，另一端通过升降调整机构与固定轴 II 相联。

如图 2-20 所示，分离头上装有分纸吸嘴机构 9、送纸吸嘴机构 10、压纸吹嘴 4、配气

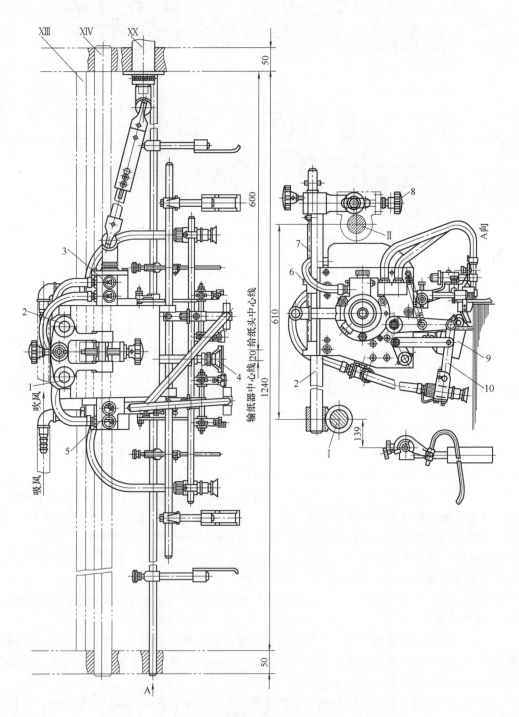

图 2-20 SZ201 型输纸部件的分离头结构图

1、2—支承轴 3、5—配气阀 4—压纸吹嘴 6—螺母 7—丝杠 8—调节螺钉 9—分纸吸嘴 10—送纸吸嘴

阀 5 和 3 以及其他附属机构。分离头中各吸嘴有序的配合动作都是在各自的凸轮连杆机构作用下实现的。

图 2-21 是 SZ201 型输纸机构分离头的凸轮分配轴。该轴的动力由齿轮经万向联轴节从主机传动中获得。因而可与主机动作协调一致，同节拍工作。轴上装有分纸机构凸轮 5、送纸机构的进退凸轮 6、送纸机构的升降凸轮 2、压纸吹嘴凸轮 3、探纸凸轮 4 和两个旋转式配气阀 1、7。各凸轮分别控制相应机构的运动，使其相互协调、有序地完成分纸、吸纸和送纸工作。

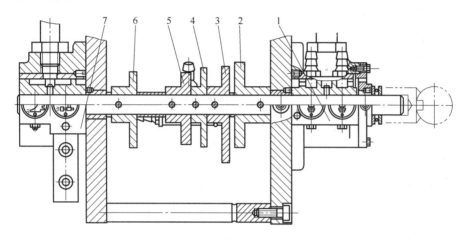

图 2-21　SZ201 型输纸部件分离头凸轮分配轴

1、7—配气阀　2—送纸升降凸轮　3—压纸吹嘴凸轮　4—探纸凸轮　5—分纸凸轮　6—送纸进退凸轮

控制凸轮越多，其相位关系越多，对高速印刷就越不利。为适应高速印刷，应尽量减少凸轮数目。国产 G202 型输纸机构分离头有 8 个控制凸轮，改进后的 SZ201 型则只有 5 个凸轮。当代印刷机上配有的分离头有的只配 3 个控制凸轮，这种较少凸轮的结构更有利于高速印刷。

1. 分纸吹嘴

分纸吹嘴设在纸堆后缘，左右各一个。每个吹嘴上有几排小孔向纸张吹气，如图2-22所示。

分纸吹嘴的作用是吹松纸张，使纸堆最上面的几张纸被吹松。每个小风口的吹风形如喇叭，因此各小风口在吹风过程中，喇叭形的风量相交，中间风力大，两旁风力较小。风力集中的区域对着纸堆，保证纸张被吹松。而被吹松的纸张在向上进入小风力区域，使纸张不承受过大的风力，因而不易造成双张。一般要求将纸堆顶部 5～10 张纸吹松为宜。

图 2-23 所示为 J4102 型胶印机采用的直管式分纸吹嘴结构图。该吹嘴吹风量集中，纸边松散效果较好，它的上下位置可通过螺母调节。

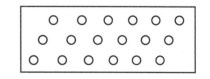

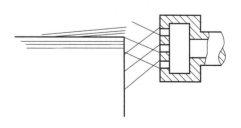

图 2-22　分纸吹嘴的构造及风形

为确保纸堆顶部有 5～10 张纸被吹松，除了应调节好风量外，吹嘴吹气位置一般距纸堆后缘 6～10mm 为宜（见图 2-24）。

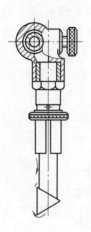

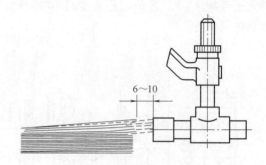

图 2-23　直管式分纸吹嘴　　　　　　　　　图 2-24　分纸吹嘴的位置调节

2. 分纸吸嘴

分纸吸嘴的作用是吸起纸堆最上面的一张纸，并交给送纸吸嘴。SZ201 型输纸部件的分纸吸嘴吸住纸张后翻转一定角度（约 25°），然后以较快的速度抬升一定高度将纸张交给送纸吸嘴。而 SZ206 型输纸部件的分纸吸嘴则采用上下快速提升运动形式。

图 2-25 是 SZ201 型输纸部件的分纸吸嘴机构简图。分纸凸轮 1，摆杆 2，导杆 4 及导槽 5 组成凸轮连杆机构，用于实现分纸吸嘴的升降运动。固定在导杆上的气缸 6，活塞杆 7，摆杆 8 和连杆 9 组成气动连杆机构，以实现分纸吸嘴的翻转运动。

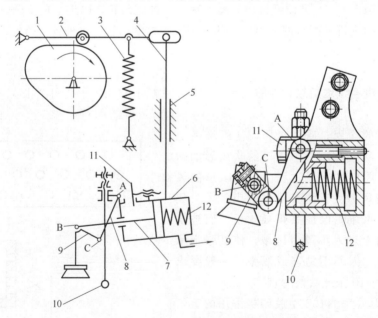

图 2-25　SZ201 型输纸部件分纸吸嘴机构

1—分纸凸轮　2—摆杆　3—弹簧　4—导杆　5—导槽　6—气缸　7—活塞杆　8—摆杆　9—连杆
10—压纸杆　11—螺杆　12—压簧

分离头轴上的分纸凸轮 1 最大半径与摆杆 2 的滚子接触时，分纸吸嘴升至最高位置。最小半径与滚子接触时，则降到最低位置。当分纸吸嘴在最低位置吸住纸张后，活塞连同活塞杆克服弹簧 12 的压力左移，带动连杆 9 及分纸吸嘴逆时针翻转一定角度。当停止吸纸时，分纸吸嘴在弹簧 12 恢复力的作用下复位。

两个分纸吸嘴均布在分离头中心线两侧。在心轴 A 处装有弹簧支撑的压纸杆 10，其作用是防止被分纸吸嘴吸起的纸张产生皱拱。

分纸吸嘴吸力大小可通过气路上的调节阀调节，也可通过调节分纸吸嘴距纸堆上表面的距离来调节。通常分离厚纸时，吸嘴距纸堆表面约 2～3mm，分离薄纸时，约 6～8mm。

分纸吸嘴除进行上下调节外，还需进行前后方向的调节。通常分离厚纸时，吸嘴距纸堆后边沿 4mm 左右。分离薄纸时，此距离为 7mm 左右。分纸吸嘴的前后调节是通过整体移动分离头来实现的。

图 2-26 为 SZ206 型输纸部件的分纸吸嘴机构简图。分纸吸嘴仅作上下运动，运动的总行程是两组机构运动结果的叠加。这两组机构分别是：由凸轮 1、摆杆 2、导杆 3、导轨 4 组成的凸轮连杆机构；由气缸活塞 5、缸体 6 组成气动机构。

当凸轮 1 的小面与摆杆 2 上的滚子接触时，分纸吸嘴 8 降到最低位置。此时，吸嘴与气路接通。吸嘴 8 吸住纸张后，气缸 6 内腔产生低压，在大气压的作用下，活塞 5 连同吸嘴 8 克服弹簧 7 的压力迅速上升。随着凸轮 1 与摆杆 2 上的滚子接触点由小面转至大面，导杆 3 带动整个气动机构上升。这样，吸嘴 8 的实际上升量应是活塞 5 的上升量与整个气动机构上升量的和。因此分纸吸嘴吸起纸张，可与纸堆离开较大距离，以保证分离效果。当送纸吸嘴接过纸张后，分纸

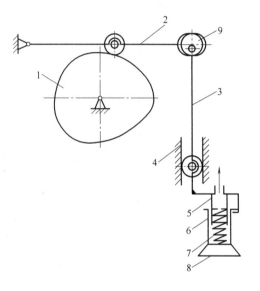

图 2-26 SZ206 型给纸部件机构简图
1—凸轮 2—摆杆 3—导杆 4—导轨 5—活塞
6—缸体 7—弹簧 8—分纸吸嘴 9—偏心销轴

吸嘴 8 停止吸气，气缸与内腔的压力消失。在弹簧 7 的作用下，活塞 5 连同吸嘴 8 一起被弹下。当凸轮 1、摆杆 2 上的滚子接触点由大面转向小面时，导杆 3 带动气动机构下降，直到吸嘴吸到纸张为止。至此，又开始了下一个工作循环。

图 2-26 中的 9 是一偏心销轴，转动它可调节吸嘴的高低。

对称安装的两气缸体的位置稍向两侧偏斜，两分纸吸嘴的位置如图 2-27 所示。当分纸吸嘴吸纸上升时，两嘴间距扩大，可将凹凸不平的纸拉平，从而提高传送纸张的精度。

这种分纸吸嘴结构简单，动作可靠，

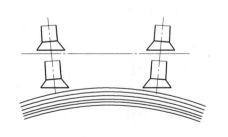

图 2-27 SZ206 型给纸部件分纸吸嘴位置示意图

是一种比较理想的高速分纸吸嘴。

3. 压纸吹嘴

（1）压纸吹嘴的作用及要求　压纸吹嘴的作用在分纸吸嘴吸起纸张后立即下落插入被吸起的纸张下面，压住纸堆，并在其间吹风，使上面一张纸与纸堆完全分离。如图2-28所示。吹风时间应调节在压住纸堆后开始，过早吹风会吹乱纸张。其吹风量由调节阀进行调节。

为了避免压纸吹嘴在下落压纸过程中踩破被分离的纸张，要求压纸吹嘴接近纸堆表面时，基本垂直下落，在离开纸堆表面时，迅速后撤，其运动轨迹如图2-28（a）所示。图（b）为压纸吹嘴的局部放大剖视图。

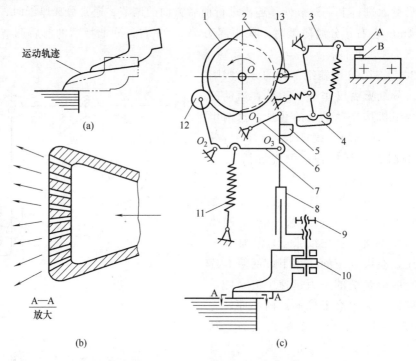

图 2-28　SZ201 型给纸机构的压纸吹嘴

（a）压纸吹嘴运动轨迹　（b）压纸吹嘴局部放大剖视图　（c）压纸吹嘴机构简图

1、2—凸轮　3、6、7—摆杆　4—探块　5—挡块　8—连杆　9—螺钉　10—调节螺母　11—弹簧　12、13—滚子

压纸吹嘴除上述作用外，还利用它和纸堆相接触的特点，作为纸堆自动上升机构的探测器使用。通过探测及和微动开关联合控制升降机构，使纸堆保持在一定高度。纸堆高度调节要求是：

① 根据前挡纸板的位置，使纸堆面（咬口部位）低于前挡纸板约 5mm；

② 分纸吸嘴下落吸纸时，纸堆上面被吹松的纸和分纸吸嘴刚刚接触为宜，且不发生吸双张或吸不起纸的现象。

按前挡纸板位置要求调节纸堆高度，是用插木楔或垫纸带的方法进行；按分纸吸嘴要求调节纸堆高度时，首先要看前挡纸板与纸堆的距离。如果距离合适，后边纸堆过低，则可用插木楔来增加纸堆高度；如果前边也较低，则可通过调短压纸吹嘴杆的长度来解决。

（2）压纸吹嘴的工作原理

① SZ201 型输纸部件压纸吹嘴的工作原理及调节。图 2-28（c）是 SZ201 输纸部件压

纸吹嘴机构简图。分离头轴上的凸轮 2、摆杆 6、7 组成的凸轮—双摆杆组合机构实现压纸吹嘴的压纸动作。分离头轴上的凸轮 1、摆杆 3、探块 4 组成的凸轮摆杆机构与电路配合实现自动升纸的信号传递。

当压纸凸轮 2 按逆时针方向，由小面转到大面时，通过滚子 12 使双摆杆机构带动压纸吹嘴抬升让纸。开始时，摆杆 6、7 基本处于水平位置，使压纸吹嘴近似垂直上升。接着，由于摆杆 6 的作用，压纸吹嘴随摆杆 7 抬升的同时迅速后移让纸。当凸轮 2 由大面转到小面作用于滚子 12 时，在拉簧 11 的作用下，压纸吹嘴下降压纸，伸入被分离的纸张和纸堆之间，并作近似垂直下降压住纸堆。为了压纸吹嘴下降时充分与纸堆接触，当凸轮 2 小面对着滚子时，完全靠弹簧 11 的恢复力使压纸吹嘴压住纸堆，要求此时凸轮 2 小面与滚子 12 不接触，约有 2mm 间隙。

凸轮 1 与凸轮 2 同轴线，同步转动。其相位关系如图 2-28 所示。当凸轮 2 的小面作用于滚子 12 时，凸轮 1 的小面也与滚子 13 接触。即当压纸吹嘴下降到最低位置时，探块 4 和触头 A 也下降到最低位置。当纸堆上表面较高时，压纸吹嘴下降压纸的距离不会很大。此时探块 4 下降时碰到挡块 5（挡块 5 固定在连杆 8 上），因而不能继续下降。摆杆 3 上的触头 A 碰不到微动开关 B，输纸工作继续进行，纸堆无上升动作。当纸堆上表面纸张的不断消耗而变纸时，压纸吹嘴在拉簧 11 的作用下下降距离加大。当大到一定程度时，挡块 5 位置下移，探块 4 在弹簧作用下下落时碰不到挡块 5，所以会继续下移，直至摆杆 3 上的触头 A 碰到微动开关 B 止。微动开关接通纸台自动升降电路，纸台自动上升一段距离。当上升至挡块 5 挡住探块 4，使 4 不能继续下降时，触头 A 与微动开关分开，自动升纸堆停止。这就是压纸吹嘴控制纸堆自动上升的过程。压纸吹嘴杆的长度由调节螺母 10 调节。

② SZ206 型输纸部件压纸吹嘴的工作原理及调节。图 2-29 为 SZ206 型输纸部件压纸

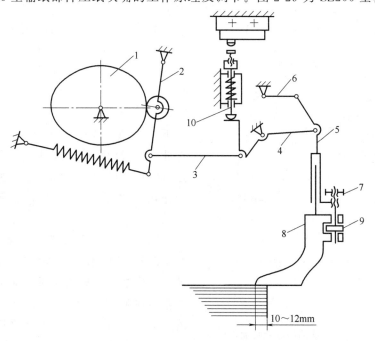

10～12mm

图 2-29　SZ206 型机压纸机构

1—凸轮　2、4、6—摆杆　3、5—连杆　7—螺母　8—压纸吹嘴　9—调节螺母　10—直动杆

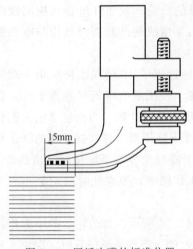

图 2-30　压纸吹嘴的标准位置

吹嘴机构简图。在该机构中，直接由摆杆 4 控制上下直动杆 10 接通微动开关。与图 2-28 相比，减少了一套凸轮连杆机构。结构得以简化，工作更平稳、可靠。

压纸吹嘴的左右位置是固定的，不能移动。而前后位置则可以在允许范围内调节。从它的作用可知，它应有效地压住纸堆的后边缘，下插时又不会碰着被分纸吸嘴吸着上升的纸张。压纸吹嘴位置的标准如图 2-30 所示，以压住纸堆后缘 15mm 左右为适宜。

4. 送纸吸嘴

送纸吸嘴的作用是接过分纸吸嘴分离出来的纸张，送向输纸台板。为此，送纸吸嘴应作前后往复运动。

图 2-31 是送纸吸嘴运动轨迹。送纸吸嘴从 a 点吸取纸张，经 b 到 c 处停止吸气，将纸张交给送纸辊。然后沿 cd 轨迹返回，再到 a 处，开始下一个工作循环。

（1）SZ201 型输纸部件送纸吸嘴　图 2-32 是 SZ201 型输纸部件送纸吸嘴机构简图。凸轮 1、凸轮 3、摆杆 2、4，连杆 7、8 组成凸轮连杆机构，该机构有前后和上下运动两个自由度：凸轮 1 控制送纸吸嘴的前后运动；凸轮 3 控制上下运动。杆 2 和

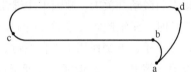

图 2-31　送纸吸嘴运动轨迹

杆 7 分别与杆 8 相铰接，最终使杆 8 获得复合运动。

具体过程如下：当凸轮 1 大面转向杆 2 上端的滚子 13 时，杆 2 下端左摆，使送纸吸嘴向左摆动，即在印刷机上是向前送纸。与此同时，凸轮 3 小面作用于摆杆 4 的滚子 14，通过弹簧 12 使摆杆 6 右摆，连杆 7 斜向右下方运动，该运动又影响了杆 8 的运动。至此，经过两套凸轮连杆机构合成了杆 8 即送纸吸嘴 9 的复合运动，返回原理相同。综合作用的结果，使送纸吸嘴沿上述的曲线运动。

图 2-33 是送纸吸嘴的结构图。送纸吸嘴 9 与活塞连为一体，可在气缸 13 内腔上下滑动。吸住纸张后吸嘴随活塞向上移动，放下纸张后在弹簧 15 恢复力和自重的作用下下落。送纸吸嘴的高低位置是以返回时不触及纸张为标准的。调节螺母 5（见图 2-32），可整体改变吸嘴的起始高度。通过螺母 10（见

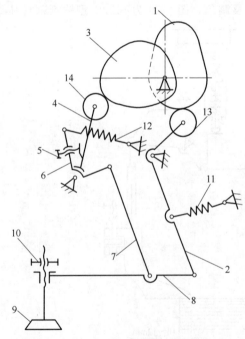

图 2-32　SZ201 型输纸部件送纸吸嘴机构

1、3—凸轮　2、4、6—摆杆　5、10—螺母　7、8—连杆
9—送纸吸嘴　11、12—弹簧　13、14—滚子

图 2-33），可对单个送纸吸嘴的高度进行调节。

（2）SZ206 型输纸部件送纸吸嘴

SZ206 型机的送纸吸嘴采用的是偏心盘导轨机构。该机构主要由偏心盘、连杆、滑道组成。图 2-34 所示为送纸吸嘴的运动机构简图。固定在分离头轴上的偏心盘 1 转动时，经摆杆 2，连杆 3，带动送纸吸嘴 5 沿导轨 10 前后运动，完成送纸动作。

图 2-35 是这种送纸吸嘴的结构图，通过活塞可实现吸嘴的上下运动。这是一种差动式气缸结构，具有动作灵活，速度快的特点。

5. 其他辅助装置

（1）前挡纸板　前挡纸板的作用是保持纸堆前缘整齐。前挡纸板的工作过程如图 2-36 所示。在送纸吸嘴向前送纸时，前挡纸板向前摆动，待送纸吸嘴吸着纸张通过后又摆回纸堆前缘，齐平纸堆。图 2-36（a）为前挡纸板齐纸，送纸吸嘴尚未向前

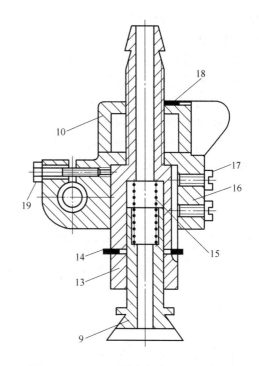

图 2-33　SZ201 型输纸部件送纸吸嘴结构

9—送纸吸嘴　10—螺母　13—气缸　14—垫片
15—弹簧　16—支架　17—螺钉　18—簧片
19—螺栓（序号 9、10 同图 2-32 中的 9、10）

送纸。图 2-36（b）是送纸吸嘴送纸时前挡纸板的工作位置。前挡纸板前摆，让过纸张。前挡纸板的这个运动是由凸轮机构控制的，如图 2-37 所示。经滚子 7、摆杆 3、连杆 4、

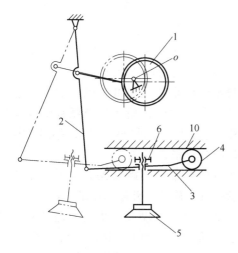

图 2-34　SZ206 型输纸部件送纸吸嘴机构

1—偏心盘　2—摆杆　3—连杆　4—滚子
5—送纸吸嘴　6—螺母　7—弹簧
8—活塞　9—气缸　10—导轨

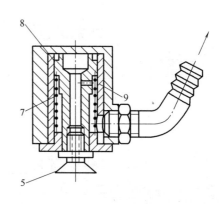

图 2-35　SZ206 型输纸部件送纸吸嘴结构

注：图号标注同图 2-34

摆杆5及拉簧2，使前挡纸板6前后摆动。当凸轮1大面作用于滚子7时，摆杆3绕轴线下摆，通过连杆4，使摆杆5连同轴绕O_1下摆，从而带动前挡纸6绕O_1顺时针摆动，挡住纸张前缘。在凸轮1低面作用于滚子7时，前挡纸板左摆让纸。从图中可见，凸轮1大面部分对应的弧长较长，说明前挡纸板挡住、齐平纸张时间长，而向前摆动时间较短。工作相位即摆动时刻的调节，是通过改变凸轮在轴上的相对位置来达到的。其正确工作顺序是：送纸吸嘴吸纸上升，前挡纸板开始向前摆，即向送纸辊方向倾倒。只要纸的咬口经过其顶部，前挡纸板即可返回。前挡纸板返回后，分纸吹嘴便开始吹风。前挡纸板挡纸、送纸吸嘴、分纸吹嘴的吹风都必须按顺序有条不紊地进行。

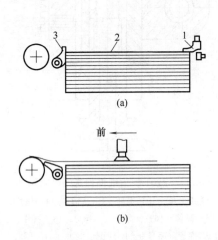

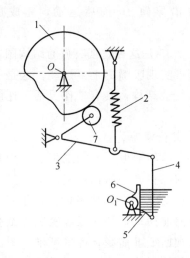

图 2-36　前挡纸板的工作过程

（a）前挡板齐纸，送纸吸嘴未送纸　（b）送纸吸嘴送纸

1—压纸吹嘴　2—纸堆　3—前挡纸板

图 2-37　前挡纸板的运动机构简图

1—凸轮　2—拉簧　3、5—摆杆　4—连杆

6—前挡纸板　7—滚子

（2）挡纸毛刷　如图2-38所示，斜挡纸毛刷的作用是协助分纸吹嘴工作，使被吹松的纸张保持在一定高度且不再与下面的纸张相贴合，使分纸吸嘴顺利地吸取纸张。斜挡纸毛刷在纸堆左右各安装一个。通常以能将2～3张纸搁住在毛刷上为调节标准。

平挡纸毛刷安装在压纸吹嘴的两侧，它的位置见图2-38。它的作用是当分纸吸嘴吸住最上面一张纸上升时，挡住第二张以下的各张纸，以免吸嘴叼起双张或多张。

（3）后挡纸板　后挡纸板的作用是保证纸堆的前后位置正确，另外还起压纸作用。

图2-39是J2108型胶印机的后挡纸板结构图。图2-40是J4102型的后挡纸板结构图。

后挡纸板1的位置应调节到与纸堆后边缘具有1mm的距离为宜。如果纸堆前后位置不合适，挡纸板能起到推挡作用，以实现纸堆上部分纸的前后微量调节。

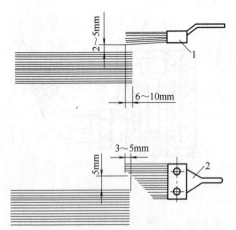

图 2-38　挡纸毛刷位置的调节

1—平挡纸毛刷　2—斜挡纸毛刷

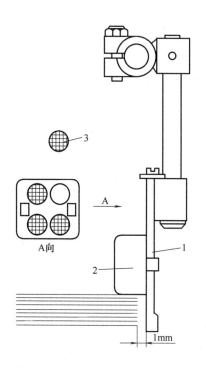

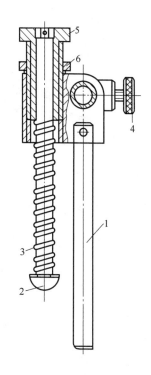

图 2-39 J2108 型胶印机后挡纸板结构

1—后挡纸板 2—压纸块 3—调节钢球

图 2-40 J4102 型胶印机后挡纸板

1—后挡纸板 2—压杆 3—撑簧

4—紧固螺钉 5—螺钉 6—螺母

图 2-39 的压纸块 2 能对分纸过程起稳压作用，以减少出现双张、多张的弊病。压纸块的重量可以调节，压纸块 2 上钻有四个圆孔，可根据具体情况放置 1～4 个钢球，钢球全部放入，压块重量最大。图 2-40 是 J4102 型胶印机起同样作用的稳压杆。由于压杆 2 上有撑簧 3，可以松开锁紧螺母 6，旋转调节螺钉 5，改变撑簧 3 的压缩量，从而调节压杆 2 对纸张的压力。此压杆压纸堆结构简单，操作方便。

（4）侧挡纸板　侧挡纸板的作用是使纸堆两侧保持整齐。它被固定在输纸架上，左右各一个，位置可以根据纸张尺寸和纸堆位置加以调节。与后挡纸板的挡纸作用相似，侧挡纸板只能微量地校正与调节纸堆左右不齐的状况。侧挡纸板对纸堆起定位作用，它和纸堆的距离为 1mm 左右。

（三）纸张输送装置

1. 纸张输送装置的作用与结构

纸张由分纸机构逐张分离出纸堆后，在纸张输送装置的控制下平稳而准确地输送到前规及侧规处定位。现代单张纸平板印刷机纸张的输送装置常用的有传送带式纸张输纸装置和真空吸气带式纸张输送装置两种形式。

（1）传送带式纸张输送机构　传送带式纸张输送机构一般由送纸压轮机构、输纸台装置、传送带传动机构等部分组成。

图 2-41 所示为 SZ206 型传送带式纸张输纸机构的主、俯视图。

在这种输纸机构中，纸张是由分离头的送纸吸嘴送到送纸辊 1，再由送纸压轮 2 与送

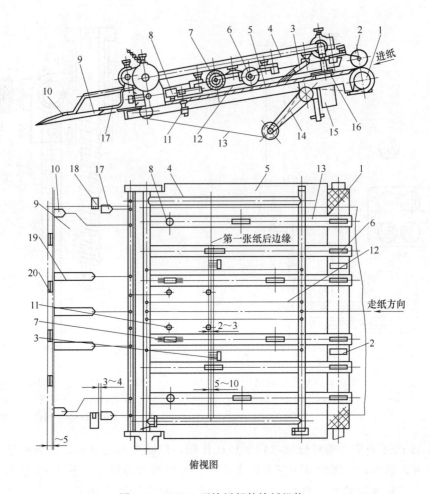

俯视图

图 2-41　SZ206 型输纸部件输纸机构

1—送纸辊　2—送纸压轮　3—压纸毛刷　4—压纸框架　5—输纸台板　6—压纸滚轮　7—压纸毛刷滚轮
8—压纸球　9—递纸牙台　10—压纸片　11—吸气嘴　12—杆　13—传送带　14—张紧臂　15—阀体
16—卡板　17—侧规压纸片　18—侧规拉板　19—前压纸片　20—前规

纸辊 1 对滚将纸张送到输纸台板上。在输纸台板输纸部件的配合控制下将纸张平稳地输送到定位部件进行定位。

（2）真空吸气带式纸张输送装置　真空吸气带式纸张输送装置有传送带、送纸压轮机构、输纸台、吸气室及传送带的传动机构等部分组成。因吸气带式纸张输送装置靠吸力吸住纸张前行，所以其输纸台装置省去了压纸框架等构件，因而结构简单，传纸准确而平稳。为适应印刷机高速发展的要求，现代单张纸平板印刷机已开始采用真空吸气带输纸机构。

图 2-42 所示为真空吸气带输纸机构原理

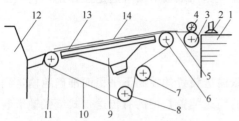

图 2-42　真空吸气带输纸机构原理

1—纸堆　2—吸嘴　3—送纸辊　4—送纸压轮
5—过桥板　6—驱动辊　7、8—张紧轮
9—吸气室　10—传送带　11—传送带辊
12—印刷色组　13—输纸台　14—纸张

图。纸张通过吸嘴 2 传送给送纸辊 3，送纸辊 3 与送纸压轮 4 对滚，依靠摩擦力使纸张继续前行至吸气传送带 10。最后由传送带 10 继续向前传送，直至规矩部件进行定位。

图 2-43 所示为德国罗兰 700 型四色单张纸胶印机吸气带式输纸台平面示意图。该输送装置主要由驱动辊 1、输纸台 2、吸气带 3、传送带辊 4、侧规 6 及辅助吸气轮 7 等部件组成。

图 2-44 为其纸张输送简图。它包括吸气带两根，侧规及辅助吸气轮各两个。当从纸堆上分离出来的纸张由送纸辊 2 输送到输纸台上时，吸气室 5、6 吸气，将纸张吸到传送带 7 上，由传送带带着纸张到前规及侧规处定位。这种真空吸气带式输纸机构，简化了输纸台板结构，操作与调节更为简单、方便。另外，为能防止纸张产生静电，使纸张输送更加平稳、准确，吸气式纸张输纸台机构的输纸台被做成鱼鳞式。图 2-43 中吹气口 5 辅助吸气轮 7，使纸张以更平稳地方式进入前规处定位。图 2-44 中吸气室 5 的吸气量为恒定值，而吸气室 6 的吸气量可调，以适应不同厚度纸张的印刷。

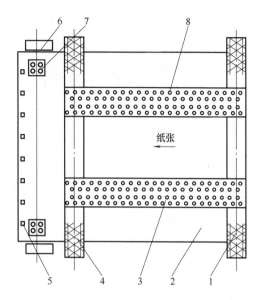

图 2-43　罗兰 700 型胶印机吸气带输纸台平面示意
1—驱动辊　2—输纸台　3—吸气管　4—传送带辊
5—吹气口　6—侧规　7—辅助吸气轮　8—吸气带孔

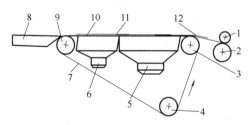

图 2-44　罗兰 700 吸气带纸张输送简图
1—送纸压轮　2、3—驱动辊　4—张紧轮
5、6—吸气室　7—输送带　8—侧规板台
9—传送带辊　10—输纸台　11—纸张
12—过桥板

在这种真空吸气带输纸装置中，吸气带的速度是变化的。在该装置中采用了变速机构。当纸张远离前规时为快速运行，在靠近前规时为慢速运行，使纸张在慢速下与前规接触，减少纸张对前规的冲击及纸张的反弹，定位更加可靠、准确。

2. 供纸系统

高速印刷机在印刷过程中，输纸部件把纸一张一张地输送到印刷部件，输纸台上的纸输送完就要更换新的纸堆。为了减少机器的停顿时间，提高机器的效率，在输纸部件上设置有不停机续纸装置。海德堡 XL105 型高速印刷机上采用的就是不停机续纸机构，如图 2-45 所示。

该装置是用独立的两个电机及两套传动装置分别控制主纸堆和副纸堆的运动。其工作过程如下：当主纸堆工作时，输纸部件正常输纸。这时副纸堆链条 2 带动插辊架 4 降到最低位置 [图 2-45 (b) 中 4 的位置即为最低位置]。图 2-45 中，当主纸堆台 5 不断上升，升至副纸堆插辊架 4 上的一排孔与主纸堆台上的槽相对时，把插辊 3 穿过插辊架 4 的孔插入纸堆台 5 的槽中。在 SZ206 型输纸部件上，插辊架上一排共有 14 个孔，对应于主纸台

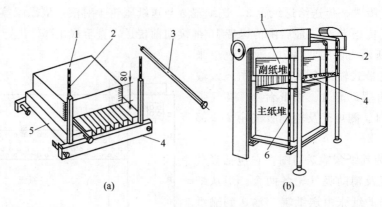

图 2-45　不停机续纸机构
1—纸堆　2—副链条　3—插辊　4—插辊架　5—主纸堆台　6—主链条

上的 14 个槽，插入了 14 根插辊。插辊 3 的末端均被架 4 的孔支承着。此时启动副纸堆电机，依靠副纸堆传动装置慢慢提升起插辊架 4，14 根插辊也一起升起。用插辊托起纸堆 1。由副纸堆自动向上输送纸张。此时主纸台 5 上的纸张已被插辊带走，主纸堆台上没有纸张。按动主纸堆下开关，使空的主纸堆台下降至最低点（接近地面）装纸。装纸后，新纸堆台带纸上升，升至插辊下，轻轻顶住插辊，停止上升。此时拔出 14 根插辊 3，使副纸堆台上的剩余纸张与主纸堆台上的纸张放在一起。至此完成不停机续纸工作。

二、印刷机纸张定位系统

纸张由输纸装置输送到输纸台板靠近前规最前端时，必须经过定位才可以进入压印滚筒进行印刷。只有定位正确，所印图文的位置才能准确。从而才能保证张与张之间、色与色之间套印准确。因此，纸张的正确定位是印刷过程中的重要工艺环节。

完成纸张定位的部件称为规矩部件。按照工艺要求，规矩部件又分为前规矩部件和侧规矩部件两大类。

纸张的定位由专门的定位系统来完成。纸张定位系统包括输纸台板、前规矩部件和侧规矩部件等。输纸台板支撑着纸张，确保其平展、正确地到达定位位置。在到达定位位置时，纸张实际上已完成了底面的定位，接下来则应是按顺序完成前、侧两个纸边的定位。前纸边的定位由前规矩部件来完成；侧纸边的定位则由侧规矩部件来完成。

（一）纸张的定位

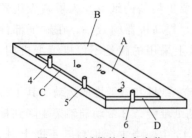

图 2-46　纸张的完全定位
1、2、3—平面约束　4、5—前面约束（前规）
6—侧面约束（侧规）

纸张为一柔性体，它的形状易变和对环境温度及干湿度的敏感，给它的正确定位带来不少麻烦。为讨论方便，我们先假定被定位的纸张为一薄板，且忽略环境温度及干湿度对它的影响。

由前面的讨论可知，实现纸张的完全定位，应按照图 2-46 所示的位置安排六个约束。由于定位平台 B 的定位面为一平面，纸张密贴在定位面上，相当于三个约束 1、2、3 的作用。它消除了纸张 A 的两个转动和一个移动；纸边 C 处放置两个约束 4 和 5，消除了一个转动和一个移动；纸边 D 处放置一个约束 6，消除了一个移动。如此，六个自由度全部被消除，纸张 A 实现了完全定位。

纸张的正确定位和在传送过程中的位置保持，是实现准确套印的关键，也是考查一台胶印机性能优劣的重要指标之一。这是因为纸张是在运动中完成定位和压印作业的。并且在多色印刷和多次套印中，纸张不可避免地要进行多次定位。而定位面的多次使用，又会造成定位误差的积累和扩大。为此，人们长期以来围绕着印刷纸张的定位、传送和交接做了大量的研究和探索，以寻求更可靠的工艺方法和机构。

（二）前规定位部分

1. 前规矩的作用

前规矩也叫前规。它的作用主要是使纸张前缘得到良好的定位，与侧规的定位相结合，为纸张的准确套印打下基础。为此它必须有两个与纸张前缘相触的定位面即定位板，这是纸张的主要定位点。另外，为使纸张在定位时不会飘起或弓曲，还要有一个控制纸张高度方向的装置，这个装置就是挡纸板（或挡纸舌）。高度方向的控制不要求很高的精度，在实际操作中，通常使挡纸舌的压纸面与输纸台板间的间隙控制在 3~4 张纸的厚度即可。

2. 前规的分类及特点

前规机构按照在机器上的位置可分为两种：一种是在输纸台板上方，绕固定轴线下摆至输纸台板末端完成纸张前后方向定位的，称为上摆式前规；另一种是在输纸台板下方，绕固定轴线上摆至输纸台板末端完成纸张前后方向定位的，称为下摆式前规。

因上摆式前规在输纸台板上方，所以安装、调试、维修、调节都很方便。但上摆式前规下摆定位时，必须待前一张纸的纸尾离开输纸台板时才能动作。而后一张纸的前缘高速尾随前一张纸的纸尾，使得前规的定位时间受到了限制。若前一张纸未完全离开输纸台板前规就下摆定位，往往会使前规碰到前一张纸的纸尾而发生运动干涉，容易刮破纸张。在 J2108、J2203 型胶印机上使用的就是上摆式前规。

下摆式前规上摆定位时，不受前一张纸的位置限制，在前一张纸尚未离开输纸台板前，下摆式前规就可以上摆进行纸张定位。因此，与上摆式前规相比，纸张获得的定位时间长，在高速输纸时，可以获得较高的纸张定位精度。

但因下摆式前规安装在输纸台板的下方，调整、维修不太方便。

下摆式前规适合于高速印刷，在 J2204 及 J2109 型胶印机上采用的就是下摆式前规。

3. 前规结构及工作原理

（1）上摆式前规的结构及工作原理

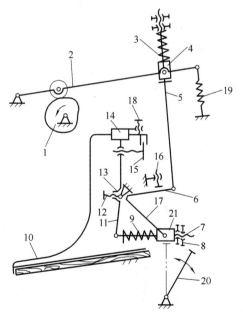

图 2-47 上摆式前规

1—凸轮 2、5—杆 3、19—弹簧 4—滑动支点
6、11、17—摆杆 7—连杆 8—螺母 9—撑簧
10—挡纸板 12、15、18—螺钉 13—前规轴
14—前规体 16—挡块 20—互锁摆杆 21—缓冲座

前规是对纸张前后方向进行定位的部件，在设计前规时应当对前规挡纸板前后位置的调节问题给予足够重视。现代单张纸印刷机通常应用以下三种方式调节前规：①各个前规单独调节到定位位置，此方法简单，但缺点是调节时需停机；②从机器的一边进行调节，此方法可在机器运转中进行调节；③从主控制台进行集中控制。

① 普通上摆式前规。图 2-47 所示为一种上摆式前规机构简图。由于前规体 14 同时控制纸张前后和高度两个方向的位置，所以这种前规又称为组合上摆式前规。

凸轮 1 的连续旋转使杆 2 往复摆动，通过滑动支点 4 使杆 5 上下运动。摆杆 6 和 17 固联在一起并活套在前规轴 13 上。摆杆 11 与前规轴 13 固联在一起。由于撑簧 9 的作用，摆杆 6、17、连杆 7、摆杆 11 和前规轴 13 一起绕轴 13 的中心摆动。前规体 14 通过螺钉 12 与轴 13 固联，杆 5 的上下运动就使前规挡纸板 10 绕轴 13 的中心摆动。

前规处于定位位置时，摆杆 6 与挡块 16 靠紧，以获得准确的定位位置。弹簧 3 的作用是在挡块起作用后，允许摆杆 2 在凸轮 1 的作用下向上运动一段距离，起到缓冲作用。若去掉此弹簧，当摆杆 6 靠上挡块 16 后，凸轮大面作用于滚子，使杆 2 有继续上摆的趋势时，会产生运动干涉，将杆 5 拉断。

图 2-47 中的 20 为互锁机构摆杆。前规正常工作时，摆杆 20 处于图中实线位置。当输纸出现故障时，电磁摆杆 20 左摆，顶住缓冲座 21，使摆杆 17 下端不能下摆，即前规不能抬起让纸。挡住输纸过程有问题的纸张，使这些纸张不能进入印刷机的印刷部分。

调节螺母 8 可改变连杆 7 的工作长度，因而使前规轴 13 与摆杆 6、17 间产生相对角位移，整排前规就升高或降低。各个前规挡纸板 10 的高低可单独调节，调节的方法是松开固定螺钉 12，挡纸板 10 在前规轴 13 上转动，从而实现单个前规的高低调节。

另外，各挡纸板 10 的前后位置也能实现单独调节和整排调节。螺钉 15 用于单独调节挡纸板的前后位置。

② 带纸张减速的上摆式前规。现代高速印刷机中，由于纸张运行速度较高，因此纸张在前规处定位时易产生较大的冲击。为了减少这种冲击，在纸张到达前规前，应先对纸张减速。纸张减速方法很多，这里介绍用缓速前挡规和缓速钩实现纸张减速的方法。

图 2-48 所示为一种带有缓速前挡纸张减速装置的上摆式前规。其工作原理如下：

凸轮 1 转动，通过滚子 2 带动摆杆 3 绕固定铰链摆动。当凸轮 1 由大面转向小面时，在弹簧 5 恢复力的作用下，摆杆 3 顺时针摆动，通过连杆 4 使前挡规 7（相当于摆杆）与轴 6 一起顺时针摆动，前挡规摆向输纸台板与快速传来的纸张相接触（此时纸张还未到达前规定位处）。挡纸的目的是使快速运动的纸张得以减速。然后，前挡规反向慢速回摆，当摆至前规定位位置时，上摆式的前规板 8 绕 O_1 也下摆至定位处，开

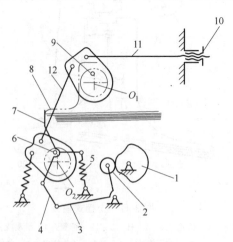

图 2-48　带纸张减速的上摆式前规

1—凸轮　2—滚子　3—摆杆　4、12—连杆　5—弹簧
6、7—前挡规　8—前规板　9—轴　10—螺母　11—螺杆

始为纸张进行定位。前挡规 7 继续摆动一角度，远离输纸台板，为递纸牙传递纸张让开道路。

在此机构中，前挡规与前规板必须协调动作，二者有着严格的相位关系。此相位关系由印刷机运动循环图所确定。旋动螺母 10，通过螺杆 11 使轴 9 绕 O_1 摆动，即改变了前规轴 9 的位置，从而实现了前规板的整体调节。当轴 9 绕 O_1 转动时，通过连杆 12，使轴 6 也绕 O_2 转动一角度，从而改变了前挡规 7 的整体位置，实现了前挡规的整体调节。本机构采用联锁关系对前规板及前挡规进行调节，保证了它们的相位关系。

图 2-49 所示为缓速挡纸钩机构的工作过程。当印刷较大幅面的纸张时，为保证一定的前规定位时间，在机器上设置了吸嘴。图 2-49（a）所示为当前一张纸传送到压印滚筒时，后一张纸被吸嘴吸住。图 2-49（b）所示为纸张被引导至减速钩，并由减速钩预定位。图 2-49（c）所示为纸张随缓速钩减速移向前规，此时吸嘴释放纸张并返回。图 2-49（d）所示为纸张已移动到前规处（速度已为零）并且在前规处定位。

缓速钩装置可使纸张在向前规运动过程中，速度逐渐由高速降至零。

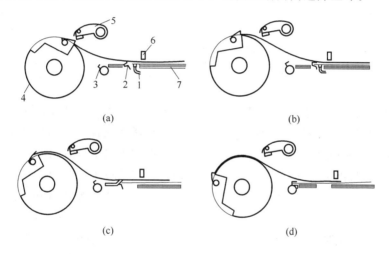

(a)　　　　　　　　　　　(b)

(c)　　　　　　　　　　　(d)

图 2-49　缓速钩装置

（a）吸嘴吸住纸张　（b）纸张由减速钩预定位　（c）吸气嘴释放纸张，纸张继续向前移动　（d）纸张至前规定位

1—吸嘴　2—减速钩　3—前规　4—压印滚筒　5—递纸牙　6—侧规　7—输纸台板

纸张的缓速和预定位还可用静止不动的吸气孔来实现。图 2-50 所示为用吸气孔实现纸张缓速与预定位的机构简图。

其中，箭头所示方向为吸气气流方向，旋动调节螺钉 1 就使下面的吸气孔 2 改变有效横截面积，从而改变上面吸气孔 3 对纸张的吸力。

（2）下摆式前规的结构及工作原理

① 组合下摆式前规。图 2-51 所示为组合下摆式前规的机构简图。凸轮 1 匀速转动，通过滚子 2 带动摆杆 3 绕固定铰链 O 摆动。当凸轮 1 由小面转向大面时，摆杆 3 绕 O 点顺时针摆动，通过连杆 4 使摆杆 8 绕轴 9 逆时

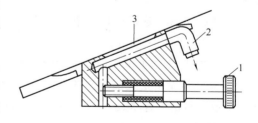

图 2-50　吸气孔缓速与预定位

1—调节螺钉　2、3—吸气孔

针摆动。因前规板 15 与摆杆 8 固联，所以板 15 也绕轴 9 逆时针摆动，从而使前规板 15 左摆让纸，离开定位纸张及输纸台板，保证递纸牙顺利将定好位的纸张叼走。此时，弹簧 6 被拉伸。

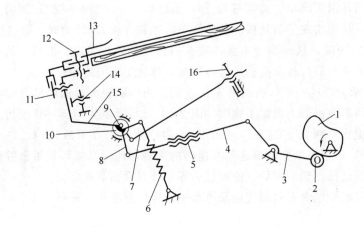

图 2-51　组合下摆式前规

1—凸轮　2—滚子　3、8—摆杆　4—连杆　5、16—螺母　6—拉簧　7—螺杆　9—轴　10—偏心套

11、12—螺钉　13—挡纸舌　14—挡块　15—前规板

当凸轮 1 由大面转向小面时，摆杆 3 绕 O 点逆时针摆动，在弹簧 6 恢复力的作用下，前规板 15 绕轴 9 右摆，即摆向输纸台板，为纸张定位做好准备。图中的挡块 14 起限位作用，即当前规定位时摆至碰到挡块 14 时停止摆动，使前规在定位时间内稳定在定位位置。为保证前规板 15 与挡块 14 的充分接触，当前规板 15 与挡块 14 接触时，应使滚子 2 与凸轮 1 的小面留有一定的间隙，此间隙一般约为 2mm。机构中的螺母 5 用于调节滚子 2 与凸轮 1 之间的间隙。

前规板 15 除对纸张进行前后方向的定位外，还能限制纸张在输纸台板上在高度方向的位置，以防纸张前部弓曲而影响定位。在前规板 15 的上端固结着挡纸舌 13，当前规板 15 绕轴 9 摆向输纸台板定位时，挡纸舌 13 就对纸张进行上下位置的定位。挡纸舌 13 的下表面一般距离输纸台板约 3 张纸厚的距离。拧动螺钉 12，可调节挡纸舌 13 距离输纸台板的位置。

拧动螺母 16，通过连杆 7 使偏心套 10 转动，从而改变了前规轴 9 的位置，这样就实现了整排前规的统一调节。

拧动螺钉 11 用于单个前规前后位置的调节。

② 在线可调下摆式前规。图 2-52 所示的下摆式前规可在机器一侧墙板上进行微调。如图所示，凸轮 1 通过滚子 9 驱动摆杆 2 绕固定在墙板上的轴 O 摆动，摆杆 2 又带动连杆 5 运动。连杆 5 的一端装着滚子 6，滚子 6 在导槽中运动。前规板 7 及挡纸舌 8 都固定在连杆 5 上。当凸轮 1 由大面转向小面时，摆杆 2 在弹簧 10 恢复力作用下，顺时针摆动碰到挡块 4 便不再摆动。旋动手轮 3，通过锥齿轮传动及丝杠的运动可改变挡块的位置，以此实现对前规的微量调节。由于这种调节操作可在机器运转时进行，所以这种调节方式叫在线可调方式。图中 v_f 表示纸张运动方向和速度，图中纸张正处于定位位置。

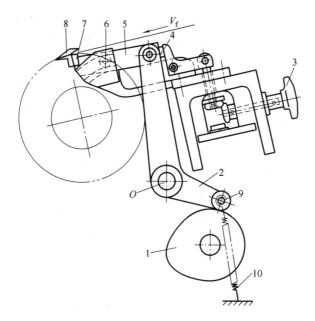

图 2-52　可在运转中调节的前规

1—凸轮　2—摆杆　3—手轮　4—挡块　5—连杆　6、9—滚子　7—前规板　8—挡纸舌　10—弹簧

如果把手轮 3 换成一台小电机，那么只要设计适当的控制电路就可实现主控制台对前规的集中控制。为了保证下摆式前规返回时不碰坏纸张，有的印刷机上采用吹气机构，将纸张吹起，使纸张与前规上下有一段避让的距离。

（三）侧规定位部分

1. 侧规矩的作用

侧规矩的作用是对经过前规定位后的纸张进行侧向定位。

纸张的侧向定位，系根据纸张定位边的位置（正面施印或反面施印），或者在输纸台板尾部的操作面一侧，或者在输纸台板尾部的传动面一侧由一个侧规矩部件来完成。通常在输纸台板尾部的两侧各装有一个侧规矩部件，输纸、定位时，只有一个侧规矩参加定位工作，而另一个侧规则被调整为离开工作位置。

与纸张在前规的定位不同，纸张在侧方向上没有运动。因此，纸张在进行侧向定位时，须使其在不破坏前纸边定位的前提下，在侧方向产生位移，以使侧纸边靠紧侧规定位面而完成侧向定位。这一位移一般由侧规对纸张的推动或拉动而产生。

2. 侧规矩的分类

侧规矩有推规和拉规两大类。

推规是在远离纸张定位边的位置推动纸张，使纸张的定位边与侧规定位面密靠而完成定位的。这种侧规结构简单，但其推送纸张的方式仅适用于幅面较小或挺度较大的纸张。对于大幅面或较软的纸张，在推送时容易产生弓曲变形，因此不宜采用侧推规进行侧向定位。

目前应用较多的侧规矩，是在定位过程中朝定位面拉动纸张产生侧向位移的侧规矩，称为侧拉规。常见的侧拉规有摆动扇板式侧拉规、旋转滚轮式侧拉规、拉板移动式侧拉规和气动式侧拉规等。下面将依次介绍这几种侧拉规。

3. 侧规结构及工作原理

(1) 旋转滚轮式侧拉规 图 2-53 所示为旋转滚轮式侧拉规。其中图 2-53 (a)、图 2-53 (b) 为其结构图，图 (c) 为其机构简图。

在旋转滚轮式侧拉规中，将往复摆动的扇形板改成连续旋转的滚轮。其优点是结构简单，避免了扇形板往复运动所引起的振动。但其拉纸速度为恒速，没有减速特性，在高速印刷时纸张对定位面的冲击力较大。

如图 2-53 (c) 所示，固定在驱动轴 17 上的凸轮 9 旋转时，迫使滚子 10 绕 O 点摆动，因而压纸轮 2 绕 O 点上下摆动。驱动轴 17 又通过齿轮 14、15、锥齿轮副 16 带动滚轮 1 连续旋转。当待侧向定位的纸张到达压纸轮 2 与滚轮 1 之间时，压纸轮 2 下摆压到滚轮 1 上，滚轮 1 与压纸轮 2 共同作用，把纸张拉向挡纸板定位。压纸轮 2 和滚轮 1 接触时间越长，拉纸距离越长。滚子 10 的轴为可调的偏心轴，利用此偏心轴可调整滚子与凸轮 9 之间的间隙。

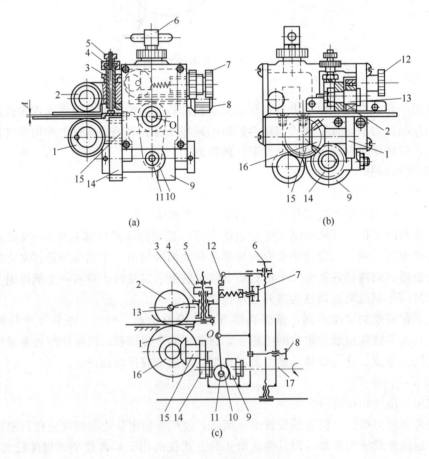

图 2-53 旋转滚轮式侧拉规

(a) 侧拉规主视图 (b) 侧拉规侧视图 (c) 侧拉规机构简图

1—滚轮 2—压纸轮 3—紧固螺母 4—调节螺母 5—锁紧螺母 6—紧固螺钉 7、8—调节螺钉
9—凸轮 10—滚子 11、13—偏心轴 12—曲柄 14、15—齿轮 16—锥齿轮副 17—驱动轴

（2）拉板移动式侧拉规　拉板移动式侧拉规俗称铁条式拉规，在旧式的印刷机中用得较多。由于纸张与铁条的接触比较可靠，而且容易实现不停机调节，因此在现代高速印刷机上也常被采用。图 2-54 为拉板移动式侧拉规的机构简图。

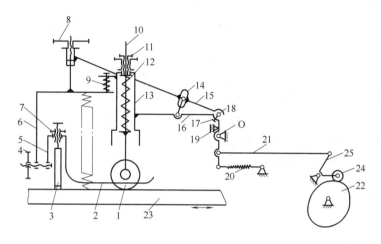

图 2-54　拉板移动式侧拉规

1—压纸轮　2—挡纸舌　3—挡纸板　4—调节螺母　5—支架　6—座架　7—差动螺钉　8—螺母
9—弹簧　10—挺杆　11—螺钉　12—压簧　13—套筒　14—槽　15、16、25—摆杆　17—紧固螺钉
18—铰链　19—限位螺钉　20—拉簧　21—拉杆　22—凸轮　23—拉纸铁条　24—滚子

压纸轮 1 和拉纸铁条 23 完成拉纸动作。铁条 23 的往复运动由凸轮 22 控制，压纸轮 1、定位挡纸板 3 及挡纸舌 2 均由凸轮 22 控制作上下摆动。压纸轮随摆杆 16 绕轴 O 摆动。它逆时针向下摆动时由限位螺钉 19 顶住摆杆 16（凸轮 22 与滚子间有一定间隙），因而获得确定的压纸位置。它对纸的压力由螺钉 11 调节。定位挡纸板 3 与挡纸舌 2 的座架 6 通过螺母 8 与摆杆 15 相联，摆杆 15 与摆杆 16 通过铰链 18 铰接，并且由于撑簧 9 与槽 14 及其中的销子的作用，摆杆 15 与 16 可以相对转动一定角度。拉规下落时定位挡纸板 3 与挡纸舌 2 先落至工作位置（摆杆 15 先停止下摆），而摆杆 16 继续下摆，压缩撑簧 9 和与槽 14 上部相接触的销子便沿槽向下移动，直至压纸轮 1 与铁条接触。拉规上抬时，压纸轮 1 先抬起，然后槽 14 的上部由销子顶住，摆杆 15 连同定位挡纸板 3 及挡纸舌 2 随即抬起。旋转螺母 8 可使座架 6 的高度变化，从而调节定位挡纸板 3 与压纸轮 1 进入工作位置的时间差。差动螺钉 7 用以微调挡纸舌的高低。

（3）气动式侧拉规　气动式侧拉规常见于近年制造的单张纸胶印机上。气动式侧拉规的结构如图 2-55 所示。其中，图 2-55（a）为外形图，图 2-55（b）为原理图。气动式侧拉规由机械、气动两部组成。

如图 2-55（b）所示，侧规体 8 安装于侧规轴 I 上。吸气板 3 装在吸气托板 2 上，托板 2 是封闭的且与气泵相通。吸气板上有多个小孔，用于吸附纸张。凸轮轴 II 带动圆柱凸轮 1 旋转，经滚子、摆杆推动吸气托板 2 左右移动。

纸张在前规处定位后，气阀打开，吸气板 3 上的负压气流吸住纸张，在凸轮 1 的作用下向左移动，使纸张靠在侧规定位板 4 上进行定位。侧规定位结束，递纸牙叼住纸张后气泵停止吸气，吸气板放纸并随吸气托板 2 右移，返回等待下一张纸的到来。

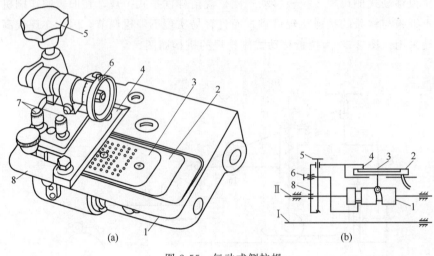

图 2-55 气动式侧拉规

(a) 外形图　(b) 原理图

1—凸轮　2—吸气托板　3—吸气板　4—定位板　5、6—手轮　7—调节钮　8—侧规体

气动侧拉规的主要优点是对承印材料适应性强，不仅对普通纸，对较薄和较厚的纸张都具有较好的定位稳定性，对特殊的承印材料，如塑料薄膜、金属箔等也能较好的定位。

若采用下摆前规，重叠系数可更大，纸张定位时间可更长，侧规拉纸不受前张纸纸尾的影响。

因为是吸气吸住纸张侧向拉动定位，无压纸轮压住纸张，所以不易损伤纸张。另外，若是多色套印，传统式侧拉规的压纸轮与印品表面接触，易蹭脏印品，而气动式侧拉规因没有压纸轮，所以侧向定位时不会蹭脏印品。

4. 侧规部件调节

侧规的调节一般包括下列内容：

① 侧规工作相位调节。通过改变侧规凸轮的周向位置，可改变侧规压纸辊的拉纸时刻。注意这些调节均应以印刷机各部件的工作循环图为依据。

② 侧规定位时间长短的调节，依据印刷时纸张前定位和侧定位的稳定性情况而定。如前规定位稳定性好，则前规定位时间可适当缩短，侧定位时间相对加长；反之，如侧定位稳定性好，则可减少侧定位时间，使前规定位时间相对加长。

③ 侧规的上挡规工作表面与输纸台板面的间距通常为三张印张的厚度。

④ 侧规方向、位置的调节。理论上侧规定位面与前规定位面相垂直，所以这两个定位面在结构上有严格的垂直度要求。

⑤ 侧规侧向位置的调节分为粗调和微调两种。粗调可采用整体移动侧规的方法，微调可通过拧动微调螺钉调节。

三、印刷机纸张交接机构

单张纸胶印机进行印刷时，纸张先要经过纸张分离机构从纸堆中被分离，然后由输送机构将纸张输送到输纸台板进行定位。定位后，由递纸牙在递纸牙台处叼住纸张，然后加速运动。当纸张加速至等于压印滚筒表面速度时，递纸牙将纸张交给压印滚筒。这是印刷过程中两机件对纸张进行的第一次交接。纸张交接时，要求递纸牙与压印滚筒咬纸牙共同控制纸张转过 3～5mm。印刷完成后，若是单色胶印机，压印滚筒咬纸牙又把印张交给收纸滚筒。由此压印滚筒与收纸滚筒之间，又有一次纸张的交接。若是机组式多色胶印机，各机组间通过传纸滚筒进行传纸。压印滚筒与传纸滚筒之间、传纸滚筒与传纸滚筒之间也会存在着纸张的交接问题。经过一系列纸张的交接，才完成纸张的多色或多面印刷。纸张的每次交接，都必须稳定地、准确地完成。若其中一次交接出现故障，纸张的正常印刷就不能实现。

(一)　纸张交接机构概述

纸张到达输纸台板前经过前规和侧规定位后，静止地停在输纸台板前，等待着递纸牙咬取，然后递送给压印滚筒的咬纸牙。纸张从静止在输纸台板，到被加速到压印滚筒表面的旋转速度，由压印滚筒的咬纸牙排将纸张咬紧并带其旋转进行印刷，这个过程称为纸张的加速过程。实现纸张加速的机构称为纸张加速机构，俗称递纸机构。对纸张加速机构的主要要求有：

① 在输纸台板上由规矩部件定好位的纸张，在纸张加速机构的递送过程中，不允许破坏纸张的定位精度，以保证套印的准确性。

② 纸张加速机构在输纸台板上取纸和与压印滚筒交纸时应有一定的交接时间，以保证纸张传递的可靠性。同时要求纸张加速机构的运动应平稳，以满足纸张运行的平稳性要求。

③ 纸张加速机构应能保证印刷机的生产率，即不受压印滚筒空当角的限制。

纸张在输纸台板上经前规与侧规定位后，接着进行传纸运动，即把静止的纸张送入旋转的压印滚筒，由压印滚筒上的咬纸牙排将纸张咬紧进行印刷。

纸张的传递有三种基本方式：直接传纸、间接传纸和超越续纸。

1. 直接传纸与间接传纸

纸张在输纸台板上直接由压印滚筒上的咬纸牙排叼走的方式称为直接传纸方式。

纸张在输纸台板上先由递纸牙排叼走，再由递纸牙排交给压印滚筒咬纸牙排的方式称为间接传纸方式。间接传纸方式中，递纸牙通常作变速运动。递纸牙在输纸台板接纸时速度为零，叼住纸张后逐渐加速，直至加速到与传纸滚筒或压印滚筒表面线速度一致时，在与接受纸张的滚筒相对静止的状况下完成交接。为减少机械振动，提高传纸准确性，在满足递纸条件的前提下，递纸机构的运动轨迹应尽量平缓。

图 2-56 所示为直接传纸示意图。图 2-56（a）为前规定位完毕后上抬，压印滚筒上的咬纸牙叼住纸张（A 位置），快速转动；图 2-56（b）为压印滚筒的 B 位置转至输纸台板附近，滚筒的空当部分靠近输纸台板。此时前规下摆，对纸张进行定位。AB 弧转过所用的时间即为定位的最长时间。空当越大，纸张的定位时间越长。因此，为保证一定的定位时间，压印滚筒的空当往往设计得较大。这样，滚筒表面的利用率下降，利用系数减小，有时利用系数 K 会降至 0.5 左右。为保证印刷一定规格的纸张，就只有增大滚筒的直径。因而机构庞大，占据空间大，不利于提高生产效率。

间接传纸时，纸张在前规定位时间与滚筒空当大小无关，滚筒空当的大小根据递纸牙摆动部件与滚筒交接纸张的需要来确定。因此，只要合理设计递纸牙机构，就可使滚筒空当尽量减小，从而提高滚筒表面的利用系数。同时，由于滚筒表面利用系数的提高，可使

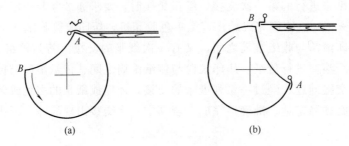

图 2-56　直接传纸示意图

(a) 在 A 位置咬纸牙叼纸　(b) 在 B 位置前规定位

得压印滚筒直径尽量变小。所以采用间接传纸方式可使机构结构紧凑，占地面积小。

2. 超越续纸

近年来印刷机的速度不断提高，单张纸胶印机的印刷速度已达到 18000～20000 张/h。间接传纸方式传纸平稳，基本上能满足现代高速印刷的要求。但间接传纸方式纸张是在定位板上进行定位的。定位之后纸张需经过递纸牙取纸、递纸牙与压印滚筒交接等两次纸张的转换传递过程。在此传递过程中，尽管严格地控制着纸张，但由于制造精度的限制以及振动等原因，在输纸台板规矩上定位好的纸张经过两次交接，传送至压印滚时必定会产生一定的误差，即在输纸台板上纸张的定位状态或多或少地会被破坏。从这个意义上讲，定位点离压印处越近，定位后纸张交接次数越少，越容易保证原定位精度。因此，现代的一些高速印刷机上，将纸张最终定位点不再是放在输纸台板末端，而是放在了压印滚筒上。即在压印滚筒上又设置了一个前规板。这个前规板除随压印滚筒转动外，还随自身安装小轴转动，从而实现前规板对纸张的定位。

在这种机构中，纸张在输纸台板上先进行前规及侧规方向的定位（与通常意义上的前规、侧规定位一样），称为预定位，然后由吸气带吸住纸张加速输送至压印滚筒上的前规板处，进行第二次前规定位。这样在印刷前，纸张在前后方向被定位两次，且最后一次定位点放在了压印滚筒上。所以这种超越式续纸方式定位精度高，有利于高速印刷。

为了将纸张推至压印滚筒上的前规处进行定位，纸张在向压印滚筒传递时的速度略大于压印滚筒的表面速度，因而这种传纸方式称为超越续纸方式。

超越续纸有真空带式超越续纸、吸气辊式超越续纸及送纸辊摩擦式超越续纸三种形式。

(1) 真空带式超越续纸　图 2-57 所示为一种真空带超越续纸机构的工作原理图。其基本工作过程如下：

① 纸张首先到达前规 1 进行预定位，然后侧规下落进行定位（图中未画出侧规），此时真空带 5 中的吸气装置不吸气，如图 2-57（a）所示；

② 预定位完成后，吸嘴开始吸气，将纸张吸附在真空带上，前规定位板下摆让纸，真空带 5 吸住纸张并按图示方向作旋转。吸气带的线速度大于压印滚筒的线速度，所以真空带吸住纸张加速向前传送，如图 2-57（b）所示；

③ 纸张以大于滚筒表面的速度到达滚筒的定位板 4，完成第二次定位，如图 2-57（c）所示；

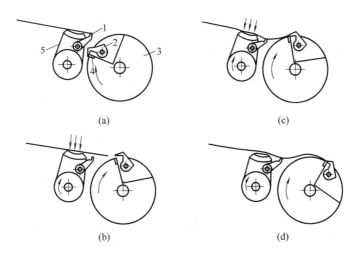

图 2-57　真空带超越续纸的递纸过程

（a）纸张在前规定位　（b）吸嘴吸气，真空吸住纸张并旋转

（c）纸张到达定位板，完成二次定位　（d）咬牙叼牙继续运动，准备下张纸到来

1—前规　2—咬纸牙　3—压印滚筒　4—压印滚筒定位板　5—真空带

④ 压印滚筒 3 上的咬纸牙 2 叼住纸张继续转动，此时吸气换成吹风，在输纸台与纸张之间形成气垫，使纸张快速向前传送。真空带反转，前规定位板上抬位于定位位置，准备下一张纸的到来，如图 2-57（d）所示。

真空带超越续纸机构的调节简单、方便，通常只需调节真空度和吹风压力。此外，真空带超越续纸装置位于输纸台板的下方，通过吸纸续纸，不易蹭脏印品。

（2）吸气辊式超越续纸　图 2-58 所示为吸气辊式超越续纸机构的工作原理图。吸气辊式超越续纸机构主要由两部分组成，一部分是动力传动和变速机构；另一部分是真空工作时间控制和吸纸力调节机构。

该机构中，纸张在输纸台板上仍然先经过前规及侧规的第一次定位，然后吸气辊变速转动送纸。当输送纸张时，吸气辊速度由零迅速增加，快速将纸张传向压印滚筒前规板，进行二次前后方向的定位。此后压印滚筒咬纸牙咬住纸张，进行印刷。压印滚筒咬

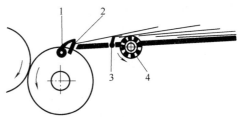

图 2-58　吸气辊式超越续纸机构

1—咬纸牙　2—前规板　3—前规　4—吸气辊

纸牙咬住纸张后，吸气辊降速转动，最后停止转动，等待下一张纸的到来。吸气辊的变速间歇转动，通常是利用共轭盘形凸轮机构实现的。

在吸气辊上，对应于送纸的表面上有吸气孔，用以吸住纸张进行前送；对应于不需送纸的表面，没有气孔。当没有气孔的表面转到输纸台板上时，不能吸纸。

（3）摩擦辊式超越续纸　如图 2-59 所示为摩擦辊式超越续纸工作原理图。

摩擦辊式超越递纸机构主要由上递纸滚轮 5、下递纸滚轮 3、上挡板 8 以及前规板 9 等组成。

在这种摩擦辊式超越续纸机构中，纸张首先在输纸台板上通过前规和侧规（未示出）

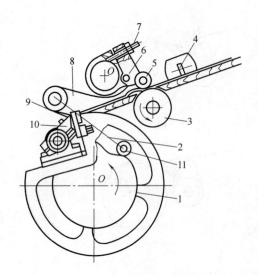

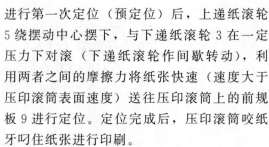

图 2-59　摩擦辊式超越续纸机构

1—凸轮　2、6、10—摆杆　3—下递纸滚轮　4—侧规

5—上递纸滚轮　7—调节螺钉　8—上挡板

9—前规板　11—滚子

进行第一次定位（预定位）后，上递纸滚轮 5 绕摆动中心摆下，与下递纸滚轮 3 在一定压力下对滚（下递纸滚轮作间歇转动），利用两者之间的摩擦力将纸张快速（速度大于压印滚筒表面速度）送往压印滚筒上的前规板 9 进行定位。定位完成后，压印滚筒咬纸牙叼住纸张进行印刷。

上递纸滚轮 5 的摆动及下递纸滚轮 3 的转动，分别由压印滚筒轴上的凸轮 1 通过相应的机构带动。

（二）定心摆动式递纸机构

1. 工作原理

定心摆动式递纸机构是递纸机构中结构及运动最为简单的一种。图 2-60 所示为典型的定心摆动式递纸机构的原理图，图 2-61 为其结构图。

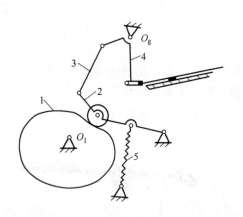

图 2-60　定心摆动式递纸机构原理图

1—凸轮　2—摆杆　3—连杆

4—递纸牙排　5—弹簧

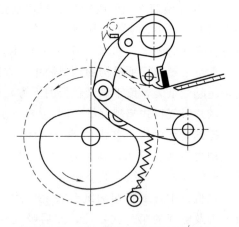

图 2-61　定心摆动式递纸机构结构图

摆动式递纸牙排 4 围绕一个固定的轴心 O_g 做往复摆动，递纸牙的运动轨迹是一段圆弧，工作行程和返回行程都是这段圆弧，只是方向相反。

如图 2-60 所示，安装在压印滚筒轴端的凸轮 1 驱动摆杆 2、连杆 3，带动递纸牙排 4 绕 O_g 往复摆动。当递纸牙返回输纸台板前时，必须与压印滚筒空当相遇，否则，递纸牙会碰到滚筒的外圆表面。

2. 典型定心摆动式递纸机构

图 2-62 是定心下摆式固定头递纸牙机构。递纸牙臂 5 由装在辅助滚筒上的凸轮 2 和 3 控制而绕固定铰链摆动。凸轮 4 通过杠杆机构控制牙片 8 的张闭。正常传纸时，销子 7 在连杆 6 的水平槽内；当离压时，轴 O 顺时针方向转动，拉动连杆 6 绕 A 点逆时针方向转

动，销子 7 即落入垂直槽中，在弹簧 9 拉力作用下牙片 8 张开不叼纸。

图 2-63 是定心上摆式活动头递纸牙机构。装在压印滚筒上的凸轮 8 控制递纸牙杠杆 1 的摆动。凸轮 6 通过杠杆 7、带槽的连杆 5 及连接销 A 使凸轮 13 摆动，凸轮 13 又通过杠杆控制递纸牙片的张闭。弹簧 9、11 和 12 的作用是消除杠杆系统中的间隙。牙座 2 可绕销轴 B 摆动（B 又是牙片 4 的摆动中心），故此种递纸牙为活动头递纸牙。牙座 2 绕 B 点的摆动（牙头活动）依靠固定凸轮 3 来实现，张牙与闭牙动作是牙座 2 和牙片绕 B 点综合摆动的结果。递纸牙张闭与离压的联锁运动是通过拉杆 10 来实现的。拉杆 10 克服弹簧 9 的压力向左运动时，使连杆 5 上槽中的销子处于其垂直部分，连接销 A 使凸轮 13 顺时针转动，牙片 4 便逆时针转动较大角度，因此在输纸台板前不叼纸。

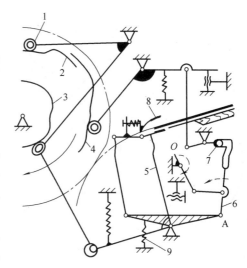

图 2-62　定心下摆式固定头递纸牙机构
1—滚子　2、3、4—凸轮　5—递纸牙臂
6—连杆　7—销子　8—牙片　9—弹簧

图 2-64 是活动头递纸牙中牙头平移的一种。活动牙片 6 和牙座 7 分别由固定在压印滚筒 5 上的凸轮 3 与凸轮 4 控制。递纸牙摆动臂 9 由凸轮 2 控制，凸轮 1 的作用是使弹簧以一定的压力（即保持一定的压缩量）压向连杆 11 而使凸轮 2 与其上的从动滚子得到力封闭。牙座 7 的高低位置用螺钉 8 来调节。拉杆 10 上升就可压迫牙片张开较大角度而不叼纸，从而实现联锁控制。

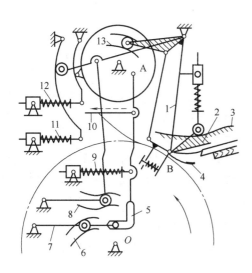

图 2-63　定心上摆式活动头递纸牙机构
1、7—杠杆　2—牙座　3、13—凸轮　4—牙片
5—连杆　6、8—凸轮　9、11、12—弹簧　10—拉杆

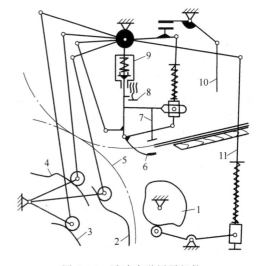

图 2-64　活动头递纸牙机构
1、2、3、4—凸轮　5—压印滚筒　6—牙片
7—牙座　8—螺钉　9—摆动臂　10—拉杆　11—连杆

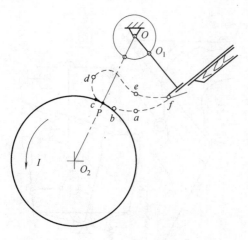

图 2-65　偏心摆动式递纸牙

（三）偏心摆动式递纸机构

1. 工作原理

图 2-65 所示为偏心摆动式递纸牙。递纸牙的摆动中心 O_1 绕固定中心 O 旋转，由于偏心作用，递纸牙的运动轨迹好似水滴形，故递纸牙返回输纸台板取纸时不会与压印滚筒表面接触，这样，递纸牙返回行程的时间可减少 20% 左右。

当递纸牙返回至输纸台板前端时，其摆动速度为零，递纸牙闭牙咬纸，这时，OO_1 连线与输纸台板垂直。

当递纸牙咬住纸张向左摆动与压印滚筒咬纸牙相遇时，递纸牙的摆动速度与压印滚筒表面线速度相等，这时，O、P、O_2 三点在一条直线上，在 P 点交接纸张，从 $b \rightarrow c$ 点间，递纸牙线速度与压印滚筒的表面线速度值相等。二者从 b 点开始交接，至 c 点结束。即到了 c 点，递纸牙完全将纸张交给了压印滚筒咬纸牙。所以称转过 bc 弧长所用的时间为纸张交接时间，bc 一般为 3mm 左右。

递纸牙运动轨迹各段的速度变化靠凸轮控制，其速度特点为：①递纸牙摆至输纸台板前端 f 点，其摆动速度为零，这时，闭牙咬纸，然后在 fa 段匀速摆动；②递纸牙摆至 ab 段，递纸牙做加速运动；③在 bc 段，递纸牙做匀速摆动，其摆动速度与压印滚筒表面线速度相等，在此段范围内完成纸张交接；④在 cd 段，递纸牙减速向上摆动，摆至极限位置；⑤在 de 段，递纸牙加速返回；⑥在 ef 段，递纸牙减速至 f 点，摆动速度为零。

至此，递纸牙在凸轮控制下，完成一次工作循环。

2. 典型偏心摆动式递纸机构

常见的偏心摆动式递纸机构有偏心旋转式递纸牙机构和偏心摆动式递纸牙机构。

（1）偏心转动式递纸牙　图 2-66 为偏心旋转式递纸牙的原理图，图 2-67 为偏心旋转式递纸牙的结构图。递纸牙 6 绕运动轴心 O_g 摆动，而运动的轴心 O_g 又绕一固定的轴线 O_1 做圆周旋转运动。旋转的偏心轴与压印滚筒的转速相等，旋转方向相反。

这种递纸牙机构将纸张传递给压印滚筒后，递纸牙摆动中心提高，返回输纸台板时，不会碰撞压印滚筒表面。由图 2-66 所示，摆杆 2、连杆 3、4 及曲柄 5 组成一个五杆机构。分别由凸轮 1 和曲柄 5 输入动力，使递纸牙 6 完成递纸运动。由凸轮驱动使递纸牙完成取纸和递纸的摆动运动，曲柄转动使递纸牙完成上下运动。

目前这种类型的递纸机构广泛应用在国产对开平版印刷机上。

（2）偏心摆动式递纸牙　在偏心摆动式递纸牙机构中，偏心轴的运动为间歇摆动，如图 2-68 所示。

间歇摆动的偏心轴在递纸牙工作行程（递纸行程）中不摆动（即停歇），在递纸牙空行程中摆动，以达到提高递纸牙返回轨迹的目的，偏心轴每分钟间歇摆动的次数等于压印滚筒的转数。

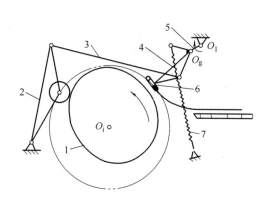

图 2-66　偏心旋转式递纸牙原理图

1—凸轮　2—摆杆　3、4—连杆　5—曲柄

6—递纸牙　7—拉簧

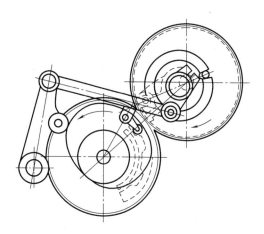

图 2-67　偏心旋转式递纸牙结构图

由图 2-68 所示，安装在压印滚筒轴端的凸轮 2，随压印滚筒不断旋转，驱动滚子 4，使摆杆 3 上下往复摆动，从而带动连杆 7，摆杆 11，使递纸牙 13 完成从输纸台板前取纸和向压印滚筒递纸。完成递纸后，由凸轮 1 曲面高点驱动滚子 16 使推杆 6 摆动，摆杆 5 使扇形齿轮 8 带动与之相啮合的扇形齿轮 9 逆时针转动一个角度，从而使与偏心轴相连的摆杆 10 带动递纸牙向上提升，使递纸牙返回时，离开压印滚筒表面，避免递纸牙与压印滚筒表面相碰。

（四）旋转式递纸机构

摆动式或偏心摆动式递纸机构，因其摆动的惯量较大，速度提高时容易产生冲击与振动，因而不适宜高速印刷。目前，随着印刷速度的提高，越来越多的胶印机已采用旋转式递纸机构进行纸张传递。这种机构运动平稳，无过大冲击，适合高速印刷。旋转式递纸机构是指由递纸滚筒代替摆动式递纸牙，在输纸台板前端接取纸张，然后将其传给压印滚筒的机构。

按递纸滚筒的运动形式不同，旋转式递纸机构主要有连续旋转式和间歇回转式。

1. 连续旋转式递纸机构

连续旋转递纸牙机构是递纸牙安装在递纸滚筒上并随递纸滚筒做连续转动运动。递纸牙又在旋转滚筒上做自身的摆动运动以实现递纸牙的开闭动作，见图 2-69。

由图 2-69 可知，递纸滚筒 4 与压印滚筒 6 的直径相等，故滚筒表面线速度大小相等，

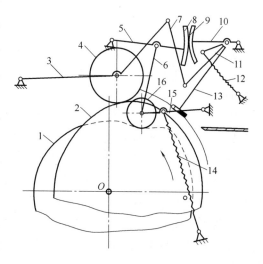

图 2-68　偏心摆动式递纸牙

1、2—凸轮　3、5、10、11、15—摆杆

4、16—滚子　6—推杆　7—连杆

8、9—扇形齿轮　12、14—拉簧　13—递纸牙

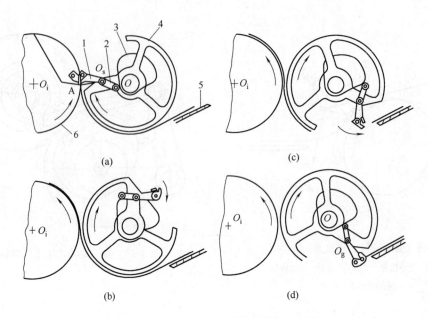

图 2-69　连续旋转递纸牙

（a）递纸牙 1 与压印滚筒 6 交接纸张　（b）摆臂 2 上的滚子从凸轮 3 的低面转向高面

（c）递纸牙排准备取纸　（d）递纸牙取纸，实现纸张交接

1—递纸牙臂　2—摆臂　3—凸轮　4—递纸滚筒　5—输纸台板　6—压印滚筒

相切处速度方向一致。递纸牙排臂 1 在固定于墙板上的凸轮 3 的作用下绕递纸滚筒上的 O_s 轴摆动。因而递纸牙的运动为随递纸滚筒的转动与自身摆动的复合运动。

图 2-69（a）所示为递纸牙与压印滚筒 6 处于交接纸张的时刻。此时递纸牙排摆臂 2 的滚子与凸轮 3 的等半径的圆弧接触，递纸牙不摆动，递纸牙的线速度等于递纸滚筒 4 的表面速度，此时也与压印滚筒表面速度相等。因此，递纸牙与压印滚筒在相对静止中交接纸张。

图 2-69（b）所示，纸张交接后，在递纸滚筒 4 旋转的同时，递纸牙排摆臂 2 上的滚子从凸轮 3 的低面转向高面，使递纸牙排 1 绕 O_s 轴顺着递纸滚筒旋转方向摆动。此时递纸牙的速度大于递纸滚筒的表面速度。

图 2-69（c）所示，递纸牙排在凸轮 3 曲面高点的作用下，已超过在输纸台板前取纸的位置，摆至输纸台板的极限位置后，递纸牙排逆滚筒旋转方向摆动，摆向输纸台板前准备取纸。此时递纸牙的速度小于递纸滚筒的表面速度。

图 2-69（d）所示，递纸牙摆臂 2 上的滚子从凸轮 3 的高面转向低面，而摆臂 2 摆动的速度在与递纸滚筒反向摆中达到最大值，在输纸台板前规处取纸，此时递纸牙的综合速度恰好为零。而 O_g、O_s、A 处于三点共线位置，递纸牙在静止状态下叼住纸张。随后，递纸牙叼着纸张跟随递纸滚筒旋转到与压印滚筒的交接位置时再将纸张交给压印滚筒，实现纸张的交接。

2. 间歇旋转式递纸机构

间歇旋转式递纸机构中，递纸滚筒设在输纸台板的下方，且做间歇旋转。当递纸滚筒停止转动时，在静止的状态下从输纸台板前端接取纸张；当其旋转并加速到与压印滚筒的表面线速度相等时，将纸张交给压印滚筒。间歇旋转递纸机构采用了槽轮与齿轮传动相结合的机构，使递纸牙获得一定规律的间歇旋转运动。如图 2-70 所示。

由图可知，压印滚筒 1 旋转，通过齿轮传动带动传纸滚筒 2 转动，传纸滚筒轴端齿 Z_2 与连续回转拨盘 9 轴端齿轮 Z_5 啮合，$Z_5：Z_2＝3：1$。回转盘 9 上装有三个拨销 10（各间隔 120°），连续回转盘 9 在旋转时，圆销 10 不断地进入和退出间歇转盘即槽轮盘 8 的槽内，从而拨动槽轮转动一个角度。间歇转盘 8 上有五个槽（间隔 72°），当拨销拨动槽轮时，从拨销进入槽和退出槽，槽轮盘 8 转过 72°。此时由槽轮轴端齿轮 Z_4，带动递纸滚筒 3 轴端齿轮 Z_3 转动 1/2 周，$Z_3：Z_4＝2：5$。递纸滚筒 3 装有两排咬纸牙排，其中一排牙从输

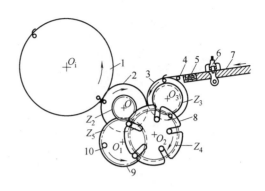

图 2-70　间歇旋转递纸牙
1—压印滚筒　2—传纸滚筒　3—递纸滚筒
4—下摆式前规　5—吸气孔　6—侧拉规　7—输纸台板
8—槽轮转盘　9—拨盘　10—圆销

纸台板 7 前叼纸，然后经传纸滚筒 2 交给双倍直径的压印滚筒 1，完成递纸过程。该机构没有摆动运动，同时由于设计的五槽机构中，直槽边缘为圆弧，两拨销进入和退出槽轮圆弧段曲率中心为 O_1，故同时进入和退出的两拨销锁住转盘 8。递纸运动平稳，适用于高速印刷机。

在这种机构中，压印滚筒 1 转半周，传纸滚筒 2 转一周，连续回转拨盘 9 转 1/3 周，槽轮转盘 4 转 1/5 周，递纸滚筒 3 转 1/2 周。递纸滚筒 3 装有两排咬纸牙，它转 1/2 周传一张纸，压印滚筒 1 转 1/2 周印一张印品。因此在一个工作循环时间内，槽轮盘 8 转动角度为 72°。

采用槽轮机构原理设计的递纸机构，递纸滚筒转速小于压印滚筒转速。提高了运动的平稳性。另外，由于递纸滚筒仅单方向间歇转动，转动惯量小，能够满足套印精度的要求。

（五）印刷机组间的传纸及纸张翻转机构

1. 印刷机组件的传纸

在多色印刷机上，色组与色组间需要传递纸张。即印品印完一色后，需通过传纸装置输送至下一色组继续进行印刷。为确保套印精度，就必须保证色组间纸张传送的准确性、可靠性。

理想情况下，色组间的传纸应在全部图文印刷完毕后开始传纸。但这在设计上实现有一定困难。现代大多数印刷机在图文未印刷完毕就进行传纸，效果也令人满意。

色组间的传纸方式很多，传纸方式的选用与色数、压印滚筒直径、各滚筒尺寸关系、印刷面数等因素有关。

（1）公共压印滚筒　图 2-71 所示为采用公共压印滚筒进行两色印刷的传纸方式示意图。公共压印滚筒方式即在同一压印滚筒上连续印刷两色或多色，国产 J2201 型和 J2203 型胶印机属此类型。由于公共压印滚筒的咬纸牙一次咬纸的情况下可进行两个色组的印刷，因此易保证套印精度，并且结构紧凑。但由于第一色压印与第二色压印相隔时间短，

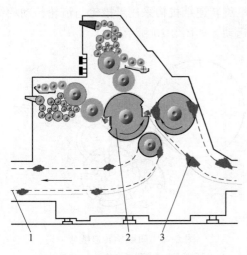

图 2-71　公共压印滚筒传纸方式

1—链条　2—双倍径压印滚筒　3—咬纸牙排

易发生串色现象。

采用公共压印滚筒的形式的多色胶印机实际上就是卫星式印刷机。

（2）机组式印刷机的色组间传纸　对于每个印刷组印一色或每一压印滚筒印一色的机组式多色胶印机来说，机组间的传纸通常采用链条传纸和滚筒传纸两种方式。

① 滚筒传纸。图 2-72 为滚筒传纸的原理图，图（a）、（b）、（c）分别表示交接前、交接瞬间及交接后的情况。

由于采用齿轮传动来保证交接关系，故传纸精度高。但由于传动齿轮与压印滚筒齿轮相啮合，所以传纸滚筒齿轮的加工精度要求较高。滚筒传纸方式一般根据滚筒的大小和运转方式分为：电滚筒传纸方式、三滚筒传纸方式和大直径滚筒传纸三种。

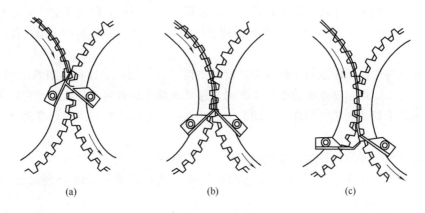

(a)　　　　　　　　(b)　　　　　　　　(c)

图 2-72　滚筒传纸

（a）交接前　（b）交接　（c）交接完

② 链条传纸。链条传纸适合于色组间距离较大的场合（图 2-73），其缺点是链条磨损后会伸长，难以保持较高的传动精度。

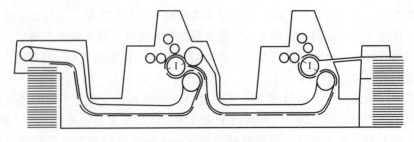

图 2-73　机组间的链条传纸

2. 纸张翻转机构

纸张翻转机构的作用是当纸张印刷第一面后，把它翻转过来以便在下一印刷机组印刷另一面。这种经过一个印刷过程就能对纸张两面进行印刷的胶印机称为双面印胶印机。图2-74 所示为海德堡 M 系列单张纸胶印机所采用的可变换双面印刷的纸张翻转机构示意图。其中，图 2-74（a）为单面印的情形，此时为三滚筒传纸。图 2-74（b）进行双面印刷时，翻转滚筒 3 的钳式叼纸牙（可摆动 180°）叼住纸张的尾缘，然后掉转方向将尾缘传送给下一个印刷机组。储纸滚筒 2 上配有偏心旋转的吸嘴将纸张在轴向和周向拉紧，以便于翻转滚筒准确地将纸张咬紧。图 2-74（b）中翻转滚筒 3 上示出了翻转叼牙在不同时刻所处的位置及状态。

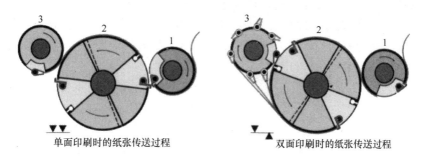

单面印刷时的纸张传送过程　　　　　双面印刷时的纸张传送过程

图 2-74　可变双面印刷的纸张翻转机构示意图
1—传纸滚筒　2—倍径储纸滚筒　3—翻转滚筒

对翻转机构的要求是：保证在机器工作速度下，反面与正面能够套准；机构既可工作于单面印刷又可工作于双面印刷，而且从一种工作状态转换到另一种工作状态应当操作方便；不允许在翻转过程中弄脏已印表面或使印张皱折等。

四、印刷机收纸机构

单张纸胶印机收纸装置的作用是把已印刷完成的印张从压印滚筒上取走，传送到收纸台，由理纸机构把印刷品闯齐，堆叠成垛。

收纸部件接过的印张是刚刚经压印完成油墨转移的印张。印刷表面的墨迹尚未干燥。因而，保护好印刷的图文，及将印张收集整齐成为收纸部件的主要任务。因而，印刷机对收纸部件也有较高的要求。具体要求是：①能可靠准确地将印张输出并整齐地堆放在收纸台上，且不损伤纸张、不蹭脏图文、不沾脏印品；②收纸时印品的印刷面通常朝上，以便于操作者清楚地观察印品；③收纸堆应堆放整齐，便于后工序检验、运输、裁切、折页等；④印张纸边不撕口；⑤为减少停机时间，应设有不停机更换收纸堆的装置，保证不停机操作；⑥收纸装置要有较强的适应性，对各种不同厚度的纸都能收齐。

目前，常见的收纸方式有低台收纸和高台收纸两种。低台收纸方式，收纸台位于压印滚筒下方，其收纸堆高度一般不超过 600mm。低台收纸的优点是占地面积小，机器结构简单，重量轻、造价低。低台收纸的缺点是因更换纸堆停机次数较多。该种收纸方式常见于四开胶印机上。高台收纸方式，收纸堆收纸高度一般可达 900mm 以上。便于安放晾纸架，看样取样方便。高台收纸装置较重，占地面积大。

以上两种收纸形式各有其优缺点。对于大型的胶印机如全张纸胶印机，不宜采用低台收纸方式。因为低台收纸时，机器高度增加，装版、装橡皮布和擦洗橡皮滚筒、擦版、调墨等都不方便。对开系列规格的胶印机，两种收纸方式均可采用。

单张纸印刷机的收纸部件是指印刷机上收集单张印张并将其整齐地堆积在收纸台上的部件，主要由收纸滚筒、收纸传送装置、理纸机构、收纸台及纸台升降机构等组成。

（一）收纸滚筒

收纸滚筒安装在压印滚筒的下方，收纸滚筒通过齿轮传动将电机的动力传给压印滚筒。因两传动齿轮的齿数、模数、压力角等完全相同，所以两滚筒转速相同，旋转方向相反。在收纸滚筒的两端轴上装有链轮。收纸链排在链轮的带动下运动。链排运动的线速度大小等于压印滚筒的表面速度。压印滚筒叼着纸张印刷完成后，叼牙已转到压印滚筒的下方，与收纸链排上的一排咬牙相遇，在等速下完成纸张交接，将印张转交给收纸链排咬纸牙。如图 2-75 所示。此时链排咬纸牙处在收纸滚筒的表面上，其两边链条链节与链轮啮合。随着收纸滚筒的不断旋转，通过链轮带动收纸链排向前传送，传至纸堆上方，链排叼牙碰到开牙凸块开牙放纸，将纸张收齐在纸堆上。

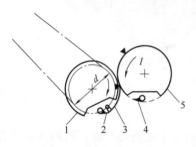

图 2-75　印张的交接

1—收纸滚筒　2—收纸咬纸牙　3—印张
4—压印滚筒咬纸牙　5—压印滚筒

由于收纸滚筒的主要作用是带动收纸链条传送纸张，因此收纸滚筒两端的链轮是必需的。收纸牙排叼牙在收纸滚筒表面接过的印张是刚印完的印张，表面墨迹未干，且印刷面由于这种交接关系，又必定贴着收纸滚筒表面，容易蹭脏图文画面。如 J2203A、J2108A 型胶印机收纸滚筒表面有 9 根滑杆，每根滑杆上安装有 9 个防蹭脏的橡胶托纸轮，既起到了托住纸张的作用，又起到了防蹭脏的作用。

（二）链条传送装置

现代单张纸印刷机的收纸部分大多采用链条传送装置。

图 2-76 所示为 J2108 型胶印机的链条传送装置。两条套筒滚子链 5 装在主、从动链轮 3 和 7 上，且布置在机器两侧。其上有 12 排咬牙排装在托架 6 上。当咬牙的牙垫转至与压印滚筒 1 表面 A 点相切位置时，咬牙在开牙凸轮块 2 作用下咬住纸张并带其运行。

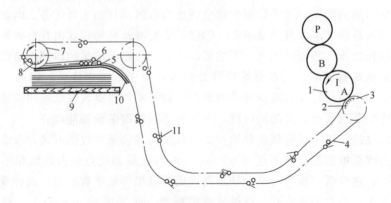

图 2-76　J2108 型胶印机的链条传送装置

1—压印滚筒　2、8—开牙凸轮块　3—主动收纸链轮　4—滚子　5—套筒滚子链　6—托架
7—从动链轮　9—收纸台　10—导纸板　11—咬纸牙排

当运行到从动链轮 7 时，咬牙上的滚子 4 受到开牙凸轮块 8 的作用打开咬牙，将纸张放置在收纸台 9 上。每排咬牙都在 A 点接取纸张，在开牙凸轮块 8 处开牙放纸。在整个链条的运动路线上下都有导纸板 10 控制。通常从动链轮 7 的轴是可移动的，以便调整链轮的中心距。当链条磨损伸长后，改变链轮 7 的位置即可实现链条的拉紧。

图 2-77 所示为海德堡速霸胶印机的链条传送装置。主动收纸链轮 1 从压印滚筒 I 上接过纸张，经套筒滚子链 2 带动咬纸牙排 3 到从动链轮 4 开牙后将纸张放在收纸台 5 上。整个链条装有五排咬纸牙，链条上下也装有导轨板，导轨板对链排起支撑与导向作用。

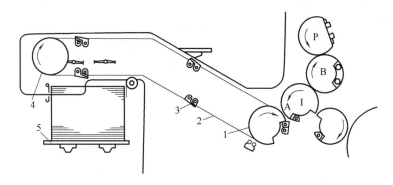

图 2-77　海德堡速霸 102-4 型胶印机的链条传送装置
1—主动收纸链轮　2—套筒滚子链　3—咬纸牙排　4—从动链轮　5—收纸台

收纸链条的长短取决于机器的总体布局。在运行过程中只要能够满足印张的干燥、喷粉、平整及减速稳定收纸的前提下，链条越短，机器越紧凑，也越经济。

（三）理纸机构

理纸机构的作用是从收纸链排上接过纸张，并使纸张减速，放于收纸台上，将纸理齐。理纸机构包括纸张制动辊、风扇、理纸机构、平整器和取样接纸五大部分。

印张通过收纸链条经制动辊减速后，纸张前缘到达前齐纸位置。此时，两边的侧齐纸机构向机器中心推进，把落在纸台上的印张闯齐，单张纸胶印机均设有理纸机构。由此可见，理纸机构的作用就是作为收纸的最后一道工序，收齐纸张。

图 2-78 为理纸机构示意图。由图可见，理纸机构主要由两块侧理纸挡板、前理纸挡板、后理纸挡板以及相应的传动机构组成。

J2203A 型、J2108A 型胶印机采用的就是这种理纸机构。这种理纸机构的两个侧理纸挡板作往复运动，后理纸挡板固定不动，前理纸挡板作小量的前后摆动。该类机器的侧理纸挡板结构大致相同。

如图 2-78 所示，凸轮 1 在收纸链条、链轮的带动下转动。其转速和滚筒转速相等，滚筒转一周，印刷一张印品，理纸挡板运动一次。摆杆 3 上固定有销子 4 和斜面块 5。摆杆 3 在凸轮 1 的作用下作定轴线摆动。当凸轮 1 大面作用于滚子时，销子 4 和挡杆 6 相接触，推动挡杆 6 摆动，从而使轴 15 摆动。因轴 15 与杆 6 及前理纸挡板均为紧固连接，所以前理纸挡板也随之摆动，向纸堆外倾倒。当凸轮小面作用于滚子时，在压缩弹簧 9 的作用下，前理纸挡板返回齐纸。如此实现了前齐纸挡板的往复摆动。

机构中手柄 8 的作用是，当需要从收纸堆中取出部分印张进行随机检查时，可将手柄 8 下压，使前挡纸板 7 外摆远离纸堆。取纸结束后，再使手柄 8 复位。

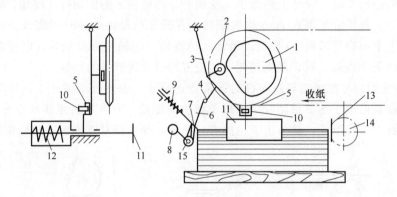

图 2-78　理纸机构示意图

1—凸轮　2、10—滚子　3—摆杆　4—销子　5—斜面块　6—挡杆　7—前理纸挡板　8—手柄
9—压缩撑簧　11—侧理纸挡板　12—撑簧　13—后理纸挡板　14—吸风轮　15—轴

侧理纸挡板的往复运动过程是：当凸轮 1 大面作用于滚子 2 时，摆杆 3 上的斜面块 5 推动滚子 10，使侧理纸挡板 11 克服撑簧 12 的作用力离开纸堆，撑簧 12 被压缩。当凸轮 1 小面作用于滚子 2 时，在撑簧 12 恢复力的作用下，侧理纸挡板 11 被推动靠向纸堆。这就是侧理纸挡板的工作过程。侧理纸挡板的工作位置，可以根据纸张规格尺寸进行调节。

后理纸挡板 13 和吸风轮 14 轴向固定，因此没有轴线方向的运动。根据纸张宽度，其前后位置可以调节。侧理纸挡板的运动与收纸咬纸牙的开牙时间有相位关系。当咬纸牙抵达收纸台上方并开牙放纸时，挡板应处于让纸位置。

（四）收纸台升降机构

目前，大多数单张纸胶印机都能通过探测收纸堆高度，实现收纸台自动升降及纸堆自动控制。

收纸台升降机构有链条式和钢丝绳式两种。钢丝绳式升降机构通常在一些旧式机器上使用。因其结构上的不完善，现已很少使用。目前，胶印机上多采用链条传动的悬挂式升降机构。

图 2-79 所示为 J2203A、J2108A 型胶印机收纸台升降机构原理图，图 2-80 为其结构图。收纸台升降包括收纸台自动下降、收纸台连续升降和收纸台手动升降三种形式。

1. 收纸台自动下降

收纸台的自动下降由侧齐纸板上的微动开关控制。收纸堆达到一定高度后，收纸堆最上面部分的纸张触到侧理纸挡板上的微动开关，接通继电器，使收纸台升降电机起动，纸堆下降。纸堆下降一段距离，离开微动开关后，开关复位，电机 1 停止转动。电机 1 转动时带动齿轮 2、3、4 及齿轮 5，继而使蜗杆 6 旋转，蜗杆 6 带动蜗轮 7，因升降链轮轴与蜗轮轴同轴，通过链轮 8 使收纸升降链条 9 带动收纸升降悬臂即收纸台 13 下降。一般每次下降 15～20mm。收纸台升降速度为 1.822m/min。为了防止收纸台满载时因纸张的自重溜车，在电机轴上设有刹车机构。为了保证收纸台升降时的自锁能力，在收纸台升降机构传动系统中设计有一对单头蜗杆蜗轮机构。这样，无论收纸台上有多少纸，收纸台也不会自动下降。

2. 收纸台连续升降

收纸台收满纸堆后应更换纸台，需将收纸台连续升到所需高度或连续降到地面。在收

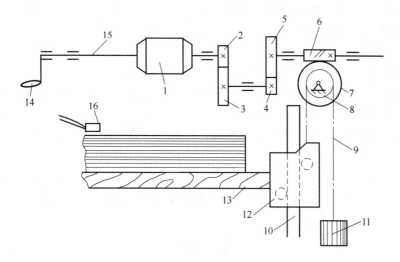

图 2-79　J2203A、J2108A 型胶印机收纸台升降机构原理图

1—电机　2、3、4、5—齿轮　6—蜗杆　7—蜗轮　8—链轮　9—链条　10—导轨

11—重物　12—滚珠轴承　13—收纸台　14—手柄　15—传动轴　16—压脚

纸操纵机构上设计有点动升或点动降按钮。该机构工作时，收纸台就会产生连续升或连续降动作。点动和侧齐纸的微动开关线路相串联，通过二者的任一开关，均可使电机转动。收纸台连续升降速度仍为 1.822m/min。

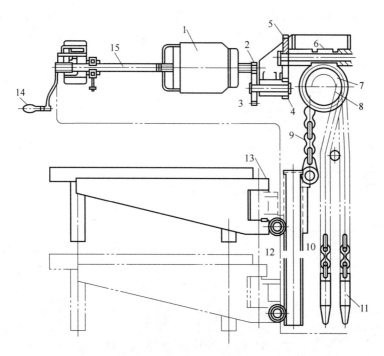

图 2-80　J2203A、J2108A 型胶印机收纸台升降机构结构图

1—电机　2、3、4、5—齿轮　6—蜗杆　7—蜗轮　8—链轮　9—链条　10—导轨

11—重物　12—滚珠轴承　13—收纸台　14—手柄　15—传动轴

J2203A 型、J2108A 型胶印机的最大收纸堆高度为 910mm，收纸台从地面升到收纸台最上端所需时间约为 30s。

3. 收纸台手动升降

如图 2-80 所示，在电机 1 的左端设有手柄 14，通过摇动手柄 14 可使传动轴 15 旋转，此时同样通过电机轴带动齿轮 2、3、4、5 旋转。为安全起见，在此机构中仍设计有机动、手动互锁机构。即机动时不能再手动，手动时机动必须断电。当手柄 14 插入孔中时，压动一微动开关，切断了收纸升降电机的电源，机动动作被限制。通过微动开关使机动、手动实现互锁。

第三节　印刷机印刷装置

一、印　刷　部　件

印刷部件是胶印机的主要组成部分，是直接完成图像转移的职能部分。因此，它是胶印机的核心部件。只有结构合理、调节得当、处于良好工作状态的印刷部件，才能印出高质量的印品。单张纸胶印机的印刷部件由印版滚筒、橡皮滚筒、压印滚筒及相关辅助装置组成。另外，在滚筒部件上，还有印版的装卡机构、橡皮布夹紧机构、叼纸牙安装与调节机构、滚筒间压力调节机构等。

（一）滚筒的排列方式

胶印机滚筒常见的排列形式有卫星式和机组式两种。机组式多色胶印机还有 5 色、6 色、8 色等。在机组式多色胶印机中，每一个机组印刷一色，各机组的结构相同。

1. 单面胶印机滚筒的排列

（1）卫星式多色胶印机　图 2-81 所示为卫星式四色胶印机滚筒排列示意图。如图所示，四个色组共用一个压印滚筒，纸张经过一次交接，压印滚筒转一周，完成四色印刷过程。因印刷过程中纸张交接次数少，所以套印准确。其缺点是机构庞大。

（2）机组式多色胶印机　图 2-82 所示为机组式多色胶印机。在机组式多色胶印机中，每个机组印刷一色，通过几个色组的套印，完成多色印品的印刷过程。如图所示，

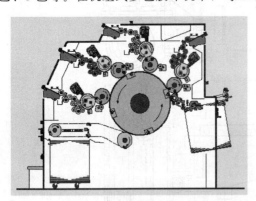

图 2-81　卫星式四色胶印机

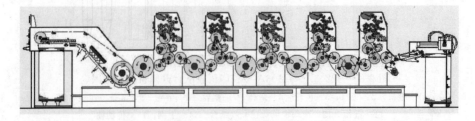

图 2-82　机组式多色胶印机

色组与色组之间由传纸滚筒进行纸张的传递。机组式多色胶印机结构简单，精度高，目前应用最为广泛。

2. 双面胶印机滚筒的排列

双面印刷是指对纸张正反两面进行印刷的方式。对每一面来说，可以是单色印刷，也可以是多色印刷。

（1）B-B 型双面印刷胶印机 图 2-83 所示为 B-B 型双面印胶印机滚筒排列示意图。

B-B 型双面印胶印机为四滚筒胶印机，即由两个印版滚筒和两个橡皮滚筒构成印刷部件，无压印滚筒。其中，上橡皮滚筒上装有咬纸牙排，咬住纸张，起压印滚筒的作用。两橡皮滚筒对滚，纸张从中间通过，完成双面印刷。这种印刷机上对装有咬纸牙排的上橡皮滚筒的橡皮布要求较高。

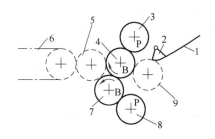

图 2-83 B-B 型双面印胶印机滚筒排列示意图
1—输纸台板 2—递纸牙 3、8—印版滚筒
4、7—橡皮滚筒 5、9—传纸滚筒 6—收纸链条

（2）机组式可翻转双面胶印机 多机组单色胶印机之间加上纸张翻转机构，可进行双面印刷。图 2-84 所示为双面印胶印机翻转机构及其翻转工作过程简图。其中，纸张的 W 面为待印面，S 面为已印面。

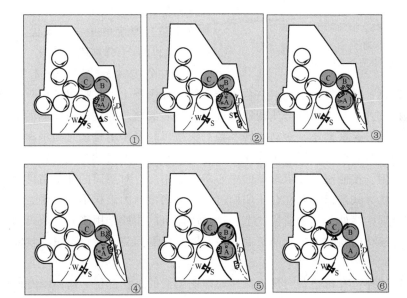

图 2-84 罗兰机组式可翻转双面胶印机的纸张翻转过程

① 传送链条咬纸牙叼住 S 面已印刷完成的纸张前口向前传送，咬纸牙与滚筒 A 相遇时，落入滚筒 A 的空当部分（图 2-84①）；

② 滚筒 A 继续旋转，且滚筒内部吸气，使纸张贴着滚筒 A 表面前行。与滚筒 B 对滚（叼纸牙碰不到滚筒 B 的表面），链条继续运行，纸张尾部到达 A、B 滚筒相接触点附近（图 2-84②）；

③ 此时，滚筒 B 的吸嘴开始吸气（气量较大），将纸尾从滚筒 A 上剥离下来，为 A、

B 两滚筒的纸张交接作准备（图 2-84③）；

④ 滚筒 B 的咬纸牙开牙，咬住纸尾，然后迅速闭牙，并沿箭头方向继续旋转（图 2-84④）；

⑤ 滚筒 B 转过一弧度后，其咬纸牙与滚筒 C 的咬纸牙相遇，随即与滚筒 C 交接纸张，滚筒 B 上的咬纸牙将所咬住的纸尾交给滚筒 C（图 2-84⑤）；

⑥ 滚筒 C 继续转动，其咬纸牙遇到压印滚筒的咬纸牙时，又将纸张交给压印滚筒。压印滚筒咬纸牙带着纸张旋转。此时，纸张的待印面 W 已露在表面，而已印面 S 与压印滚筒表面相对。压印滚筒再与橡皮滚筒对滚，从而完成纸张的第二面印刷（图 2-84⑥）。

由于纸张的传送完全由滚筒传递，因而传送噪声小、纸张运行平稳，且套印准确。纸张翻转时由吸气机构吸住纸张的拖梢，将纸张拉平，以保证套印效果。

（二）滚筒的结构

单张纸胶印机的滚筒部件主要包括印版滚筒、橡皮滚筒和压印滚筒三大部件。每一滚筒均由轴径、滚枕和筒体构成，如图 2-85 所示。

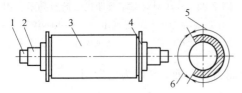

图 2-85　滚筒部件的结构
1—轴头　2—轴颈　3—滚筒体　4—滚枕
5—筒体有效周长　6—空当

轴颈是滚筒的支承部分，两端轴径的同轴度要求较高。它们是保证三滚筒正确滚动印刷的基本条件。

滚枕又称肩铁，是滚筒两端用以确定滚筒间间隙的凸起铁环，亦是调节滚筒中心距和确定包衬厚度的依据。现代平版胶印机的滚筒两端都有十分精确的滚枕。

滚枕分接触滚枕（俗称走肩铁，如海德堡、罗兰胶印机）和不接触滚枕（俗称不走肩铁，如国产 J2108 胶印机）两种类型。

接触滚枕方式是指在滚筒合压印刷过程中，印版滚筒与橡皮滚筒两端的滚枕始终处于接触状态。其优点是振动小，滚筒运转平稳。滚枕以较轻压力接触且做纯滚动，滚筒齿轮在标准中心距的啮合位置，因而工作状态良好。通常这种走肩铁方式一般只在印版滚筒和橡皮滚筒间采用。接触滚枕要求滚筒的中心距固定不变，对滚筒的加工精度要求较高。

不接触滚枕方式是指滚筒在合压印刷过程中，两滚筒的滚枕不相接触。即在印刷过程中，对滚筒两端始终处于不走肩铁状态。这类胶印机的滚枕是用来测量滚筒间隙的。通过测量滚筒两端滚枕的间隙可推算两滚筒的中心距和齿侧间隙，通过测量滚枕间隙还可确定滚筒包衬尺寸。

滚筒的筒体外包有衬垫，它是直接转印印刷图文的工作部位。筒体由有效印刷面积和空当（即缺口）两部分组成。有效面积用于转印图文，空当部分主要用以安装咬纸牙、橡皮布张紧机构、印版装夹及调节机构等。有效印刷面积通常用滚筒利用系数 K 来表示，即

$$K = (360° - \alpha) / 360° \tag{2-1}$$

式中　K——滚筒利用系数

　　　α——滚筒空当角

滚筒筒体与滚枕外圆有一距离 h，称为滚筒的下凹量，三种滚筒的下凹量不等。利用下凹量可以计算滚筒的包衬厚度。

1. 印版滚筒

印版滚筒的表面装夹有印版。在印刷过程中，它与橡皮滚筒相接触，在一定的压力下做纯滚动，将印版上的图文转印到橡皮滚筒的橡皮布上。

印版滚筒选用优质灰铁铸造而成。一般不同类型的机器对应的印版滚筒的结构也不尽相同。通常，滚筒体是空心的，其外径加工得十分光滑而精确。滚筒体表面凹下去的空当部分，用以装印版版夹及夹紧机构。在滚筒体表面左右两端的边缘区，有大约30mm宽的凸台，此凸台就是印版滚筒的滚枕。

印版滚筒的主要作用是：①支承印版并把印版牢固地装夹在滚筒上；②工作中印版首先与着水辊相接触，接受水分，使整个版面得到润湿；然后印版再与着墨辊相接触，使版面上的图文区获得油墨；③在印版滚筒与橡皮滚筒的转动接触过程中，印版滚筒把版面上的图文传递到橡皮滚筒的橡皮布表面；④通过齿轮传动，把动力传给输墨、输水系统。

印版滚筒的筒体两端装有传动齿轮。橡皮滚筒齿轮与印版滚筒齿轮啮合，带动印版滚筒转动。印版滚筒上的另一齿轮带动串墨辊转动，将动力引向输墨部分。印版滚筒表面比滚枕低下的差值称为筒体的下凹量。印版滚筒筒体的下凹量一般为0.5mm。滚筒齿轮上设有长孔，用于调节印版滚筒与橡皮滚筒在圆周方向的相对位置。另外，在印版滚筒的轴端还装有控制串墨辊轴向窜动和水辊离合的凸轮。

印版滚筒的筒体直径介于压印滚筒和橡皮滚筒筒体直径之间。就不包衬的滚筒体来说，压印滚筒直径最大，印版滚筒次之，橡皮滚筒筒体直径最小。固定在滚筒筒体表面的印版，印刷过程中空白部分先获得水分后，再与墨辊接触，图文部分接受油墨，最后又与橡皮滚筒接触，将印版上的墨迹转印到橡皮布表面上。图2-86所示为印版滚筒的结构图，其空当部分设有装版夹和版位调节机构。

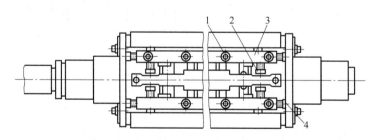

图 2-86　印版滚筒

1—紧固螺钉　2—拉紧印版用螺钉　3—版夹　4—周向调节印版螺钉

常用的印版夹版机构有固定式夹版机构和快速夹版机构两种。

（1）固定式夹版机构　图2-87所示为固定式夹版机构。当印版3插入上版夹2和下版夹4之间后，紧固螺钉1，可把印版夹紧。卸版时，松开螺钉1，压簧5将版夹2撑起，印版3被上版夹2和下版夹4松开，拆卸印版。图2-86中的螺钉2可以将印版拉紧在滚筒表面上，利用图2-86中的螺钉4可调节印版的周向位置。

（2）快速夹版机构　快速夹版机构的原理及结构见图2-88。图2-88（a）中，转动夹紧块2和3，可将印版卡紧在上、下版夹之间。如果印版厚度发生变化，应松开螺钉4，插入印版后转动夹紧块2和3，使其处于卡紧状态。拧动螺钉1，使印版夹紧，最后拧紧螺钉4。国产JS2101型对开双面胶印机就采用这种夹版机构。图2-88（b）为国产J2204

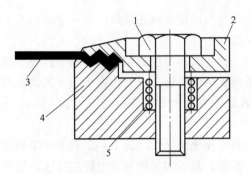

图 2-87　固定式夹版机构
1—螺钉　2—上版夹　3—印版
4—下版夹　5—压缩弹簧

型胶印机的快速夹版机构，装夹印版时用拨辊转动夹紧块 2 和 3 到图示位置，可将印版卡紧在上、下版夹之间。印版厚度发生变化，可通过螺钉 1 进行调节。

调节印版位置的方法有三种，分别是采用拉版机构、借滚筒机构及调版机构。

① 拉版机构用周向和轴向调节螺钉对印版进行周向、轴向及斜向调节。松开一面螺钉，旋紧对面螺钉，就可改变印版位置。印版位置的调节可在"前后"刻度和"左右"刻度上读出。拉版机构可以调节印版周向位置、轴向位置及斜向位置，调节精度低，是粗调。

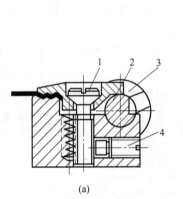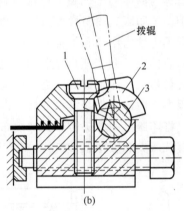

(a)　　　　　　　　　　(b)

图 2-88　快速夹版机构
（a）JS2101 型胶印机快速夹版机构　（b）J2204 型胶印机快速夹版机构
1—螺钉　2、3—夹紧块　4—螺钉

② 借滚筒机构是使印版滚筒与其他滚筒在圆周方向产生相对位移，印版随滚筒一起移动，即可使图文在印张上的位置得到改变。它一般用于单色机和多色机第一色组的调节。借滚筒机构是印版位置在圆周方向上的粗调，它的调节范围较大，可达 30～50mm。由于制版不当或其他原因，图文周向位置偏差较大，拉版机构无法调节时，可采用借滚筒机构对印版位置进行调节。

借滚筒机构印版滚筒轴端齿轮与轮毂是分体式，齿轮上开有 4 个弧形长孔。轮毂上对应有 4 个螺钉，轮毂与印版滚筒轴固联在一起，齿轮靠 4 个螺钉通过长孔和轮毂固联在一起。松开螺钉，转动印版滚筒，印版滚筒轴端齿轮和其他印刷滚筒轴端齿轮啮合，不能自由转动，印版随滚筒转过一定距离，改变了与纸张的相对位置，再旋紧螺钉，达到调节印版周向位置的目的。

③ 调版机构的作用是使印版的图文能正确地转印到纸张上，实现准确套印。印版位置调节是改变印版和纸张的相对位置。为了快速对版，胶印机二色印版滚筒和多色胶印机

印版滚筒都设计有调版机构，单色胶印机没有调版机构。调版机构用于调节印版周向和轴向位置，它是印版位置的微调机构，也称为双向借滚筒机构。它的调整精度较高，但调整范围较小。一般情况下，周向最大调节量为±1mm，轴向最大调节量为±3mm。

印版滚筒轴向位置调节机构设在机器操作侧，如图 2-89 所示。

印版滚筒轴向位置的调节原理如下：调节表 2 与小齿轮 7 固定在一起，小齿轮 7 与大齿轮 8 啮合，大齿轮 8 转动。大齿轮 8 的左端有外螺纹结构。外螺纹与固定在机架上的铜螺母 17 旋合，因为铜螺母 17 固定不动，因此大齿轮 8 在转动的同时必然因为螺纹旋合产生轴向运动。大齿轮 8 的轴向运动通过其内孔的凸肩结构、两个推力轴承 24、紧固螺母 5 拉动加长轴头 23 一起轴向运动。加长轴头 23 通过螺栓 6 与印版滚筒端轴固结在一起。这样就通过一对齿轮啮合、一对螺纹旋合结构实现了对印版滚筒的轴向调节。齿轮 7 和 8 的啮合间隙可通过偏心套 13 调节。

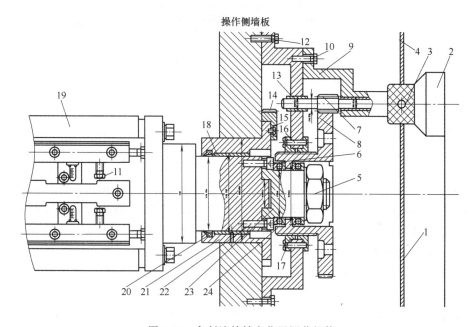

图 2-89　印版滚筒轴向位置调节机构

1—下端盖　2—推拉调节表　3—拨销　4—上端盖　5、17—螺母　6、10、11、12—螺栓
7、8—齿轮　9—支架　13、18—套筒　14—扇形齿轮　15、16、22—螺钉　19—印版滚筒
20—密封圈　21—偏心套　23—轴头　24—推力轴承

印版滚筒周向位置调节机构设在机器传动侧，如图 2-90 所示。

印版滚筒周向位置的调节原理如下：调节表 1 与小齿轮 45 固定在一起，小齿轮 45 与大齿轮 44 啮合，大齿轮 44 转动。大齿轮 44 的左端有外螺纹结构。外螺纹与固定在机架上的铜螺母 35 旋合，铜螺母 35 固定在机架上，因此大齿轮 44 在转动的同时必然因为螺纹旋合产生轴向移动。大齿轮 44 的轴向移动通过其内孔的凸肩结构、两个推力轴承、紧固螺母 41，带动轴座 36 一起移动。轴座 36 通过螺栓 6 与印版滚筒齿轮 9 固结在一起，由此实现了印版滚筒齿轮的轴向移动。因为滚筒齿轮为斜齿轮，在和另一个斜齿轮啮合中轴向移动时，必然带动滚筒同步产生一周向的转角，这就是印版滚筒的周向调节的原理。

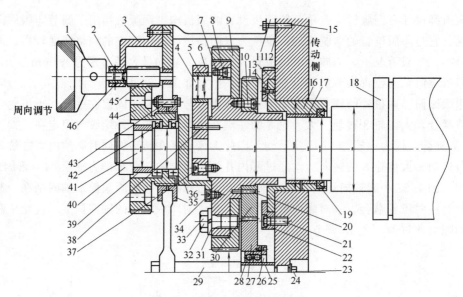

图 2-90　印版滚筒周向调节机构

1—调节表　2、16—偏心套筒　3—支架　4—拨销　5、17、25、39、46—套筒　6—连接板　7、10、14、21、34、37—螺钉
8—轮毂　9—斜齿轮　11—支撑架　12、32、33、43—螺栓　13—扇形齿轮　15—机架　18—印版滚筒
19—密封圈　20—销　22—盖板　23、35、40—螺母　24、31—垫圈　26—端盖　27—匀墨齿轮
28、42—轴承　29—轴　30、44—齿轮　36—轴承座　38—圆锥销　41—接轴　45—齿轮轴

2. 橡皮滚筒

橡皮滚筒的主要功能是传递图文。橡皮滚筒先与印版滚筒在一定压力下对滚，将印版上的图文转印到橡皮滚筒，然后橡皮滚筒再与压印滚筒对滚，将橡皮布表面的图文转印到纸张上。橡皮滚筒的筒体由铸铁铸造而成，结构与印版滚筒相似。

但橡皮滚筒的筒体直径小于印版滚筒的筒体直径。

印版滚筒的表面包衬有印版。在橡皮滚筒体的表面上，除包衬有衬垫外，外面还包裹有具有弹性的橡皮布。

印版滚筒的空当装有版夹，用来装夹印版。在橡皮滚筒的空当里装有橡皮布张紧轴，通过棘轮棘爪机构或蜗轮蜗杆机构把橡皮布拉紧。

橡皮滚筒的筒体一端装有传动齿轮，该齿轮带动印版滚筒转动。为了安装橡皮布与衬垫，橡皮滚筒的筒体下凹量一般取 2～3.5mm。在滚筒齿轮上设有长孔，用以调节橡皮滚筒与印版滚筒及橡皮滚筒与压印滚筒在圆周方向的相对位置。橡皮滚筒的空当部分装有橡皮布的装夹和张紧机构。橡皮布的位置一端固定，另一端装在可以张紧的轴上，然后用棘轮、棘爪或蜗轮、蜗杆机构进行张紧。橡皮滚筒的结构如图 2-91 所示。

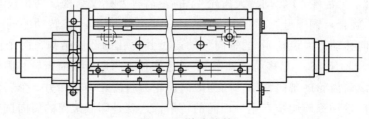

图 2-91　橡皮滚筒

图 2-92（a）、(b) 分别为单面胶印机橡皮布装夹装置和张紧装置机构图。在图 2-92 (a) 装夹机构中，夹版 1 和 2 上有齿，通过紧固螺钉 12 将橡皮布咬紧；张紧轴 5 上有凹槽和卡板 13，用以固定夹板。装橡皮布时，先推开卡板 13，使铁夹板 1 的凸出阶台面嵌入轴 5 的凹槽，并把压铁板压向轴 5 的配合表面，卡板 4 在压簧 6 的作用下，钩住铁夹板 1。卸橡皮布时，先推开卡板 13，取出夹板即可。在橡皮滚筒的咬口部位还设有衬垫夹紧装置，衬垫靠簧片 7 和夹板 8 夹紧。装衬垫时，推开压簧片放入衬垫后，压簧片自动靠弹簧力压紧。

橡皮滚筒右肩铁的外端面装有橡皮布张紧机构，如图 2-92（b）所示，轴 5 上装有蜗轮 9，它与蜗杆 10 相啮合；转动蜗杆 10，带动轴 5，可张紧或松开橡皮布。虽然蜗杆、蜗轮有自锁功能，但为防止因振动造成的橡皮布松动，设有锁紧螺钉 11。橡皮布张紧后，利用螺钉 11 可将蜗杆 10 锁住。

在双面胶印机上，两对滚的橡皮滚筒中，有一个还起压印滚筒的作用。具有压印作用的滚筒通常为上橡皮滚筒。在这个橡皮滚筒的空当上除了装有夹板、张紧机构外，还装有一套咬牙机构，其结构形式、开闭动作及作用与 J2108 型胶印机的压印滚筒的咬牙机构相同。目的是咬住纸张，使纸张在两橡皮滚筒对滚中印刷上图文。

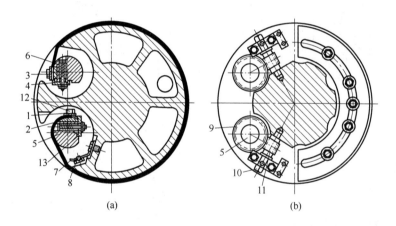

图 2-92　橡皮布装夹及张紧机构

（a）橡皮布装夹装置　（b）橡皮布张紧装置

1、2、8—夹板　3、12—紧固螺钉　4、13—卡板　5—张紧轴　6、7—压簧　9—蜗轮　10—蜗杆　11—锁紧螺钉

3. 压印滚筒

压印滚筒的作用是叼住待印纸张，与橡皮滚筒对滚，在一定的印刷压力下，使橡皮布上的图文墨迹转印到纸张上。

大部分胶印机都设有压印滚筒（但以 B-B 型滚筒排列的胶印机没有独立的压印滚筒）。设有压印滚筒的胶印机，压印滚筒总是叼着纸张，滚筒表面紧贴纸张与橡皮滚筒接触滚动完成图文转移。然后把压印完毕的印张交给收纸滚筒，再通过收纸链条将印张收齐。

压印滚筒的结构与印版滚筒相似，也是由铸铁铸造而成的圆柱体。其不同点是：①与印版滚筒的加工直径不同。它的加工尺寸比印版滚筒大，它在三个滚筒中直径最大；②不像印版滚筒和橡皮滚筒那样，表面上都有包衬，压印滚筒的表面只有一张纸；③滚筒空当装有咬纸机构以及调节咬纸牙力量和位置的调节机构。

另外，压印滚筒还把动力通过滚筒齿轮传送到橡皮滚筒、印版滚筒以及其他运动部件。

压印后，咬纸牙又把印好的印张交给收纸装置，输送到收纸台。

压印滚筒的筒体直径与滚筒齿轮的分度圆直径相等，筒体表面直径大于滚枕直径。滚筒体表面到滚枕圆表面的距离为凸量而不再是下凹量。压印滚筒是整台印刷机的调节基准，在现代印刷机上压印滚筒的位置是确定的、不可调节的。因此，对压印滚筒的精度要求很高，包括形状、位置公差、表面粗糙度等。另外，筒体表面应具有良好的耐磨性和耐腐蚀性，而且对滚筒齿轮及轴套配合的精度也有较高的要求。

如图 2-93 所示为国产单张纸胶印机压印滚筒的典型机构，滚筒两端轴承不做偏心摆动，故将轴承 5 固定在墙板上；滚筒的轴向定位依靠端面的推力轴承 3。旋紧螺母 1 可将轴承 3 适当压紧，使滚筒不能在轴向窜动，然后紧固螺钉 2。润滑油从进油口 4 经油孔进入轴颈和轴承之间，油封 6 的作用是防止漏油。

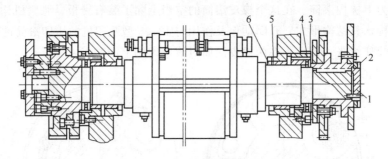

图 2-93　压印滚筒结构

1—螺母　2—螺钉　3—轴承　4—进油口　5—轴承　6—油封

压印滚筒咬纸牙的结构及其调节，如图 2-94 所示。牙片 2 通过螺钉 4 和 6 紧固在牙座 3 上，牙座活套在牙轴 1 上。当卡箍 9 被牙轴带动作顺时针方向转动时，卡箍 9 通过压簧 8 和调节螺钉 7 的作用，使牙座 3 及牙片 2 靠向牙垫 11，此时咬纸牙处于咬纸状态。咬纸力的大小可通过调节螺钉 7 改变压簧 8 的压力来调节。当卡箍逆时针转动时，卡箍 9 的小平面将顶住螺钉 6 的端面，而将牙座 3、牙片 2 抬起，即咬牙放纸。改变螺钉 6 与卡箍 9 的间隙，可调节咬纸牙抬起时间的早晚。各咬纸牙的间隙应调节一致，以防咬纸牙张闭先后不一。牙片 2 的螺孔为圆弧长孔，松开螺钉 4 和 6 可调节牙片 2 的前后位置。

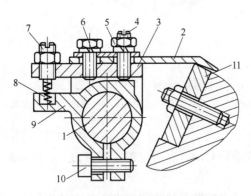

图 2-94　压印滚筒咬纸牙的结构

1—咬牙轴　2—牙片　3—牙座　4、6、7—调节螺钉
5—螺母　8—压簧　9—卡箍　10—螺钉　11—牙垫

由于弹簧在运动中易抖动，稳定性差，影响了咬纸牙咬纸力的稳定性，从而影响套印精度。为了克服这一缺点，北人 PZ4880-01 型胶印机采用凸轮控制咬纸牙的张闭。根据凸轮控制咬纸牙张开还是闭合的情况，开闭牙分为高点闭牙和低点闭牙两种。高点闭牙是指

咬纸牙轴摆杆的滚子与凸轮高点部分接触时，咬纸牙闭合咬住纸张；高点闭牙对凸轮要求高，当其处于高点时，咬纸牙必须处于闭合状态，且咬纸力要适当。而低点闭牙则是指牙轴摆杆上的滚子在凸轮的高点部分移动时，咬纸牙处于张开状态，滚子进入凸轮低点部分后，咬纸牙闭合。低点闭牙时的闭牙力是机构中的弹簧恢复力。由于弹簧的结构特点，闭牙直至闭紧为止。所以对凸轮要求相对较低。现代大多数胶印机采用的都是凸轮低点闭牙，即靠弹簧闭牙。利用凸轮控制咬纸牙的开闭，冲击小，动作比较平稳，牙排上咬纸力较均匀，调节方法简单可靠。

4. 传纸滚筒

传纸滚筒是指在印刷过程中起传送、交接纸张作用的滚筒。传纸滚筒和压印滚筒的结构基本相似，咬纸牙的结构及调节方法和压印滚筒的咬纸牙相同。在多色印刷中，压印滚筒和传纸滚筒的直径往往大于印版滚筒和橡皮滚筒的直径。如海德堡 Speedmaster CD 型四色胶印机和三菱 DAIYA3F-4 型四色胶印机的压印滚筒和传纸滚筒的直径是印版滚筒和橡皮滚筒直径的 2 倍，其转速为印版滚筒转速的 1/2。这种大的传纸滚筒或压印滚筒被称为倍径滚筒。倍径滚筒转速低，有利于纸张的平稳传递。因此倍径传纸滚筒适合于高速印刷。

如图 2-95 所示为机组式多色胶印机三滚筒传纸示意图。其中 1 为双倍径传纸滚筒，2 为单倍径传纸滚筒，压印滚筒也是单倍径的。在双倍直径传纸滚筒上，有两排咬纸牙均匀分布在传纸滚筒的圆周上。

（三）滚筒离合压机构

在印刷过程中，橡皮滚筒须与印版滚筒、压印滚筒在一定的压力下接触对滚，从而完成图文转移。三滚筒的接触状态称为滚筒合压状态。

按离合压的时间分，滚筒离合压可分为同时离合压和顺序离合压两种。同时离合压是指在离合压时，橡皮滚筒与印版滚筒、橡皮滚筒与压印滚筒同时进行离合。顺序离合压是指合压时指橡皮滚筒与印版滚筒先合压，然后再与压印滚筒合压。离压时橡皮滚筒与压印滚筒先离压，然后再与印版滚筒离压。

按离合压机构原理，离合压方式又可分为偏心套式、三点悬浮式和气压传动式三种。目前，应用最广泛的是偏心套式。

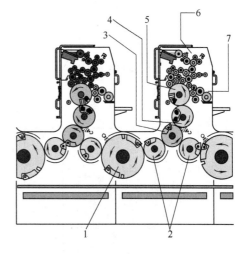

图 2-95　三滚筒传纸系统
1—双倍径传纸滚筒　2—单倍径传纸滚筒
3—压印滚筒　4—橡皮滚筒　5—印版滚筒
6—输墨系统　7—润湿系统

1. 偏心套式离合压方式

偏心套式离合压的方式又可分为四种：滚筒轴承离合方式、利用橡皮滚筒和印版滚筒上的单偏心套实现离合压和调压的方式、利用三滚筒上的单偏心套实现调压和离合压的方式以及单偏心套和双偏心套组合调压及离合压方式。

（1）滚筒轴承离合方式　手续纸胶印机橡皮滚筒采用单偏心轴套，该轴套安装在橡皮滚筒上。三滚筒可作水平和垂直方向的调节，以改变它们的中心距。滚筒的离合由橡皮滚筒轴端的偏心套实现。这种调节方法的缺点是调节费时间，精度差；优点是制造简单。由于制造技术的提高，当代胶印机的轴套和墙板孔的加工精度都能达到较高的要求，因此现代滚筒中心距的调节和滚筒离合都用偏心套完成。

（2）利用橡皮滚筒和印版滚筒上的单偏心套实现离合压和调压的方式　PZ4880 胶印机即采用上述单偏心套结构进行离合压的。如图 2-96 所示，压印滚筒轴承套是直套，没有偏心，压印滚筒轴线固定不动。橡皮滚筒轴端有一偏心套，其作用是实现滚筒离合压以及调节橡皮滚筒与压印滚筒的中心距。印版滚筒也装有一个偏心套，其作用是调节印版滚筒与橡皮滚筒的中心距，即调节印版滚筒和橡皮滚筒之间的压力。

（3）利用三滚筒上的单偏心套实现调压及离合压的方式　如图 2-97 所示，三个滚筒上均有一个偏心套。采用这种结构的有瑞士彩色金属和美国奥立斯四色胶印机。这种结构以橡皮滚筒为基准，分别利用印版滚筒和压印滚筒上的偏心套来调整它们之间的压力。美国奥立斯四色胶印机压印滚筒偏心套的偏心距为 6.25mm，印版滚筒的偏心距为 4.5mm。橡皮滚筒上也有偏心套，它不起调节中心距的作用，只是通过移动橡皮滚筒轴互起滚筒离合作用。

由于印版滚筒和压印滚筒偏心套上分别安装有蜗轮齿块，偏心套下方装有蜗杆，通过蜗轮蜗杆机构，使偏心套转动，调节该滚筒与橡皮滚筒的中心距。这种结构的缺点是压印滚筒中心在调节时有变动，这种变动会进一步影响纸张的交接，因此这种调节压印滚筒中心的方法较少采用。

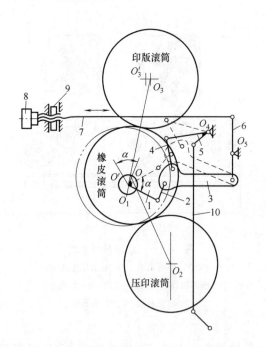

图 2-96　PZ4880-01 型胶印机离合压机构原理图
1—偏心套　2、4—连杆　3、5、6—摆杆
7—拉杆　8—调节表　9—螺母　10—连杆

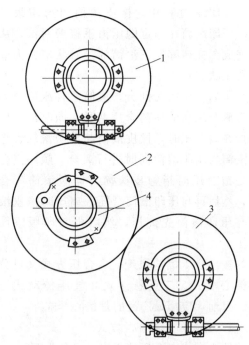

图 2-97　单偏心套滚筒离合压机构
1—印版滚筒　2—橡皮滚筒　3—压印滚筒
4—离合偏心套

（4）单偏心套和双偏心套组合调压及离合压方式　J2108 型胶印机采用的就是这种离合压及调压机构。如图 2-98 所示，压印滚筒 6 的轴套是直套，轴心是不可调节的。橡皮滚筒 5 上装有两个偏心套，外偏心套用于调节橡皮滚筒与压印滚筒的中心距，内偏心套用于滚筒离合压。印版滚筒 4 的偏心套用于调节印版滚筒和橡皮滚筒中心距。偏心套又常叫做偏心轴承。

如图 2-98 所示，印版滚筒两端的轴颈装在偏心套 1 内孔中，偏心套的外圆与墙板孔配合，即偏心套的外圆圆心与墙板孔心同心（O_1），偏心套的内圆圆心与印版滚筒中心同心（O_P）。偏心套的作用是调节印版滚筒与橡皮布滚筒的中心距，因此对偏心套的排列位置要求是：偏心套中心 O_1 与印版滚筒轴心 O_P 的连线应垂直于中心线 $O_P O_B$（O_B 为橡皮滚筒中心），使偏心套的微量转动能较多地改变印版滚筒与橡皮布滚筒的中心距。

工作过程是印版滚筒轴心 O_P 以偏心套中心 O_1 为中心，以偏心套中心 O_1 与印版滚筒轴心 O_P 的连线 $O_1 O_P$ 为半径转动，从而改变了印版滚筒与橡皮滚筒之间的距离。

2. 三点悬浮式离合压方式

三点悬浮式离合压是指不采用偏心套，橡皮滚筒轴的两端各有三个支撑点支撑着的离合压方式，因此三点悬浮式又叫三点支撑式。其结构原理图见图 2-99。采用三点支撑后，印版滚筒轴套与压印滚筒轴套通用，印版滚筒与压印滚筒轴套都是直套。这样，原来三种不同的偏心套变成了直套，有利于提高印刷精度。

如图 2-99 所示，滚筒轴 1 安装在滚动轴承中。滚筒轴承又安装在钢套 2 中，钢套 2 由三个滚轮支撑着。三个滚轮处在 A—A、B—B、C—C 的位置。钢套 2 的外圆不完整，即在 A—A 与 C—C 处的滚轮附近的钢套表面低于圆周表面。A—A 与 C—C 两处滚轮的轴心固定不动，B—B 处的滚轮由弹簧压向钢套。钢套受离合压机构的拉杆驱动而转

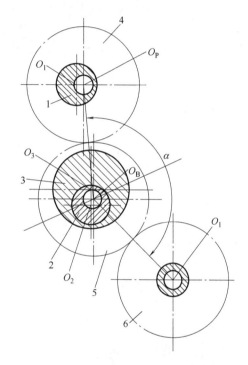

图 2-98　单偏心套和双偏心套组合调压及离合压

1、2、3—偏心套　4—印版滚筒

5—橡皮滚筒　6—压印滚筒

动。图示位置钢套在 A—A 和 C—C 两处由两个低下的平面与相应的滚轮接触，滚筒处于离压状态。当钢套顺时针方向转动时，它上面两个低下的平面在相应的滚轮上滑过，而它的外圆圆周表面与 A—A 及 C—C 处的滚轮接触。这时 B—B 处的滚轮压缩弹簧向（+）方向运动，滚筒也向（+）方向运动，实现合压。从合压位置开始，逆时针转动钢套，钢套就回到图示位置，滚筒进入离压状态。由于滚筒轴承完全由三个滚轮支撑，故墙板孔 3 不与任何零件接触，只为装配提供空间。

A—A 与 C—C 处的滚轮 7 装在偏心轴 6 上，转动蜗杆 4，通过蜗轮 5 使偏心轴转动，从而改变滚轮的轴心位置，以此调节滚筒间的压力。

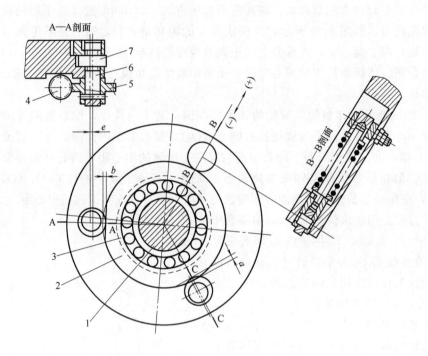

图 2-99　三点悬浮式离合压机构原理图

1—滚筒轴　2—钢套　3—墙板孔　4—蜗杆　5—蜗轮　6—偏心轴　7—滚轮

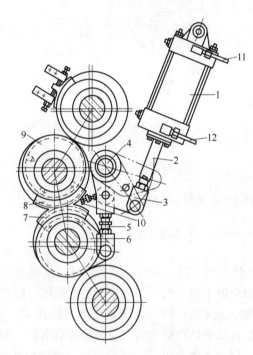

图 2-100　气动离合压机构

1—气缸　2—活塞杆　3—摆杆　4—轴

5—连杆　6、9—偏心套　7、8—扇形齿轮

10—定位螺钉　11、12—气管

三点悬浮式离合压结构在调压时，各蜗杆的调节量要配合适当，以保证滚筒之间的平行度。这种结构的缺点是安装、调节困难，抗振性较差。

3. 气动离合压方式

图 2-100 所示为现代胶印机的气动离合压机构图。其工作原理如图所示。在气缸 1 两端分别装有气管 11 和 12。合压时，压缩空气从管 11 进入气缸，管 12 连通大气，活塞杆 2 被推出，摆杆 3 绕轴 4 中心顺时针转动（并通过轴 4 把运动传递到传动面的离合压机构），在连杆 5 带动下橡皮滚筒偏心套 6 转动，通过固定在偏心套 6 上的扇形齿轮 7 与固定在上橡皮布滚筒的偏心套 9 上的扇形齿轮 8 的啮合，使偏心套 9 一起转动。当摆杆 3 转到轴 4 中心与连杆 5 转动中心的连线上时，摆杆 3 靠住定位螺钉 10，上、下两个橡皮滚筒同时进入合压位置。离压时，压缩空气从管 12 进入气缸，管 11 通大气，则活塞杆缩进气缸，带动机构反向运动，使上、

下两个橡皮滚筒同时回到离压位置，这时摆杆 3 应靠住定位螺钉 10。

由于气压式传动机构动作平稳、准确，结构简单，所以现代单张纸平版印刷机的离合压机构已开始采用气压传动。

二、输墨部件

传统的平版印刷是利用水、油不相溶的原理完成油墨转移的。其工艺过程的实质是借助印刷压力将涂布在印版上的油墨转移到承印物上的过程。作为传递油墨和涂布油墨的装置是印刷机必不可少的组成部分。其性能的优劣直接影响着印品质量。

印刷油墨的性能首先要满足印刷方式的需要；其次油墨转印到纸张或其他材料上并经过后续工序及使用过程中的各种折叠、摩擦、光照等后，仍要保持原有的图像及色彩。

印刷油墨的主要性能包括流动性能（如黏度、黏性、黏弹性、屈服值、触变性等），光学性能（如颜色，光泽度等）以及转印到各种印刷材料上的耐抗性能（如耐晒、耐酸碱溶剂、耐化学药品、耐摩擦、耐搓揉等）。

油墨的传输分为给墨行程、分配行程和转移行程。油墨转移行程是印刷过程中的基本行程，也是印刷过程中的最后行程。在印刷的瞬间，印版或橡皮布上的油墨分裂成两部分。一部分油墨残留在印版或橡皮布上，另一部分油墨附着在纸张或其他承印物表面，经固化、干燥而固结，这样便完成了油墨转移的全部过程。

印版上的油墨与纸张接触的瞬间，在印刷压力的作用下，部分油墨转移到纸张表面。从微观上分析，由于纸张表面凹凸不平，所以在印刷过程中印版上的油墨与纸张不会均匀接触。因此，从印版上转移到纸张上的墨量，首先与纸张的接触面积有关；其次，在接触面积内，又与油墨从印版转移到纸张的转移率有关。

（一）输墨系统的作用及组成

1. 输墨系统的作用

输墨系统的作用是为印刷系统提供充分打匀的油墨，以便将油墨通过印刷滚筒对滚转移到纸张上，从而形成高质量的印品。为了使墨辊在印刷过程中，把油墨均匀适量地传递到印版表面，须设置输墨装置将墨斗辊输出的条状油墨从周向和轴向两个方向迅速打匀，使传到印版的油墨有较高的均匀性。为了最终在印品上获得均匀一致的墨层，供墨部分的供墨量、着墨部分的着墨压力等应有调节机构进行调节。与印刷机构合压与离压的两种状态相对应，着墨辊应有自动起落机构，以实现合压时给墨，离压时离墨。

2. 输墨系统的组成

输墨系统由供墨部分、匀墨部分和着墨部分三部分组成。

（1）供墨部分（图 2-101 Ⅰ区） 供墨部分包括墨斗辊 4，墨斗 12 和传墨辊 5。供墨部分的主要作用是贮存油墨和将油墨传给匀墨部分。

墨斗辊 4 间歇或连续转动，传墨辊 5 往复摆动，将条状的墨层传给高速旋转的串墨辊 1。经匀墨部分，迅速把条状墨层打匀。给墨量大小根据印版图文的分布进行调节：调节传墨辊的摆动角度和其与墨斗辊接触的时间，实现供墨量大小的整体调节；调节墨斗螺钉改变墨刀和墨斗辊的缝隙，从而改变沿轴向不同墨区的墨层厚度，实现墨量大小的局部调节。

（2）匀墨部分（图 2-101 Ⅱ区） 匀墨部分包括匀墨辊、重辊和串墨辊。其作用是将

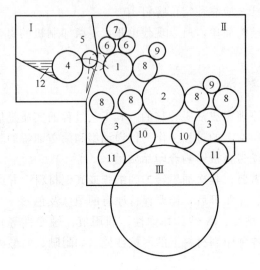

图 2-101　输墨系统的组成

1、2、3—串墨辊　4—墨斗辊　5—传墨辊

6、8—匀墨辊　7、9—重辊　10、11—着墨辊　12—墨斗

油墨拉薄、打匀，以达到工艺上所要求的墨层厚度，然后将油墨传给着墨辊。上串墨辊 1、匀墨辊 6 和重辊 7 的作用是迅速把条状墨层初步打匀。中串墨辊 2、匀墨辊 8、重辊 9 的作用是进一步将墨层打匀。此外还有存贮油墨的作用。下串墨辊 3、匀墨辊 8、重辊 9 是最后一级匀墨，最后将打匀后的油墨传递给着墨辊。

（3）着墨部分（图 2-101 Ⅲ区）　着墨部分由四根着墨辊 10、11 组成。其作用是将匀墨辊已经打匀的墨层向印版传递。着墨辊的线速度等于印版滚筒表面的线速度。

着墨辊直接与印版接触，虽然着墨辊是弹性体，但其精度要求较高。

正常印刷时，输墨系统工作在稳定状态，供墨部分供给的墨量等于印品消耗的墨量。

（二）供墨部分

供墨部分的作用是完成对匀墨部分的供墨，把墨斗内油墨定时、定量均匀地传递给匀墨部分。供墨量的大小应该能根据印版图文的分布状况进行调节。通常，通过调节墨斗螺丝和墨斗辊的转角来控制供墨量的大小。其中，墨斗调节螺丝用来调整轴向上对应墨区局部供墨量的大小，而墨斗辊的转角用来调节轴向整体供墨量的大小。

墨斗辊的间歇转动和传墨辊的摆动须互相配合，由墨斗辊将墨斗的油墨间歇地、不断地传递给传墨辊。根据胶印机工作的要求，墨斗辊和传墨辊的工作周期应该相同。当墨斗辊开始转动时，应使传墨辊与墨斗辊开始接触或尚未接触。当墨斗辊停止转动时，应使传墨辊与墨斗辊刚脱离接触或已脱离接触，具体时间及调节应以胶印机的运动循环图为依据。

1. 墨斗结构与调节

（1）墨斗结构　墨斗是贮存油墨的装置，由墨斗座、墨斗刀片、墨斗辊和调节螺钉等组成。图 2-102 所示为 J2106 型胶印机墨斗结构。其中 1 是墨斗辊，2 是墨斗刀片，6 是调节螺钉，10 是墨斗座。墨斗刀片 2 通过固定螺钉 5 固定在墨斗座 10 上，松开螺钉 5 可以把刀片拆下。调节螺杆 3 使刀片和墨斗辊良好接触。刀片磨损后，可作微量调节，以保证刀片和墨斗辊的配合关系。墨斗座 10 可绕固定在墙板上的销轴 9 转动，弹簧

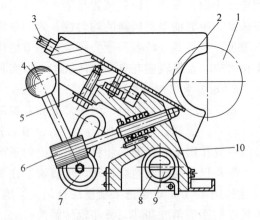

图 2-102　墨斗结构

1—墨斗辊　2—墨斗刀片　3—螺杆　4—手柄

5、7—固定螺钉　6—调节螺钉　8—弹簧

9—销轴　10—墨斗座

8可以平衡墨斗重心对销轴9产生的力矩，使转动墨斗省力。清洗墨斗时，可扳动手柄4，把墨斗固定螺钉7松开，使墨斗从图示工作位置逆时针转动，墨斗刀片脱开墨斗辊。清洗完毕后，把墨斗座顺时针转动。墙板上有一限位靠刹螺钉，保证刀片回至原工作位置，用固定手柄4扳紧螺钉7，墨斗被固定。沿着刀刃方向有一排调节螺钉6，可调节刀片和墨斗辊之间的间隙，改变供墨层的厚度。

（2）墨斗供墨量的调节方法

① 改变墨斗刀片和墨斗辊的间隙，可局部调节供墨量。调节螺钉压紧墨斗刀片，减小刀片和墨斗辊的间隙，就使墨斗辊表面的墨层厚度减薄，输墨部件就获得较少的墨量；反之，增加刀片和墨斗辊之间的间隙，则供墨量增大。

② 改变墨斗辊转角，可整体调节供墨量，此类调节属宏观较大墨量的调节。通过控制手柄，改变棘爪对棘轮的作用齿数，可改变墨斗辊一次转动的角度，从而改变了传墨辊同墨斗辊接触的弧长。墨斗辊转角大，传墨辊从墨斗辊上获得的油墨较多，即供墨量大。

在供墨量相同的条件下，可以用大刀片间隙，小墨斗辊转角，以厚而窄的较集中的墨层向匀墨部分供墨，也可用刀片间隙小，墨斗辊转角大，以薄而宽的分散的墨层向输墨部分供墨。显然，薄而宽的墨层要比厚而窄的墨层更易打匀，所以生产中常采用墨斗辊转角较大供墨方式。但墨斗间隙过小，易造成油墨中的墨皮、纸毛等杂物阻塞出墨通道，使供墨不畅通。

墨斗间隙调节供墨量大小，还须考虑油墨的黏度大小，黏度大，油墨流动性差，墨斗间隙应调节大些；黏度小，流动性好的油墨则应把间隙调小些，且墨斗辊转动角度大些。若停机时间较长，为避免油墨从刀片间隙内流出，必须把油墨取出。另外，印版图文的分布也影响供墨量的调节，应根据图文的轴向分布将对应地把墨斗刀片间隙开大或关小。

（3）墨斗辊与传墨辊的驱动与调节机构　墨斗辊有间歇旋转和连续旋转两种形式。间歇旋转的墨斗辊由棘轮机构或单向离合器驱动。改变间歇旋转角度或改变转动速度，可实现供墨量的整体调节。图2-103所示为墨斗辊单向轮结构，它实际上是一个单向超越离合器。这个离合器安装在墨斗辊的轴端，操作者可用手转动墨斗辊。连续旋转的墨斗辊可由匀墨组传给动力或由单独电机驱动。改变墨斗辊旋转速度，可宏观调节供墨量。

传墨辊在墨斗辊和串墨辊之间作往复摆动以传递油墨。其摆动由凸轮摆杆机构实现。该凸轮装在串墨辊轴端经减速机构减速，所以凸轮转速比串墨辊转速低得多。传墨辊的摆动也可由偏心轮、气动或液压系统驱动。

2. 间歇供墨机构

间歇供墨机构有机械控制式、电器控制式及气动控制式三种。下面对三种方式控制机构的工作原理分别阐述。

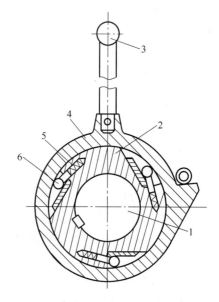

图2-103　墨斗辊单向轮

1—墨斗辊轴　2—单向超越离合器轴
3—手柄　4—壳体　5—弹簧　6—滚珠

（1）机械控制供墨机构 图 2-104 为机械控制供墨机构原理图，图 2-105 所示为机械控制供墨机构结构图。串墨辊轴端的减速机构使轴端供墨凸轮减速到传墨辊摆动和墨斗辊间歇转动所需的转速。

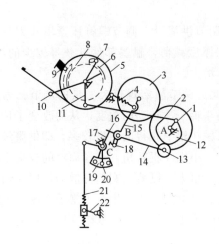

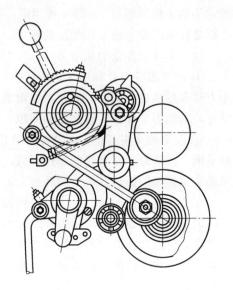

图 2-104 机械控制供墨机构原理图

图 2-105 机械控制供墨机构结构图

1—曲柄 2—连杆 3—传墨辊 4—弹簧 5—墨斗辊
6—扇形护板 7—棘爪 8—棘轮 9—弹簧销 10—手柄
11、14、15、16、22—摆杆 12—凸轮 13—滚子
17—控制杆 18—螺钉 19—扇形块 20—手柄插销 21—弹簧

墨斗辊的间歇转动是由棘轮机构实现的。曲柄 1 经连杆 2 带动摆杆 11 使棘爪 7 往复摆动，棘爪 7 推动与墨斗辊 5 的轴固连的棘轮 8 逆时针转动，从而使墨斗辊转动出墨。由于棘轮棘爪机构的单向转动特性，使棘爪逆时针转动时推动棘轮转动传墨，当棘爪顺时针旋转时，不能推动棘轮，从而实现了棘轮的单向间歇转动，周期供墨。墨斗辊的转角大小决定出墨量大小，可以通过扇形护板 6 进行调节。由手柄 10 转动扇形护板，可改变棘爪的有效工作角度，从而改变棘轮的旋转角度或工作齿数，即改变了墨斗辊的转角。护板 6 调节好后，用弹簧销 9 锁住固连在手柄 10 上的弧形齿条，以防扇形板自行移动。

传墨辊的往复摆动是由凸轮 12 连续旋转带动的。当凸轮大面作用于滚子 B 时，经滚子 13 使摆杆 14 绕支点 B 顺时针摆动，摆动时碰到螺钉 18，螺钉 18 旋合在杆 15 上，所以经 18 可使摆杆 15 绕支点 B 顺时针摆动，传墨辊靠向第一串墨辊。其接触时间由凸轮大面圆弧所对应的中心角决定，而接触压力的大小可通过螺钉 18 调节。当凸轮大面转过之后，在弹簧 4 恢复力的作用下，传墨辊又逆时针摆动靠向墨斗辊。为保证传墨辊与墨斗辊的充分接触并保持一定工作压力，凸轮小面工作时，小面不与滚子接触，约有 2mm 间隙。摆回取墨的动作完全靠拉力弹簧 4 拉动。

当手柄插销 20 插入图示中间通孔位置时，传墨辊的摆动和停止由离合压机构自动控制。由于摆杆 22 安装在压印滚筒轴端，它与离合压机构联动。当离压时，摆杆 22 向上摆动，扇形块 19 绕支点 C 顺时针摆动，控制杆 17 阻止摆杆 16 向下摆动，摆杆 16 与 14 为一体，因而阻止了凸轮小面与滚子 13 接触，传墨辊停止取墨。当合压时，摆杆 22 下摆，扇形块 19 逆时针摆回，控制杆 17 脱开摆杆 16，传墨辊摆向墨斗辊取墨。

当把手柄插销 20 插入左边通孔时，无论滚筒合压或离压，控制杆 17 都阻止摆杆 16 摆动，传墨辊停止摆动。

当手柄插销 20 插入右边的盲孔时，控制杆 17 远离摆杆 16，不能阻止 16 摆动，此时即便离压，传墨辊仍然传墨。印刷开机或换色时，必须先把油墨打匀，然后再合压印刷。合压时，由于扇形块逆时针摆动，插销 20 自动滑出右侧盲孔落入中间通孔，使机器进入自动控制状态，开始正常印刷。

（2）电器控制供墨机构　图 2-106 所示为电器控制供墨机构工作原理图。与机械控制机构相比，本机构中控制块 2 的动作不再由摆杆机构驱动，而是改由电磁铁 3 直接驱动。合压印刷时电磁铁 3 得电，迫使控制块 2 逆时针摆动，使 2 上端与摆杆 1 脱开，传墨辊可正常传墨。离压时，电磁铁 3 失电，在弹簧恢复力作用下，控制块 2 摆回并顶住摆杆，从而阻止摆杆 1 逆时针摆动，传墨辊不能左摆与墨斗辊接触，停靠在串墨辊上，停止供墨。转动蜗杆 6 通过蜗轮改变偏心套 5 的位置，以调节传墨辊与上串墨辊之间的压力。

（3）气动控制供墨机构　图 2-107 为气动控制传墨机构简图。墨斗辊出墨采用自动

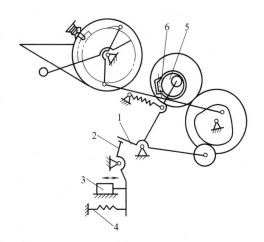

图 2-106　电器控制供墨机构
1—摆杆　2—控制块　3—电磁铁
4—弹簧　5—偏心套　6—蜗杆

调节的无级出墨机构，如图 2-107 所示，墨斗辊的间歇转动是由安装于圆柱凸轮端面的曲柄 2、经连杆 3、摆杆 4、支架 5 和摆杆 6、7 驱动的。在墨斗辊轴上安装有单向离合器，墨斗辊逆时针摆动时出墨。墨斗辊的出墨量由步进电机 22 控制。通过电机 22、齿轮 23、

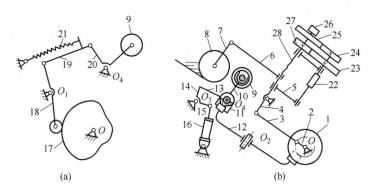

(a)　　　　　　　　　　(b)

图 2-107　气动控制供墨机构
(a) 传墨辊的摆动原理图　(b) 传墨辊的窜动和停墨控制原理图

1、17—凸轮　2—曲柄　3、19—连杆　4、6、7、12、13、15、18、20—摆杆　5—支架　8—墨斗辊　9—传墨辊
10—拨叉　11—拨块　14—推杆　16—气缸　21—弹簧　22—电机　23、24、25、27—齿轮　26—电位计　28—螺杆

27 带动螺杆 28 转动，使摆杆 6 上的螺母上下移动；当螺母向上移动时，增大墨斗辊的摆动角度，即增加出墨量，反之将减小出墨量。

图 2-107（a）为传墨辊的摆动原理图。轴 O 是由橡皮滚筒齿轮经齿轮传动减速后带动转动的。该轴上装有带动串墨辊窜动的曲柄 2 和驱动传墨辊 9 摆动的凸轮 17。当凸轮 17 大面作用于滚子 9 时，通过摆杆 18、连杆 19、摆杆 20 使传墨辊 9 顺时针摆动，将墨传给匀墨部分。当凸轮 17 小面作用于滚子 9 时，在弹簧 21 的拉力作用下，传墨辊 9 绕 O_1 逆时针摆向墨斗辊 8 并与墨斗辊接触取墨。

为确保在拉簧 21 的作用下传墨辊 9 与墨斗辊 8 充分接触，当滚子 29 处在凸轮 17 低面时不与凸轮接触，它们之间约有 2mm 间隙。

图 2-107（b）为传墨辊的窜动和停墨控制原理图。在此种机构中，传墨辊既做往复摆动，又做轴向窜动。在机器的操作面，O 轴上安装有圆柱凸轮 1 及驱动墨斗辊间歇转动的曲柄 2。随着轴 O 的不断转动，圆柱凸轮 1 带动摆杆 12 上的滚子轴向移动，从而使摆杆 12 绕轴 O_2 摆动。同时由摆杆 12 另一端的滚子拨动槽块 11 沿轴 O_4 移动。在槽块 11 上固联有拨叉 10，由它拨动传墨辊 9 轴向移动，完成传墨辊的串墨运动。

传墨辊停止传墨是由气缸控制的。当气缸一侧排气时，气缸 16 的活塞杆下降，带动摆杆 15 绕 O_3 顺时针转动，使推杆 14 顶起摆杆 13。由于摆杆 13 与槽块 11 固连在一起，从而拨动槽块连同摆杆 10 转动一个角度，迫使传墨辊与墨斗辊脱开。传墨辊不再摆动传墨。

正常印刷时，气路给气缸供气，气缸 16 的活塞上升，推动摆杆 15 绕 O_3 轴逆时针摆动，推杆 14 左摆，与摆杆 13 脱离。此时，传墨辊 9 由凸轮 17 驱动作往复摆动传墨。

3. 连续旋转式供墨机构

连续旋转式供墨机构以连续不断的形式向输墨装置输送定量油墨。常用的方法有借助螺旋线沟槽传墨和采用弹性螺旋线辊传墨两种。

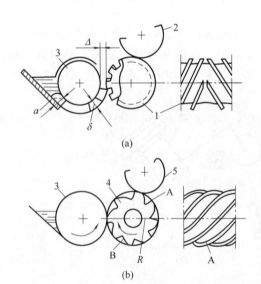

图 2-108　连续供墨装置
a）借助螺旋线沟槽辊传墨　（b）采用弹性螺旋线辊传墨
1、5—金属辊；2、4—弹性辊　3—墨斗辊
A—棱　B—楔形槽

（1）借助螺旋线沟槽辊传墨　如图 2-108（a）所示，墨斗辊 3 与弹性辊 2 之间加金属辊 1，金属辊 1 相对于墨斗辊 3 留有间隙 Δ，金属辊匀速旋转；其表面按螺旋线切割有沟槽，沟深 0.2～0.4mm。墨斗辊也匀速旋转。通过改变刮墨刀和墨斗辊的缝隙 a 来调节自墨斗输出的油墨层厚度 δ。如果 $\delta > \Delta$，则部分油墨经金属辊 1 螺旋面带给弹性辊 2；如果 $\delta < \Delta$，则停止供墨。

（2）采用弹性螺旋线辊传墨　如图 2-108（b）所示，螺旋线沟槽一边带棱 A，一边为变半径 R 的曲面楔形槽 B。采用这样的弹性辊与墨斗辊接触、传递油墨的同时，会将油墨自沟槽中挤出，并有部分返回墨斗辊，挤出油墨的多少取决于在接触区内的速度差。

传墨的最佳状态是弹性辊的速度等于印刷速度 v_p 的 0.83 倍，而墨斗辊的表面速度 v_g 自零无级调速到 $0.065v_p$。

（三）匀墨部分

匀墨部分的作用是打匀油墨及输送油墨，主要由串墨辊完成。工作中要求相邻接触墨辊间有较好的接触。为满足这一要求胶印机上的墨辊排列都是软质墨辊和硬质墨辊相间设置。

1. 串墨辊结构

为维修拆装方便，大部分胶印机的串墨辊都制成三节式结构。如图 2-109 所示，串墨辊主要由辊体、两端的轴头及为传动而具有的减速机构等几部分组成。两端的轴头 2、4 用螺钉 5 和辊体 3 固定在一起。松开螺钉 2、4，可使轴头与辊体分离，此时可卸下辊体 3。上串墨辊的轴头上装有减速轮系，减速轮系的放大图如图 2-110 所示。上串墨辊轴 1 通过键连接带动偏心轴套 6 转动，轴套 6 的外圆上滑套着齿轮 3，齿轮 3 受十字挡环 2 的限制，只能绕上串墨辊轴 1 公转，不能自转。内齿轮 4 和齿轮 3 啮合，内齿轮 4 通过螺钉与凸轮 5、曲柄 7 固联，其转动中心与串墨辊同心。在与齿轮 3 的啮合中齿轮 4 获得一定的转速。因为传墨辊摆动凸轮 5、传动墨斗辊间歇转动的曲柄 7 及齿轮 4 固结，所以上串墨辊转动时通过轴头减速机构减速，带动摆动凸轮 5 旋转，从而通过凸轮连杆机构实现了传墨辊的摆动和墨斗辊的间歇转动。

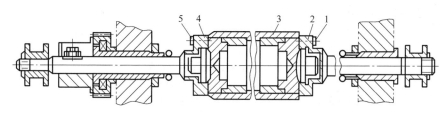

图 2-109　串墨辊结构

1、5—螺钉；2、4—轴头　3—辊体

2. 串墨机构

串墨机构的作用是实现串墨辊的轴向窜动，以将油墨在轴线方向打匀。

串墨辊的传动装置有机械式、液压式和气动式三种。常用的机械式串墨机构有曲柄连杆式、槽凸轮式、凸轮摆杆式和蜗轮蜗杆式等。下面介绍曲柄连杆式和蜗轮蜗杆式两种机构。

（1）曲柄连杆串墨机构　图 2-111 所示为典型胶印机所采用的曲柄连杆串墨机构。固定在印版滚筒轴端的齿轮 16 传动齿轮 19，带有滑槽的圆盘与齿轮 19 固定在一起，其上有一可调偏心距的曲柄 18，经连杆 17、摆杆 15 带动中串墨辊做轴向运动。其轴端的槽

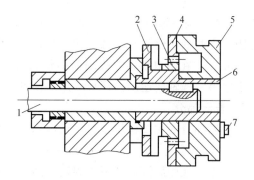

图 2-110　上串墨辊轴端减速装置

1—上串墨辊轴　2—十字挡环　3、4—齿轮

5—凸轮　6—偏心轴套　7—曲柄

轮通过摆杆 4 传动下串墨辊 3 做轴向窜动，其运动方向与串墨辊 5 运动方向相反。经摆杆 8 使上串墨辊 7 作轴向窜动，又经摆杆 11 使下串墨辊 9 做轴向窜动；再经摆杆 12 使串水

辊 13 做轴向窜动。曲柄 18 每转 1 周，各串墨辊窜动一次。串墨辊窜动量的大小可通过曲柄 18 上的螺钉进行调节，通常窜动量为 0～25mm。

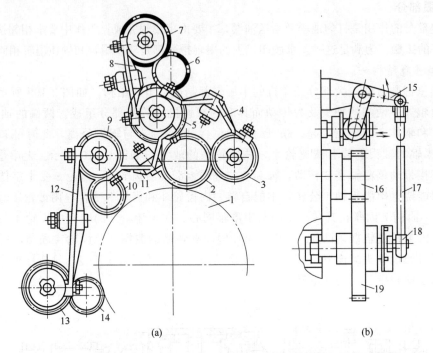

图 2-111　典型曲柄连杆串墨机构

（a）串墨机构主视图　（b）串墨机构侧视图

1—印版滚筒　2—着墨辊　3、5、7、9—串墨辊　4、8、11、12、15—摆杆　6—匀墨辊
10、14—着水辊　13—串水辊　16、19—齿轮　17—连杆　18—曲柄

（2）蜗轮蜗杆串墨机构　如图 2-112 所示为蜗轮蜗杆串墨机构。蜗杆从印版滚筒经齿轮传动得到动力而旋转，并传动相啮合的蜗轮 1。在蜗轮 1 端面有 T 形槽，槽内装有 T 形块 3。通过调节螺钉 2 改变 T 形块 3 在槽内的位置，即改变曲柄 4 的中心与蜗轮之间的偏心距。当曲柄 4 绕蜗轮 1 轴心转动时，经连杆 6 拉动中串墨辊 7 作轴向运动，其移动量为 0～40mm。在中串墨辊 7 传动面的轴头上也有槽轮，经滚子和杠杆带动上串墨辊以及两个下串墨辊作轴向运动。螺母 5 用来锁紧 T 形块。

（四）着墨部分

着墨部分的主要作用是将经供墨部分、匀墨部分打匀的油墨向印版传递。

1. 着墨辊及其压力调节机构

着墨辊在印版滚筒和下串墨辊之间依靠两者接触摩擦力带动旋转，向印版涂布油墨。为了使着墨辊将下串墨辊传来的油墨均匀地涂布在印版表面并减少对印版的过量磨损，着墨辊与串墨辊和印版之间必须有合适的压力。为此，输墨装置必须有压力调节机构。调节时，须先调节着墨辊与串墨辊之间的压力，然后再调节着墨辊与印版之间的压力。

图 2-113 所示为着墨辊与串墨辊机构压力调节机构原理图。着墨辊与串墨辊之间的压力调节是通过蜗轮蜗杆机构实现的。当手柄转动时，蜗杆 9 带动蜗轮 25 转动。蜗轮 25 偏心安装在着墨辊轴端（该偏心距为 4mm），从而使着墨辊绕偏心转动，以此达到改变着墨

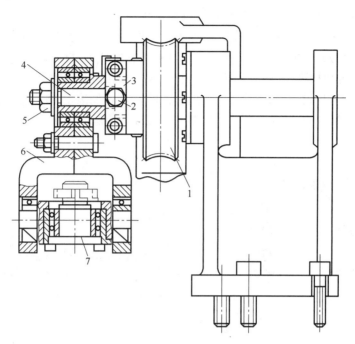

图 2-112 蜗轮蜗杆串墨机构

1—蜗轮 2—螺钉 3—T形块 4—曲柄 5—螺母 6—连杆 7—串墨辊

辊与串墨辊之间的压力的目的。圆螺母 11 的作用是在压力调节完后锁紧蜗杆。由于各着墨辊绕相应的摆体 5、6、7、8 的中心摆动，所以调节着墨辊与串墨辊之间的压力时，不会影响着墨辊与印版的压力。

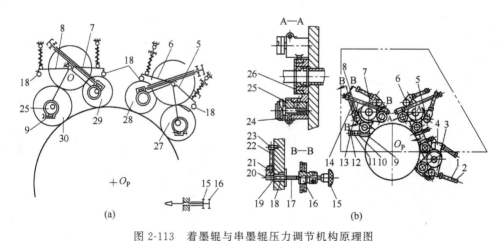

图 2-113 着墨辊与串墨辊压力调节机构原理图

1—压簧 2—伸簧杆 3、4、5、6、7、8—摆杆 9、13—蜗杆 10、14、19—套 11、12—螺母

15—手柄 16—调节手柄 17—管套 18—调节杆 20—锥头 21—挡轴 22—簧杆

23—支轴 24—锁套 25—蜗轮 26—挡圈 27～30—着墨辊

2. 着墨辊的起落及其调节机构

在印刷过程中，当输纸出现故障或需要停止印刷时，着墨辊必须与印版脱开，停止供墨，以避免印版图文上墨层增厚。当合压进行印刷时，着墨辊与印版滚筒接触给墨。因

此，着墨辊必须具有与滚筒离合压相配合的起落机构。

（1）J2108、J2205型胶印机着墨辊的起落机构　图2-114（a）所示为J2108、J2205型胶印机着墨辊的起落机构。在滚筒离合压轴上，有摆杆13与连杆14相铰接。滚筒离压时，连杆14上升使摆杆13顺时针转动。由于13的轴孔内有键槽与滑动键12相对应［见图2-114（b）］，所以键12传动套11使小凸轮15转动，经滚子16，使杠杆17绕轴18逆时针转动，四个螺钉19同时上移，将四根着墨辊抬离印版，停止着墨。

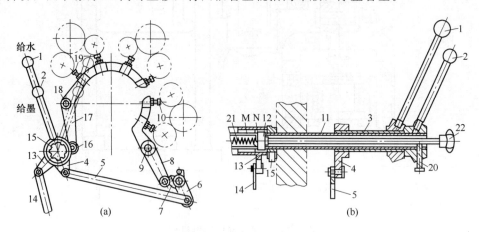

图 2-114　J2108、J2205 型胶印机着墨辊起落机构

1、2—手柄　3、11—套　4、6、13—摆杆　5、14—连杆　7—凸块　8、17—杠杆

9、18—轴承　10、19、20—螺钉　12—键　15—凸轮　16—滚子　21—弹簧　22—推杆手柄

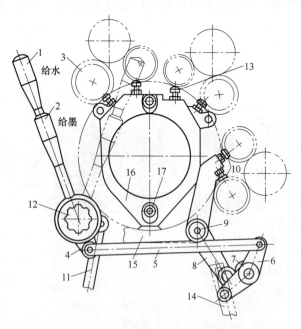

图 2-115　PZ4880 型胶印机着墨辊起落机构

1—给水手柄　2—给墨手柄　3—着墨辊　4、6、7—摆杆　5—连杆

8—离水杆　9—轴　10、13、17—螺钉　11、14—拉杆

12—推杆手柄　15—横杆　16—座架

着墨辊的起落机构除能随滚筒离合压自动起落外，还应由人工操作着墨辊的起落。当推动滑键槽右端的手柄22，使滑动键12左移至"M"位置时，不论滚筒是否离压或合压，都可以自由操作手柄2，经套筒11转动凸轮15，控制着墨辊起落。在这种情况下，假如旋转手柄下方的锁紧螺钉20锁住推杆，那么滚筒合压后推杆就会自动退出，滑动键恢复至正常自动工作位置"N"。

（2）PZ4880型胶印机着墨辊的起落机构　图2-115所示为PZ4880型胶印机着墨辊的起落机构。将手柄2移至双点划线位置，使横杆15绕轴9顺时针转一角度，推动座架16上移，四个螺钉13同时上升，将四根着墨辊顶起脱开印版。座架 16 上有长孔，经两螺钉 17 导向，使四个螺钉 13 的升降距离相同，着墨辊起落平稳。

(五) 典型的胶印机输墨系统

下面是几种典型胶印机的输墨系统图。

(1) SpeedMaster XL105 输墨系统　图 2-116 所示为海德堡 SpeedMaster XL105 输墨系统示意图，采用 Hycolor 输墨和输水系统，它可实现可变的输墨系统配置（标准输墨装置、短墨路装置）和自动化的调节。在该系统中，墨斗辊恒温，由操纵台和墨斗辊传动装置控制其温度。传墨辊节拍（摆动冲程）可根据印刷作业调节为 1/3 或 1/9，每个输墨装置都可通过 Prinect CP2000 Center 单独配置。

(2) 北人 300A 输墨系统　图 2-117 所示为北人 300A 的输墨系统。采用倍径滚筒及"七点钟"排列形式，保证印刷完成后交接；所有滚筒轴颈都采用精密的滚动轴承支撑；采用气动离合压，可靠性高。墨斗辊无级调速，其转速能自动跟踪主机速度，使给墨量得到自动补偿；相位窜墨可实现串墨辊换向位置及窜墨量的调整；版墨辊轴向窜动装置有利于消除"鬼影"；靠版墨辊离合气动控制。

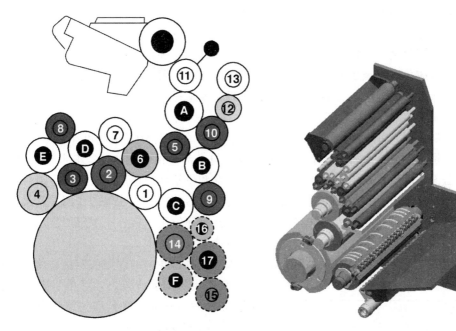

图 2-116　SpeedMaster XL105 输墨系统　　　图 2-117　北人 300A 输墨系统

1、2、3、4—着墨辊　A、B、C、D、E—串墨辊

5、6、7、8、9、10、12—匀墨辊　11—传墨辊　13—重辊

三、润 湿 部 件

胶印是利用油水相斥的原理进行印刷的。印刷过程中，水墨平衡是印刷合格印品的关键。只有理解掌握胶印水墨平衡的基本理论，并结合实际适时地调节水墨的供给量，才能印出高质量的印品。

胶印中的润湿，指的是印版上的空白部分与润湿液亲和的过程。

润版溶液又称水斗溶液，俗称药水，由清水、无机酸、无机酸盐、胶体等物质组成。在润湿液中加入电解质，使印版表面不断发生化学反应，补足损耗的无机盐层。利用剩余酸液可清洗印版表面，去除印版空白部分的油腻、脏墨。

润版溶液可分为润版原液和润版稀释液两种。润版原液是以水作溶剂，将所需的各种溶质溶解在溶剂中。其溶液浓度较大、酸性较强，是印刷中的待用药液。润版稀释液，是在水斗（槽）中将润版原液按比例加入定量的水，溶液被稀释，以便为印版提供润湿的溶液。

胶印机上使用的润湿液一般都是以预先配制的原液（或粉剂）加水稀释后制成的。润版原液的配方很多，性能、效果和应用范围也有所区别。按溶液的颜色，可分为红色原液和白色原液两种；按原液的物质形态，可分为液体和固体粉末两种；按润湿液的表面活性大小，可分为电解质润湿液、酒精润湿液和非离子表面活性剂润湿液三种。

（一）润湿装置的作用及组成

1. 润湿装置的作用

由于胶印是利用油和水互相排斥的原理完成油墨转移的，所以在胶印机上装有润湿装置，以向印版涂布润湿液，将版面空白部分保护起来，使之不沾油墨。印刷中须严格控制润湿液的用量，保持良好的水墨平衡，以获得高质量的印刷品。水量不足，会产生脏版现象；水量过多，不仅会增加纸张伸缩，影响套准，而且还会加剧油墨的乳化。在保证印品质量的前提下，应尽可能减少润湿液用量。胶印机的润湿装置在印刷过程中应稳定、均匀地向印版涂布适量的润湿液。且润湿液膜厚度可以方便地进行调节。

2. 润湿装置的组成

如图 2-118 所示，润湿装置通常由供水部分（Ⅰ）、匀水部分（Ⅱ）和着水部分（Ⅲ）三部分组成。供水部分由水斗 1、水斗辊 2 组成；匀水部分由传水辊 3、串水辊 4 组成；着水部分由若干根着水辊 5 组成。水斗的作用是储存和供给润湿印版所需的润湿液。水斗一般采用化学性能稳定，不为胶印药水腐蚀的铜合金材料制成。水斗辊的作用是从水斗内输出润湿液；传水辊的作用是传递润湿液，将润湿液传递给串水辊；串水辊的作用是把由传水辊传出的水膜拉薄；着水辊的作用是将润湿液涂布到印版上。

在印刷过程中，印版总是先着水后着墨。供水部分将水斗内的润湿液定量地传给传水辊。传水辊将润湿液传出，经串水辊将水膜打匀，然后由着水辊将其均匀地涂布到印版上，这就是润湿液传递的一般过程。

（二）常见润湿装置

按向印版涂布润湿液的方式，润湿装置可分为接触式润湿和非接触式润湿两种形式；按供给润湿液的方式，润湿装置可分为连续式润湿和间歇式润湿两种形式。

1. 接触式润湿装置

接触式润湿装置是靠相邻辊之间直接接触传递润湿液到印版的润湿方式。如图2-118所示。润湿液的传递路线为：水斗辊 2→传

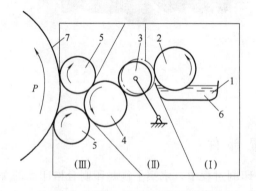

图 2-118　传水辊间歇式供水润湿装置
1—水斗　2—水斗辊　3—传水辊　4—串水辊
5—着水辊　6—润湿液　7—印版

水辊 3→串水辊 4→着水辊 5→印版 7。以上水辊在传水过程中是通过辊子直接接触将润湿液传递到印版上的。接触式润湿装置按其供给润湿液的方式，又可分为间歇式和连续式两种。

（1）间歇式供水润湿装置　间歇式供水润湿装置又分为传水辊间歇式和水斗辊间歇式两种。

① 传水辊间歇式供水润湿装置。如图 2-118 所示，水斗辊 2 在水斗 1 中做匀速旋转运动，传水辊 3 在水斗辊 2 和串水辊 4 之间往复摆动，将水斗辊表面的润湿液（润湿液 1）间歇地传给串水辊，经串水辊在周向及轴向将水膜打匀后，传给着水辊 5，再由着水辊 5 将水传给印版 7 表面。可通过改变传水辊与水斗辊的接触时间调节给水量的大小。

在工作时，串水辊做两个方向的运动：周向高速旋转和沿轴线方向往复窜动。串水辊周向的表面线速度与印版滚筒表面线速度相等。着水辊本身无动力，靠与印版表面摩擦转动。

传水辊和着水辊上包有绒布。由于织物包层毛细孔吸附性好，因此增加了水分容量和润版的稳定性。

② 水斗辊间歇式供水润湿装置。如图 2-119 所示，在这种装置上，水斗辊由棘轮棘爪机构实现间歇转动即间歇供水。经匀水辊 3、着水辊 4 将润湿液传给印版 5。

（2）连续式供水润湿装置　在这类装置中，润湿液被连续地传送到印版上。这类装置较多，以下介绍几种典型的接触连续式润湿装置。

① 毛刷水斗辊润湿装置。如图 2-120 所示，毛刷辊 1 由直流调速电机带动，通过刮板 2 将毛刷上的水分弹到匀水辊 3 上，经串水辊 4 和着水辊 5 将润湿液传向印版 6。通过调节刮板 2 的位置及毛刷辊的转速可调节供水量。此装置的特点是匀水辊不与毛刷辊接触。其优点是版面的纸毛及乳化油墨不会进入水斗而脏污润湿液。

② 计量辊调节式润湿装置。图 2-121 为计量辊调节式润湿装置，它由水斗辊 1、计量辊 2、传水辊 3、串水辊 4、着水辊 5 组成。水斗辊与着水辊之间，经互相接触的水辊传递水量。通过改变水斗辊转速和调节计量辊与水斗辊的间隙来控制水量。该装置可方便地调节水量，并能实现版面水量的精确控制。

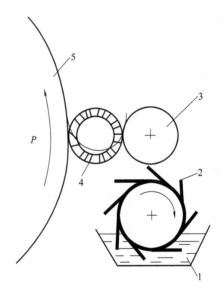

图 2-119　水斗辊间歇式供水润湿装置
1—水斗　2—水斗辊叶片　3—匀水辊
4—着水辊　5—印版

图 2-122 为秋山 HA 系列胶印机上所采用的润湿装置。在图 2-121 和图 2-122 中，水斗辊均由直流调速电机驱动。计量辊的作用是调节水膜厚度。着水辊表面速度与印版滚筒表面速度相等。图 2-122 中，水斗辊 1 和串水辊 3 在切点处的速度方向相反，速差较大，依靠速差使水膜拉薄。匀水辊 5 起匀水作用。

③ 达格伦润湿装置。如图 2-123 所示。该装置中水斗辊 1 直接与第一着墨辊 3 接触，

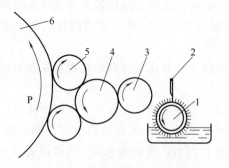

图 2-120　毛刷水斗辊润湿装置
1—毛刷辊　2—刮板　3—匀水辊
4—串水辊　5—着水辊　6—印版

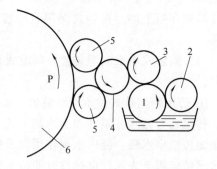

图 2-121　计量辊调节式润湿装置（一）
1—水斗辊　2—计量辊　3—传水辊
4—串水辊　5—着水辊　6—印版

由着墨辊 3 在着墨的同时向印版涂布润湿液。水斗辊 1 镀铬，由专用无级调速电机单独传动，其表面速度小于着墨辊的表面速度，利用速差使水斗辊 1 与控制水辊 2 及着墨辊 3 产生相对滑动，从而形成均匀的润湿液膜。控制水辊 2 的作用是调节水斗辊 1 向着墨辊 3 的供水量，着墨辊 3 上的多余水量又经水斗辊返回水斗。当停止供水时，水斗辊 1 下移与着墨辊 3 脱开，着墨辊 3 从串墨辊 4 上获得油墨。印刷机上若采用达格伦润湿装置，则在印刷前需进行预润湿，首先使水斗辊 1 与着墨辊 3 接触，然后向着墨辊供水，待水墨平衡后着墨辊 3 靠向印版，润湿装置开始正常工作。

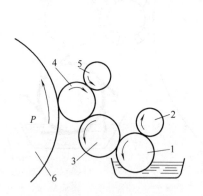

图 2-122　计量辊调节式润湿装置（二）
1—水斗辊　2—计量辊　3—串水辊
4—着水辊　5—匀水辊　6—印版

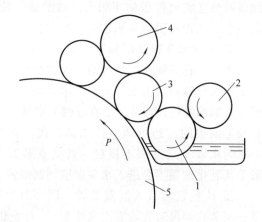

图 2-123　达格伦润湿装置
1—水斗辊　2—控制辊　3—第一着墨辊
4—串墨辊　5—印版

达格伦式润湿装置所用的润湿液为酒精溶液润湿液。其特点是，无专门的着水辊，是典型的水墨齐下装置，结构简单；无单独的着水辊与印版接触，减少了对印版的磨损。

④ 旋转水斗辊直接供水润湿装置。如图 2-124 所示，水斗辊 1 直接与着水辊 4 接触，将润湿液传给印版。改变控制水辊 3 与水斗辊 1 的压力可以调节润湿液的用量。

⑤ 微孔着水辊润版装置。如图 2-125 所示。该装置的特点是着水辊上有许多微形小孔，以便于渗水。润湿液由容器 1 经管道 2 输送到微孔着水辊 3，由着水辊上的微孔实现

对印版的润湿。

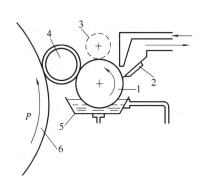

图 2-124　旋转水斗辊直接供水润湿装置

1—水斗辊　2—刮刀　3—控制水辊　4—着水辊

5—墨斗　6—印版

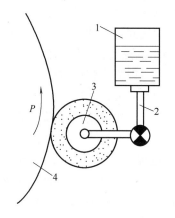

图 2-125　微孔着水辊润版装置

1—容器　2—管道　3—着水辊　4—印版

⑥ 气流喷雾式润湿装置。图 2-126 为海德堡 Speedmaster 印刷机所采用的气流喷雾式润湿装置。水斗辊 1 由直流电机单独驱动，多孔圆柱网筒 3 上套有细网编织的外套并由水斗辊 1 利用摩擦带动旋转。通过相对转动，水斗辊 1 将水传给网筒 3。压缩空气室 4 开有一排喷口，传给编织网筒 3 的水成雾状喷射到匀水辊 5 上，再经串水辊 7、着水辊 6 传向印版 8。调节喷射角度以及刮刀 2 与水斗辊 1 的间隙，可控制润湿系统沿水斗辊轴向各区段的给水量。这种装置的供水部分和着水部分不直接接触，润湿液

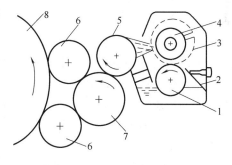

图 2-126　气流喷雾式润湿装置

1—水斗辊　2—刮刀　3—网筒　4—压缩空气室

5—匀水辊　6—着水辊　7—串水辊　8—印版

不会倒流，也不会有油墨倒流回水斗。改变水斗辊的转速可调节润湿系统的给水量。

⑦ 三合一润湿系统。三菱 F 系列单张纸胶印机所采用的润湿装置是一种三合一润湿系统。如图 2-127 所示，该装置由水斗辊 1、传水辊 2、着水辊 3 和桥式辊 4 组成。通过改变桥式辊 4 和传墨辊 5 的位置可实现三种工作模式的转换。根据印版上图文部分与空白

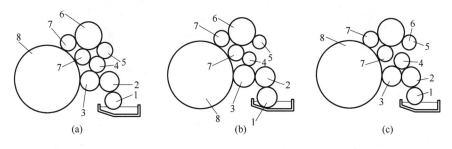

(a)　　　　　　　　　(b)　　　　　　　　　(c)

图 2-127　三菱三合一润湿系统

1—水斗辊　2—传水辊　3—着水辊　4—桥式辊　5—传墨辊　6—串墨辊　7—着墨辊　8—印版

部分的比例关系，可选择较合适的模式，以向印版供给不同量的润湿液。每个机组的润湿装置，可以在操纵台上进行预调，也可在不停机情况下进行调节。这种可选模式的润湿系统，有利于达到最佳的水墨平衡，有利于印刷密度和网点的再现。

⑧ 酒精润湿装置。酒精润湿装置的润湿液主要成分是经稀释的酒精。目前在国外应用比较广泛。因为酒精能减少水的表面张力，因此，在实际印刷中润湿液的用量大幅度减少。少量的润湿液在印版上形成一层很薄的润湿膜，这层薄薄的水膜具有较好的润湿作用。据统计，采用酒精润湿可使印版上的水分减少 50% 左右。水分越少，转移到印张上的水分就越少，纸张不易受潮变形，有利于提高印品质量。酒精润湿有如下优点：

a. 墨色鲜艳。因为版面水分小，减少了油墨的乳化，从而获得光亮鲜艳的墨色。

b. 有利于套准。由于版面水分小，酒精挥发快，这样经橡皮滚筒传到纸张上的水分少，因而减少了纸张的变形，保证了套印的精度。

c. 容易实现水墨平衡。由于印刷时所需水量少，所以印刷过程就可以在最短的时间内达到水墨平衡。酒精润湿对于高速印刷机印制短版活意义更大。

d. 酒精润湿系统的水斗辊由直流电机单独驱动。其着水辊和计量辊的离合，一般采用气动缸或油压缸来实现，并配有专用的气泵。

除达格伦酒精润湿装置外，图 2-128 所示的海德堡连续润湿装置（如 Speed Master XL105）也是典型的酒精润湿装置。水斗辊 1 直接由电机驱动，计量辊 2 由水斗辊 1 的轴端齿轮传动并与其同速转动。水斗辊 1 和计量辊 2 之间所形成的润湿膜的厚度由无级调速控制。串水辊 4 由印版滚筒带动而旋转。着水辊 3 依靠与印版滚筒间的摩擦力旋转，其表面线速度与印版滚筒表面线速度一致。由于着水辊 3 的转速比计量辊 2 快，两者接触时润湿膜拉长变薄，通过着水辊给印版着水。

图 2-128（a）所示为该润湿装置的非工作位置。此时计量辊 2 和着水辊 3 脱开，着水辊 3、着墨辊均与印版脱开，即水与墨都与印版脱离。此时供水、供墨均未开始。图 2-128（b）所示为该润湿装置的预润湿位置，此时计量辊 2 与着水辊 3 接触传水，中间辊 5 与着墨辊 6 接触，并开始预润湿印版和着墨辊，使润湿薄膜通过着水辊 3 进入印版，并经中间辊 5 使水在着墨辊上达到平衡。图 2-128（c）所示为该润湿装置在印刷过程中，各辊所处的位置。着水辊和着墨辊都与印版接触，进行输水、输墨。由于已经过预润湿阶段，所以水、墨能在印版上很快达到平衡状态，开始正常的印刷过程。

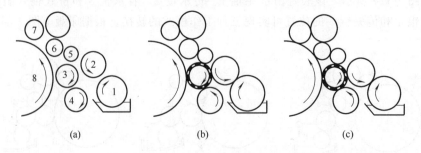

图 2-128　海德堡连续润湿装置

1—水斗辊　2—计量辊　3—着水辊　4—串水辊　5—中间辊　6,7—着墨辊　8—印版

该润湿装置的状态及各辊间位置的变换实现了程序自动控制，它的动作与纸张的输

送、印刷、空转、停机等过程相配合，并实现了同步控制。

2. 非接触式润湿装置

非接触式润湿装置没有着水辊、匀水辊和串水辊，是通过喷射等方法使润湿液喷洒附着到印版表面。常用的非接触式润湿装置有在电场中用喷雾装置喷射的润湿装置、自滚筒内部冷却，自外部吹湿润空气使水分凝聚到印版表面的润湿装置、喷嘴润湿装置和空气调节润湿装置等。

（1）喷嘴润湿装置　图 2-129 所示为喷嘴润湿装置。喷嘴喷射出来的气流将纱网中的

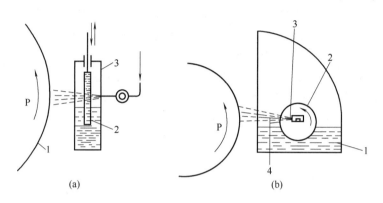

图 2-129　喷嘴润湿装置

(a) 喷嘴润湿装置 1　　　　　　　　(b) 喷嘴润湿装置 2

1—印版　2—网屏　3—水槽　　　1—水箱　2—水斗辊　3—喷嘴　4—调节板

水分直接吹到印版表面，从而对印版进行润湿。如图 2-129（a）所示，垂直网屏 2 浸在水槽 3 中并上下移动，吹气喷嘴吹以压缩空气，将网屏网眼上的水滴吹成雾状喷到印版 1 上。如图 2-129（b）所示，带网的水斗辊 2 连续旋转，从水箱 1 中把水带起，在网辊轴内有喷嘴 3，把水喷向印版表面。水量的大小由调节板 4 控制。

（2）空气调节润湿装置　图 2-130 所示为空气调节润湿装置。该装置中，水斗辊 1 与印版滚筒表面留有 0.1～0.5mm 的间隙，水斗辊 1 连续旋转，将较多的润湿液传给印版表面。吹风口 2 向印版喷射气流，将版面上多余的润湿液吹掉。多余的润湿液经吸气口 3 和斜板 4 返回液槽。给水量的大小可通过改变空气的压力来控制。

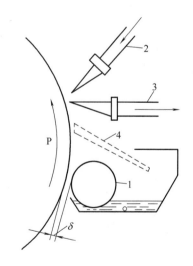

图 2-130　空气调节润湿装置

1—水斗辊　2—吹风口　3—吸气口　4—斜板

思　考　题

1. 单张纸胶印机机滚筒传动齿轮有什么特点？

2. 输纸机与主机是如何传动的？

3. 分析三点悬浮式离合压、调压机构的原理与优势。

4. 偏心轴承式离合压、调压机构的原理。

5. 单张纸胶印机墨路上有哪些调节控制环节？各起什么作用？

6. 达格伦机构的原理与特点是什么？

7. 说明双张控制器和空张检测装置的工作原理。

8. 说明偏心上摆式前规与定心下摆式前规的特点（如定位时间、纸张幅面、机器效率等）。

9. 单张纸胶印机两个侧规的作用是什么？多色机上设置调版机构的作用是什么？

10. 说明纸张从牙台到印刷部件的三种递纸方式、特点及应用范围。

11. 说明超越续纸机构的工作原理。

12. 单张纸胶印机收纸装置由哪几部分组成？应具有哪些功能？

13. 收纸过程中纸张通过几次减速到达收纸台？减速原理是什么？

第三章　柔版印刷机

第一节　柔版印刷机概述

柔版印刷是采用柔性橡皮印版及快干油墨，用网纹辊进行传墨的短墨路凸版印刷方式。柔性印版的图文部分突起，网纹辊由另一根墨辊或刮墨刀控制墨量。柔版印刷采用水性油墨和 UV 油墨印刷工艺，克服了多年来胶印、凹印无法解决的油墨中有害溶剂等存在的问题。柔版印刷符合环保绿色印刷的理念，在食品、饮料及药品行业等具有卫生、环保要求的包装装潢印刷领域被广泛应用。随着印前工艺数字化和印刷设备性能的不断改善，现代柔版印刷在印品质量和生产效率上可与胶印和凹印相媲美。

1890 年第一台柔版印刷机于英国利物浦问世，20 世纪初发展于德国和美国，因其使用油基苯胺染料作为印刷油墨，因此也被称作苯胺印刷。1952 年 10 月在美国第 14 届包装研讨会上提议并正式将苯胺印刷更名为柔性版印刷（Flexography）。近年来，柔性版印刷印前工艺的数字化和印刷设备的不断完善，以及柔性版油墨的绿色化水平的不断提高，使得柔性版印刷在未来全球印刷行业的发展具有广阔的前景。

一、柔版印刷机的组成

柔版印刷机主要由放卷部分、印刷部分、干燥部分、复卷部分和纠偏部分组成。图 3-1 所示为一台典型的卫星式柔版印刷机，图 3-2 是卫星式柔版印刷机的总体结构图。

图 3-1　卫星式柔性版印刷机

放卷部分是柔版印刷机的输纸或输料部分，其作用是使卷筒料卷开卷，料带被均匀张紧展开，在牵引辊牵引机构提供的牵引力的作用下向前输送，进入印刷部分。

印刷部分是柔印机的核心部分，每一个单色机组均由墨槽、墨斗辊、供墨辊、印版滚筒和压印滚筒等部件组成，各色组之间有热风色间干燥装置，对刚印刷的色组油墨图文进行即刻快速干燥，以便进行下一色印刷，避免在多色印刷时出现套印故障。

干燥部分是在复卷之前将承印物上的油墨进行集中彻底干燥，印刷后的料膜通过一个大型干燥箱，像过天桥一样（见图 3-2），故称为天桥集中干燥部分。若干燥不充分，在收卷时未干的油墨会沾脏印品，造成印刷故障和影响印品质量。

复卷部分是将柔版印刷机上印刷完成的连续料带整齐收卷成大料卷。

纠偏装置是在印刷过程中随时检查料带的左右偏移量，根据该偏移量拉动料膜产生微小横向位移，使料带在印刷和收卷时，始终保持其中线的位置，不致走偏而影响左右横向的套印精度。纠偏装置一般设置在放卷部分、印刷前端和复卷前端，以保证印刷套印质量和收放卷整齐度，不出现收卷"菜心"等的收卷故障。

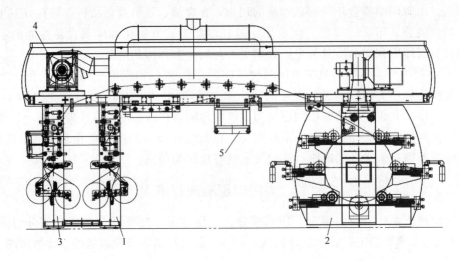

图 3-2　柔版印刷机总体结构图

1—放卷部分　2—印刷部分　3—收料部分　4—天桥集中干燥部分　5—纠偏装置

二、柔版印刷机的分类

根据印刷机组的排列方式，柔版印刷机分为卫星式、层叠式和机组式三类。根据印刷承印物幅面的宽度，柔版印刷机分为窄幅柔性版印刷机和宽幅柔版印刷机。印刷幅宽大于 600mm 为宽幅柔版印刷机，幅宽小于 600mm 为窄幅柔版印刷机。

如图 3-3 所示为卫星式柔版印刷机的基本组成，它由放卷部分 1、印刷部分 2、复卷部分 3、干燥部分 4 组成。卫星式柔版印刷机采用共用压印方式，各印刷单元围绕在一个共同压印滚筒——中心压印滚筒周围。承

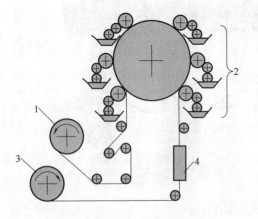

图 3-3　卫星式柔版印刷机基本组成

1—放卷部分　2—印刷部分

3—复卷部分　4—干燥部分

印料膜包裹在压印滚筒上，通过压印滚筒表面一次，可完成多色印刷，套准精度高，印刷速度快，适用于印刷产品图案固定、批量较大、精度要求高、伸缩性较大的承印材料及较薄的承印物。但由于各印刷单元距离短，油墨干燥时间较少，各印刷单元需配备专用的烘干设备对印品进行色间烘干，否则印品容易产生蹭脏。

图3-4所示为层叠式柔版印刷机，又称堆积式柔版印刷机。其结构特点是独立的印刷部件上下层叠，排列在印刷机主墙板的一侧或两侧。每个印刷单元由安装在主墙板上的齿轮传动。层叠式印刷机印刷纸路可以改变，也可一次印刷正、反两面；印刷部件有良好的近似性，便于调整、更换。其缺点是多色印刷时套印精度不高。

图3-5所示为机组式柔版印刷机。各印刷机组相互独立，通过一根共用动力轴或电子轴驱动印刷单元并保持各单元的同步。各机组均有印版滚筒、压印滚筒、网纹传墨辊和墨斗，如图所示。通过导向辊改变线路，还可进行双面印刷。机组式柔印机结构简单，可以方便地增加印后加工单元，联机生产，适宜短版活印刷，缺点是占地面积大。

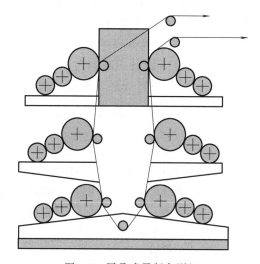 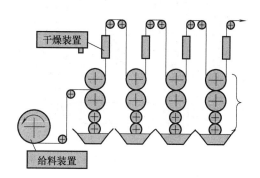

图3-4 层叠式柔版印刷机　　　　　　　图3-5 机组式柔版印刷机

第二节　卫星式柔版印刷机的放卷装置及控制

卫星式柔版印刷机工作时，成卷的承印材料先由放料单元展开，再被稳定、连续地送入印刷单元。放料单元和张力控制系统配合工作能够在承印材料到达印刷单元之前，控制其速度、张力和横向位置。

一、放卷装置的组成

放卷装置主要由收料架、气胀轴、卡盘、纠偏机构组成。如图3-6所示为不停机续纸放卷装置，气胀轴1、2通过卡盘固定在收料架上，电机3、4分别驱动气胀轴1、2转动，电机5驱动收料架的翻转。

图3-7为图3-6所示放卷装置的侧视图。实现不停机续纸放卷的过程：料卷的纸芯装在气胀轴1、2上，当气胀轴充气后，料卷纸芯被卡紧，固定在气胀轴上。固定在气胀轴

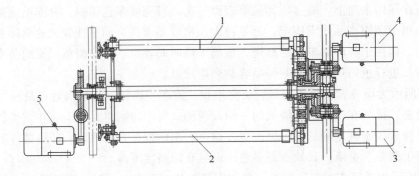

图 3-6　放卷装置结构

1、2—气胀轴　3、4—电动机　5—收料电动机

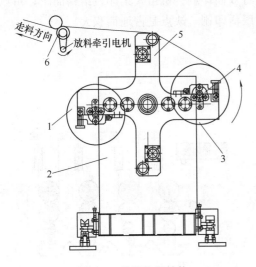

图 3-7　放卷装置结构

1—工作工位料卷　2—墙板　3—储备料卷
4—气胀轴　5—十字翻转架　6—放料牵引辊

上的料卷装在十字翻转架上，电机通过一组齿轮传动驱动气胀轴转动，进行放料。当气胀轴 1 上的料卷（工作工位料卷）被放完时，十字翻转架电机 3 驱动十字翻转架转动 180°，气胀轴 2（储备工位料卷）转到工作工位，继续进行开卷放料，如此往复循环，实现不停机放卷。

二、放卷机构的分类

按照可以同时工作的放卷料轴数量，放卷机构可分为单轴放卷机构和多轴放卷机构。附带电机的放卷机构又可分为积极式放卷机构和逆转驱动放卷机构。

（一）单轴、多轴放卷装置

1. 单轴放卷机构

单轴放卷机构如图 3-8 所示，放卷机构中只有一个料卷参与放卷工作。在该卷轴上设置有制动器。由于放卷张力＝制动扭矩/放卷半径，所以伴随卷径减少，只要减少相应的制动扭矩，即可获得一定的张力。根据需要，可在卷轴和制动器间安装齿轮、皮带轮等增速机和减速机。此外，有时可并用 2 台磁粉制动器。

进给辊是驱动材料进给的机构，一般由可变速电机驱动运转。为了防止材料滑动，进给辊包括具有夹持材料的进给辊和使用导辊加大上卷角度的进给辊等多种形式，如图 3-9 所示。没有动力驱动承印材料，但可以改变方向的辊子以及减少材料进给时的横向振动的辊子称为导向辊、从动辊或者自由辊。

2. 同时多轴放卷机构

图 3-9 所示为多轴放卷机构图。该放卷结构中可以同两个及两个以上（本图为 3 个）料卷参与放卷工作。单刀剪切机（重叠纸张切割机械）、浆纱机（线涂浆机械）、层压机（把 2～3 层的薄膜粘合起来的机械）等机械通常是将卷在多个卷轴上的长尺寸材料同时

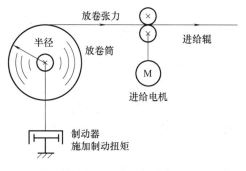

图 3-8 单轴放卷机构

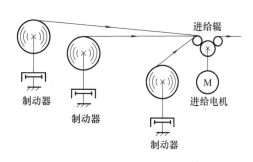

图 3-9 多轴放卷机构

进行放卷。在图 3-9 中，对所有张力进行控制时，要求各制动器的扭矩应保持均匀。

可根据材料厚度、宽度和强度等参数，变更设定张力。此外，由于卷径时刻发生变化，制动器必须能适应较大范围内的扭矩调整。

(二) 附带电机的放卷机构

1. 积极式放卷机构

积极式放卷机构如图 3-10 所示，是一种附带电机的放卷机构。该机构可以在以下情况下，用电机驱动放卷筒进行主动放卷：①卷筒较重，希望简化开始送纸操作等手工作业时；②使用自动续纸装置，希望控制备用滚筒的转速与使用中的卷筒放卷速度一致时；③与目标放卷张力相比，基于放卷筒机械损耗的张力较大时；④启动时，卷筒惯性引起的加速张力较大时，需要进行主动放卷，以修正机械损耗，进行惯性补偿。

2. 逆转驱动放卷机构

逆转驱动放卷机构也是一种附带电机的放卷机构，如图 3-11 所示。在以下情况下，需要使用卷架逆转驱动的电机。①使用卷返机可以在一对卷筒之间进行材料的可逆性收卷和放卷：收卷侧使电机运转，而放卷侧则停止电机；②即使是一般的放卷，为了防止卷筒停止时材料松弛，有时也需要进行低速逆转驱动；③对于磁粉制动器而言，如果滑动转速过低，由于磨合运转以及施加扭矩时需要时间，有时需要施加约 5r/min（有的机种为 15r/min）的逆转驱动；④但是，空转时以及机械停止时，通过持续施加额定电流的约 5% 的励磁电流，在实用时即使低速滑动，也可以运转，此时不需要逆转驱动。

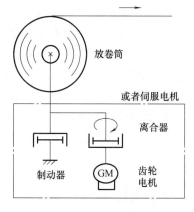

图 3-10 积极式放卷机构

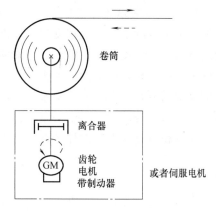

图 3-11 逆转驱动放卷机构

三、自动续纸装置

1. 不停机自动续纸装置

如图 3-12 所示，这是在不停止机械运转的情况下接续材料的一种系统，回旋臂上设置有 2～3 轴的放卷筒，按照以下步骤续纸。①首先在新轴的外周表面粘贴双面胶带；②旋转支架，将新轴移动至放卷材料表面附近；③对新轴进行预驱动，使机械速度和新轴的周速保持一致；④使用压接辊将走行材料压到新轴上，连接新轴材料和走行材料；⑤启动切割机切断旧纸。

压辊装置和断带装置以气动方式工作，采用气电式张力测量和调节装置确保张力恒定。放卷制动器和预驱动机构等有设置在回旋臂上的情况和设置在静止架上的两种情况，前者机构虽然简单，但是却需要通过滑动环送电。

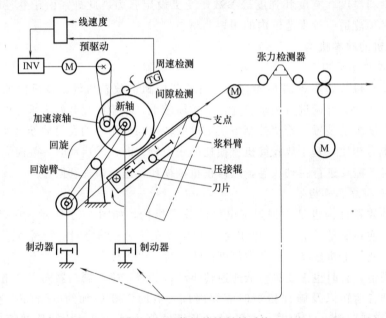

图 3-12　不停机接续材料系统

2. 停机自动续纸装置

如图 3-13 所示为停机自动续纸装置，在回旋臂（浆料臂）上设置 2～3 轴的放卷筒，按照以下步骤续纸。①旋转支架，使准备辊筒移动至放卷材料的下方；②对储能器的制动辊进行制动，停止放卷。然后，下降储能器的升降辊，继续给纸。此间需控制升降辊上升用的离合器扭矩，以保持恒定张力；③接合新旧卷筒（停止中）的材料，切断旧纸后，解除制动辊的制动状态，使升降辊上升。该过程结束后，通过控制放卷制动器的扭矩以保持规定的张力。与放卷过程中的续纸相同，放卷制动器机构和预驱动机构等有设置在回旋臂上和设置在静止架上的两种情况。

四、纸带纠偏装置

纸张经过放卷，在走纸过程中易发生横向偏移，使纸张定位不准确，导致印刷套印误差等而影响印品质量。因此需要对纸张进行纠偏。如图 3-14 所示为纸带纠偏装置。

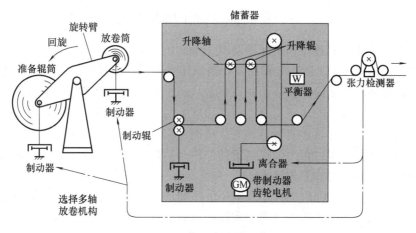

图 3-13　停机自动续纸装置

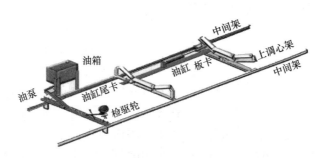

图 3-14　纠偏机构

放料纠偏采用液压纠偏机构，由检测轮与油泵组成的动力输出装置，逻辑阀和油缸组成执行机构，然后与纠偏托辊架连接。其工作原理为：当传感器检测到料带走偏时，会给纠偏执行装置发射偏移信号，调节料带的位置。当料带运行偏左时，启动左动力输出装置，执行机构根据逻辑阀判断调整纠偏托辊位置，产生方向推力，把料带推向中间一面。当料带运行偏右时同理。

第三节　卫星式柔版印刷机印刷部件

印刷部件是卫星式柔版印刷机的核心部件，印刷部件结构性能的优劣直接影响到印品质量的高低。根据需要，通过选择不同直径的印版版辊，可实现不同重复长度图文的印刷。常用印刷版辊的直径尺寸与结构可达 20 多种。

卫星式柔版印刷机的各色印刷单元顺序排列在中心压印滚筒的周围，料带经过一组印刷单元就实现一个色序的图文信息向料膜的转移过程。料膜绕覆在中心压印滚筒上，依次经过各印刷单元，完成料膜的多色套印印刷。

在卫星式柔版印刷机上，料带是靠静摩擦力在中心压印滚筒表面紧密贴附，承印材料与压印滚筒之间没有相对滑动，料膜不易延伸变形。因此，可对较薄的伸缩性大的薄膜类承印材料进行印刷，尤其适合薄膜类产品大面积色块（实地）及高精细产品的印制。总之，卫星式柔印机的优点是套印准确、印刷速度及精度高。

一、印刷部件的作用及组成

卫星式柔版印刷机的各印刷单元围绕着一个共用的中心压印滚筒，组成一个个的印刷组或印刷单元，如图 3-3 所示。其作用是，当承印材料——纸带或薄膜包裹在大型中心压印滚筒的表面并同压印滚筒等速转动时，料带从每个印刷单元的印版版辊和压印滚筒中间经过，通过相接触滚筒间的印刷压力，实现印版上的带有油墨的图文转印到纸带或薄膜材料表面，完成图文信息的转移复制，即完成印刷过程。压印滚筒转一周，料膜经过所有印刷单元后，完成多色套印过程。为提高滚筒部件运动的平稳性，滚筒传动齿轮一般采用小压力角的斜齿轮，并采用外侧传动方式。

卫星式柔版印刷机的印刷部件主要由中心压印滚筒、网纹辊、印版版辊和刮墨刀装置以及干燥装置等部分组成。印刷过程中滚筒的离合依靠主传动系统、版辊移动机构、封闭刮墨刀及刮刀移动装置等协调完成。

卫星式柔版印刷机的各印刷单元围绕着一个共用的中心压印滚筒，其每个机组滚筒排列方式如图 3-15 所示。

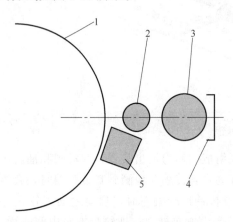

图 3-15　卫星式柔版印刷机滚筒排列方式
1—压印滚筒　2—印版滚筒　3—网纹辊
4—墨槽　5—干燥装置

卫星式柔版印刷机上各色组的滚筒排列方式如图 3-15 所示。印刷过程中，墨槽 4 中的油墨经过网纹辊 3，准确定量地传给印版版辊 2。连续运动的料膜经过印版版辊 2 和中心压印滚筒 1 的表面滚压，完成一色印刷过程。进入下一色印刷前，通过干燥装置 5 对料膜表面的印刷墨迹进行干燥，以避免进入下一色印刷过程中，前一色未干燥产生混色、糊版等印刷故障。相邻印刷色组之间的干燥热风温度通常为 70℃左右，中心滚筒表面温度通常设定为 30℃，由滚筒体内连续不断的循环冷却水进行降温。

卫星式柔版印刷机印刷部件的结构（6 色）如图 3-16（a）所示。在印刷部机架 1 上安装着中心压印滚筒 2，6 个印刷色组的版辊装置均安装在移动机构 3 上。移动机构 3 安装在印刷部机架 1 上沿水平导轨可以移动，这一动作由伺服电机带动，以实现各色组印版版辊和中心压印滚筒的合压和离压。正常印刷时，印版版辊和中心压印滚筒合压，停止印刷时或出现印刷故障时，印版版辊和中心压印滚筒要及时离压。料膜从牵引压辊进入第一色组印刷后经过烘干装置干燥，然后进入第二色印刷，再干燥，直至完成本图中的 6 色印刷。

中心压印滚筒为双层结构钢件，其偏心误差控制在 0.008～0.012mm 以内，并经过动、静平衡处理，其表面有一个镀铬保护层，铬层的厚度为 0.3mm 左右。中心压印滚筒还配有水循环及温度自动控制系统，其作用是保持压印滚筒外表面的温度恒定，防止滚筒受热膨胀。自动控制系统保证压印滚筒外表面温度保持在一个设定值上。

网纹辊的作用是将墨斗中的油墨准确定量地提供给印版版辊。网纹辊和印版版辊之间也有印刷时合压、停止印刷时离压的关系。印刷合压时的顺序是，先印版版辊和中心压印

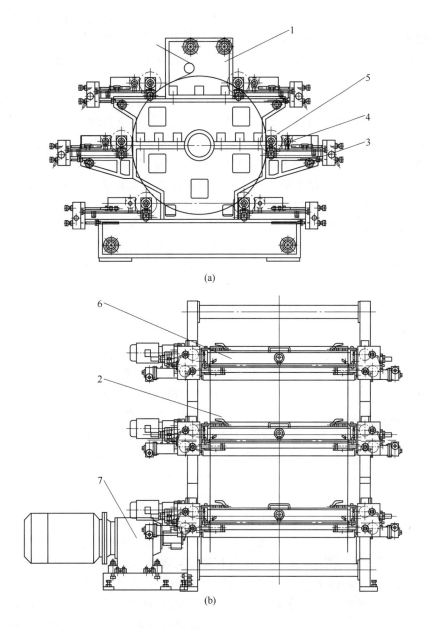

图 3-16　6 色卫星式柔版印刷机印刷部件结构图

（a）主视图　（b）侧视图

1—印刷部机架　2—中心压印滚筒　3—移动机构　4—网纹辊装置

5—版辊装置　6—封闭刮墨刀装置　7—主传动部分

滚筒接触合压，然后是网纹辊和印版版辊合压；离压时的顺序是，先网纹辊和印版版辊离压，然后是印版版辊和中心压印滚筒离压。

二、中心压印滚筒的结构及温度控制

中心压印滚筒是卫星式柔版印刷机印刷部分的关键部件，是柔印机控制的基准。它必须精确、稳定地安装在滚筒两端的墙板上。因此对其支撑墙板的强度和刚度要求很高，通常采用高强度低应力的、二次时效处理的合金铸铁墙板进行支撑，以保证机器高速下的工作稳定性。各印刷单元的支撑支架也都采用高强度低应力合金铸铁，且铸铁底座可方便进行水平调节。

在卫星式柔版印刷机上，印完一色进入下一色印刷之前，必须要经过色组间干燥装置的热风吹嘴对刚印刷完的印品进行干燥，然后继续进行下一色的印刷。对一个 6 色卫星式柔版印刷机来说，就设有 5 个色组间干燥箱干燥吹嘴对着包裹在中心滚筒表面的印品表面吹热风，热风温度达 70℃。这多排吹嘴的热风在对印刷品料膜表面进行干燥的同时，也加热了中心压印滚筒表面。过热的中心压印滚筒表面会受热膨胀，影响套印精度。因此，中心压印滚筒一般配有水循环结构和温度自动控制系统。

（一）中心压印滚筒的结构

中心压印滚筒组件结构如图 3-17 所示，其中 1 为滚筒体外筒壁，2 为冷却液螺旋体空腔流道，3 为滚筒体内筒壁，4 为安装筒体堵头用台阶孔。压印滚筒的直径较大，一般为 1500～2500mm，滚筒表面有一层镀铬保护层，镍层的厚度为 0.3mm 左右，最外层镀铬处理，以提高耐印力。压印滚筒体两端由双列圆柱滚子轴承支承，压印滚筒的偏心误差需要控制在 0.008～0.012mm 内。中心压印滚筒表面因为有色组干燥的热风吹嘴吹热风，表面温度很高，这个高温会影响和改变料膜的物理性质，影响印品质量。因此在筒体内壁设有冷却水循环冷却系统。

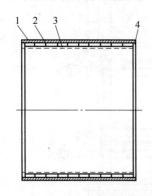

图 3-17　中心压印滚筒组件结构
1—滚筒体外筒壁
2—冷却液螺旋体空腔流道
3—滚筒体内筒壁
4—安装筒体堵头用台阶孔

（二）中心压印滚筒温度控制系统

中心压印滚筒温度控制系统结构如图 3-18 所示。外部水首先充满冷水机和整个滚筒及循环管路，待循环系统中空气排净后，关闭与外界水路开关。设置冷水机预定温度，循环系统开始工作。在冷水机压缩泵的动力驱动下，滚筒芯轴 5 两端分别是冷却液的进口 6 出口 9，冷却液从冷水机 12 流入冷水进水管 11，11 和进水孔 6 相通，再经冷水管 3 和 8 流入水冷层入口端，冷水在水冷层中按螺旋线轨迹流动，实现对滚筒体及外表面的冷却。随着冷却的进行，冷水由进水孔 6 到达出水孔 9 时，温度有较大的上升，通常可达到 30℃。滚筒夹层中温度较高的水经过热水管 4、7、出水孔 9 流入热水出水管 10，进而被压至冷水机中。这些热水在冷水机中通过冷却系统进行冷却。冷却后的凉水再次被压入滚筒夹层中。如此循环，保证滚筒温度保持在预设值。通常，为保证滚筒和管路系统的寿命，循环冷却水常添加防腐液。要求滚筒恒温控制系统的轴向温差不大于±2℃。

图 3-19 为双壁结构压印滚筒的另一个恒温控制系统。在进水口（左端）和出水口（右端）各有一个温度计，用于测量进水和出水的温度。根据出水口的温度，对出口流出的水进行加温或降温处理，以实现压印滚筒的恒温控制。泵 6 的作用是把从出水口流进水箱 7 的水，抽到加热器 4 或者冷却器 5 中，根据设定的温度进行冷却或加热。一般情况下，因为印刷各单元印刷完成后都要吹热风，使中心压印滚筒表面变热，导致内部循环水

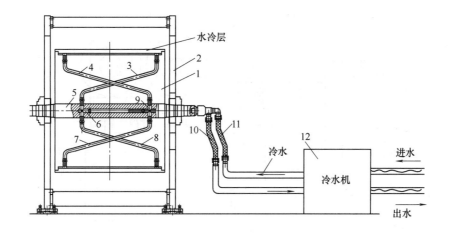

图 3-18 中心压印滚筒温度控制系统结构

1—中心压印滚筒 2—墙板 3、8—冷水管 4、7—热水管 5—滚筒芯轴 6—进水孔 9—出水孔
10—热水出水管 11—冷水进水管 12—冷水机

升温。因此从出水口出来的热水一般需要冷却处理然后再循环利用。

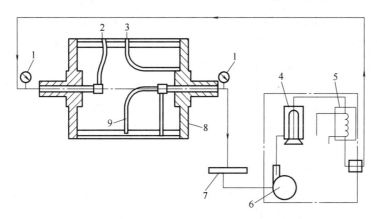

图 3-19 双壁结构压印滚筒恒温控制系统

1—温度计 2—进水口 3—排气口 4—加热器 5—冷却器 6—泵 7—水箱 8—压印滚筒 9—出水口

三、印刷单元移动装置、压力调节及套准装置

(一) 印刷单元的移动装置

印刷单元的移动装置主要实现网纹辊和印版版辊的水平移动。印刷单元移动装置如图3-20所示。图中1为中心压印滚筒，2为印版版辊，3为网纹辊，4为网纹辊底座，5、9为螺母，6、7为螺杆，8为齿轮箱支撑架，10为移动底座，11为机架。当印版版辊2与中心压印滚筒1接触（二者合压）、网纹辊3与印版版辊2接触（二者合压）时进行正常印刷工作。

印刷单元移动调节分为粗调和微调两个阶段。粗调阶段，可采用手动或电机带动方式移动底座10，使之沿导轨快速运动到中心压印滚筒附近，完成粗调工作。然后进入微调阶段。微调时，手动微调各滚筒间的中心距，以适应印刷压力的需要。印刷单元移动微调

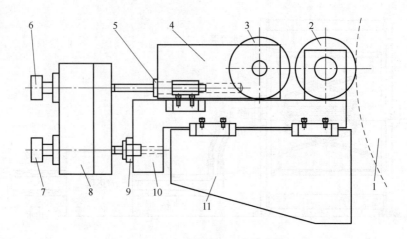

图 3-20　印刷单元移动装置

1—中心压印滚筒　2—印版版辊　3—网纹辊　4—网纹辊底座　5、9—螺母　6、7—螺杆
8—齿轮箱支撑架　10—移动底座　11—机架

装置如图 3-20 所示。该装置由中心压印滚筒 1、印版版辊 2、网纹辊 3、网纹辊底座 4、丝母 5 和 9、螺杆 6、7、齿轮箱支撑架 8、移动底座 10 以及机架 11 组成。

该微调装置可以完成网纹辊的单独水平移动、印版版辊和网纹辊的同步水平移动两个功能。具体过程如下：

（1）网纹辊 3 的单独水平移动　从图 3-20 可知，网纹辊 3 支承在传动面和操作面两侧的网纹辊底座 4 上，底座 4 与螺母 5 固联在一起。螺杆 6 支撑在齿轮箱支撑架 8 上。拧动螺杆 6，与网纹辊底座 4 的螺纹旋合，螺杆 6 只有转动，不能轴向移动（齿轮箱支撑架 8 和墙板固联不动），而螺母 5 则只有水平左右移动，没有转动。螺母 5 的移动带动了网纹辊底座 4 同步移动，从而带动网纹辊 3 水平移动。

（2）印版版辊和网纹辊的同步水平移动　从图 3-20 可知，网纹辊底座 4 安装在移动底座 10 上，可由螺杆 6 带动移动，也可以跟随移动底座 10 一起移动。螺杆 7 与螺母 9 固联在一起。螺杆 7 支撑在齿轮箱支撑架 8 上。拧动螺杆 7，与移动底座 10 螺纹旋合。同理螺杆 7 只有转动，没有位移，而螺母 9 则只有水平左右移动，没有转动。螺母 9 的水平移动带动了移动底座 10 同步移动，从而带动网纹辊 3 和印版版辊 2 一起水平移动。

（二）印刷离合压及压力调节

在卫星式柔性版印刷方式中的离合压，包括中心压印滚筒和各印版版辊之间的"离开即离压"以及"接触即合压"的离合压状态；印版版辊和网纹辊之间的离合压状态。由于柔性版印刷使用速干型油墨，当印版版辊与中心压印滚筒离压时，输墨系统不应停止转动，否则，网纹辊上的油墨层就会固化。因此，当印刷滚筒一旦离压，输墨系统应继续处于回转状态。印版版辊和网纹辊均设有离合压装置。柔印机离合压驱动形式有机械式、液压式和气动式等，一般还配有微调印刷压力的装置。

1. 机械式离合压装置

机械式离合压装置多采用螺杆式驱动装置，结构简单可靠。机械式离合压机构的原理如图 3-21 所示。

如图，电机 1 带动同步带轮 2 转动，通过同步带 3 将动力传给上面的同步带轮 4，同步带轮 4 带动丝杠转动，从而推动与丝杠旋合的螺母移动，印刷版辊固定在螺母上随螺母一起沿箭头方向移动，实现与左边的中心压印滚筒（图中未示出）接触合压。右侧的电机 12 带动同步带轮 11 转动，利用丝杠 8 推动网纹辊 7 沿箭头方向移动。即此时印刷版辊和网纹辊同时向左移动，处于合压过程。如果两个电机同时反向旋转，则印刷版辊和网纹辊远离中心压印滚筒，处于离压状态。

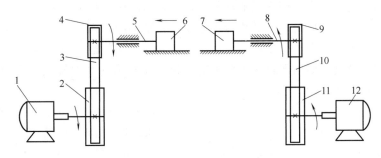

图 3-21 机械式离合压装置

1、12—电机 2、4、9、11—同步带轮 3、10—同步带 5、8—丝杠 6—印刷版辊 7—网纹辊

2. 液压式离合压装置

液压式离合压装置见图 3-22 所示，通过压力油推动液压缸动作，实现推动版辊使其与压印滚筒合压和离压的目的。图中，电动机 4 驱动油泵 3，使液压油从油箱 1 经滤油器、单向阀 6、二位四通转向阀 10 的 A 路输入液压缸 8 内活塞的下部，在液压力的作用下，活塞上移。活塞控制着印版版辊轴承座 9 的位置，此时处离压状态。当需要印版版辊离合压状态改变时，可以使电磁铁 11 断电，在弹簧 7 的作用下，四通阀 10 移位，这时液压油经其 A'路输入液压缸内活塞上部，活塞下移，从而使印版版辊位置下移。

液压传动离合压装置适应载荷范围较大，故在大型宽幅柔性版印刷机上得到广泛应用。液压传动的特点是操作控制方便，易于集中控制，平衡性好，易于吸收冲击力。系统内全部机构都在油内工作，能自行润滑，部件经久耐用。但油液易泄漏，污染环境。

3. 气动式离合压装置

气动式离合压装置，由于气压传动

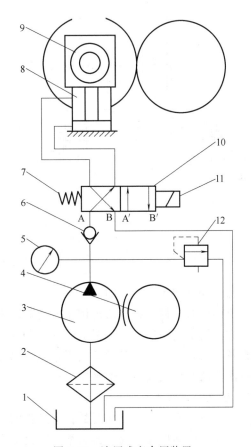

图 3-22 液压式离合压装置

1—油箱 2—过滤器 3—泵 4—电动机 5—压力表
6—单向阀 7—弹簧 8—液压缸 9—印版版辊轴承座
10—二位四通转向阀 11—电磁铁

采用空气作为介质，费用低，用过的空气可任意排放，维护简单，操作控制方便，介质清洁，管路不易堵塞，使用安全。气压传动时，由于压缩空气的工作压力较低，系统结构尺寸较大，因而只适于中小压力的传动。目前，气压式离合压装置是窄幅柔性版印刷机中最常用的一种形式。

在气动式离合压装置中，气缸与离合压轴用连杆连接，离合压轴的圆弧面上局部铣了一个平面，利用这个平面和圆弧面的高低差使得印版版辊支撑滑块能上下滑动。当压缩空气进入气缸，顶出活塞杆时，带动离合压轴转动，轴的圆弧面向下，压动印版版辊的支撑滑块，使印版版辊处在合压位置；当压缩空气换向，进入气缸，缩回活塞杆时，带动离合压轴转动，轴上的铣平面向下，印版版辊的支撑滑块在另一个弹簧气缸作用下向上滑动，使印版版辊处在离压位置。

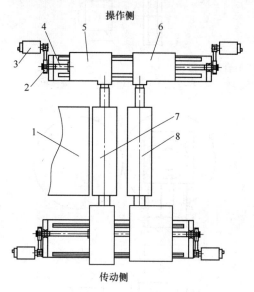

操作侧

传动侧

图 3-23　印刷离合压及压力调节
1—中心滚筒　2—调压带轮　3—伺服电机
4—滚珠丝杠　5—版辊移动座
6—网纹辊移动座　7—版辊　8—网纹辊

印刷离合压及压力调节原理如图 3-23 所示。印刷机墙板两侧（操作面一侧和传动面一侧）安装有铸铁支座。两侧各有一个版辊移动座，版辊移动座各有一伺服电机带动，通过皮带传动带动滚珠丝杠转动，版辊移动座上有内螺纹孔与滚珠丝杠旋合，丝杠的转动带动版辊移动座沿导轨方向直线移动，靠近中心滚筒，版辊表面与中心滚筒表面接触上，为两滚筒合压状态，微量改变两滚筒中心距的大小可改变版辊与中心滚筒之间的印刷压力。

在印刷机墙板两侧安装的铸铁支座上，还各有一个网纹辊移动座，网纹辊移动座各有一伺服电机带动，通过皮带带动滚珠丝杠转动，同理带动网纹辊移动座沿导轨方向直线移动，与版辊表面接触上，为网纹辊与版辊的合压，微量改变网纹辊中心位置，起到改变与版辊中心距的大小，从而达到改变版辊与网纹辊之间压力的目的。

由图可知，伺服电机通过调压带轮带动滚珠丝杠微动，用来调整版辊与网纹辊、版辊与中心滚筒之间的压力。四根滚珠丝杠分别控制版辊、网纹辊操作侧及传动侧的移动座，版辊及网纹辊两端可同时微动调压，也可以在单独一侧进行微动调压操作。可以较高速度进行滚筒离合压及离压后退至换版位置。

（三）套准控制装置

在多色印刷时，承印物上的各个颜色的准确套印是衡量印刷质量的重要标志之一。目前，柔性版印刷机大多数以卷筒纸轮转机为主，而且承印物常常是容易变形的塑料薄膜类的材料，因此要求柔印版印刷机应有精密的套准装置。它包括横向套准和纵向套准，前者可以沿印版滚筒轴向进行调整，适合各种类型的印刷机。后者则沿着承印物的运动方向的纵向进行调整，它又有两种方法：一种是调整印版滚筒的位置，使各色印版滚筒的相互位置正确；另一种是调整机组之间承印物材料的长度，只适用于卷筒料的印刷机。套准机构具体介绍如下。

1. 横向套准机构

横向套准机构比较简单，其原理就是轴向移动印版滚筒，即可实现套准。在柔印版印刷机上，印版滚筒轴颈安装在滑动轴承中，如果采用直齿轮传动，可直接轴向移动印版滚筒及齿轮。如果是采用斜齿轮传动，轴向移动印版滚筒时，斜齿轮可相对滚筒轴颈滑动，从而在横向套准调节时不影响滚筒的传动及周向位置。

2. 纵向套准机构

纵向套准调节方式较多，现主要介绍两种套准机构，即斜齿轮调节机构和差动齿轮调节机构。

（1）斜齿轮调节机构　　这是柔印版印刷机上最普遍使用的纵向套准机构，其基本原理由于斜齿轮的轮齿和轴向有一个螺旋角 β 存在，在啮合过程中斜齿轮各点不像直齿轮那样同时接触，而是逐点进入啮合，当一个斜齿轮相对其啮合齿轮轴向移动时，由于存在齿廓的螺旋升角 β，两齿轮必有相对的周向转动，而斜齿轮相对印版滚筒则没有周向移动。因此当调节机构使印版滚筒斜齿轮周向移动时，带动印版滚筒，实现纵向套准的调节。斜齿轮调节的纵向套准范围与齿廓的螺旋升角、轴向位移量及印版滚筒的直径等参数有关。即螺旋升角越大，调节范围越大；在螺旋升角确定以后，轴向位移范围越大，套准调节越大校正量越大；同时，相对于同一轴向调节位移，印版滚筒齿轮的转角相同，滚筒直径越大，纵向套准校正量也越大。一般柔性版印刷机上斜齿轮纵向套准机构的调节范围为 $\pm(6\sim12)$ mm。

（2）差动齿轮调节机构　　差动齿轮调节机构的最大优点是调节范围不受限制，但结构比较复杂，其基本原理是：当需要纵向套准调节时，通过调节机构使齿轮绕印版滚筒的轴转动，使印版滚筒在主传动之外又附加了一个周向运动，附加运动可以与主传动方向相同或相反，即印版滚筒被周向调节，实现了纵向套准。

通常老式柔印机的印版滚筒、网纹辊的转动，是通过压印滚筒齿轮带动印版滚筒齿轮，印版滚筒齿轮带动网纹辊的齿轮，形成同步转动的。印刷品的重复长度取决于印版滚筒和印版滚筒的齿轮，而齿轮受到节距和模数的限制，因此，印刷品的重复周长与齿轮的节距相同。而卫星式柔印机无齿轮传动，印刷机组采用伺服电机直接驱动，如图3-24所示。

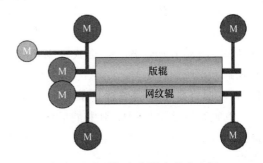

图 3-24　印刷机组伺服电机分布图

第四节　卫星式柔版印刷机的输墨系统

一、输墨系统的作用与组成

柔性版印刷机输墨系统的作用是连续不断地、均匀和定量地给印版滚筒表面提供印刷油墨。柔性版印刷机输墨系统由墨斗、墨斗辊、网纹辊、刮刀以及墨量调节等部分组成。它是典型的采用短墨路供墨的系统，墨路系统结构简单，供墨精确。

图 3-25 所示为一种典型的柔性版印刷输墨系统。墨斗 1 中的油墨经墨斗辊 2 传递给网纹辊 4（油墨定量辊），网纹辊 4 上装有的刮刀 3 将多余的油墨刮除，从而将适量的油墨传递给印版滚筒 5 上的印版，印版滚筒 5 与压印滚筒 6 进行压印，使油墨转移到承印材料上，从而完成一次印刷过程。

柔性版印刷输墨系统与凸版印刷机和胶印机输墨系统相比，省去了若干的串墨辊和匀墨辊，由一个网纹辊配一个刮墨刀或是一个网纹辊配一个计量辊直接给印版供墨，即可实现油墨的均匀、定量传递。

图 3-26 所示为目前卫星式柔版印刷机最常用的输墨系统——腔式刮刀输墨系统。该系统采用封闭式的墨腔 1 供墨。墨腔由储墨容器、两把刮刀、密封条以及与之相连的输

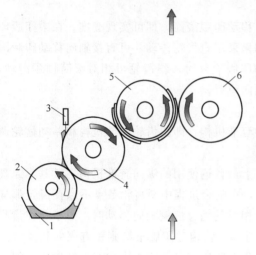

图 3-25 柔印机输墨系统
1—墨斗　2—墨斗辊　3—刮刀　4—网纹辊
5—印版滚筒　6—压印滚筒

墨软管及墨泵等部分组成。印刷过程中，采用机械方式（或气动式、液压式）将腔式刮刀推向陶瓷网纹辊 2，并施加一定压力。油墨经墨口喷射到网纹辊表面并储存在墨室中，经反向刮刀刮墨后，在网纹辊表面形成均匀一致的墨膜向印版滚筒传递，完成油墨到印版的传递过程。输墨管和回流管分别接到墨泵和储墨容器上，完成泵墨与余墨的回收。

二、墨量计量系统

柔版印刷机的墨量计量系统主要有双辊（墨斗辊-网纹辊）系统、正（反）向刮刀（网纹辊-刮墨刀）系统、综合式输墨系统和腔式刮刀系统四种。

（一）双辊（墨斗辊-网纹辊）系统

双辊系统是柔性版印刷中最早使用的墨量计量系统，它由一个墨斗辊和一个网纹传墨辊组成，故称为双辊系统，如图 3-27 所示。墨斗辊表面裹有橡皮或橡胶，墨斗辊在墨斗内旋转，将油墨转移到网纹辊上，并将

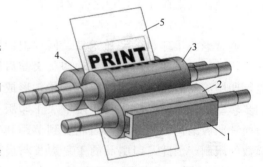

图 3-26 腔式刮刀输墨系统
1—封闭式墨腔　2—网纹辊　3—印版滚筒
4—压印滚筒　5—承印物

多余的油墨从网纹辊上表面刮掉；网纹辊则通过其表面刻有的一定形状和大小、深浅的网穴将油墨均匀地转移到印版上，从而完成传墨的全过程。

双辊输墨系统的主要优点是运行费用较低，网纹辊与橡胶辊表面滚动摩擦，磨损较轻，使用寿命长，较适合低速柔版印刷机。但在高速条件下，该输墨系统传墨量的稳定性较差，会出现传墨量过多的故障，且很难保证小墨量传递的均匀性，一般不能满足较高网

线阶调的单色及彩色印刷的要求，已逐渐被
淘汰。

（二）正（反）向刮刀（网纹辊-刮墨刀）系统

1. 正向角度刮墨刀式输墨系统

正向刮刀输墨系统是指刮墨刀的刀刃指
向网纹辊在刮墨刀压触点处的表面线速度方
向，即刮墨刀的安装方向与网纹辊的旋转方
向相同，如图3-28所示。在正向角度刮墨刀
式输墨系统中，刮刀直接安装在网纹辊上，
一般采用在与网纹辊接点处切线成45°～70°
的角度，沿网纹辊的转动方向刮墨。

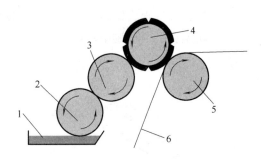

图3-27　双辊式输墨系统
1—油墨　2—墨斗辊　3—网纹辊
4—印版滚筒　5—压印滚筒　6—承印物

由图3-28可以看到，正向角度刮墨刀系统的余墨由刀内流出，由于液压的作用会使
刮刀浮起，所以必须对刮刀施加压力，而施加的压力增加了网纹辊的磨损，减少了网纹辊
的使用寿命。同时，压力的增加使得油墨中的异物、纸毛等得以传递至印版滚筒，造成版
面擦伤从而影响印品质量。由此可见，在这种输墨系统中，刮墨刀的安装角度对传墨性能
影响很大，在刮墨刀与网纹辊之间压力不变的情况下，安装角度越大，则传墨量越小。所
以，这类系统必须配置压力和角度调节机构，以及刮墨刀的移动机构。刮墨刀的移动，可
以防止油墨中的杂质堆积影响传墨的均匀，但机构变得复杂。

2. 反向角度刮墨刀式输墨系统

反向刮刀输墨系统中，刮刀的刀刃指向与网纹辊在刮刀压触点处的表面线速度方向不
同，即刮刀的安装方向与网纹辊的旋转方向相反。如图3-29所示。刮刀一般采用在与网
纹辊接点处切线成140°～150°的钝角刮墨。与正向角度刮墨系统相比，反向角度刮墨系统
中余墨由刀外流去，网纹辊表面油墨对刮墨刀的压力使其有压向网纹传墨辊表面的趋势。
因此，对刮墨刀施加很轻的压力就可将网纹辊表面的油墨刮去。由于刮墨刀与网纹辊之间
的压力轻，磨损耗较小，所以更能准确地传递和控制印墨。

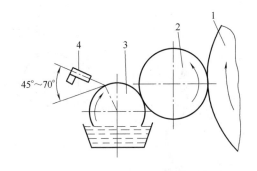

图3-28　正向刮刀系统
1—压印滚筒　2—印版滚筒　3—网纹辊　4—刮墨刀

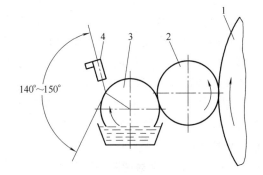

图3-29　反向刮刀系统
1—压印滚筒　2—印版滚筒　3—网纹辊　4—刮墨刀

在机器运行过程中，刮墨刀的压力应保持在最低水平，以便始终如一地转移一层薄薄
的墨膜。测试研究表明，反向角度刮墨刀的压力不应超过0.25oz/in，当压力达到0.5oz/
in（1oz＝28.35克）时，网纹辊网穴的磨损就很明显了。

为有效比较双辊式输墨系统和刮刀式输墨系统的输墨性能，分别进行印刷试验，测试出不同印刷速度下两种输墨系统的传墨量，得到印刷速度与传墨量的关系曲线，如图3-30所示。

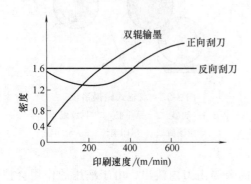

图 3-30　印刷速度与传墨量的关系

根据曲线，可以发现如下规律：

对于双辊式输墨系统来说，当印刷速度小于 200m/min 时，印刷速度对传墨量的影响较小，印刷速度由 200m/min 提高至 400m/min 时，印刷速度对传墨量的影响很大。从图 3-30 中可以看出，印刷速度增加 1 倍，传墨量则增大至 3 倍左右，这说明印刷速度对传墨量的影响程度，此状态下输墨性能相对较差。

对于正向刮刀输墨系统，印刷速度的提高会对传墨量产生一定的影响，但不显著，尤其是印刷速度小于 500m/min 时，影响较小。其输墨性能较好。

对于反向刮刀输墨系统，无论印刷速度如何变化，其传墨量基本保持稳定。故其输墨性能最佳。

由以上分析可知，反向刮刀输墨系统，更能稳定而准确地传递系统所需油墨，能满足高质量印刷的要求。这种输墨系统主要用于高质量网目调印刷，网纹辊须选用高耐磨性的激光雕刻陶瓷网纹辊。

（三）综合式输墨系统

图 3-31 所示为综合式输墨系统（墨斗辊-网纹辊-刮墨刀）示意图。在此系统中，由墨斗辊给网纹辊供墨，由刮墨刀刮除网纹辊上多余的油墨。墨斗辊的作用是向网纹辊传递充分的油墨，该油墨也成为两辊之间的润滑液。工作中墨斗辊 6 与网纹辊 4 表面不能直接接触上，需至少保持 510μm 的间隙。若墨斗辊和网纹辊的间隙小于规定的最低值，它们之间的润滑不足，会导致两辊的过度磨损。

刮墨刀的安装方向会影响系统的传墨性能。正向刮墨刀会受到印刷速度的影响而改变其传墨量的大小，反向刮墨刀的传墨量基本不受印刷速度的影响。

综合式输墨系统的性能要优于双辊式和刮刀式输墨系统，更适用于大型和高速的柔性版印刷机。

（四）腔式刮刀（全封闭双刮刀）系统

腔式刮刀（全封闭双刮刀）系统反向刮刀结构解决了柔印机高速运转供墨量恒定的问题，然而，无论是反向刮刀、正向刮刀结构还是双辊式系统，都属于敞开式供墨机

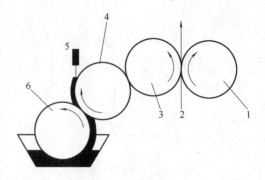

图 3-31　综合式输墨系统

1—压印滚筒　2—承印物　3—印版滚筒
4—网纹辊　5—刮墨刀　6—墨斗辊

构，均由墨槽存贮墨源。上墨辊带上的油墨经过一定的过程后，部分用于印刷，多余部分

又返回墨槽。这样的结构形式使油墨经常性大面积直接暴露于空气中,对于溶剂性油墨会产生溶剂挥发到空气中,造成油墨特性变化和环境污染;对于水基油墨也会产生气泡,最终影响印刷质量。因此,现代柔性版印刷机一般采用封闭式输墨系统。

封闭式双刮刀腔式输墨系统示意如图3-32所示,其结构图如图3-33所示。它是近年欧洲开发的一种具有全新意义的输墨系统,在这种新型系统中,墨槽采用完全封闭的形式,油墨经墨泵及输墨管喷射到网纹辊1表面并储存在墨穴中,多余的油墨储存在墨腔4中。槽内配有两把刮墨刀2,正向刮刀(图3-33中下方的刮墨刀)通常是塑料的,主要是将油墨封闭在墨腔中;反向刮刀(图3-33中上方的刮墨刀)一般为钢制的,是将多余的油墨从网纹辊上刮除后将墨穴中油墨传给印刷版辊。两个刀片的角度都经过了精确的调整,能够实现良好的刮墨性能。刮墨刀安装在墨腔上下侧面的刀架里,刀架的两端用软性材料——氟树脂挡墨块进行密封,紧贴安装在网纹辊的两侧。工作时刮刀和挡墨块紧贴网纹辊表面,起到刮墨和密封作用。这种侧封机构可以由弹簧控制,也可以由压力控制系统控制。输墨管与墨泵连接,通过墨泵将储墨容器中的油墨打入墨斗腔内。在宽幅柔印机上供墨系统中油墨可以被泵到多处。为防止出现轻微的渗墨漏墨现象,在网纹辊的下方通常安装一接墨盘,用以接盛渗漏的油墨,如图3-34所示。

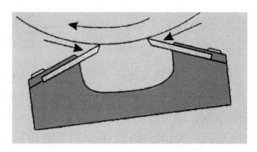

图 3-32 封闭式双刮刀腔式输墨系统

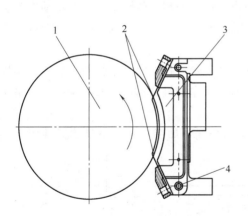

图 3-33 腔式刮刀系统结构
1—网纹辊 2—刮刀 3—氟树脂挡块
4—墨腔

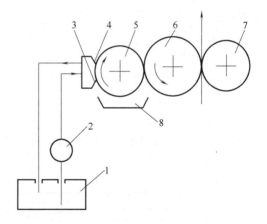

图 3-34 全封闭双刮刀输墨系统工作原理
1—储墨容器 2—墨泵 3—密封刮刀
4—刮墨用反向刮刀 5—网纹辊
6—印版滚筒 7—压印滚筒 8—接墨盘

封闭式双刮刀腔式输墨系统使油墨在一个较为封闭的墨腔里循环,可以有效地阻止油墨与空气接触而产生氧化,防止油墨起泡,避免了溶剂型油墨中溶剂的挥发和环境污染问题。同时,油墨和洗涤剂都根据流体力学的原理处于流动的状态,因而即使少量的油墨也可以循环,用少量的洗涤剂也可以清洗干净。对印刷速度的适应性好,无论印刷速度如何，油墨的转移量都是固定的，排除了高速运行时的飞墨现象，因此印刷质量稳定。该系统还可以与自动清洗系统、快速更换网纹辊、墨斗辊装置快速对接，便于实现快速清洗与更换，以减少换墨时间和停机时间。

第五节　卫星式柔版印刷机的干燥

近年来，国内卫星式柔版印刷机整体的制造技术有了大幅度的改进，但印刷速度与国外仍有较大差距。国产卫星式柔印机大多数印刷速度在 250m/min，少数厂家的产品可达 300m/min；国外最常见的速度是 300～450m/min，欧洲国家的先进设备最高速度可达 500m/min。和国际相比，我国的柔版印刷机印刷速度和印品质量普遍偏低，除机械精度和控制精度水平的局限外，干燥环节是制约印刷速度的重要因素和瓶颈。

另一方面，干燥过程也是主要消耗能量的环节，通常它所消耗的能源占整机消耗能源的 50%～60%，干燥环节不仅影响产品的质量和性能，而且显著影响生产成本和效率，对企业的生存和发展产生着重大影响。据统计，我国卫星式柔版印刷机产品的能耗更是远远超过了发达国家。因此如何降低能耗是卫星式柔版印刷领域的重要课题。

一、干燥/冷却系统的作用及组成

当热风由进风口进入后，具有一定流量、一定风压的热风由于导流板的作用，在干燥箱内流动。随着导流板的引导，流体流向各个风嘴。热风通过各个狭长的风嘴变成高速射流冲击承印材料表面，对材料表面图文进行干燥。冲击承印材料的热风流体在与承印材料接触碰撞后，形成贴壁射流向料膜宽度方向的两边流动；而相邻的贴壁射流在流动中又会发生碰撞干涉，形成上喷流涡流长时间停留在承印材料上，这一现象有利于油墨干燥过程。

油墨的干燥形式主要有聚合、渗透、挥发和综合干燥四种形式。柔性版印刷的油墨以挥发干燥为主，但也存在渗透干燥、聚合干燥等形式。印刷机的速度在某种程度上取决于其干燥系统的干燥效率。

图 3-35 所示为卫星式柔性版印刷机的典型结构布局。如图所示，卫星式柔性版印刷

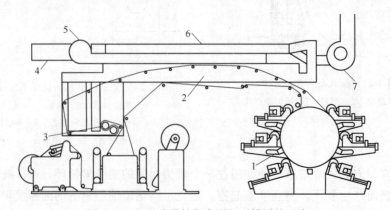

图 3-35　卫星式柔性版印刷机干燥系统示意
1—色间干燥装置　2—干燥通道　3—冷却辊　4—燃烧装置　5—送风机　6—互联通道　7—双联排风机

机的干燥一般分为两级：一级是色间干燥系统，除了最后一个印刷色组外，其余每个印刷色组之后都有独立的干燥装置。这些干燥装置被称为色组间干燥装置或机组间干燥装置。另一级是集中（最终的）干燥系统，它位于最后一个印刷色组之后，又称之为主通道干燥装置或者顶置式干燥装置。

干燥热源可采用蒸汽、电、热油及燃气四种。其中电热源使用最多。干燥系统控制有各色组分散控制和一体化控制两种方式，较先进的机型多采用一体化控制并采用电子温控器。

卫星式柔版印刷机共用一个大压印滚筒，全部的印刷色组都安装排列在钢质压印滚筒周围。同时，压印滚筒表面包覆着料带，因此，当料带穿过各印刷色组进行印刷时被"紧贴"在压印滚筒的表面上。这种结构有助于防止印刷过程中料带在各色组间的错位移动，保证了套印精度。但是，这种结构也使得各印刷机组间承印物的走料距离较小，缩短了自然干燥的时间。这时就需要色间干燥装置将油墨中的挥发溶剂基本去除掉，使得印品进入下一印刷色组之前，前色墨层尽可能完全固化，以避免墨色叠印和堵版。

集中干燥系统（主通道干燥装置）多采用桥式集中干燥通道，安装在机器顶部的横梁上，这样能确保收卷以前料卷膜有恒定的牵引力，确保在各色组全部印刷完毕后，彻底排除墨层中的溶剂，以避免复卷或堆叠时蹭脏。

集中干燥系统多采用电加热，温度可达80～100℃。根据用户需要可配置蒸汽加热系统。每个烘箱内都有独立的手动节气阀，能控制进风量和排风量的大小。烘箱和充气包用软管连接起来，充气包用钢做成，安装在印刷墙板的背面。排气管可调整烘箱内的气压。

根据印刷机生产年代的不同，色组间干燥装置和集中干燥装置有各种各样的气流配送方案。通常，一台印刷机的集中干燥装置可能由一台送风机、一个燃烧装置和一台排风机组成，而色组间干燥装置则采用另一套并行系统，其干燥装置共用一台送风机和一台排风机（见图 3-36）。印刷机操作者可分别控制色组间干燥装置和集中干燥装置的气流温度。

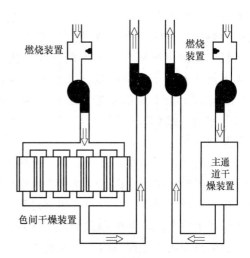

图 3-36　干燥装置气流配送方案

二、干燥装置工作原理

(一) 干燥方式

常用的干燥方式有高速热风干燥、红外干燥、紫外线（UV）干燥方式等。热风干燥是利用电加热空气，通过管路将热风送入机器上的干燥箱，在承印材料表面用吹风喷嘴喷射高速热风进行干燥，同时将含挥发溶剂的气体排走，该方式具有加热快、排热快的特点。UV 干燥装置具有可移动性，当使用 UV 油墨印刷或上光时可在任一机组后加装 UV 干燥装置，可随时拆卸，热风温度及喷气量均可调节。

卫星式柔版印刷机分色间干燥和集中干燥装置。色间干燥指相邻两个印刷单元之间的干燥，主要是指将每色印刷完成好的油墨表层进行预干燥，以免影响到下一色印刷。当所有印刷都完成之后，再通过最后的集中干燥装置对承印材料的图文进行集中彻底干燥。集中干燥装置采用桥式干燥通道，印刷完的印品料膜从干燥箱入口进入干燥通道进行集中干燥，冷却部分，采用钢制材料，内装铝制导向辊。集中干燥通道采用封闭结构，一般有12～20个喷嘴，喷嘴之间相隔约 350mm 的距离，干燥热风循环系统（一个用于干燥通道，一个用于色间干燥）有多个调节位置，并有相应的自动温度控制。印刷色组间的色间烘干装置以及集中桥式烘干装置均采用双回路循环空气，以减少对新鲜空气的需求量，从而降低对加热能源的消耗。通常其通道内部均装有温度检测杆，当达到设定的温度时，就会通过一个气缸控制空气阀门开启和关闭，以确保干燥通道内的恒温。

目前热能源的提供方式非常多，可以采用电加热、油加热、蒸汽加热以及燃气加热，其中电热源使用最多。根据不同产品，还可以配合印刷部分使用 UV 印刷及干燥等。

（二）色间干燥装置

1. 色间干燥概述

色间干燥可使承印物材料上的油墨在进入下一个印刷单元前进行初步干燥，干燥箱的排风量必须大于送风量以形成负压，空气流量通过阀门调节。通常，每个色间干燥箱采用两个喷嘴送风。干燥箱安装在滑轨上，很容易拆卸，几个不锈钢的干燥箱共用一个鼓风机提供热风。色间干燥装置的效率必须高，同时色间干燥装置不应对印版上的油墨产生影响，即避免油墨在印版上的固化。因此，色间干燥多采用封闭的钢制干燥箱，保证干燥热风不从干燥箱中溢出。色间干燥箱安装在两色组之间侧面的滑杆上，可快速移开。印刷机上干燥单元的安装位置通常有两种，一种是安装在印刷机组的下面，减小机器空间，结构较稳固。另一种是安装在印刷机组的上方，热能向上传递，不会影响到其他部件。

热风在进入色间烘箱之后，为了使热风能够按照理想进入排风装置，防止在印刷过程中出现溢风的现象，在设计时要求色间烘箱的排风量大于送风量（排风风机的功率大于进风风机）以便形成负压。因为在印刷过程中热风的温度比较高，通常为 85℃ 左右，若出现溢风现象将会使车间的温度升高，影响工作环境，严重时可能出现烫伤工作人员的情况，也必将影响到印刷品的干燥质量。

热风由色间烘箱出来后进入排风装置。为了节约能耗和降低印刷过程中对新鲜空气的需求在排风管处设计了二次回风装置，一部分热风再次进入混风箱与新鲜空气混合后进行干燥。该部分的主要结构为一个排废三通管，排废三通的下端连着排风风机，中间通过管道与混风箱相连接，上端排出废气。排废三通中装有排风挡板，通过排风挡板可以初步调节二次回风的风量，在排废三通与混风箱的连接管道中安装有两个风量调节器，可以用于调节二次回风的风量。

2. 色间干燥的原理

卫星式柔版印刷机的色间干燥主要是将每色印刷完成好的油墨表层进行预干燥，以免影响到下一色印刷。当所有印刷都完成之后，再通过最后的集中桥式烘干装置进行彻底烘干。

色间干燥指相邻两个印刷单元之间的干燥。它可使承印物材料上的油墨在进入下一个印刷单元前部分干燥，干燥箱的排风量大于送风量以形成负压，空气流量通过阀门调节，通常，每个色间干燥箱采用两个喷嘴送风。干燥箱安装在滑轨上，很容易拆卸，几个不锈钢的干燥箱共用一个鼓风机提供热风。

集中干燥采用桥式干燥通道，干燥通道连接印刷部分和冷却部分，采用钢制材料，内装铝制导向辊，最终干燥通道采用封闭结构，有多个调节位置，并有相应的自动温度控制。色间干燥一般干燥长度为 $300\sim700mm$，高速热风的速度为 $40\sim50m/s$，集中桥式干燥箱的长度为 $4.5\sim6.5m$，热风干燥速度比色间干燥稍低，通常为 $35\sim40m/s$。

印刷机热风干燥系统是一个完整的流体场，空气从进入系统到排出，整个干燥过程是在一个封闭的系统中完成的。通常，送风机从房顶或厂房内抽取空气，使之穿过加热装置，然后被送到承印物表面，如图 3-37 所示。加热后的空气，经过一系列的气流喷嘴及与承印物料带走向垂直且与料带宽度方向平行的狭槽，吹送到承印物表面。油墨中易挥发溶剂蒸发之后，气流被排出。排出的气流可以排放到大气中，或者排放到一个净化装置中。气流被排出后，周围空气被抽进干燥装置。在所有的干燥系统中，排气量总是大于进气量，从而使干燥装置里的气压保持略微负压的状态，这样可以避免挥发物泄漏到厂房里。

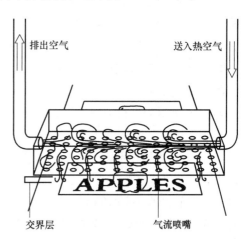

图 3-37　印品干燥过程

图 3-38 所示为热风干燥系统的组成原理图，它主要由进风口 1、加热器 2、风机 3、风箱 4、风箱喷嘴 5 及纸张 6 和导向辊 7 组成。其主要部件的作用是：

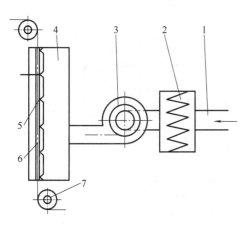

图 3-38　常见热风干燥系统原理图
1—进风口　2—加热器　3—风机　4—风箱
5—风箱喷嘴　6—纸张　7—导向辊

（1）风机　用于提供热风能量，以此克服管路各部件的流动阻力。烘箱处形成的高速热风动能也是从风机中获得的。现在的热风干燥系统通常采用离心式高压风机。

（2）加热器　用于提供干燥印品油墨所必须的热量。在实际应用中根据用户的需求可以设计为电加热、蒸汽加热、油加热以及燃气加热等方式。在温度要求不高的情况下（120℃以下），一般选择蒸汽加热方式，对于温度要求稍高一些的，可以选择电加热方式。如果要求的温度更高，就要选择油加热等方式。

（3）风箱　用于对热风进行引导和分配保证热风均匀有效地吹到承印物表面。热风不均匀会导致承印物两边受热不均匀，易发生变形从而影响套印精度。风箱的内部结构（如风箱进风口的结构和尺寸设计、吹风嘴形状的设计等）也非常重要，都将对风速和风量产生很大的影响。

(4) 加热管道　用于将热风从风机出口输送至风箱入口。好的管道设计，会降低对热风的阻力提高风机能量的利用，防止过多的能量消耗在管道上。

(5) 排风系统　用于将干燥后带有溶剂蒸气的废气排出，如不及时将废气排出，会使风箱内溶剂分压太大，影响溶剂正常的蒸发气化。

(三) 集中干燥装置

集中干燥系统采用桥式干燥通道，安装在机器顶部的横梁上，这样能确保收卷以前料卷膜有恒定的牵引力。干燥系统可选用电加热，也可选用蒸汽加热。每个烘箱内都有独立的手动节气阀，能控制进风量和排风量。

烘箱和充气包用软管连接起来，充气包用钢做成，安装在印刷墙板的背面。排气管可调整烘箱内的气压。

图 3-39 所示为烘箱干燥系统。加热的空气在风机的压力下进入上烘箱体，从风嘴吹向待干燥承印物（风速 20～25m/s；承印物为卡纸类：100～120℃；承印物为薄膜类：60～80℃），在烘箱顶部由于负压的作用，干燥后产生的废气进入风管中，调节风门手柄开关的组合，可以使废气直接进入排废管道，也可使废气进入二次回风管道，成为下次循环的气源，节省了一定的能量。集中供热系统结构如图 3-40 所示，其中，1 为吹风管，2 为进风道，3 为加热器，4 为吹风机，5 为排风机，6 为排风道，7 为承印物。吹风机 4 将空气抽入到加热器 3 中进行加热变成热风，热风经进风道 2 传给吹风管，由吹风管的狭窄细长风嘴吹向运动着的料膜表面，对料膜表面的印迹进行干燥。吹过料膜后的热风在排风道 6 负压的作用下，被吸入排风道，然后从排风机 5 的排风口排出。

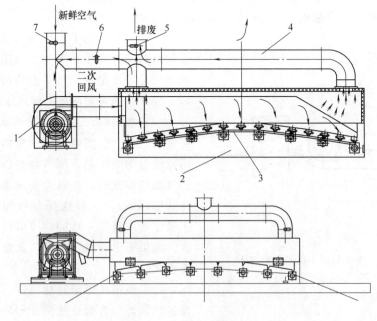

图 3-39　集中干燥装置

1—风机　2—烘箱　3—承印物　4—风管　5、6、7—风门手柄

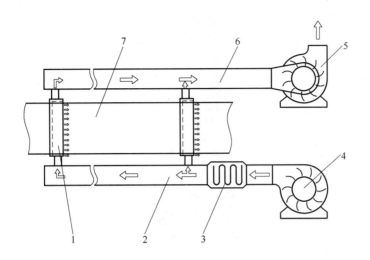

图 3-40　集中供热系统图

1—吹风管　2—进风道　3—加热器　4—吹风机　5—排风机　6—排风道　7—承印物

第六节　卫星式柔版印刷机的复卷装置及控制

为了便于储存和后续加工，需要对印刷完成后的平整伸展并高速运动的连续料带进行稳定收卷。收卷机构一般会配有张力控制和调节装置，可以保证料卷端面整齐、松紧均匀、边缘轮廓规矩。为了提高生产效率，现在大部分的柔版印刷机采用不停机接纸方式，减少或完全消除换卷停机时间。

一、收卷装置的原理与结构

图 3-41 所示为以 YRJ1200 卫星式柔版印刷机不停机收卷装置。收卷装置主要包括张力检测调节机构、纠偏机构、裁刀机构、助推机构和收料翻转架。料带的运动过程：料膜 1 从集中烘干箱出来后经过导向辊 4 到达浮动辊 5，再经过牵引辊 16、导向辊 7、8、9，卷绕在收卷气胀轴上。通过翻转架 13 和裁断装置 10 实现不停机换卷（图 3-41a）。其原理与放卷相似，这里不再赘述。

（一）收料十字翻转架

图 3-42 所示为收料十字翻转架，它是柔版印刷机收卷部分的主要结构，其作用是将不断印刷完成的料膜或纸带均匀卷绕在收卷支架的气胀轴上，对料膜进行收卷。若料膜卷收卷到一定直径，则翻转电机带动翻转架翻转 180°，将卷满的料卷 1 翻下，另一料卷气胀轴 4 旋转到上方，同时裁刀装置将印刷料膜切断，并将料膜头自动粘贴在上方的料卷气胀轴 4 上。气胀轴电机经过一系列减速齿轮，带动气胀轴旋转，继续进行收卷工作。在翻转架式收料复卷装置中，料卷气胀轴端装有小齿轮，其动力来自变频电机和传动齿轮，传动齿轮与小齿轮啮合，带动料卷气胀轴转动，从而完成卷绕收卷工作。通过控制变频电机的工作速度，可以使传动齿轮减速或者停转来实现收料的制动。

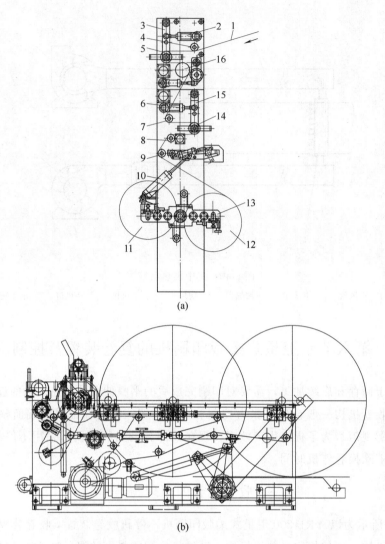

(a)

(b)

图 3-41　YRJ1200 卫星式柔版印刷机不停机收卷装置

（a）收卷装置传动图　（b）收卷装置换卷结构图

1—料膜　2、6—气缸　3、15—摆杆　4、7、8、9—导向辊　5、14—浮动辊　10—裁断装置

11、12—收料料卷　13—翻转架　16—牵引辊

　　近年来，不少卫星式柔性版印刷机都逐步采用了悬臂式收放卷结构，其主要特点是换卷速度快，耗用的人工劳动力相对较少。悬臂式机构的核心部件是气胀芯轴，芯轴靠驱动一侧是固定在机架上的，靠操作一侧在换卷时是悬空的，便于安装和卸载料卷，而在正常工作时则承载在由门轴连接的可折叠的机架部件上。相对于穿芯式的气胀轴结构，悬臂式结构在换卷时操作比较简便。

（二）助推装置

　　图 3-43 为换卷助推装置，可以使收卷结束后料卷离开收料单元。由图中可知，当纸卷 1 复卷完毕时，打开气缸 2，气缸 2 上的活塞杆伸出，推动助推架 5 绕转轴 6 摆动，使

安装在助推架 5 上的助推辊 3 摆向纸卷，将纸卷推离收卷单元。在收卷单元旁边放置一个手推叉车，接住被推下的纸卷，将其运走。另外还可以安装一个行吊，将纸卷吊走，此时助推装置起稳定纸卷的作用。料膜纵向裁切调节装置 7 的作用是，通过拧动调节螺杆，改变压缩弹簧的压缩量，以调节上刀的位置，下刀的位置是固定的。若料膜不需要裁边，可将下刀即导辊沿轴线移动到一边即可。

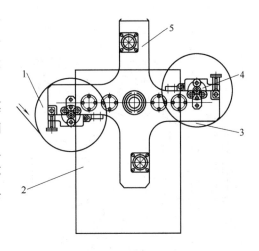

图 3-42　收料十字翻转架

1—纸卷　2—机架　3—纸卷　4—气胀轴　5—翻转架

（三）裁废边装置

图 3-44 所示为裁废边装置。裁废边装置就是一个分切装置，由两个对滚的上刀和底刀构成。

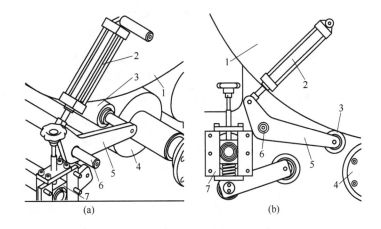

(a)　　　　　　　　　(b)

图 3-43　助推装置

（a）三维结构图　（b）二维机构简图

1—纸卷　2—气缸　3—助推辊　4—驱动辊　5—助推架　6—转轴　7—料膜纵向裁切调节装置

在此装置中，纵向分切下刀 6 轴线固定，可以沿着轴线移动，以适应不同的裁切位置。底刀用一个紧定螺钉固定在下刀轴上，可以很容易地左右移动，从而可以根据印刷幅面的大小调节所需裁的废边的多少。在分切轴左右两边各有一个螺杆 1，上刀轴两端各设置一个可移动轴承座 2，轴承座下有一个压缩弹簧。转动丝杠，带动可移动轴承座 2 上下移动，以调节上、下刀辊之间的距离。另外，当不需要裁废边的时候，还可以调节固定在底刀轴上的导辊的轴向位置，使纸带不通过裁废边装置。

二、收卷装置的分类

卷绕是造纸、纺织、印染等行业生产中把半成品和成品按一定规律绕成各种卷装的工艺过程。卷绕的目的是便于制品的存储、运输和转给下道工序加工。有时为了改变卷装容

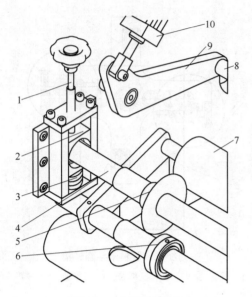

图 3-44　裁废边装置

1—螺杆　2—可移动轴承座　3—压缩弹簧

4—纵向分切上刀轴　5—纵向分切上刀

6—纵向分切下刀　7—导向辊　8—重辊

9—摆动架　10—气缸

量、去除疵点和提高质量，还要进行再卷绕或复绕。为了获得卷材边缘平齐、卷筒密实的最佳卷绕效果，必须结合生产工艺和材料对张力控制的要求，选择合理经济、适合产品的卷绕驱动控制方式，保证卷绕过程中张力稳定可控。

现在柔性版印刷机种类众多，结构各异，收卷部件收卷方式也各有不同。从其驱动方式上大致可以分为两类：圆周驱动和芯轴驱动。高速接纸收卷装置通常为芯轴驱动。

（一）圆周驱动收卷

圆周驱动收卷方式又叫表面驱动，是利用驱动辊与料卷表面的摩擦力来驱动料卷，实现料卷转动，进行收卷。常见的圆周驱动式又有单辊驱动和双辊驱动两种形式。

1. 单辊收卷装置

单辊收卷装置如图 3-45 所示。单辊收卷使用的是表面卷绕原理，使用一根卷绕驱动辊 5 来驱动纸卷 6 转动将纸带卷绕在纸卷芯轴上。驱动辊 5 由一个变速驱动装置驱动，根据纸卷 6 的直径大小变化驱动辊转速，以保证收卷料膜的等线速度收卷，以此建立基本的张力模式。印刷完成后的料膜 1 经过烘干箱干燥、经导向辊 2 后，在纵向裁切刀 3 处被左右圆刀对滚实现纵向裁切，然后经展平辊 4 展平，通过驱动辊 5 的表面，最后卷绕在纸卷气胀轴上，实现卷绕收卷。驱动辊 5 始终压紧纸卷 6 的表面并转动，通过摩擦力驱动纸卷的转动。随着收卷过程的进行，纸卷不断增大，气缸 7 推动纸卷轴沿水平方向向左移动。印刷后的纸卷卷绕时可以采用印刷图文表面朝里或朝外的卷绕方式，也就是说，驱动辊 5 的旋转方向可以根据印刷料膜卷绕方式的不同而改变成顺时针转动，这样纸卷 6 的旋转方向也相应的改变。纸卷 6 收卷到极限尺寸后，气缸 8 的活塞伸出，推动摆臂 9 绕固定铰链左摆，使操作一侧的纸卷在换卷时是悬空的，便于卸载料卷。料卷拆卸完毕，推动摆臂 9 绕固定铰链右摆回位，继续进行收卷工作。

2. 双辊收卷装置

双辊收料卷装置是一种最常用的表面收卷装置，如图 3-46 所示，它的两根驱动

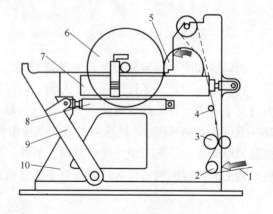

图 3-45　单辊收卷装置

1—料膜　2—导向辊　3—纵向裁切刀　4—展平辊

5—驱动辊　6—纸卷　7、8—气缸　9—摆臂　10—机架

辊的半径通常相等，两根驱动辊的动力通常采用一个变速驱动装置提供。这样料卷在收卷过程中重心不会偏移，料卷收卷稳定。可以通过调节驱动辊的驱动速度来调节收卷张力。为保证料卷收卷紧密，两根驱动辊的速度要稍有差别，但不能太大，速差过大会损坏纸张。另外，为了消除料带的纵向褶皱，驱动辊表面常加工有正反螺旋线凹槽。

具体的工作原理是，使用两根卷绕驱动辊 3、8 来驱动纸卷 2 转动，将纸带卷绕在纸卷芯轴上。驱动辊 3、8 由一个变速驱动装置驱动，以保证收卷料膜的等线速度收卷和两个驱动辊的微小线速度差，从而保证收卷要求的紧度。印刷完成后的料膜 7 经过平整棒 6 进行料膜的平整整形后，由纵向裁切装置 5 实现纵向裁切，经导向辊 4，沿箭头方向贴附在驱动辊 8 的表面，然后卷绕在纸卷气胀轴上形成纸卷 2，完成卷绕收卷过程。驱动辊 3、8 始终压紧纸卷 2 表面并转动，两个驱动辊均通过摩擦力共同驱动纸卷沿箭头方向转动。随着收卷过程的进行，纸卷不断增大，链条 12 带动纸卷轴沿竖直方向向上移动，以保证足够的收卷空间以及纸卷 2 和驱动辊 3、8 间合适的压紧力。纸卷 2 收卷到

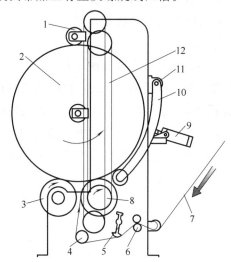

图 3-46 双辊收卷装置

1—重辊 2—纸卷 3、8—驱动辊 4—导向辊
5—纵向裁切装置 6—平整棒 7—纸带 9—气缸
10—助推装置保持架 11—铰链 12—链条

极限尺寸后，推动助推装置中的气缸 9 的活塞杆伸出，使助推装置保持架 10 绕固定铰链 11 摆动，将纸卷 2 推出，进行卸载料卷。重辊 1 在收卷过程中始终压紧纸卷表面，作用是将料卷层的空气挤出，使料卷卷紧，避免出现窜边（纸卷端面不齐）现象，通过改变重辊 1 与纸卷 2 之间的接触压力可以调整驱动辊 3、8 与纸卷 2 之间的压力，从而改变驱动纸卷摩擦力的大小，保证成卷紧度和纸卷两端面的平整。

印刷后的纸卷卷绕时可以采用印刷图文表面朝里或朝外的卷绕方式，也就是说，驱动

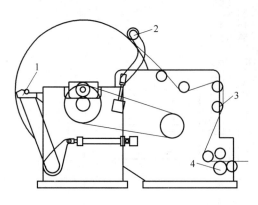

图 3-47 中心卷绕装置（单卷）

1—卸纸卷摆臂 2—重辊 3—扩展辊 4—纵裁装置

辊 3、8 的旋转方向可以根据印刷料膜卷绕方式的不同而改变成逆时针转动，这样纸卷 2 的旋转方向也相应的改变。此时料膜或纸卷 2 就不再经过驱动辊 8 的表面，而是经过驱动辊 3 的表面后卷绕在纸卷 2 上。

（二）芯轴驱动收卷

芯轴驱动收卷方式又叫中心卷绕收卷，是指通过在收卷轴上施加驱动转矩进行料膜收卷的方法。目前，大多数柔性版印刷机的收卷方式都是芯轴驱动。

如图 3-47 所示芯轴驱动收卷装置中，料

卷紧紧固定在芯轴上，一般是由电机来驱动、通过传动机构实现芯轴的旋转运动。中心卷绕装置分别有芯轴型和无芯轴型两种。

在柔性版印刷机上，最常用的中心轴卷绕装置采用的是有芯轴型的卷绕方式。芯轴驱动收卷方式常见的有停机换卷、具有一根气胀芯轴的单纸卷（如图 3-47），不停机换卷的、具有两根气涨芯轴的（如图 3-48）和具有三根气胀轴芯轴的双纸卷及三纸卷收卷三种收卷形式。

中心卷绕装置中的芯轴大多是气胀轴。它可以快速将料卷的芯筒固定在气胀轴上。气胀轴又分为机械式和气动式，机械式结构较复杂，气动式结构简单，使用更方便。另外，芯轴驱动收卷机构配有上卷臂，可以实现料卷的自动下落，方便料卷的运输。

如图 3-47，中心卷绕装置的纸卷轴安装在机架上。该轴的驱动方式很多，有电动机直接驱动的，通过机械如皮带轮、齿轮等进行动力传动的，也有通过液压马达或几种组合形式进行驱动的。

每种驱动形式都可以通过调整转动速度来改变纸卷的卷紧度。重辊的作用是通过给纸

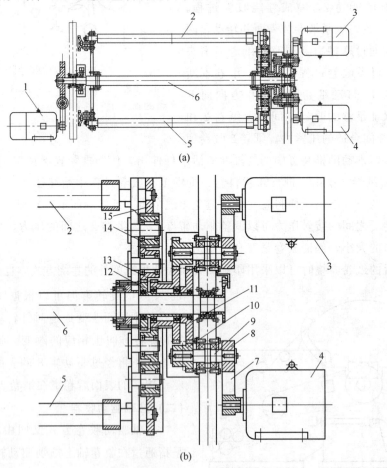

图 3-48　中心卷绕装置

（a）中心卷绕装置驱动图　（b）中心卷绕装置传动部分局部放大图

1、3、4—电机　2、5—气胀轴　6—中心轴　7—同步带　8—同步带轮　9—轴　10、11、12、13、14、15—齿轮

卷一个压紧力，使复卷过程中的空气从一层层的材料之间挤出，不会出现空气夹裹现象和窜边现象，卷绕成一个紧密、均匀的纸卷。

图 3-48（a）所示为适用于不停机换卷的具有两根气胀芯轴的双纸卷收卷形式驱动系统结构图。该收卷支架的驱动包括料卷气胀轴的动力驱动和十字翻转架的动力驱动两部分。如图 3-48 所示，电机 3 通过同步带以及一组齿轮，驱动气胀轴 5 转动；电机 4 通过同步带及另一组齿轮，驱动气胀轴 2 转动。电机 1 通过同步带以及蜗轮蜗杆，驱动十字翻转机的中心轴转动，使十字翻转架完成翻转动作，实现不停机换卷。

图 3-48（b）所示为中心卷绕装置传动部分局部放大图。电机 4 驱动气胀轴 2 的传动路线为：电机 4 通过同步带 7 带动同步带轮 8 转动，从而驱动轴 9 转动，轴 9 通过齿轮 10 与齿轮 11 啮合，齿轮 11 的左侧内孔壁有内齿轮结构，与双联齿轮 12 右侧的外齿轮啮合，带动齿轮 12 转动。齿轮 12 的左端齿轮通过齿轮 13、齿轮 14、齿轮 15 的依次啮合，实现了气胀轴 2 的转动。同理，电机 3 驱动气胀轴 5 转动。

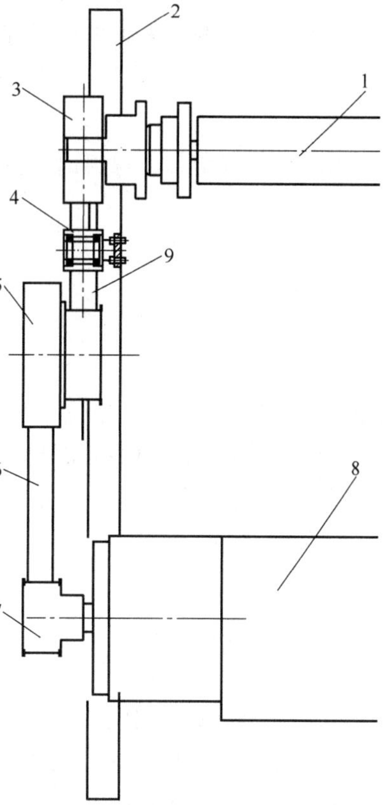

如图 3-49 所示为中心卷绕装置动力传动图，驱动电机 8 经电机带轮 7、同步带 6、过渡带轮

图 3-49　中心卷绕装置动力传动图（双卷）
1—气胀轴　2—机架　3—气胀轴带轮
4—张紧带轮　5—过渡带轮　6—同步带
7—电机带轮　8—驱动电机　9—同步带

5、同步带 9、气胀轴带轮 3 带动气胀轴 1 转动，从而实现中心卷绕收卷动作。张紧带轮 4 的作用是将同步带 9 进行张紧，以防止皮带永久变形松弛。在中心卷绕收卷装置上主要完成的工作有：气胀轴的转动实现料膜在纸芯上的复卷；圆盘的旋转实现收料工位的转换；由收料裁刀实现料膜的裁切和不停机换卷。

图 3-50 为中心卷绕装置气胀轴动力传动图。当某根料轴（气胀轴）1 位于收料工位时，电动机 7 通过一组同步带传动，驱动料轴 1 转动，实现料膜在纸芯上的收卷。当收料料卷达到一定直径时，由裁刀将此料膜切断，同时电机 4 通过同步带传动、齿轮传动驱动大圆盘齿轮旋转，使得左边的气胀轴到达收料工位，左边的气胀轴到达收料工位后，通过另一电动机、另

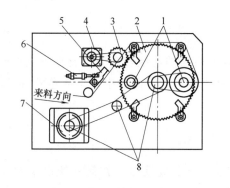

图 3-50　中心卷绕装置气胀轴动力传动图
1—气胀轴　2—圆盘齿轮　3—小齿轮　4—电机
5—裁刀　6—气缸　7—电动机　8—同步带轮

一组同步带传动，来驱动气胀轴转动，实现料膜在纸芯上的收卷（左边气胀轴料轴旋转驱动和右侧相同，图上未画出）。如此往复循环，实现不停机收料。

三、收卷功率参数

当改变印刷机承印材料时，复卷功率参数要重新确定。近似确定复卷驱动功率的公式为：

$$P = \frac{2\pi \times M \times n \times \eta}{1000 \times 60} \tag{3-1}$$

$$M = F \times B \times d/2 \tag{3-2}$$

$$n = v/(\pi \times d) \tag{3-3}$$

式中　P——收卷功率，单位 kW

　　　M——卷绕装置的所需转矩，单位 N·m

　　　n——收卷转速，转/min

　　　η——驱动效率

　　　F——料膜的张力

　　　B——料膜幅宽

　　　d——纸卷直径

　　　v——料膜工作线速度

由式（3-1）、式（3-2）和式（3-3）可知，当料膜线速度恒定时，卷绕功率与纸带张力、纸带幅宽和线速度值成正比，而与纸卷直径无关。但是，只要线速度发生改变，就必须克服所卷绕纸卷的惯性。

$$I = m \times \frac{d^2 - d_1^2}{8} \tag{3-4}$$

$$M_1 = I \times \varepsilon \tag{3-5}$$

式中　I——纸卷的转动惯量

　　　d——纸卷直径

　　　d_1——纸卷芯直径

　　　M_1——纸卷的惯性矩

　　　ε——纸卷的角加速度

由公式可知，当收卷料膜的线速度一定时，收卷所需的卷绕转矩与纸卷直径成正比。因此，在印刷机启动或速度改变时，克服纸卷的惯性转矩所需的功率，与纸卷的直径成正比。

四、复卷张力控制系统

复卷张力控制系统一般由牵引辊传动张力控制系统、卷绕张力控制系统以及 PLC、操作台等控制部分组成。其中，牵引辊传动控制系统由一对橡胶轧辊、变频器和变频电机等组成，牵引辊的线速度即为机器工作速度，通常在操作面板上进行设定。卷绕张力控制系统由卷绕轴、变频器、变频电机、减速机等组成。表面驱动卷绕装置卷绕张力控制较为简单，而中心驱动卷绕装置卷绕张力控制较为复杂。

（一）表面卷绕张力控制系统

表面卷绕是通过驱动辊与收料卷接触表面的摩擦力来驱动料卷转动收卷的方式，属于被动卷绕方式。卷绕控制原理如图 3-51 所示。它使用两根直径相同的卷绕辊驱动被卷料卷，驱动辊分别采用变频器 U_2、U_3 控制变频电机和减速机，通过调节密度电位器 R_2，使两驱动辊表面产生速差，从而建立表面卷绕的基本张力控制模式，满足卷绕松紧程度，表面卷绕装置只能提供恒定张力控制模式。

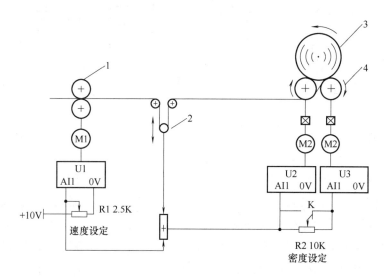

图 3-51 表面卷绕控制原理图

1—牵引辊 2—浮动辊 3—卷筒料 4—驱动辊

表面卷绕中，卷筒与两驱动辊间的摩擦力大小与卷筒的质量有关，并非常量；而摩擦力的大小影响卷筒打滑的程度，所以，当电动机转速恒定时，卷筒线速度也不可能完全不变，特别是在驱动辊表面磨光后或者在卷绕起始部分，由于卷筒与驱动辊间的摩擦力相对较小会出现打滑，其张力不易控制，这样会出现卷筒轴芯卷材不密实，而随着卷筒直径增大，卷筒重量不断增加，卷筒与驱动辊间通常获得较大的摩擦力，卷绕张力增大，如果速差调整不合适，就会将卷筒芯部卷材挤出，造成卷材端面不齐。为了得到均匀的卷绕张力，卷绕装置上常加有配重辊，该辊紧贴在卷筒轴顶部，采用气动或液压方式给卷筒轴垂直施加作用力，通过对配重辊压力大小自动调节，获得卷筒与两驱动辊表面理想的摩擦力，保证卷绕过程张力稳定，满足卷材密度和硬度要求，达到良好的卷绕效果。

由于表面卷绕靠的是表面摩擦接触作用卷绕卷材，卷筒与驱动辊间必须具有足够的摩擦力，所以驱动辊需定期更换所覆橡胶或草皮，使辊子表面粗糙而不光滑，以保证足够的摩擦驱动力，但这种摩擦力往往容易损伤料膜表面，因此而对那些害怕摩擦损伤表面的织物表就不宜采用表面卷绕方式，需要采用中心卷绕方式进行收卷工作。

（二）中心卷绕张力控制系统

中心驱动卷绕控制系统由变频器、控制电动机、控制传动卷绕轴等部分组成，通过控制加在卷绕轴上的旋转力完成卷绕过程。其控制系统原理如图 3-52 所示。

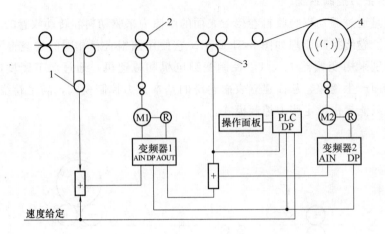

图 3-52　中心卷绕控制系统原理图

1—牵引辊　2—导布辊　3—张力检测　4—卷绕轴

图 8-15 中牵引辊驱动机构采用速度闭环控制卷绕过程的线速度，卷绕轴采用张力闭环控制驱动卷绕机构按预设张力曲线工作，保证卷绕过程张力控制达到最佳效果。速度闭环中浮动辊位置检测采用非接触式可变电阻，信号检测准确可靠，该信号作为速度附加信号与主给定速度叠加后送入牵引辊变频器 1 的 AIN 端，对牵引辊速度进行调节控制。张力传感器把检测到卷材的张力反馈到 PLC 的模拟量输入端，同时张力检测信号与变频器 1 的速度输出信号 AOUT 叠加后送入变频器 2 中进行 PID 调节，实现卷绕张力闭环控制。

中心卷绕张力控制方式有两种，即恒张力控制和锥度张力控制。从某种意义上讲恒张力控制是锥度张力控制的一种特殊情况。图 3-53 为锥度张力控制曲线，从中可以看出：张力设定＝80％时，当锥度系数 $HW＝100\%$，卷绕张力曲线为 A，卷绕过程中张力大小始终不变，即为恒张力控制；若锥度系数 $HW＝50\%$，则卷绕到最大直径时，张力下降

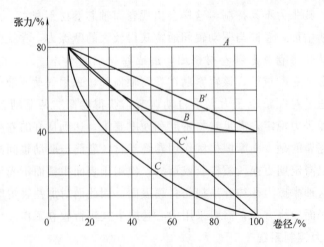

图 3-53　锥度张力曲线

50%，理想卷绕曲线为 B'，实际卷绕曲线接近 B；若锥度系数 $HW=0$，则卷筒到最大直径时张力将降到 0（见曲线 C 和 C'）。

恒张力卷绕当卷筒直径变化时，必须保证转速 n 与卷径 D 成反比，且电机转矩 M 变化与卷材卷径 D 成正比，这样才能达到卷材里外紧度均匀。使用这种方式时，应注意卷绕结束时的转矩最大，要根据最大转矩和减速机的减速比来选择电动机的额定转矩。由于卷绕过程中，卷筒的直径在不断的变化，同时电动机传动机构及卷筒支承轴上的摩擦力矩 $M·m$，卷绕机构在加、减速过渡过程所需的动态力矩 M_d 及线速度 v 也在变化，这些变化都会引起张力波动，为了获得织物恒定的表面张力，电动机输出电磁转矩 M_D 除了保证卷绕力矩 $M_f=F·R(t)$ 外，还需克服摩擦力矩 M_m、机械惯量等变化，也就是说在卷绕过程中需进行相应的动态转矩补偿、静态补偿及加速补偿等，以保证变频器 2 控制电机转速和转矩能自动适应跟随变化。

锥度张力控制在卷绕过程中转矩 M 保持不变，随着卷径 d 的逐渐增大，卷绕角速度 ω 相应降低，卷材张力 F 相应减小，达到内紧外松的卷绕效果，这就是锥度张力控制原理。锥度张力控制方式实质上就是变频器的转矩控制模式，在卷绕驱动中，给定张力 F_{set}，线速度恒定 Vline＝constant，卷绕轴转速 n 随着卷筒直径 D 的增大而降低，卷材张力相应地减小，转矩模式正好满足这个要求。在转矩控制模式中，给定的是转矩，根据设定张力 F_{set} 和卷材直径可以计算出变频器的转矩给定值：

$$M=F_{set}\times D_{min}/2i$$

其中：M——变频器转矩给定值（N·m）

$\quad F_{set}$——张力设定值（N）

$\quad D_{min}$——最小卷径

$\quad i$——机械传动比

如果实际转矩低于给定转矩，则转速升高，否则，转速降低，整个卷绕过程速度在给定转矩对应速度的上下浮动。

由于锥度张力控制的是电机转矩，而在卷绕爬行阶段（卷材穿引过程及卷绕起始阶段）材料是松弛的，卷轴上卷材张力很小，卷绕电机阻转矩几乎为零，如果电机仍处于转矩控制模式下，此时就要瞬间加速到最高转速，直到卷材绷紧，这时电机转速远远高于按当前线速度和卷径折算出来的理想速度，在绷紧瞬间必然对材料造成冲击，致使材料绷断。所以爬行阶段必须采用速度控制，也就是在卷取电机理想转速基础上叠加一个较小的附加给定，同时对电机的输出转矩限幅。当材料松弛时，电机处于速度控制模式，运行速度比理想速度略高一点，材料被逐渐绷紧不会产生瞬间冲击。待材料绷紧后，由于转矩限幅作用卷绕电机将无法达到给定速度，速度控制饱和退出，此时控制转矩限幅相当于电机的实际转矩。锥度张力卷绕控制中转矩基本恒定，所以不会损伤卷轴。

图 3-54 为中心卷绕张力控制系统框图，为了实现卷绕张力平稳控制，提高张力闭环控制系统的动态性能，控制系统中 PLC、变频器等必须具备当前卷径计算功能；动静态摩擦补偿和惯量补偿功能及参数信号自适应能力等；能够根据当前卷径和线速度计算出卷绕变频器的设定值，以控制卷绕电机达到理想转速，从而实现渐减张力控制或基本恒张力

控制。

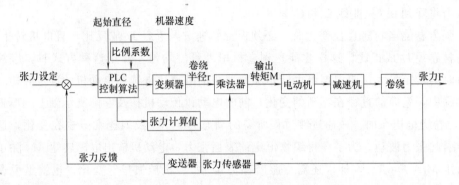

图 3-54　中心卷绕张力控制系统

五、收 卷 纠 偏

前面讲到，在柔性版印刷机上有三个部位需要使用纠偏装置，它们是开卷部分、印刷机组前的中间传纸部分和收卷部分。在收卷部分进行纠偏，可以避免收卷位置偏离、窜边和卷绕不佳等缺陷。

（一）纠偏方法

收卷纠偏就是控制和矫正待收卷纸带横向位置以保证收料整齐。纠偏的方法有利用其边缘进行纠偏和按纸带的中心进行纠偏两种方法。

1. 边缘纠偏

边缘纠偏是指传感器检测纸带的边缘，纠偏系统使该边缘保持在所需的横向位置上。

当需要纸带的边缘位置相对于印刷机基准保持恒定，且要求传感器位置能够根据纸带宽度的变化进行重新定位的场合，通常都使用边缘定位方法。现在的柔版印刷机上大多采用边缘纠偏方法，如图 3-55 所示。它采用气压检测传感器对纸带边缘进行自动检测，系统提供的是与纸带位置相对应的低气压信号。当需要在印刷机上进行高精度纵向裁切的时，则使用光电检测的纠偏方法。

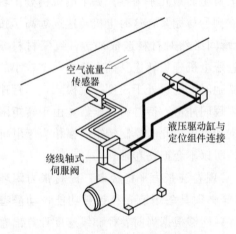

图 3-55　纸带边缘纠偏系统

实际上，收卷纠偏（见图 3-56）不是真正的纸带横向控制，而是一个跟踪控制系统。收卷时，把传感器装在收卷支架上并根据来自印刷机组的纸带，通过移动纸卷支架使之跟踪纸带来完成纠偏操作。实际它并不是直接对纸带的纠偏，只是对收卷芯轴进行定位，使其能够跟随纸带的正常摆动，从而使纸带的边缘始终与复卷芯轴保持一个固定的横向位置关系。

如图 3-56 所示为典型的收卷边缘纠偏装置，通过对收卷芯轴定位，使其跟随纸带的正常摆动变化，从而使纸带边缘与收纸芯轴始终保持一个固定的横向位置。在活动传感器和复卷支架之间有一根固定的惰性辊，把纸带与纸卷支架的运动分隔开来，并为传感器探测点提供一个固定的纸带平面。设计传感器支架时还应注意，要使其有足够的刚性，避免机器的这部分结构出现变形和机械共振。选择开卷和复卷支架时应考虑的因素主要有纸带材料、最大的纸带厚度、最大张力、所要求的最大横向移动距离、最高线速度、最大纸卷质量、最大纸卷直径、纸卷架最大质量以及滑动轴承的摩擦因数等。

2. 中心纠偏

中心纠偏是指固定传感器以

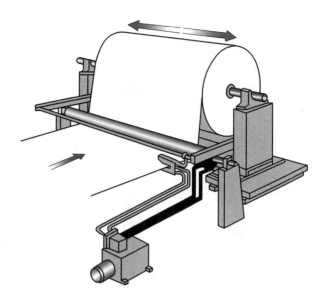

图 3-56　典型的收卷边缘纠偏装置

纸带中心为基准纠偏的方式。该系统使用的两个传感器被保持在固定的位置上，对纸带的两个边缘都进行检测。纠偏系统把纸带的中心线保持在一个精确的位置上，并允许纸带的宽度有少量的变化。

当纸带的宽度在操作过程中出现变化，需要保持纸带的中心与印刷机的相对位置不变时，采用按纸带的中心进行纠偏的方法。中心纠偏方法一般采用在纸带的两个边缘上各安装一个固定的传感器，或设计一个自动调整系统，使其能够根据纸带宽度的变化自动进行两个传感器的位置调节，进行中心纠偏，此时这两个传感器属于可移动式传感器。

和边缘纠偏的结构相比，以纸带中心为基准的中心纠偏系统较为复杂。但在那些必须利用纸带中心为基准进行纠偏的场合，这种纠偏方式还是起了重要作用的。

3. 移动传感器以纸带中心为基准纠偏

当生产运行中纸带宽度有很大变化时，传感器本身不断地自动进行重新定位以便探测纸带的两个边缘，并把纸带的中心线保持在一个精确的位置上。

4. 通过直线或图标进行纠偏

传感器检测纸带上已印刷的直线、图标或某些可以辨别的特征。该控制系统则把已印刷的直线、图标或特征保持在精确的横向位置上，与纸带的边缘位置无关。

如图 3-57 示出了不同方式的纸带控制系统。

（二）纠偏系统

对于收卷的纠偏装置来说，最常用的纠偏控制方式有手动控制和自动控制两类。手动控制就是利用纠偏系统，在对印刷机进行设置时，操作者对收卷装置进行手动定位。而在印刷过程中，通常把系统转换的工作方式称为自动纠偏。

纠偏自动控制系统有四种基本类型（图 3-58）：气动液压型、电动液压型、气动机械型、电动机械型。这几种类型的纠偏系统都使用传感器来监视纸带的位置，并将纸带的偏

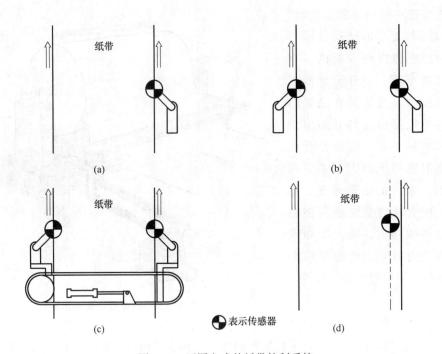

图 3-57　不同方式的纸带控制系统

（a）边缘纠偏　（b）固定传感器中心纠偏　（c）移动传感器中心纠偏　（d）直线或图标纠偏

移量传递给一个伺服阀（液压系统），或传递给一个直流驱动电动机（机械系统）。该类控制系统均采用闭环的比例控制，其校正输出的调节与所检测到的误差成反比。如图 3-58 为典型的纸带纠偏系统。

以液压型为例，它由传感器、控制器、液压驱动缸和纸带构成一个闭环控制回路。工作中，首先设定理论的纸边位置，实现传感器预定位，然后传感器接受纸带边缘的实际信号，与理论值进行比对，将比对的出错信号发送到控制器中。由控制器转化为液压输出，发送给纠偏液压缸，推动活塞动作，活塞推动料卷轴连同收料支架一起横向移动，从而改变收纸卷的轴向位移，达到纠偏的目的。

1. 液压型

两种液压型自动控制系统的控制原理与过程类似。传感器用来监视纸带的位置。传感器的信号直接传递给动力马达的伺服阀（气动液压系统），或信号处理器，然后信号处理器把信号发送给动力马达的伺服阀（电动液压系统）。通过伺服阀生成的动力马达的液压输出与纸带的横向误差成比例，它对纠偏机构进行定位，这样就把纸带移动到传感器中正确的横向位置上。该类控制系统适用于负荷非常大、环境恶劣的场合。

2. 机械型

两种机械型自动控制系统的控制原理与过程也类似。传感器（电动机械系统为电子传感器，气动机械系统为气动传感器）用来获取纸带的横向位置信息。传感器的信号直接传递给信号处理器（电动机械系统），或首先由转换器把气压信号转换为电信号（气动机械系统）。然后，信号处理器把一个与传感器探测到的误差大小成比例的信号发送给电动机

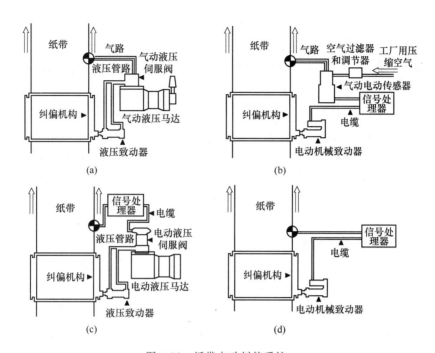

图 3-58　纸带自动纠偏系统

（a）气动液压型　（b）气动机械型　（c）电动液压型　（d）电动机械型

械致动器中的直流驱动电动机。制动器对纠偏机构进行定位，这样就把纸带移动到传感器中正确的横向位置上。此类控制系统主要应用于那些要求有高频率响应的场合或不便使用液压装置的场合。

图 3-59 所示为柔版印刷机常用的收卷纠偏系统，它由纠偏检测装置和纠偏执行装置

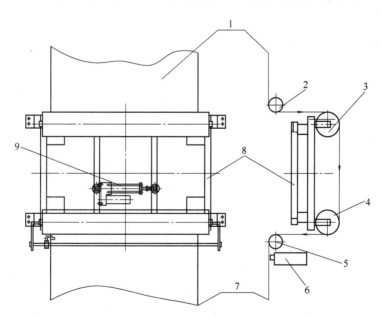

图 3-59　收料纠偏由纠偏检测装置

1—进料膜　2、5—导辊　3、4—纠偏辊　6—检测器　7—出料膜　8—机架　9—驱动器

组成。纠偏检测装置一般是一个超声波传感器或者红外线传感器，具有自动检测材料边缘、系统自动补偿、幅宽检测范围等功能，可接单探头对边，双探头对中。纠偏执行装置由油缸、滑轨、轮子组成。当传感器检测到料走偏时，会给纠偏执行装置发射一个信号，控制油缸带动放料架向左或者向右移动，达到纠偏的目的。

其工作原理为：采用边缘纠偏原理，调整检测器处于正确位置，当料膜跑偏时，检测器可以检测到料膜的偏移量，通过处理器计算后驱动驱动器，驱动器带动纠偏辊偏移一个角度，从而带动料膜向正确的方向移动，此动作不断重复循环，保证料膜在横向的位置。

思 考 题

1. 柔版印刷机分为哪几类？各由哪几部分组成？
2. 简述柔版印刷机放卷装置的组成及工作原理。
3. 卫星式柔版印刷机的中心压印滚筒有什么特点？它是如何实现温度控制的？
4. 柔版印刷机的墨路有什么特点？目前，柔版印刷机常用的输墨系统是哪种？
5. 卫星式柔印机的干燥系统分哪两种？简述其工作原理。
6. 什么是圆周驱动收卷？什么是芯轴驱动收卷？

第四章　凹版印刷机

凹版印刷作为主要印刷方式之一，在包装印刷领域占有主要的市场份额。凹版印刷的印品色彩艳丽、墨色厚实、饱和度高、印品质量稳定，普遍使用在食品包装、医药等行业。随着现今生活条件的改善，人们对产品的包装水平要求不断提高，凹版印刷机的使用越来越广泛。

第一节　凹版印刷机概述

凹版印刷，其文字图像是凹入版面的。即凹版的空白部分都在同一平面上（版面），而图文部分位于空白部分之下，并以不同深度凹入版面量来表示原稿图像的浓淡层次。用凹版复制图文的印刷方式称为凹版印刷。

印刷时，印版滚筒浸没在墨槽中［如图4-1（a）所示］或由浸没在墨槽中的传墨辊传墨给印版滚筒［如图4-1（b）所示］，使凹下的图文部分充满油墨，然后用刮墨刀刮去附着在空白部分的油墨，填充在凹陷空穴中的油墨，在适当的印刷压力作用下，被转移到承印物表面，完成印刷。

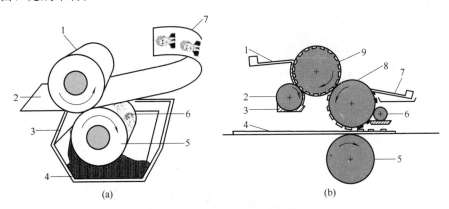

图 4-1　凹版印刷原理

（a）印版滚筒直接着墨　　　　　　　　（b）传墨辊传墨给印版滚筒着墨

1—压印滚筒　2—承印物　3—刮墨刀　4—油墨　　　　1、7—刮墨刀　2—传墨辊　3—墨槽　4—承印物

5—印版滚筒　6—印版　7—印刷图像　　　　5—压印滚筒　6—净版辊　8—橡皮滚筒　9—印版滚筒

一、凹版印刷机的分类

凹版印刷机具有多种分类方法，可以按照使用用途、印刷色数、供料方式等多个方面进行分类。

（一）按照用途分类

按照用途凹版印刷机一般可以分为三种：书刊凹印机、软包装凹印机和硬包装凹印机。

书刊凹印机主要用于特殊类型书刊杂志印刷，比如漫画书刊。因为该类书籍的色彩主要由色块组成，对颜色的准确性和阶调的要求不高，所以现在很多书籍开始使用凹版印刷机进行印刷。

软包装是指在充填或取出内装物后，容器形状可发生变化的包装。用纸、铝箔、纤维、塑料薄膜以及它们的复合物所制成的各种袋、盒、套、包封等均为软包装。软包装凹印机主要是指印刷纸张、塑料薄膜等软性材质的凹版印刷机，比如现在牛奶包装大都采用凹印机进行生产。

硬包装是指充填或取出包装的内装物后，容器形状基本不发生变化，材质坚硬或质地坚牢的包装。这类包装中，有的质地坚牢，能经受外力的冲击，有的质地坚硬，但脆性较大。现在的硬包装凹印机主要用于印刷一些金属、硬塑料的表面，比如啤酒饮料易拉罐的铝合金等。

（二）按印刷色数分类

按印刷色数分，凹版印刷机可以分为单色凹印机和多色凹印机两种。单色凹印机主要用于单一颜色的印刷，比如一些包装纸箱、瓦楞纸印刷等。多色凹印机主要用于印刷多色印刷品，比如杂志书籍印刷等。

（三）按供料方式分类

按照供料方式凹版印刷机主要分为单张纸凹印机和卷筒纸凹印机两种。单张纸凹印机印刷的承印物如同单张纸胶印机，承印物一张一张进入机器完成印刷。比如用于做易拉罐的铝皮在进行印刷之前已经经过专门的裁切机器裁切成大小尺寸相同的材料，通过皮带输送到机器内部，完成印刷。

图 4-2　上海紫明 ZMA90 单张纸凹印机

图 4-2 所示为上海紫明 ZMA90 单张纸凹印机。卷筒纸凹印机是最常见的一种凹版印刷机，供料除了卷筒纸以外还有卷筒的塑料薄膜、复合材料等。图 4-3 所示为卷筒纸凹印机。

图 4-3　卷筒纸凹印机

（四）按照印刷机组的排列方式分类

凹印机按照印刷机组不同的排列方式主要分为卫星式凹印机和机组式凹印机两种类型。机组式凹印机使用较为普遍，该种机器的每个色组之间相互独立，有独立的供墨、印刷单元。印刷时，承印物依次通过各色机组完成颜色的套印叠加，如图4-4所示。卫星式凹印机的各个色组之间共用压印滚筒，各色组排布在压印滚筒的周围，其结构原理如图4-5所示。

图 4-4　机组式凹版印刷机

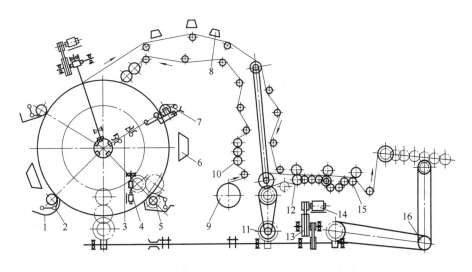

图 4-5　卫星式凹版印刷机结构原理示意图

1—油墨容器　2—反刮刀部分　3—压版辊传动系统　4—版辊对花系统　5—印版滚筒　6、8—红外线干燥系统　7—正刮刀部分　9—卷筒纸　10—纸张张力系统　11—无级变速系统　12—同速滚筒　13—主轴传动系统　14—主机直流电机　15—滚刀部分　16—收纸传动系统

除了以上四种主要的分类方法，凹版印刷机还可以按传动方式分为机械传动凹版印刷机、电子轴传动凹版印刷机；按照放卷和收卷结构的不同分为单放单收凹版印刷机和双放双收凹版印刷机；按照连线配置方式分为卷对卷凹版印刷机、卷对横切凹版印刷机和卷对模切凹版印刷机等。

二、凹印机的基本构成

单张纸凹版印刷机由输纸装置、输墨装置、印刷装置、收纸装置、干燥装置、传动装置及控制系统组成。而在卷筒纸凹印机中，对应的输纸装置和收纸装置变为卷筒料的收、放卷机构,以及与之配套的张力控制机构及裁切装置等。

1. 输纸装置

单张纸凹印机与平版印刷机一样,由分纸机构、输送装置、定位装置及递纸机构组成。纸张由分纸头分离,经过输纸板输送到前规定位,侧规定位后再由递纸牙咬纸递送给压印滚筒咬纸牙带其完成印刷。

卷筒纸凹印机的输纸装置由卷料支承装置、自动接纸装置、张力控制装置及自动纠偏装置等组成。

2. 输墨装置

凹印机的输墨装置由墨斗和刮墨刀组成。印刷时印刷滚筒或传墨辊浸入墨斗中,然后由刮墨刀刮去印版上空白部分的油墨,通过印版滚筒与压印滚筒的对滚,使图文部分的油墨转移到承印物上。

3. 印刷装置

凹印机的印刷装置由印版滚筒、压印滚筒、离合压机构和调压机构组成。由于印版制作在印版滚筒表面上,因此,只要印刷图文发生变化,就需要更换印版滚筒。由于压印滚筒与印版滚筒接触对滚完成印刷,故在压印滚筒的筒体上包覆橡皮布,以便产生合适的印刷压力。

4. 收纸装置

单张纸凹印机的收纸装置主要有收纸传送装置、减速装置、防污平整装置、收纸台、齐纸机构、收纸台升降装置及副收纸台装置组成。而卷筒纸凹印机的收纸装置主要由复卷装置(或裁切装置)、张力控制装置等组成。

5. 干燥装置

凹版印刷所使用的油墨为液体的挥发干燥型油墨,而凹版印刷墨层较厚,油墨干燥速度慢,因此,在凹印机上需配置相应的干燥装置。

单张纸凹印机印刷完成的印品在收纸路线上经过热风箱、红外灯箱的干燥,同时在进入收纸台前可进行紫外线或红外线干燥。

机组式卷筒纸凹印机的每个印刷单元都有一组加热干燥装置,并有热风循环利用辅助装置,在每个进风管道和排风管道上都有一个风量调节器,用于调节空气风量;卫星式卷筒纸凹印机的干燥系统分为色间干燥和过桥集中干燥两部分。每一色组的印刷单元都配备有色间干燥装置,它通常是由一组远红外干燥装置和一个吹风喷嘴组成。如四色印刷的印品经过色间干燥装置后,最后进入到过桥集中干燥装置进行最后的干燥处理。

三、机组式卷筒料凹版印刷机

机组式卷筒料凹版印刷机是现代最常采用的一种凹印机型式,该种凹印机结构复杂,但套色精准、使用方便,多应用于高档包装印刷品的生产。其主要结构包括:放卷装置、放卷裁切装置、放卷牵引装置、印刷装置、干燥装置、收卷牵引装置、收卷裁切装置、收卷装置、主传动装置、走料系统、张力控制系统、光电套准系统、自动纠偏系统、气路系统、冷却系统、供墨系统等,如图4-6所示。图4-7所示为机组式卷筒料凹印机的三维结构图。由于机组式卷筒料凹版印刷机应用最为广泛,因此,本书以其为主要对象进行论述。

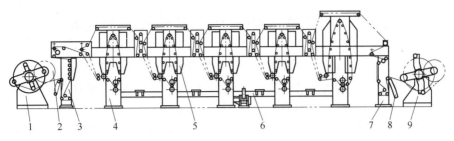

图 4-6　机组式卷筒料凹印机

1—放卷装置　2—放卷裁切装置　3—放卷牵引装置　4—印刷装置　5—干燥装置　6—传动装置

7—收卷牵引装置　8—收卷裁切装置　9—收卷装置

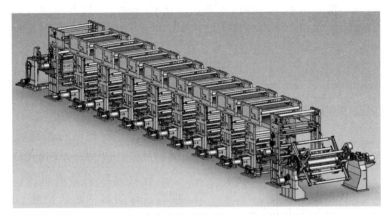

图 4-7　机组式卷筒纸凹印机的三维立体结构图

凹版印刷机的传动系统由放卷传动、收卷传动、放卷牵引传动、收卷牵引传动和主传动组成。主传动装置担负着各印刷机组的动力驱动，如图 4-8 所示。

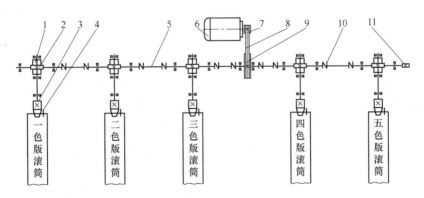

图 4-8　主传动示意

1、2—圆锥齿轮　3—滚筒轴　4—印版滚筒　5—主传动轴　6—主电机　7—电机带轮

8—传动带　9—大带轮　10—联轴器　11—脉冲发生器

主电机 6 通过电机带轮 7、传动带 8 和大带轮 9 将动力传递到主传动轴 5 上，再通过圆锥齿轮将动力传向各印刷单元，主电机多采用三相异步变频调速电机。因印刷单元间传递动力距离较长，卷筒料凹印机主传动轴，多使用重量轻而抗扭强度高的特制空心轴结构。

第二节　机组式卷筒料凹印机的放、收卷单元

固定料卷并向凹印机印刷单元输送连续张紧料膜的机构就是放卷机构。料卷固定在放卷机构上，料膜穿过整个凹印机所有机组。印刷完成后，料膜在收卷机构上进行复卷回收，再次形成料卷。因此，放、收卷机构的主要作用是牵引卷材及张力调节等。放、收卷机构通常由放、收卷轴、张力控制装置、轴向调节装置等组成。放卷机构和收卷机构结构类似。

在凹版印刷过程中，承印材料要以一定的速度和张力进入印刷单元，才能保证印刷质量的套印精度。印刷过程中，印刷速度可以调节，但承印材料的张力应保持恒定。但在实际印刷过程中，随着走纸过程的推进，卷材直径不断变化，从而导致转速改变；或者由于卷材自身的偏心、质量分布不均匀等而导致运动状态的改变，这些不可抗拒的原因使得承印材料所受张力在不断变化。为保持张力的恒定，凹版印刷机上均匀配备收、放卷及张力控制单元。

一、放、收卷机构

放卷机构的作用是将卷材展开，稳定并连续地将承印材料输送到印刷部件。在达到印刷部件前，要控制承印材料速度、张力和横向位置，以满足印刷的需要。

放卷机构主要由机架、放料牵引辊、摆辊、导向辊、裁切装置、纠偏装置及回转支架等组成，如图 4-9 所示。

为方便卷材的装卸和提升，放卷机构中均有回转支架。根据安装卷材的数目，回转支架分为单臂支架、双臂支架及三臂支架，如图 4-10 所示。

1. 单工位放卷机构

卷筒纸凹印机的料卷的直径一般比较大（薄膜直径一般为 800mm、650mm；纸张直径一般为 1200mm、1600mm），因此料卷的质量较重。现采用的放、收卷机构常用外置式装置，操作方便，但占地较大。放、收卷机构按照收卷方式的不同可以分为单工位放、收卷机构和双工位放、收卷机构。图 4-11 所示为单工位式放卷机构简图。其中左图为放卷机构装卷完成后的状态，右图为放卷机构装卷准备状态。

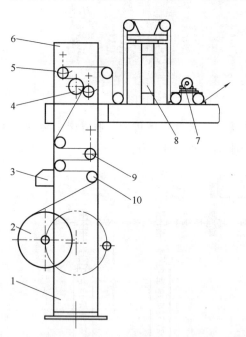

图 4-9　放卷机构

1—机架　2—放料装置　3—裁切装置　4—放料牵引装置
5、9—摆辊装置　6—牵引上墙板　7—张力传感辊
8—纠偏装置　10—导向辊

2. 双工位收卷机构

单工位收卷机构只有一个收纸杆轴，料膜收完以后需要停机把纸卷卸下，才能重新进行收卷。因此，单工位收卷机构影响机器的正常使用效率，现在普遍采用双工位收卷机

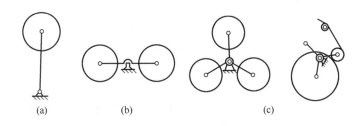

图 4-10　回转支架

（a）单臂　（b）双臂　（c）三臂

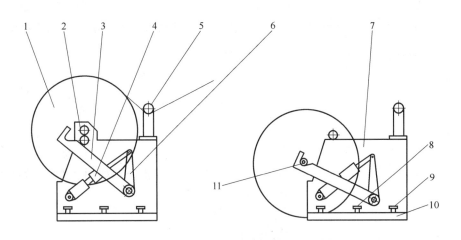

图 4-11　放卷机构简图

1—纸卷　2—压盖　3—装卸臂　4—气缸　5—导向辊　6—摆臂　7—机架　8—膨胀螺钉组

9—调整螺栓组　10—底座　11—气胀轴

构。双工位收卷机构原理图和三维立体图如图 4-12 所示。

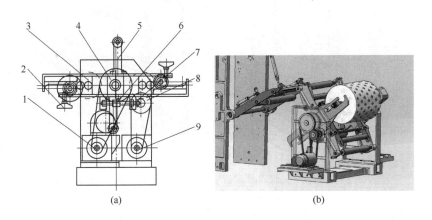

图 4-12　双工位收卷机构

（a）双工位收卷机构原理图　（b）三维立体图

1—回转臂驱动电机　2—手动纠偏装置　3—操作面回转臂　4—带轮　5—收卷压紧装置

6—蜗轮蜗杆副　7—锥齿轮副　8—带轮　9—电机

二、纠偏装置

因为料膜在经历印刷以后可能会发生走偏的情况，所以收卷机构除了具有收卷功能以外，还要具有纠偏装置，这样才能保证收取的料卷整齐平坦便于运输。纠偏装置的结构简图如图 4-13 所示。

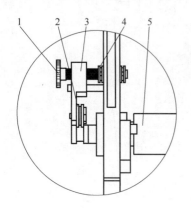

料卷固定在 5 气胀轴上，气胀轴在电机的驱动下转动从而带动料卷收卷。调节纠偏时，手动调节 1 手轮，螺杆 4 就会带动调节板 3 发生运动，调节板 3 的下端连接槽形凸轮，在凸轮的作用下带动气胀轴 5 发生左右运动，完成纠偏操作。但是，这种纠偏装置只能用于小范围的纠偏操作，对于较大范围的偏差还要通过调节机器滚筒的位置进行操作。

图 4-13　纠偏装置

1—手轮　2—轴承　3—调节板
4—螺杆　5—气胀轴

三、牵 引 装 置

对于卷筒纸凹印机而言，料膜张力的作用很大。如果张力过大就有可能拉断承印物；如果张力过小，则可能出现褶皱和套印不准等问题。收放卷机构牵引装置的主要功能是控制纸卷的张力。如图 4-14 为收放卷机构牵引装置的三维立体图。

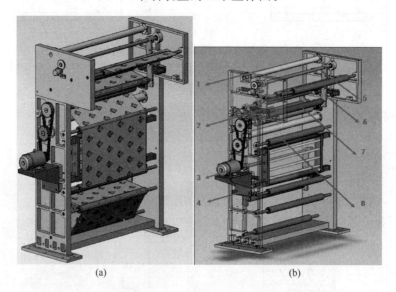

(a)　　　　　　　　　　　　(b)

图 4-14　收放卷机构牵引装置的三维立体图

(a) 料膜走向图　(b) 立体分解图

1—挡撑杆　2—机架　3—电机　4—灯箱　5—摆臂机构　6—限位挡板　7—牵引杆　8—导向辊组

由图中可以看出，料膜在牵引机构中经过导向辊组后进行多次转向。一组牵引杆通常由一个牵引钢辊和一个牵引胶辊组成，二者紧密相靠，料膜从其中间穿过。在该装置中，电机 3 接受控制端指令通过链条传动，带动牵引杆 7 转动。在整个系统中，只有牵引杆是主动杆，其他都是从动机构。牵引杆的转速可以控制穿过其表面的料膜的运动速度，进而达到牵引的目的。灯箱4是印刷过程中的频闪光源，当料膜从其表面穿过，操作人员站在灯箱的前面可以很清楚地检查印刷质量。

四、裁切装置

为实现不停机接料，需要裁切装置将料带裁切后与新料卷料带粘结到一起。根据交接过程中机器速度是否改变，不停机交接分为不减速交接和减速交接两种形式。目前，多数凹印机采用不停机交接，料带交接过程中机器速度保持不变，即采用"不停机、不减速"的交接方式。还有一些凹印机，在交接纸时先将机器速度降低到一定范围内，在交接纸完成后再恢复到先前的工作速度，即采用"不停机、减速"的交接纸方式。后一种方式可简化系统结构、降低交接过程对张力系统的影响、保持较好的套准性。

根据新旧料带之间连接方式的不同，不停机交接分为对接式和搭接式两种形式。搭接是指新料带和旧料带的接头有一定长度的叠加，两者之间靠双面胶带粘接。采用这种连接方式时，新旧料带接头处的厚度有一定增加。搭接式是目前最常见的一种料带连接方式，适合于所有薄膜、薄纸（软包装、装饰、水松纸等）和厚度不大的卡纸等。对于厚度在一定范围以上（约 $250g/m^2$）的纸板，由于搭接厚度会影响到印刷副压力，产生机器振动、压印滚筒受损等故障，因此，最好采用对接方式。对接方式新旧料带没有重叠，采用"头对头"的胶带连接方式。料带前沿须做特殊准备方可达到零间隙对接，但通常是大约有 $2\sim3mm$ 的间隙。在要求厚薄纸都能印刷的凹印机上，通常都安装有搭接和高速对接两种装置。

根据裁切方式的不同，搭接又分为摆臂式搭接和直切式搭接，对接分为滚筒式对接和静止式对接。图 4-15 所示为摆臂式搭接裁切装置。

当印刷卷材的直径小到规定的直径限度时，启动换卷。首先回转臂 2 转到上卷位置，即图示机架的左侧。在回转架上装好新料卷 3，并在料卷头部贴好双面胶带，做好接料准备，如图 4-16 所示。启动接料时，回转臂 2 顺时针转动，回转主轴上的凸轮作用于行程开关后，切料大臂 8 摆到接料位置，回转臂 2 继续旋转。当料卷边沿挡住裁切大臂 8 上的光电眼时，回转臂 2 停止旋转，使料卷 3 处于图 4-15 所示的位置，即料卷 3 处于接料位置。然后，新料卷从静止状态开始运转，当新料卷 3 表面线速度与承印物速度相同时，接纸压辊 9 压下，新旧卷材

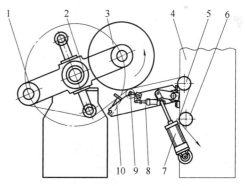

图 4-15　摆臂式搭接裁切装置

1—旧料卷　2—回转臂　3—新料卷　4—放卷牵引墙板
5、6—导向辊　7—气缸　8—裁切大臂　9—接纸压辊
10—裁切刀

实现粘接。之后，切刀动作，切断旧的承印物，新料卷开始工作，裁切大臂收回，完成自动接料动作。

图 4-17 所示为自动换卷过程中卷径达到极限、新卷转到预定位置、新卷加速、等速下粘接裁切，直到新卷运行的整个自动换卷的过程。

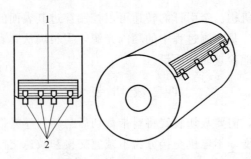

图 4-16　双面胶带粘贴示意

1—双面胶带　2—防松卷胶带

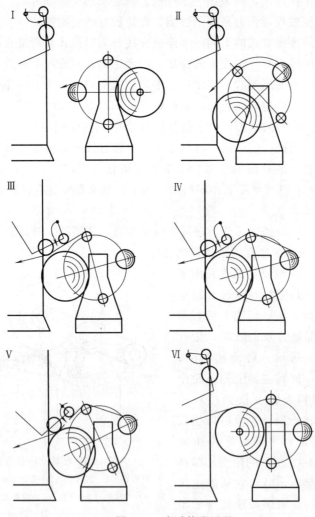

图 4-17　自动换卷过程

第三节　凹印机印刷单元

印刷单元是凹印机的核心组成部分,印刷速度的高低、印品质量的好坏都与其有着直接的关系。凹印机的印刷单元主要由输墨机构、印版滚筒、压印滚筒、离合压装置等组成。

印刷单元是凹版印刷机的重要组成部分，直接决定了机器的性能和印刷质量。凹印机的印刷单元一般包括压印机构、印版机构、纵向套准机构、输墨机构、干燥箱、冷却辊等。图 4-18 所示为机组式凹印机的印刷单元结构。

如图所示，进入印刷过程时，墨斗升降装置 13 带动供墨装置 12 上升，对印版滚筒 11 进行着墨；空白部分多余的油墨由刮墨装置 2 刮除。料膜进入机组以后经过压印装置 3 进行着墨印刷，然后进入干燥箱 9 进行干燥。在导向辊 10 的作用下，料膜经冷却辊 6 进行冷却，然后进入下一单元进行印刷或者进入收卷机构进行收卷收料。

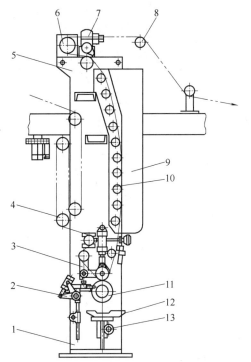

图 4-18 凹版印刷机印刷单元结构

1—机架 2—刮墨装置 3—压印装置 4—调版机构
5—墙板 6—冷却辊 7—冷风机 8、10—导向辊
9—干燥箱 11—印版滚筒 12—供墨装置
13—墨斗升降装置

一、输墨机构

凹版印刷机的输墨机构主要包括供墨机构和刮墨机构两个部分。按照供墨方式的不同，供墨机构可以分为直接供墨机构、间接供墨机构和喷淋式供墨机构三种。

传统的凹印机普遍采用的是直接供墨机构，如图 4-19 所示。印版滚筒的 1/3 部分浸泡在墨槽中，印版滚筒在电机的驱动下发生转动，墨槽中的油墨直接传递到印版滚筒的表面，通过刮墨机构刮除多余的油墨。

间接供墨是由墨斗辊进行着墨的方式。墨斗辊由橡皮布或牛皮胶辊制成。墨斗辊半浸在墨槽中并进行旋转，其表面沾上的油墨转到上部位置时与印版滚筒接触进行着墨，如图 4-20 所示。

随着凹印机速度的增加，以上两种供墨方式已经很难满足高速化的需要，为此现代高速凹印机普遍采用的是喷淋式供墨装置，其结构简图如图 4-21 所示。如图所示油墨贮存在一个封闭的墨槽中，吸墨装置 4 浸泡在油墨中，它把油墨从墨槽中吸出后经过一条输墨管道输送到喷墨嘴 1 处，喷墨嘴 1 把油墨准确地喷淋到印版滚筒的表面。多余的油墨经过刮墨刀 3 的作用刮除重新流回墨槽中。

在直接供墨方式中，墨斗位置的调节由墨斗升降机构实现，如图 4-22 所示。墨斗的升降由一对蜗轮副和一对齿轮齿条副的啮合实现。支撑座 4 安装在撑挡 5 上，手轮 7 及蜗轮副 3 通过带座轴承固定在操作面墙板 6 上，转动手轮 7 使与蜗轮同轴的齿轮转动，齿轮通过安装在支撑座 4 中的齿条推动墨斗 2 上升，能够方便地将墨斗调整到恰当位置。当盛满油墨的墨斗上升至一定高度时，印版滚筒浸泡在油墨之中，印版滚筒在不断的旋转中实

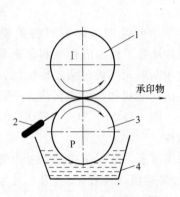

图 4-19　直接供墨

1—压印滚筒　2—刮墨机构　3—印版滚筒　4—墨槽

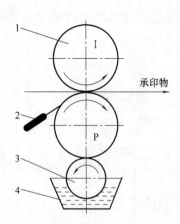

图 4-20　间接供墨

1—压印滚筒　2—刮墨机构　3—墨斗辊　4—墨槽

现油墨的传递。

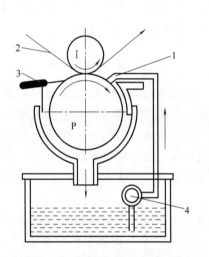

图 4-21　喷淋式供墨装置

1—喷墨嘴　2—压印滚筒

3—刮墨刀　4—吸墨装置

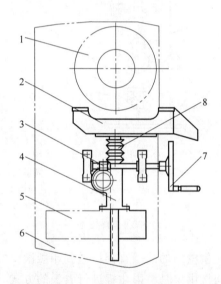

图 4-22　墨斗升降机构

1—印版滚筒　2—墨斗　3—蜗轮副　4—支撑座

5—撑挡　6—墙板　7—手轮　8—防护套

　　墨斗通常由墨泵站实现供墨。墨泵站采用隔膜泵的较多，如图 4-23 所示。它主要由气动隔膜泵 3 和墨桶 4 组成。

　　气动隔膜泵利用压缩空气作为动力源，是一种气动式正向位移的自吸泵。当隔膜片向传动机构一边运动时，泵缸内为负压，从墨桶 4 吸入油墨，当隔膜片向另一边运动时，油墨经由出墨管 1 输送到墨斗中。

二、压 印 机 构

　　压印机构是凹印机完成印刷的主要部分，按照压印方式的不同，凹印机压印机构一般分成两种形式：直压式和摆臂式。

1. 直压式压印机构

直压式压印机构一般有三种：背压辊直压式压印机构、三辊直压式压印机构和不变料长直压式压印机构。如图 4-24 所示为典型的背压辊直压式压印机构，这种机构又称为顶压式滚筒机构。

该机构主要包括齿轮齿条、背压辊、压印辊、直线导轨、气缸、电磁阀、减压阀等，通常用在压印力大、幅面较宽的凹印机上，制造成本较高。由于该机构的压印力大，且压合点位于印版滚筒的中心线上，所以压印滚筒与印版滚筒之间产生的是纯滚动的摩擦阻力，对承印材料不会产生太大影

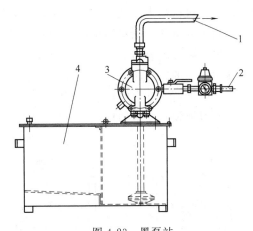

图 4-23　墨泵站
1—出墨管　2—进气管　3—气动隔膜泵　4—墨桶

响。为了同步，该机构采用了齿轮齿条，但是如果传动侧和操作侧齿轮和齿条的侧隙调整不好，不但起不到同步的作用，而且会导致两侧的压印力不一致，造成横向套印不准、两侧着色不一致、承印材料打皱等问题，从而影响印刷效果。

2. 摆臂式压印机构

摆臂式压印机构的结构如图 4-25 所示，其主要由一组摆臂、压印辊、压印气缸等组成，摆臂的一端装有一个导向辊，另一端装有压印胶辊，整体围绕摆臂芯轴旋转来实现离合压功能。该压印机构在离合压时，料长变化较小，因此在离压再合压时，承印材料的拉伸较小，有利于印刷，且料长变化与压印胶辊等装置的直径有关。

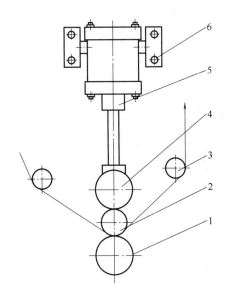

图 4-24　背压辊直压式压印机构
1—印版滚筒　2—压印辊　3—导向辊
4—背压辊　5—压印气缸　6—固定螺栓

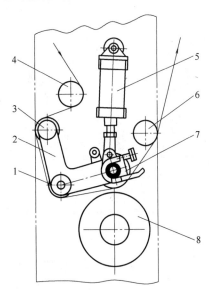

图 4-25　摆臂式压印机构
1—摆臂芯轴　2—摆臂　3—臂端导向辊
4—导向辊　5—压印气缸　6—导向辊
7—压印辊　8—印版滚筒

该压印机构最大的缺点就是由于印版滚筒直径不同，压合点往往不在印版滚筒的中心线上。当压合点在印版滚筒中心线的左侧时，压印力在印版滚筒的切线方向会产生一个阻碍印版滚筒旋转的分力，因此需要较大的功率才能驱动印版滚筒的旋转。而当压合点在印版滚筒中心线的右侧时，压印力在印版滚筒的切线方向产生的分力则是促进印版滚筒旋转的力。这两种情况都会使承印材料出现打皱问题。

压印滚筒及其支承结构如图 4-26 所示。

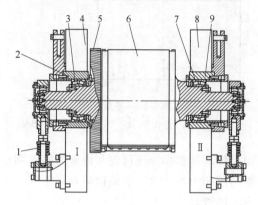

图 4-26　压印滚筒及其支承

1—减振弹簧　2、9—偏心轴承套　3—调心轴承
4、8—机架　5—传动齿轮　6—压印滚筒
7—调心轴承

三、印版滚筒及调版机构

印版滚筒两端的调心滚子轴承外安装有固定的轴承套，从结构上只允许滚筒进行周向旋转，不能进行滚筒中心位置的轴向和径向调节。其结构如图 4-27 所示。

图 4-28 所示为手动横向调版机构。手动横向调版机构的箱体 2 安装在墙板 7 上，转动手轮 1 时滚珠丝杠 5 转动，使得螺母 3 移动。螺母 3 推动滑套 4 在箱体 2 内滑动。9 是导向键，锥顶轴 8 和滑套 4 通过轴承连接，滑套 4 移动时锥顶轴 8 也移动，锥顶轴 8 移动的行程通过导向键 9 处的标尺反映出来。手柄 6 用于锁紧手轮 1。

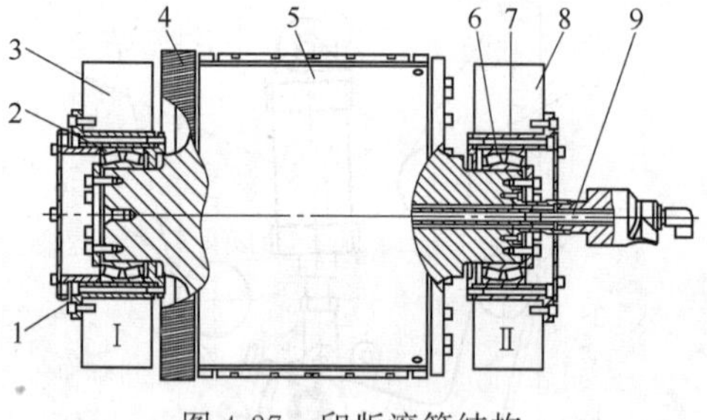

图 4-27　印版滚筒结构

1、7—轴承套　2、6—调心轴承　3、8—机架
4—传动齿轮　5—印版滚筒体　9—滚筒加热管

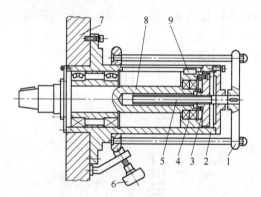

图 4-28　手动横向调版机构

1—手轮　2—箱体　3—螺母　4—滑套　5—滚珠丝杠
6—手柄　7—墙板　8—锥顶轴　9—导向键

第四节　凹印机的干燥冷却单元

凹版印刷具有印品色差小、满版实地印刷以及印金效果好，所得印品无接缝，承印材料适用范围广，适用于长版印刷等优点。现在机组式凹版印刷机印速已经高达 300m/min，凹版的凹入深度一般为 $25\sim35\mu m$，最深可达 $40\mu m$。凹印工艺要求在进行印刷之前，油墨具有良好的流动性，以便迅速涂布于整个版面；在印刷之后，油墨能够迅速干燥

结膜，附着在承印材料的表面，形成图像，墨膜厚度一般在 $9\sim20\mu m$。为了适应凹印机高速连续印刷的特点和对油墨能在承印物上迅速干燥的要求，凹版印刷机需要借助干燥系统，将油墨中的溶剂彻底挥发出来，并利用烘干装置将生成的带有毒性的废气排出。作为整机最大耗能单元，凹版印刷机热风干燥系统是产生有害、有毒气体成分的主要控制装置，其性能决定凹版印刷机的环保性、能耗大小，并影响印刷速度、噪声及机器振动等重要指标。

一、凹印机干燥单元结构

高速凹印机干燥系统使用对流换热模式，为了保证印品品质，常使用大量低温热风。在高速凹印机上要严格调控热风温度，而对热风温度的调控主要体现在对热源的调控。干燥热源主要有电、蒸汽、导热油。要根据不同的需要选择合适的热源。

目前凹印中应用最广泛的干燥方式为热风对流型干燥。图 4-29 所示为热风对流干燥系统。它主要由加热装置（热交换器）、送风装置（进风风机）、干燥箱、排风装置（排风风机）以及循环管道（风道）组成。加热装置的作用是把室温气体加热到印品干燥所需要的温度，给印品干燥时提供持续、稳定的热源；送风装置作用是给加热之后的

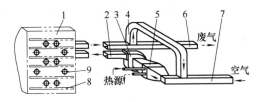

图 4-29 热风对流干燥装置
1—干燥箱 2、7—进风管 3—风机 4、9—回风管
5—换热器 6—抽风管 8—出风口

热风一定的速度，使其输送到干燥箱中；干燥箱的作用是将具有一定温度、速度的热风通过风嘴输送到印品表面，使印品干燥；排风装置的作用是把对印品干燥之后的热风排出干燥箱，以达到将废气二次利用或者排入大气的目的；循环管道的作用是对干燥热风进行输送。

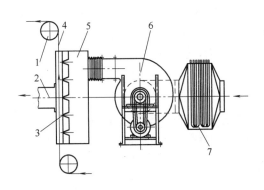

图 4-30 悬挂式热风干燥装置
1—导纸辊 2—排风道 3—风嘴 4—承印材料
5—烘箱 6—风机 7—加热管

图 4-30 所示为悬挂式热风干燥装置。干燥工作启动时，首先新鲜空气经由进风管、连接风管进入加热器 7，由加热管 7 将空气加热，通过风机 6 将加热的空气吹到烘箱 5 中，然后由风嘴 3 将加热后的空气吹送到承印材料 4 表面，对干燥箱内的承印物进行干燥，最后由排风道 2 排出。其中一部分热风直接排入大气，而另一部分热风再次回到进风管，与新鲜空气混合后再次进入换热器，再次参与循环，达到节约能源的目的。

图 4-31 示出了干燥箱的三维整体模型，图 4-32 示出了在固定箱上的背面吹风结构，即吹风箱结构。

二、凹印油墨的干燥机理

凹版印刷工艺的印刷油墨主要由树脂、颜料和溶剂等成分组成。溶剂的主要成分为苯胺类化合物，具有一定的毒性。在印刷之后需要在极短时间内完成对印刷品的强迫干燥，

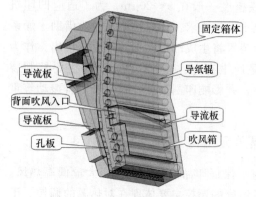

图 4-31 干燥箱的三维整体模型

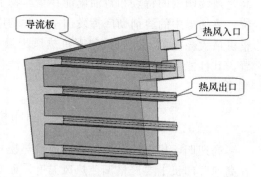

图 4-32 吹风箱结构

使油墨中的溶剂彻底挥发出来，由液态转变成气态排出，使得印刷品表面的溶剂残留量得到有效控制。其中溶剂的挥发需要消耗大量的热量，属于传热传质的物理化学过程。

油墨在烘箱内进行干燥时，高速热风直接冲击油墨表面，将热量传递到油墨中。在热风作用下，有机溶剂脱离树脂束缚挥发到空气中，热风将挥发物带走。在树脂之间的溶剂挥发之后，树脂分子又重新靠近，而发生物理交联反应，随着溶剂的不断挥发，树脂逐渐由溶胶转变为凝胶状态，最终转变为固态，从而完成溶剂挥发，最终使油墨完全干燥。热风流程短且边界层薄，干燥消耗的热量相对较少，其干燥能力比传导干燥要高出几倍甚至一个数量级，而且干燥效果具有速度快并能够降低印品表面残留溶剂的效果。油墨干燥的模型如图 4-33 所示。

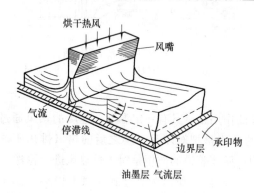

图 4-33 凹印油墨干燥模型

三、影响油墨干燥的因素

由油墨干燥机理得出影响油墨干燥的因素主要包括溶剂的挥发速率、风速、温度等。

（1）溶剂挥发率 每分钟内每平方厘米面积上溶剂挥发的毫克数。

$$E_\tau = K \frac{P_{25} \times M}{d_{25}} \tag{4-1}$$

式中 E_τ——溶剂挥发率；

　　P_{25}——25℃溶剂的饱和蒸汽压；

　　d_{25}——25℃溶剂的密度；

　　M——溶剂的分子量；

　　K——常数，为 1.64。

（2）风速 当印品表面快速流动的热风经过油墨表面时，已经从油墨当中挥发出来的溶剂会被热风带走，从而使得局部空气中的溶剂浓度下降，而促进油墨连接料中尚未挥发的溶剂增大其挥发速度，从而达到完全干燥的目的。

（3）温度 温度对油墨干燥影响实质上就是温度的升高增加了连接料中溶剂分子的运动，使其更加容易离开油墨表面。较高的温度虽然对油墨的干燥有利，但是高温可能会导致承印材料变形，油墨变色等，因此，应该在保证干燥效果的前提下尽量使用较低的温度。

四、冷　却　辊

机组式凹版印刷机工作的过程中，需要对经过烘箱干燥后具有较高表面温度的料膜进行冷却。现阶段，凹版印刷机中主要有两种形式的冷却辊，最常用的一种是通过一端进水，一端出水的模式；另外一种是内胆式冷却辊，主要应用在特殊用途的凹版印刷机（如印钞凹版印刷机）和热淋膜机械中。

（1）传统一端进水一端出水式冷却辊 在普通的机组式凹版印刷机和淋膜机中普遍采用一端进水，一端出水的方式。其具体结构如图 4-34 所示。冷却辊筒体两端焊接法兰盘和支架之间通过轴承连接，其制造工艺简单，加工方便，密封效果较好。这种结构的冷却辊内部是一个大的腔体，从冷却辊的一端不断注入大量的已经冷却过的水，水流经较大的筒腔后通过另一端出水。但由于冷却辊内部含有大量的冷却用水造成冷却辊使用时整体质量较大，转动惯量较高，尤其在高速运转的情况下，筒体产生较大的振动，使得在升降速和启动的过程中筒体主机的随动性较差，容易划伤料膜；由于机械结构的影响，不可能具有较大的包角；冷却水大量集中到冷却辊筒体的下端，使得冷却辊表面温度不均，造成印刷品质量的降低；冷却水的不合理利用造成大量能源的浪费。

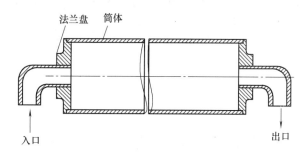

图 4-34　传统冷却辊工作原理简图

（2）内胆式冷却辊 在国内外一些特殊用途的凹印机、流延机和淋膜机上有采用内胆式冷却辊，内胆式冷却辊的机械结构如图 4-35 所示。

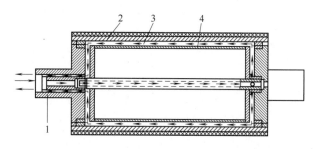

图 4-35　内胆式水冷却辊工作原理简图

1—双回水式旋转轴头　2—外胆　3—冷却水　4—内胆壁

内胆式冷却辊具有两个内腔，大腔被内胆分成两部分，内胆和外胆之间是一个具有狭窄缝隙的胆腔。冷却辊通过一个双回水式旋转轴头连接，在旋转轴头的内通道进水通过管道流入冷却辊内外胆之间的空腔，冷却水循环一周后通过旋转轴头的外通道流出。内胆式冷却辊具有如下优点：①冷却水利用效率较高，可以节省大量的冷却水和制冷的能量；②冷却辊在某一瞬时腔体内存有的水量较小，减少了腔体的整体重量即降低了旋转惯量，在增降速和开机过程中，冷却辊和主机之间具有较好的速度比，与主机随动性较好；③冷却水通过内腔循环，使得冷却水在整个系统内具有较高的覆盖率，所以辊体表面的温度较为均匀。

内胆式冷却辊具有很好的制冷效果和较高的冷却水利用率，但是其生产加工较为复杂，内胆质量较大。冷却辊除了对冷却性能的要求外，最主要的要求就是密封质量。由于内胆式冷却辊具有内胆和外胆，内外胆之间需要进行密封，而该种冷却辊内外胆之间、辊体和旋转轴头很难密封，会造成漏液蹭脏印品。

思 考 题

1. 说明凹版印刷机的分类及基本组成。
2. 凹版印刷机的输墨机构主要包括哪几部分？供墨方式有哪几种？分别叙述其特点。
3. 刮墨装置由哪几部分组成？影响刮墨质量的因素有哪些？
4. 印版滚筒的调版机构的作用是什么？对照印版滚筒结构图说明调节的原理。
5. 影响油墨干燥的因素有哪些？热风干燥装置的结构特点是什么？说明其干燥原理。
6. 凹版印刷机上冷却辊的作用是什么？常见的冷却辊有哪几种结构形式？

第五章 印刷机控制系统

印刷机的控制系统主要有给墨量控制系统、套准控制系统、张力控制系统（卷筒纸印刷机）、印刷质量控制系统等，本章主要介绍胶印机上配备的典型控制系统及卷筒纸印刷机的张力控制系统。

第一节 胶印机控制系统

目前国际印刷设备市场中，90%以上的多色胶印机都配有控制系统。如德国曼罗兰公司的 RCI 和 CCI 以及 EPS 系统、海德堡公司的 CPC 和 CP Tronic 系统、日本三菱公司的 APIS Ⅱ 系统、小森公司的 PSS 和 CARS 系统、秋山公司的 ACC 系统、意大利欧姆萨公司的 ACS 系统以及瑞典索尔纳公司的 SCC 系统等。这些控制系统的形式及名称虽然不同，但基本控制原理及功能大致相同，因此下面将以海德堡的 CPC 和 CP Tronic 系统为例，来分析胶印机控制系统的基本控制原理及功能。

20 世纪 80 年代，海德堡公司先后推出了 CPC（Computer Print Control）计算机印刷控制系统和用于监测、控制和诊断印刷机的全数字化电子系统——CP Tronic（CP 窗）印刷机中央控制系统。海德堡 CPC 系统经过不断改进发展，形成了包括 CPC1 给墨量和套准电子遥控装置、CPC2 印刷质量控制系统、CPC3 印版图像阅读器和 CPC4 自动套准控制装置的系列组件。1999 年，CP 窗衍生出了为因特网用户服务的 CP2000 系统。该系统将 CP 窗的全数字化整机遥控和 CPC1-04 的即时供墨、套准遥控系统整合于一体，不仅保留了 CP 窗独立于选定文字的图形显示系统，并为最终实现用户服务中心的远程遥控诊断奠定了技术基础。CPC 和 CP 窗的结合使用，大大提高了印刷机操作的简便性和可靠性，使得海德堡胶印机设计更加完善。CPC 系统如图 5-1 所示。

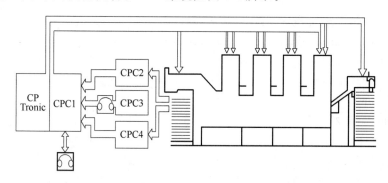

图 5-1 CPC 系统组成

一、给墨量和套准遥控装置 CPC1

1. 墨量控制的基本原理

胶印机墨量控制装置中墨量控制的基本思想是"墨量分区独立控制"，即将整个供墨区轴向等分为若干个小墨区，然后对每个小墨区进行独立控制传墨量，进而实现整个印刷区域的墨量差异化控制。墨量遥控装置要实现"墨量分区控制"，首先为每个小墨区添加"计量墨辊"，然后通过遥控微电机控制计量墨辊与墨斗辊的间隙，从而调节该墨区的出墨量。

墨量控制装置要实现精准的墨量控制，必须获得微电机控制数据的精准数据。在没有实现墨量数字化描述的情况下，操作员可通过观察印版来获得大概的墨量墨区分布情况，并采用手动方式输入每个墨区微电机的控制参数来控制墨量；在实现墨量数字化描述后，则将每个墨区的控制参数预先使用某种数据格式描述并存储起来，然后使用该数据对每个墨区进行预设。目前，数字化墨量数据可通过扫描印版或分析印前印张的低分辨率分色图像得到，其数据格式有印刷生产格式（Print Production Format，简称 PPF）或作业定义格式（Job Definition Format，简称 JDF）。下面，基于 PPF 的数据格式，通过分析印前印张的低分辨率分色图像，获得印刷机墨量预设数据的过程，从而理解数字化墨量预设的基本原理。

首先，墨量预设数据的计算要基于印前印张的低分辨率分色图像，PPF 则通过"预览图像结构体"存储了整个印张的低分辨率图像数据。如果使用的是标准的四色印刷，就有可能把图像存成一个合成的 CMYK 图像，这种情况下 CIP3PreviewImageComponents 的属性值为 4，图像中的像素数据 0 表示无墨，255 表示 100％的油墨。例程 1 示例了 PPF 如何存储一个合成的 CMYK 图像两个分色图的预览图像。如果使用的是多色印刷，要为每个分色版存储独立的图像，这种情况下，也可以存储二值的高分辨率图像。例程 2 示例了 PPF 如何存储一个多色印刷的预览图像。为了降低 PPF 文件的大小，图像数据通常采用一些 PostScript 中定义的压缩和编码技术。

例程 1：具有一个合成的 CMYK 图像两个分色图的预览图像

```
CIP3BeginPreviewImage
/CIP3PreviewImageWidth 2000 def
/CIP3PreviewImageHeight 1400 def
/CIP3PreviewImageBitsPerComp 8 def
/CIP3PreviewImageComponents 4 def
/CIP3PreviewImageMatrix [2000 0 0 -1400 0 1400] def
/CIP3PreviewImageResolution [ 50.8 50.8 ] def
/CIP3PreviewImageEncoding /ASCIIHexDecode def
/CIP3PreviewImageCompression /DCTDecode def
/CIP3PreviewImageFilterDict <<>> def
CIP3PreviewImage
...<image data>
CIP3EndPreviewImage
```

例程 1 描述了预览图像的宽为 2000 像素，高 1400 像素，每个像素用 8 位表示，这时图像中的像素数据 0 表示无墨，255 表示 100％的油墨；如果每个像素用 1 位表示，0 表示 100％的油墨，1 表示无墨。图像为合成图像，图像数据顺序为从左到右，从上到下。图像的分辨率为 50.8dpi。图像数据编码方式为 ASCIIHexDecode，压缩方式为 DCTDecode（JPEG）。这里省略了图像数据。

例程 2：具有两个分色图的预览图像

```
CIP3BeginPreviewImage
```

```
CIP3BeginSeparation
/CIP3PreviewImageWidth 2000 def
/CIP3PreviewImageHeight 1400 def
/CIP3PreviewImageBitsPerComp 8 def
/CIP3PreviewImageComponents 1 def
/CIP3PreviewImageMatrix [2000 0 0 1400 0 0] def
/CIP3PreviewImageResolution [ 50.8 50.8 ] def
/CIP3PreviewImageEncoding /ASCII85Decode def
/CIP3PreviewImageCompression /RunLengthDecode def
CIP3PreviewImage <... runlength compressed and ASCII85 encoded image data of first sepa-
ration ...>
CIP3EndSeparation
CIP3BeginSeparation
/CIP3PreviewImageWidth 2000 def
/CIP3PreviewImageHeight 1400 def
/CIP3PreviewImageBitsPerComp 8 def
/CIP3PreviewImageComponents 1 def
…….
CIP3EndSeparation
CIP3EndPreviewImage
```

例程 2 描述了含有两个分色版预览图，与例程 1 中描述的组合图不同的是，CIP3PreviewImageComponents 为 1，表示是单个的分色图片。此外，两个分色版预览图分别存放在一个"Separation"类型的结构体内。

具有预览图像数据后，传递曲线是计算墨量的基础，在 PPF 文件中被作为属性保存。有两种传递曲线：到胶片的传递曲线（CIP3 Transfer Film Curve Data）和到印版的传递曲线（CIP3 Transfer Plate Curve Data）。

例程 3：传递曲线

```
/CIP3TransferFilmCurveData [0.0  0.0  0.2  0.3  0.35  0.5  0.5  0.65  0.7  0.8  1.0
1.0] def
/CIP3TransferPlateCurveData [0.0  0.0  0.3  0.25  0.475  0.4  0.6  0.525  0.75  0.7
1.0  1.0 ] def
```

这里的数据都是成对的，第一个数据是原始数据，紧跟其后的是传递后的数据。我们把例程 3 中的这两组数据用表的形式表示出来就分别是表 5-1 和表 5-2 所示。到胶片的传递曲线数据用图的形式表示出来就是图 5-2。

表 5-1　胶片的传递曲线数据

输入	输出（胶片）
0	0
0.2	0.3
0.35	0.5
0.5	0.65
0.7	0.8
1.0	1.0

表 5-2　印版的传递曲线数据

输入	输出（印版）
0	0
0.3	0.25
0.475	0.4
0.6	0.525
0.75	0.7
1.0	1.0

假设从 PPF 预览图得到的图像像素值为 179，这个数据可以被解释为 70％的网点面积率（179/255 * 100＝70％）。根据胶片的传递曲线，胶片上的对应网点面积率为 80％，从胶片拷贝到印版上，根据印版的传递曲线，印版上得到的网点面积率可以由 F4 和 F5 点插值计算，大约为 74.2％。

为了计算分色文件每个墨区的平均覆盖率，将对应的预览图像分成若干列，每个列的宽度和印刷机上的墨区的宽度对应，如图 5-3 所示。从图 5-3 中可以看出，预览图像的宽度小于墨区的宽度，应用软件一般还会做进一步的处理。比如在图像的两端加入若干像素来进行匹配。

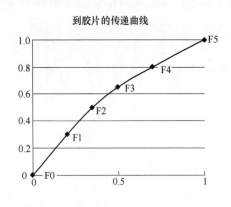

图 5-2 胶片的传递曲线

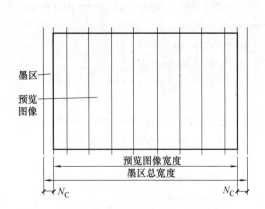

图 5-3 预览图的墨区分布

这样，通过上述的过程，就可以获取各分色版中各个墨区的墨量数据。将这些数据使用 PPF 数据描述并传递给印刷机，成为计量墨辊的微电机控制数据，从而实现数字化的墨量预设。随着 JDF 数据格式在全球范围内的印刷工业中越来越普及，JDF 数据格式已逐步替代了 PPF 数据格式，成为描述数据的主流数据格式。

墨量预设完成后，印刷机实际印刷时，真正转移到印版上的油墨量取决于印刷装置影响油墨流动性的多种因素。而油墨在动态转移的过程中，其决定因素是油墨从墨斗到墨辊组的转移、油墨膜的剥离过程、油墨在各个墨区邻近区域的流动以及横向分布的相位关系（油墨横向分布的起始点与印版滚筒间隙的关系）等。此外，润版液的使用还会使油墨产生水与油墨的乳化效应；油墨从着墨辊到印版、从印版到橡皮布、最后再从橡皮布到承印物上，整个过程同样受到材料性质、供墨装置的机械容差能力以及印刷压力的影响。由于墨量的墨区预设值仅仅基于油墨的需求量的理论预测，并没有考虑上述影响油墨转移的因素，因此，根据理论预测值确定供墨量也只能是印刷生产中实际供墨量的近似值。针对这个问题，人们开发了一些专门的自主学习与适配系统软件，它可根据供墨的预设值和生产过程中实际供墨量的差异进行学习，自行调节有关参数，使得供墨量的理论预测值更加接近合适的预设值。

2. 给墨量和套准遥控装置 CPC1

给墨量和套准遥控装置 CPC1 主要通过遥感控制对应的微电机来实现印版给墨量和印刷套准控制。到目前为止，CPC1 装置总共发展出了 4 个形式的装置，分别是 CPC1-01、CPC1-02、CPC1-03 和 CPC1-04。在这四种形式中，CPC1-01 是基本型装置，实现墨量和套准的遥控；CPC1-02 和 CPC1-03 则在基本型装置 CPC1-01 的基础上扩展出更加方便和易用的功能模块而形成的；CPC1-04 同样是在 CPC1-01 的基础上扩展出的新一代给墨量和套准遥控装置，但其扩展时使用了全新人机互通技术，实现了更加良好的人机交互过程。

（1）CPC1-01 为基本型控制装置，它通过按钮遥控给墨和套准，包括区域墨量、墨斗辊墨条宽度遥控装置及轴向、周向套准装置。

该供墨装置沿墨斗辊轴向安装了 32 个（对开印刷机，四开机则为 20 个）计量墨辊，把给墨区域分成 32 个小区域，每个计量墨辊的宽度为 32.5mm，计量墨辊中间大部分做成偏心柱。通过微电机转动计量墨辊，以改变计量墨辊和墨斗辊的间隙，便可调节该区域的出墨量。

控制台上设有控制微电机的 32 个墨区间隙调节按键（上排为增加间隙按键、下排为减少间隙按键），按键上方设有 32 套显示装置，每套显示装置由 16 个发光二极管组成，用于显示墨斗辊与计量辊之间的间隙，其间隙的调节范围在 0～0.52mm 范围内，每小格表示 0.1mm 间隙。

整个墨斗出墨量的粗调，是通过按键控制微电机来改变墨斗辊间歇回转角的大小来实现的。同时，轴端电位计将调整信号以数字的形式在显示屏上显示出来。显示的数值为最大回转角的百分数，调节精度为最大回转角的 1%。

印版滚筒轴向和周向套准可通过装置面板上对应的两个套准控制键分别遥控印版滚筒轴端的电机来实现。调节精度为 0.01mm，调节范围为 ±2mm。操作时，首先打开机器总开关，然后在控制台上用放大镜观察印样的十字套准线，确定各色的套准误差，再通过机组选择按键选择对应的机组，然后通过套准控制键进行调节。

（2）CPC1-02 控制装置采用光笔和按钮进行墨量的整体快速和局部遥控调节，有储存记忆功能。与 CPC1-01 相比，增加了墨膜厚度分布存储器、处理机、盒式磁带和光笔。使用光笔在墨量显示器上划过，就可以把当前相应区域的墨层厚度和墨区宽度以数据形式记录并存储到存储器当中，需要时只需调出就可直接使用；盒式磁带还可以存储 CPC3 印版测读装置所提供的预调数据。

（3）CPC1-03 控制装置是 CPC1 装置的又一种扩展形式，与 CPC1-02 相比，除了手动控制方式，还增加了随动控制和自动随动控制等多种控制方式。常与 CPC2 印刷质量控制装置结合使用，可以通过数据线与 CPC2 印刷质量控制装置相连。联用时将 CPC2 装置测得的印品上每个墨区的墨层厚度换算成给墨量调整值，并显示在控制台的随动显示器上，并将其与设定的数值进行比较，再根据偏差值进行校正，从而更快、更准确地达到合格印刷品的标准数值。

（4）CPC1-04 控制装置为海德堡印刷机另一种新型墨量及套准遥控系统，可完全取代原先的 CPC1-02 和 CPC1-03 装置，并兼容了其所有功能。这种新型的控制系统的信息显示采用与海德堡的 CP-tronic 相同的等离子显示器，操作和显示方式也与 CP-tronic 类似，因而使 CPC 与 CP-tronic 的系统联动控制更加简便。

CPC1-04 墨区遥控伺服电机和印版滚筒套准电机的控制也有了重大改进。印刷品墨量分布值确定后，CPC1-04 系统可同时控制 120 个墨区电机进行墨量控制，使整机上墨和水墨平衡所需的时间缩短 50% 以上；CPC1-04 系统整机套准遥控由一组单独控制键操作，程序更加合理。同时，CPC1-04 能同时控制更多的套准用伺服电机，从而减少了换版和印刷工作准备时间。此外，系统中的信息以图像形式表示，使印刷控制与故障诊断等操作更趋简捷，提高了工作效率。

与海德堡印版阅读器 CPC3-01 或海德堡印刷数据管理系统 CPC5-01 联用，CPC1-04 系统可以对比以前更多的印件进行墨量分布预调和数据存储。例如，在 CPC3-01 上 50 个不同印件的网点分布信息，通过磁卡，在 CPC1-04 系统上同时进行数据转换和分析，预设墨量分布数值，并分别储存起来，从而可以大大提高预设定工作的可靠性和效率。CPC1-04 系统还可以对海德堡公司印刷机的上光单元进行精确的套准控制。

二、印刷质量控制装置 CPC2

1. 印刷质量测量的基本原理

印刷过程中，色彩测量和控制是印刷质量控制的关键。根据色彩测量和控制，在印刷过程中不仅能够快速完成印刷作业准备工作，而且能随时进行必要的调整。色彩测量系统有离线测量和在线测量系统两大类。色彩测量有两种基本方法：密度测量法和色度测量法。从原理上讲，密度测量方法测量的是墨膜的光学密度，主要反映的是墨膜的厚度；色度测量法采用分光光度测量法，其测量结果更加符合人眼的色彩视觉特性。因此，色度测量法是要比密度测量法更有效的印刷质量测量与控制方法。在工程实践中，从自动化程度上分，有两种测量系统：手持扫描仪逐个扫描系统和整个印张的自动扫描系统；从测量对象分，可分为基于测控条的测控系统和基于图文的测控系统；按照测控频率分，还可分别"实时测控"和"抽样测控"。

（1）密度测量法　在印刷生产中，为有效地使用手持式密度仪，彩色控制条必须配置专门供密度计测量的测标。用手持式密度仪逐一测量一系列各个测标，并记录在记录系统中。

一张宽 100cm 的印张，通常设置 200 个测标。必须测量每个墨区和印刷单元的实地测标。这样，4 种印刷色彩，32 个墨区就共有 128 个读数，这还不包括印张上半色调读数、油墨叠印率等数据。为提高测量系统的自动化水平和测量速度，自 1977 年开始，人们就在开发能同时测量多个色彩控制条，并通过自动扫描方式进行测量的测量系统。图 5-4 是这种自动测量系统的最早期的示例。该系统测量杆安装在印刷控制台上，并能在若干位置沿专门设计的色彩控制条侧面移动，逐色同时测量每个墨区的色彩控制条。在 20 世纪 80 年代初期，有些系统采用密度扫描测量头自动扫描整个印张上的控制条，一次扫

图 5-4　测量杆式密度测量系统

图 5-5　扫描头式密度自动测量系统

描完成测量，如图 5-5 所示。扫描头式密度自动测量系统可将测控条交错排列在印刷图文中，而不需要连续排列（即所有测标排成一行）；测量时，扫描头可在 X 轴和 Y 轴方向移动，以达到程序预设的坐标位置，完成自动扫描。这种扫描头工作模式可以使承印物得到最大面积的应用，无需留有专门的区域来印刷测控条。

为更有效地使用这种扫描系统，人们还设计了多机作业模式。在该模式中，单个测量系统负责多台印刷机印张的测量，并将测量数据发送到相应的印刷机控制台上，控制台将其显示在显示屏上，操作人员可据此调节印刷机。为进一步提高操作效率，可根据色彩测量值与测量参考值（或样张已知值）之差，控制算法计算出印刷单元的供墨量调节值，并在机器运转过程中，根据该调节值迅速调节对应的供墨单元。

（2）色度测量法　色度测量系统首先将环形光照射到测标上，当移动测量透镜时，测标的反射光经光导元件或光纤传送到固定在测量装置的分光光度计上。分光光度计采用全息衍射光栅的衍射光进行测量。其测量过程为：全息衍射光栅接收测标的反射光，然后将反射光传送到二极管阵列，二极管阵列将其分解为可见光范围内的窄波段光。这样，油墨的反射光谱就按每 10nm 的波长间隔记录一个测量值的方式保存，共记录 36 个测量值。然后再根据此反射光谱测量值计算油墨的色度值。

为了控制印刷机的供墨量，必须将色度测量值转换为供墨单元的基本色（如青、品红、黄、黑）的设置值。也就是说，要根据经验参数创建专门的转换算法，这在某种程度上是因为测量及印刷所涉及的过程太复杂，印张与印张间的印刷结果也不完全一致造成的。当测量读数改变时，采用自适应、自学习转换系统就可追踪读数的变化，实现读数与印刷机设置值之间的连续变化。

（3）图文测量　在印刷生产过程中，可以采用印张上特定区域或全部区域的印刷图文数据，作为控制设置调节的依据。因此，自动化的图文测量系统需要前述的扫描头式自动测量系统。扫描头可在测量的 X/Y 坐标系中，沿 X 轴和 Y 轴方向移动到待测区的指定坐标。扫描头通常使用分光光度测量仪和图像扫描头（如高分辨率 CCD 扫描头）。这种测量系统对整个印张图像进行扫描时，不仅可检测某个印刷颜色，还能同时检测整个印刷图像，即采用合适的图像处理算法处理整个印刷图文上的脏点或瑕疵。因此，这种系统不仅可以对印刷控制要素进行传统的密度测量、分光光度测量，还可以检查图文自身的状况。

2. 印刷质量控制装置 CPC2

（1）CPC2 印刷质量控制装置是一种利用印刷质量控制条来确定印刷品质量标准的测量装置。印刷质量控制条可放置在印刷品的前口或拖梢处，也可以放置在两侧。CPC2 可以和多台印刷机或 CPC1-03 相连，测量值可输送至多达 7 台的 CPC1-03 控制台或 CPC 终端设备。若配备有打印终端，还可将资料进行打印；若与 CPC1-03 联机，则可以直接将测量数据传输到 CPC1-03 上进行控制，从而缩短了更换印刷作业所需要的时间，并减少了调机废品率。在实际印刷中，通过计算机把实际的光密度值转换成控制给墨量的输入数据，从而保证高度稳定的印刷质量。

该装置的同步测量头可在几秒钟内对印刷质量控制条的全部色阶进行扫描。在一张印刷品上可测量六种不同的颜色（实地色阶和加网色阶），然后确定色密度、网点增大、相对印刷反差、模糊和重影、叠印率、色调偏差和灰度值等特性参数值，并将这些数据与预调参考值进行比较。同时，可将对比偏差值在 CPC2 质量控制装置的显示屏上同时显示出来。操作人员可按"释放测量值"键将数据传送到 CPC1-03 控制台，由 CPC1-03 控制台根据校正计量墨辊的调定值和实测的光密度偏差计算和显示出建议的校正值，并加以校正。校正时可通过手动方式、随动方式或自动随动方式进行，所达到的标准值可以打印或者储存起来方便以后使用。

（2）CPC2-S 用色度测量代替原 CPC2 的密度测量。CPC2-S 能进行光谱测量和分光光度鉴定，且能够根据 CPC 测量条的中性灰、实地、网目和叠印区计算出 CPC1 装置的油墨控制值。印刷前可测量样张或原稿的测量条，在印刷过程中可测量印品的质量控制条，并可将从原稿所测量的 6 种颜色直接转为专色；它与 CPC1 结合使用能够最大限度接近样张或指导印刷，它也可以测量油墨的光密度。

（3）CPC21 利用分光光谱分析来替代凭人眼获得色彩感受的主观评价。该装置对PMS（PANTONE MATCHING SYSTEM，潘通色卡）和特殊内部色彩的升级极为有用。通过打样的参考数值与印张进行比较，可自动进行计算输墨的正确校正数值，然后机器进行自我校正。

（4）CPC22 有一个便携无绳式打印机，用于样张检测数据的记录，数据可以被打印在印张的任何部位。每个印件都可以根据其印刷特性得到取样的频率和检测内容。按照这个频率，印刷工人有规律地取出样张，在 CPC1-04 看稿台上对样张进行质量分析，并由CPC22 印刷检测系统对检测数据进行打印，记录到该样张上去。通过对样张的印刷数据的记录打印，印刷厂家便可以向他们的用户提供整套印刷质量控制的过程数据文件（包括所有样张），同时也达到了对印刷过程质量控制的目的。

CPC22 系统对印张的检测频率、内容及输出格式等均可以按用户要求在 CP 窗系统中进行预设。在印数接近采样点时指示灯会自动闪亮，提醒操作人员取样检查。样张取出后，CP 窗系统将当时的实际印刷数据传送给 CPC22 系统，只要按一下按钮，便能将这些数据打印记录在样张的任何区域上。印刷完成后，每个印件都获得一套完整、有数据记录的样张，为印刷质量的跟踪控制提供了可靠依据。

（5）CPC23 是世界首创的单张纸胶印机联机在线图像控制系统。该系统可实现对印刷图像的瑕疵区域、墨皮蹭脏或套印误差等进行精确检测。

CPC23 系统采用专门设计的高分辨率 CCD 监测扫描头对整个印张进行扫描采样，采样数据传送至专用计算机进行处理，并与预设值进行比较分析。该系统的数据采样精度高，以 70cm×100cm 的印张为例，CPC23 系统将此区域细分成 100 万个以上的像素单元，并对其进行逐个采样。印张经采样后在一个高分辨率的彩色显示屏上显示，任何印刷图像的错误信息会立即清晰地显示出来，印刷工人能及时准确地采取措施予以纠正。CPC23系统能监测到直径为 0.3mm 的细小印刷瑕疵，在 0.8mm×0.8mm 的区域中也可以检查到由于墨皮蹭脏而引起的局部密度偏差。当 CPC23 系统发现上述各种错误时，会立即对印刷工人进行提示。

为实现对印张的色彩控制，必须对其某些关键区域进行监察控制。通过 CPC23 的彩色显示屏，可以对高品质的包装外盒、商标和样本等印张进行分析，找出对印刷质量控制最重要的区域，并对其进行监控设定，CPC23 系统也可对其进行自动分析设定。海德堡胶印机的每个墨区有 16 个测量点可以定义。

当印刷机调定完成，得到满意的印张之后，CPC23 系统将对此后连续 16 个印张的测量数据进行自动采集运算，得出标准比较值，作为印刷图像监测和色彩控制的基准。CPC23 系统在印刷过程中可以测量出印张与基准的色差，并通过显示屏显示颜色变化的趋势。印刷操作员可据此采取相应的措施进行修正，从而保证在整个印刷过程中准确及时地校正色差，最大限度地保障印刷质量的稳定性，提高成品率。

（6）图文控制系统 CPC24 是一套基于在线分光光度计设备的印刷质量控制系统，如图 5-6 所示。该设备就像一个巨大的平板扫描仪，可以对整个印张上的任何部位进行数字化的测量，在短短的 30s 内，它可以把 1016mm 宽的印张分解成 160000 个 pix，并对每个像素进行分析，之后与参考数字进行核对，最后把修正参数反馈给印刷单元。它不仅能测量信号条，还可以测量整个印张。因此，节省了信号条印刷空间，实现了节约用纸。

图 5-6　CPC24 装置

三、印版图像测读装置 CPC3

CPC3 印版阅读装置是通过对曝光和涂胶后的印版图像进行阅读，自动获得给墨量的自动控制系统。印版图像阅读装置利用计算机控制的光电测量头扫描印版，测量出印版上各墨区的油墨覆盖率，并把测量值储存于盒式磁带或其他数据载体上或打印输出，然后输入印刷自动控制系统，遥控调整各墨区的供墨量。印刷前，CPC1 控制台调用存储的 CPC3 印版测定的网点覆盖率值，并将这些数据转换成计量墨辊和墨斗辊间隙的调节值，实现了墨量的自动预调，缩短了正式印刷前的预调时间。使用这套预调装置，可有效减少印刷准备时间和过版纸张的浪费。显然，CPC3 是印前和印刷平台之间的接口。

CPC3 装置扫描印版的基本原理是：与 CPC1 的墨区划分相对应，CPC3 也将图像分为若干个与墨区等宽的区域。测量时，单独测量并计算印版上每个区域内网点区域（亲墨区域）所占的百分比，从而确定给墨量。测量印版时，CPC3 装置将整个印张尺寸的图像部分划分为 704 个方格测量区，即宽度方向分为 32 个区，长度方向分为 22 个区。CPC3 装置中使用的光传感器结构如图 5-7 所示，每个光传感器的感测孔宽度（扫描宽度）为 CPC1 的墨区宽度值 32.5mm，即相当于计量墨辊有效宽度或海德堡印刷机墨斗上墨斗螺丝之间的距离。平行于印版长度方向的测量滑架配备有 22 个光传感器和 1 个附加校准传感器。测量时，测量滑架沿印版宽度方向步进，每步进一次，测量滑架上的传感器根据印版尺寸需要，可整体或部分同时工作，从而完成一个给墨区的测量；32 次步进后，即可完成最终全部 704 个测量区的油墨覆盖率测量。

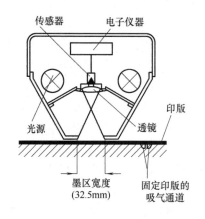

图 5-7　CPC3 扫描头光学结构示例

图 5-8 所示为印版图文阅读机 CPC3-1，它可实现对印版测读（扫描）。操作时，只需输入印版

尺寸即可。每次测量前，需要采用与预读印版相类似的校准条对传感器进行校正。在非图像部分校准至 0，在实地部分校准至 100%。为排除校准条与印版间的色差，采用测量滑架上配备的附加校准传感器来测量一个校准区，此校准区也可在印版上曝光，它可以自动校正颜色上存在的任何偏差。

图 5-8　CPC3-1 印版图文阅读机

CPC3 印版图像阅读装置数据的输出，可以采用盒式磁带或打印件的形式。当采用打印输出时，有两种不同类型的打印件。一种是有各种颜色和各墨区的百分率数值；另一种是以图表的方式表示单一颜色的区域百分率。该装置可测量和存储六个印版（颜色），印版颜色的顺序是黑色、青色、品红、黄色以及第五和第六种颜色，它们与阅读印版的次序无关。

CPC3 装置专为海德堡各种尺寸和规格的印版设计，它能够阅读所有标准商品型号的印版（包括多层金属平版）。印版表面质量的好坏直接影响测量的结果，如果印版的基本材料越好、涂层材料的涂胶越均匀，则测量结果就越准确。

在进行印刷前，只要将印版和 CPC3 装置记录的 CPC 盒式磁带给操作人员，把磁带内的数据读入墨量自动控制系统 CPC1（CPC1-02、CPC1-03 或 CPC1-04）装置的存储器中，按一下控制台上的按钮，就可把数据输给印刷机，并由 CPC1 装置的处理机把网点覆盖率数据换算成每个墨区的设定值。这样得到的墨膜厚度分布只需小量校正即可达到正式印刷的要求。因此，采用 CPC3 装置阅读印版，可以更快更准确地预调墨层厚度分布，大幅减少换版调机时的纸张浪费和时间的浪费。

四、套准控制装置 CPC4

1. 套准测量与控制的基本原理

在测量和控制墨量，即色彩控制的同时，还需要测量和控制色彩的套准，即将彩色分色控制转换为各个印刷单元的套准控制。印刷过程的偏差值可人工通过放大镜直接观察套准标记来获得套准数据，也可以通过一些具有简单视觉辅助（光学放大镜）功能的光电器件系统的套准测控仪器来进行可靠、迅速、准确地检查套准情况。这类套准测控仪一般有三类：手持式套准标记阅读仪、视频放大镜式套准测量系统、在线套准跟踪系统。

手持式套准标记阅读仪如图 5-9 所示。首先，利用该仪器测量印张上大小为 7mm×19mm 的套准测控标（如图 5-10 所示）；然后，仪器内部通过光学系统将测控标的影像传送到两个配置柱状透镜的高分辨率（精度为 $5\mu m$）的 CCD 线阵传感器；最后，仪器测量分析出套准测控标中线划与套准标记的距离。其中，一个 CCD 线阵传感器测量分析沿印刷方向的划线获得周向套准数据，另一个 CCD 线阵传感器测量分析垂直印刷方向的划线获得横向套准数据。完成测量后，测量系统可通过红外线通信等数据通信方式将套准测量结果传送给印刷机控制台的计算机，再由计算机解析后控制印版滚筒的调节。

视频放大镜式套准测量系统是另外一类套准测量系统。系统首先通过视频放大镜可以

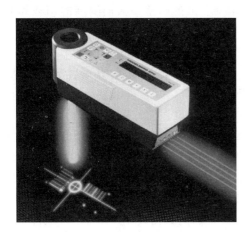

图 5-9　手持式套准标记阅读仪

图 5-10　套准测控标

将印刷张上的套准标记显示在监视器上；然后操作人员测量出套准偏差值并进行相应的套准调节；或通过适当图像处理程序，计算机自动测量采集到的套准标记图像，定量分析出套准所需要的任何调整，然后以联线或离线的方式来控制印刷机进行相应的套准调节。图5-11 所示为印刷控制台上配置彩色监视器的套准标记视频放大镜，图 5-12 所示为计算机自动分析套准情况的套准测量系统。

图 5-11　套准标记视频放大镜

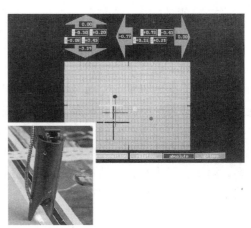

图 5-12　套准自动分析系统

在线套准跟踪系统是专门为套准控制设计的测量系统。其测量头垂直于印刷面，监控位于裁切线、装订线或隐藏在印刷图文中的套准测控标记。该系统能够可靠地捕捉到直径小于 1mm 的测量目标，并根据这些测量目标，达到需要的控制目的。图 5-13 示出了一个在线套准跟踪系统。印张两边空白处有两个套准传感器随时监控套准标记（如图 5-13（a）

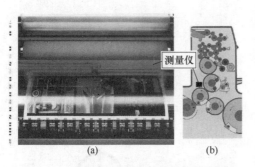

图 5-13 单张纸印刷机在线套准跟踪系统

所示），每个套准标记大小为 1mm×1.5mm，图中红色路径为测量仪数据传输路径，其探测速度与印刷机运转速度相同。传感器装在最后一个印刷单元的压印滚筒附近，如图 5-13（b）所示。其测量数据可直接用于控制圆周套准的调整、横向套准的调整和对角套准的调整。

2. 套准控制装置 CPC4

该装置是 CPC 的专用套准测读控制器，用于测量印张周边和横向套准偏差，自动进行套准调节，并且可以显示、存储和打印输出测定结果。CPC4 主要有 CPC41 和 CPC42 两个系列类型。

（1）套准标记阅读仪 CPC41 是一个无电缆的红外遥控装置，是一个专门用来测量套准的控制器。CPC4 装置不需电缆和插式连接器，操作简单、使用方便。CPC41 可以用来测量纵、横两个方向的套准误差值，并能显示和存储测定结果。测量时，把 CPC4 装置放在印品上，可测出十字线套准误差并进行记录，然后把 CPC4 装置位于 CPC1 控制台的控制板上方时，只需操作按钮就可以通过红外线将存储的数据传给 CPC1，再通过 CPC1 遥控装置驱动步进电机，把所有的印版滚筒调到计算的位置。

（2）自动套准控制装置 CPC42 是海德堡公司推出的全自动套准系统，如图 5-13 所示。在印刷准备工作期间或正式印刷过程中，该系统对每一印张的套准进行自动监测和控制，这样便大大地缩短了印刷准备工作时间，印刷工人则可以在生产过程中集中精力于质量管理。

与 CPC42 系统配套使用的是图 5-13（a）所示的新型印刷套准标记。这种新型标记的横向宽度仅为以前普通标记的一半，这样便增加了印张的有效印刷面积。CPC42 能对海德堡胶印机进行全自动套准检测和修正，其套准控制精度达±0.01mm。

CPC42 全自动套准控制系统的主要部件为安装在印刷机最后一个印刷单元上的测量杆，在测量杆上装有两个由伺服电机驱动的测量头，如图 5-13（b）所示。测量头的移位和定位则由 CPC1-04 控制。在实际印刷过程中，CPC42 的两个测量头通过光导纤维提供测量光源，对每个颜色的套准偏差进行测量，并将数据传送至 CPC1-04 系统，进行运算比较，然后再由 CPC1-04 系统对各印刷单元执行自动套准控制，对印版滚筒进行周向、横向或对角线自动调整，无需人工干预。对每个不同的印件，其套准参数一经确定后即可贮存，而不会因为纸张、油墨规格的变化或印刷速度的变化而影响套准精度，印刷工人可以集中精力去关心色彩控制或准备下一个印件的参数预设。

五、数据管理系统 CPC5

1. 计算机集成印刷系统

随着印刷品消费的个性化，小批量多品种的印品生产需求骤增，同时社会生活和经济活动节奏的加快使得印刷品交货期越来越短，传统印刷制造系统在降低制造成本、提高生产效率和高效化管理等方面面临巨大挑战，因此印刷制造系统在市场响应、生产运作、生产经营管理和生产经营水平等方面的柔性、敏捷、透明和高效成为急需解决的关键问题。

① 敏捷。在市场响应方面，印刷制造系统响应客户印刷品生产需求的时间要尽可能缩短，响应时间越短，则印刷制造系统相对于市场来说越敏捷。

② 柔性。在生产运作方面，印刷制造系统从一个作业转换到另一个作业的时间要尽可能缩短，转换时间越短，则印刷制造系统越柔性。

③ 透明。在生产经营管理方面，印刷制造系统在生产过程中，生产的管理者与操作者能够即时地获得印刷制造系统实时的生产情况，客户能够即时地获取其委托印品当前所处的生产状态。

④ 高效。在生产经营水平方面，印刷制造系统在印刷品生产管理过程中，要使物流、信息流和资金流在"透明"的生产系统中高效协调地运转，使得生产和管理成本降低，生产效率提高。

并且，传统印刷制造系统在计算机技术、网络技术和智能化技术等的影响下正发生着深刻变化，印刷制造系统的数字化、自动化和智能化已然成为印刷制造领域急需解决的问题。计算机集成印刷系统（Computer Integrated Print Production System，简称 CIPPS）这一概念正是在这种背景下提出来的。

CIPPS 是在 CIM 制造哲学指导下建立的印刷制造系统，作为印刷工程学科重要的发展方向之一，已成为业内共识。具体来说，CIPPS 是在提高单元制造设备数字化和智能化的基础上，通过网络技术将分散的印刷制造单元互联，并利用智能化技术及计算机软件使互联后的印刷制造系统、管理系统和人集成优化，形成一个高度集成的适用于小批量、多品种和交货期紧的柔性、敏捷、透明和高效的印刷制造系统。

当前，随着印刷工业中电子作业传票格式的出现，如 PJTF、PPF 或 JDF 等，印刷制造系统中的生产管理信息、商业管理信息和生产控制信息都可使用数据格式进行编码，使得印刷制造系统内设备通信接口标准化。在新的管理模式及 CIM 制造哲学的指导下，综合应用优化理论、信息技术，通过计算机网络及其分布式数据库有机地被"集成"起来，构成一个完整的有机系统，即"计算机集成印刷系统"，以达到企业的最高目标效益。"计算机集成印刷系统"是指数字化的"管理信息"和"生产控制信息"将印前处理、印刷和印后加工及过程控制与管理系统四部分集成为一个不可分割的数字化印刷制造系统，并控制数字化的"图文信息"在系统内完整、准确和高效地传递，并最终加工制作成印刷成品。"计算机集成印刷系统"相对于"数字化工作流程"，更加强调生产执行系统与企业管理系统的高度集成。

"计算机集成印刷系统"体现了 CIM 制造哲学中的"系统观点"和"信息观点"。

① 系统观点 一个印刷制造企业的全部生产经营活动，从订单管理、产品设计、工艺规划、印刷加工、售后服务到经营管理是一个不可分割的整体，要全面统一地加以考虑；

② 信息观点 整个印品加工过程实质上是一个信息的采集、传送和处理决策的过程，最终形成的印刷品可以看作是数据（控制信息和图文信息）的物质表现。

"计算机集成印刷系统"应最终实现物流、信息流、资金流的集成和优化运行，达到人（组织、管理）、经营和技术三要素的集成，以缩短企业的作业响应时间，提高产品质量、降低成本、改善服务，有益于环保，从而提高印刷企业的市场应变能力和竞争能力。目前市场上比较成熟的计算机集成印刷系统有海德堡的 Prinet 和曼罗兰 PECOM 系统等。

2. 数据管理系统 CPC5

数据管理系统 CPC5 的开发，使得印刷制造系统朝着"计算机集成印刷系统"方向发展。CPC5 是一个复杂的印刷企业管理系统，该系统是以印前、印刷和印后加工车间的数字化和网络化生产为基础的。该系统可根据印刷车间的数据库来实施电子化的操作和控制，通过网络连接生产设备以及传输机器预设和生产的控制参数。因此，CPC5 把数据控制与管理、印前、印刷和印后运作联系在一起，并对高效生产计划、自动机器预置以及有效生产数据的获取等信息的变化进行最佳化和自动化处理。它加快了作业准备时间和生产时间；同时加速了定单方面的信息数据。

CPC5 还可以与 CP 窗数据控制系统相联系，这样数据控制还可为印刷厂家、销售公司及机器制造厂家之间的遥控诊断服务提供依据。

六、自动监测和控制系统 CP Tronic

CP Tronic 是海德堡公司继 CPC 系统之后推出的一个模块化集中控制、监测和诊断系统。它不仅能代替传统的机电式控制系统，而且能处理和存储印刷机的操作及生产数据；控制和监测整个印刷机（包括输纸、收纸、输墨、润湿装置和印刷机组以及其他辅助设备。如纸张的定位、传递，吸气辊的速度，牙排叼纸牙的张开点，涂布液及墨量的控制和调节，润版过程的控制和监测等）；显示和查询有关数据和信息。

CP 窗数字化控制系统，采用 16 位模块化处理器，与印刷机中密集的传感器、制动器和电动机网络交互作用，提供信息和传递指令。

CP 窗具有预选择、运行状态（实际值）显示，故障诊断和维修信息指示等功能。

① 控制台上有 4 个监控层面，可根据所需要的功能进行选择，并可输入与作业有关的调定值，包括胶印机的速度、预定的印数、润湿液量和清洗时间等；

② 实际值的显示可使操作工人及时并清楚了解印刷生产过程中的实际运行状况以及印刷作业进度，必要时也可在印刷过程中直接进行人工调节，此时预选择功能不会受影响，在操作程序中会自动实现有关的调定值；

③ 当发生调定错误或意外故障时（如防护板打开、纸张定位不准等），CP 窗的监控系统会立即向控制台发出信号，并在显示器上准确指出故障类型和有关部位以及故障发生的原因；

④ 根据显示器上的检测项目、代码及各部件的状态，可以准确无误地确定维修部位和维修方式，以便进行迅速维修。

另外，CP 窗还能控制自动更换、夹紧印版装置，自动调节纸张输纸、收纸及定位部件，自动运送和更换纸堆。例如：

① Preset 预设输纸器（飞达）装置。在 CP 窗控制台输入纸张尺寸和厚度后，可完成全自动调节印张尺寸规格的预调操作。在输纸器上，预调装置会使吸气头、横向导纸板、压纸滚轮和侧规自动移向正确的位置。未对齐的纸张以及主给纸堆和备用纸堆的横向位置会自动进行校正。印刷压力和前规盖板的高度会自动调节，以配合新的纸张厚度。在收纸台，横向齐纸板、幅面尺寸限位器和吸气辊、喷粉器等辅助装置也会重新调整。

② Autoplate 自动装版装置。依靠压缩空气打开版夹，然后用强力弹簧关闭，把印版紧紧地固定就位。换版时，先以按钮指令使印版滚筒转到适当位置，然后把印版前缘装入

印版滚筒的套准系统中，按下按钮使前缘的版夹紧密闭合，印刷机使印版在受压状态下向前转动，直到把印版后缘压入滚筒后缘的版央内。整个操作是自动进行，不需要使用工具，也不需要重新拉紧。

③ Multiplate 复式换版装置。采用 CP 窗的按钮指令，可在 4min 内全自动更换六色速霸胶印机的所有印版。

④ Nonstop 不停机纸堆自动更换装置。

⑤ Autopile 全自动纸张输送装置。

CP 窗和 CPC 系统连接后，可实现印刷过程的全自动控制。

① 印刷作业准备。油墨预调、预选择、程控油墨量输入、给墨量与套准遥控、润湿液量输入、自动套准控制、印刷纸张尺寸和纸张厚度的输入、输纸与收纸机预调、印张传送控制等。

② 正式印刷过程控制。纸张输送及定位控制、自动套准控制、光谱彩色测定与灰色平衡、中心控制与诊断、整机监控等。

③ 更换作业控制。墨辊自动清洗、橡皮滚筒自动洗涤、滚筒压力遥控调节、输纸机与收纸机自动调节、定位部件自动调节、自动装版、以校样的测量条为基准值控制印品质量等。

④ 功能与维修诊断。故障诊断、自动集中润滑、预防性维修、可互换印刷电路板、电话维修服务等。

总之，CP Tronic 的研发，促进了海德堡胶印机实现全自动化印刷，保证了印刷过程的稳定性，提高了印品质量，降低了废品率，从而提高了印刷机的生产效率。

七、其他典型印刷机控制系统

1. 曼罗兰胶印机 RCI、CCI 和 PECOM 系统

（1）遥控调墨装置 RCI　曼罗兰公司所研制的 RCI 遥控调墨装置已作为 Roland 200、300、600、700、800、900 型胶印机的标准配件，主要由油墨计量装置和输墨遥控装置组成，可完成上墨区域的中心设定、墨辊的串动及旋转的设定。RCI 装置可通过中央控制台进行控制，油墨预调值是通过曼罗兰电子制版扫描仪 EPS 在制版时扫描后，将印版上的图像层次和信息存入盒式磁带，然后输入到 RCI 装置，再由控制台的电位计准确控制尼龙墨刀滑片位置，并通过发光二极管显示墨量值的大小。

（2）油墨调节系统 CCI　曼罗兰 CCI 全自动油墨调节系统是 Roland 700 型胶印机的一个附加装置，可以在油墨设定和生产中自动测量和控制油墨的密度。横扫描式密度计可以精确地迅速反映出墨色的微量变化，在印刷过程中可以自动测量画面的颜色控制条。

CCI 控制台是由油墨密度测量装置、键盘、彩色显示器、侧边和周边套准装置组合的遥控自动调节装置。操作者可通过功能键和显示器上的菜单选择完成操作和检测。CCI 系统有良好的文件管理功能和用户界面，通过分析运行过程中的测量结果调整记录，可有效地评价印品的印刷质量。再版时，可从数据库中迅速调用原设定数值，减少了工作准备时间。

CCI 系统可以与 PECOM 系统相连，在数据网络中，生产管理的 TPP 工作站可以为中央控制作准备，而不需用磁带来传输和存储油墨的设定值。

（3）曼罗兰 PECOM 印刷控制中心　曼罗兰胶印机所配备的 PECOM 印刷控制中心由电子控制处理器（PEC）、电子归纳处理器（PEO）和电子管理功能系统处理器（PEM）组成。

曼罗兰 PECOM 系统采用了现代数码程序技术，大量工作由主控中心集中操作完成并用数字予以显示，实现了印刷过程的全自动控制。通过光导纤维快速准确地传输数据信息，保证了印刷质量的稳定性，保持了较高的生产率。

① 电子控制处理器（PEC）。电子控制处理器 PEC 是 PECOM 结构的基础，它包括印刷机组、压印、控制和调整功能。例如 PECOM 印刷控制中心对油墨控制调节系统（RCI/CCI）、定位装置的控制及调节系统、输纸过程监视、输纸尺寸的预设和附件设备的控制等。控制系统集中于每个机组单元机身墙板中，每个控制单元机组均有自己的 CPU，数据信息在机组之间以及机组与主控中心之间转换，并自动显示机器故障的原因及排除方法。曼罗兰 700、600D 等胶印机的电子控制系统具有如下控制功能：

a.（尺寸）自动定位装置（ASD）。该装置控制输纸机（飞达驱动马达横向定位校正装置和给纸台装置）和收纸机，印刷前将印刷纸张的尺寸输到控制中心，此时横向引导纸堆定位和吸嘴位置自动调整。侧规装置和收纸装置的调节自动跟踪输纸机进行。纸堆两侧有标准监测仪器，必要时会自动调节纸堆所处的位置，这样就保证了在输纸过程中气动拉规可以获得相同的拉纸距离，横向位移同样可以用输纸台上的手动按钮直接操作。自动中心位置控制能保证每次纸堆重新安放时自动回到原中心位置。纸堆高度的选择依靠后面的压角进行监视，当纸堆前面没有按要求靠前挡板时，会产生中断信号。

纸张输送随时受监测器监视，由计算机跟踪并显示位移情况，当纸张发生倾斜、输纸过早或过晚时，都被记录并显示在第一色组的显示屏（盘）上，提醒操作输纸装置运行情况，以便及时准确处理，保证可靠走纸。

b. 压力自动调节装置（APD）。印刷前，将纸张厚度输入到印刷控制中心，橡皮滚筒便自动移动到与压印滚筒之间恰当的距离上，每个独立的机组均可由控制中心控制完成。在印刷过程中，橡皮滚筒与印版滚筒之间的压力调整可以通过印刷控制中心在运行中完成，并能分别对每一色组进行不同的调整。

c. 滚筒自动定位装置（ACD）和自动换版系统（PPL）。当需要换版时，按动键盘按钮，由滚筒自动定位装置将印版滚筒自动旋至换版的最佳位置，然后操作者将印版放入版夹中，再启动自动换版系统 PPL，通过印版引导装置，把印版准确地紧固在印版滚筒的版夹中。

当印刷不同的纸张时，可通过自动换版装置 PPL 或全自动换版装置 APL 对印版的边缘进行轴向和周向调节，以适应纸张的尺寸变化。

d. 印版定位及质量放大器（RQM）。印版套准控制是通过印品套准定位线或印品局部放大显示在控制中心的显示屏上进行版位校正的。操作者可根据具体情况决定手动调版，或是通过键盘启动 RQM 进行调版。如果用 RQM 调版，可选择画面细微部分放大作为参考或显示在监视器上，并自动输入到其他机组，其偏差由参考值自动计算，再启动定位键即可自动完成印版的纵向和横向校正工作。应用 RQM 调版可减少版位调整次数。

e. 橡皮滚筒自动清洗装置（ABD）。该装置用气动控制的反向运行的带有特殊涂层的辊子清洗橡皮滚筒。可针对每个独立的色组选择和改变溶剂量和水量，以清洗不同机组橡皮布上的纸毛和印过专色的橡皮布。ABD 装置由印刷控制中心控制快速清洗工作，存入 ABD 中的多种清洗程序均可调用。

f. 墨辊自动清洗装置（ARD）。该装置由印刷控制中心控制，清洗程序可预设和调用。洗涤水和溶液分离放置，以适应不同清洗要求。清洗时墨辊和润版辊可同时清洗。与橡皮滚筒清洗配合，可以确定和使用多种清洗程序。

② 电子归纳处理器（PEO）。电子归纳处理器 PEO 负责归纳印刷机工作室的各部分工作，例如印版扫描 EPS 装置、监视器和印刷功能检查以及印刷技术指令准备（TPP）状态等。

③ 电子管理功能系统处理器（PEM）。电子管理功能系统处理器 PEM 连接于技术工作准备站 TPP，并进一步连接到 PED 和 PEC 平面上。通过 PEM 使生产部门与印刷产品之间利用软件在印刷厂收集所有的印刷过程进行处理，并且成为一个信息系统。该系统的主控中心数据库可储存 5000 条指令，测量数据和各种参数可集中存储于数据库中进行管理，重复工作可以从预设中调出所需各种实际资料和数据。

印刷技术准备 TPP 工作站是连接印刷车间和印刷厂管理层之间的纽带，在远离车间的生产管理办公室内可以进行胶印机的所有技术命令准备和命令准备程序控制。既包括中心数据的存储和参数准备，如纸张幅面尺寸、油墨调节参数、印刷压力、套色顺序、印刷数量以及最高印刷速度的设定；又包括辅助设备的准备如喷粉器、润湿液控制装置和清洗系统等的准备工作。印刷前将有关数据直接传给印刷机，在印刷的同时，运行数据传回到 TPP 工作站，随时可以检查实际生产过程的情况。

④ 曼罗兰 AUPASYS 全自动纸堆传输系统。全自动纸堆传输系统 AUPASYS 将组织整个材料供应流程，提供完整的纸堆传输，将印刷和印后加工部分与原材料仓库和中间存储纸堆单元连接起来，为输纸装置和收纸装置提供全自动不停机换纸台功能。纸堆更换在全速印刷过程中进行控制，减轻了印刷工人的劳动强度，提高了生产效率，在包装印刷厂尤为明显。

2. 米勒胶印机 UNIMATIC 系统

米勒公司研制的 UNIMATIC 墨色自动控制系统由墨量控制装置 C3、墨色测量控制装置 C4 和 C5 组成。

① 墨量控制装置 UNIMATIC—C3。用于遥控调节墨斗的出墨量和纵、横向套准。用磁带可存储印刷过程中墨斗和供墨区域的调节数据，以备重新印刷时，取得一致的印刷效果。

② 经测量控制装置 UNIMATI—C4。用精确的密度计测量印刷过程中的色彩密度，并与理想值比较，用计算机自动校准。同时还能控制和显示网点增大量和反差值。

③ 测量控制装置 UNIMATIC—C5。用于测量印刷过程中印张的实地、网点密度，通过比较测量值和理想值，自动调节供墨装置。并能存储有关印刷数据、监视印刷过程。

3. 小森胶印机 PAI 系统

小森公司研制的 PAI 印刷自动化集成系统将自动作业准备系统 AMR 和印刷质量控制系统 PQC 用于 New Lithrone 40 型胶印机，组成 PAI 印刷自动化集成系统。

① 自动作业准备系统 AMR。该系统具有自动套准、配色控制、自动更换印版、自动清洗墨辊和橡皮滚筒、自动调整输纸和收纸装置等功能。通过计算机自动套准系统 CARS 控制印版周边和横向自动套准以及印版滚筒的借动，并能自动预置侧规和前规的定位；通过印版

扫描系统 PSS 自动控制给墨量和给水量，实现自动配色；通过自动连续输纸装置、输纸台横向控制、输纸/收纸台纸张尺寸预置装置和备用堆纸台，实现输纸/收纸装置的自动调节。

② 印刷质量控制系统 PQC。该系统由计算机自动套准系统 CARS、印版扫描系统 PSS、印刷质量管理 PQC、印刷密度控制 PDC 以及印刷评估系统 PAS 等辅助装置构成。该系统能自动控制印刷质量和印刷密度，并用印刷评估系统 PAS 对印品质量进行自动检验。PQC 系统配有墨斗辊、供墨量、润湿水和印版位置校正自动控制（调节）装置。

印版扫描系统 PSS 是 PQC 系统中的一个独立装置，它能扫描印版、测读并存储版面图像的供墨量和供水量等工作参数，以便进行预定标，并通过 PQC 系统实现供墨量和供水量的自动控制。为了确保工作输出信息准确，应先将印刷方式、印刷机型号、纸张品种、控制印刷机的台数、印版图谱、印版色谱、实地密度等印刷信息输入给 PSS 装置。

第二节　印刷张力控制系统

卫星式柔版印刷机的印刷对象是卷筒连续料的纸张或薄膜。在生产过程中，承印物（纸张或薄膜）是以料带形式连续不断的供给印刷机组、干燥机组和收纸料机组，完成印刷任务。在各个机组之间承印物主要依靠其所受的张力，经许多导向辊带动进行走料，完成各个环节的工作。套印精度要求高及承印物在高速状态下的稳定传输是现代高速多色卫星式柔版印刷机的基本要求和特点，这就要求承印物必须始终在恒定的张力下工作。若张力过小会引起纸带的弯曲变形，出现纸张偏移或套印不准等故障，同时导向辊与纸带间的摩擦力减小，易造成打滑等传输故障；当张力继续减小严重不足时会导致纸带发生黏附或松弛，甚至缠绕在辊子上导致材料断裂及辊子损伤等故障；若张力过大又可能造成纸带塑性变形，甚至出现断纸现象；此外，若张力控制不稳定会引起纸带的跳动，导致套印不准或出现印刷重影等印刷缺陷。因此，张力控制系统是卫星式柔版印刷机的重要组成部分，它在很大程度上决定了机器的生产效率和产品质量。通过对印刷过程中的张力进行实时控制，使承印物张力稳定，并保持在一定范围之内，能保证印品的套印精度，确保印品质量和生产效率，这也是在各机组间实现张力控制的主要目的。对于高速印刷机通常根据设计要求采用多种控制方式来保持张力恒定，以保证生产效率和印品质量。

一、张力控制的作用及原理

（一）张力控制的作用

1. 稳定地传送承印物

当张力较小时，辊子与承印物之间的摩擦力减小，容易造成打滑现象；若张力继续减小，承印物会发生黏附或松弛，甚至缠绕在辊子上导致材料断裂及辊子损伤。因此，对张力进行控制可以有效防止承印物的横向滑动、承印物与辊子之间的相对滑动及承印物波动和缠绕以及张力波动超出要求的情况。

2. 防止承印物变形

图 5-14 所示为承印物在张力合适、张力过小及张力过大三种情况下印刷的状态及印品图文的变形状况。如图 5-14（b）所示，当张力不足时，承印物会产生褶皱。在此状态下被印刷，会造成印刷模式中断；如图 5-14（c），当张力过大时，承印物在印刷时处于过

度拉伸状态，会发生塑性变形。一旦失去张力，承印物会收缩，从而造成印刷变形；只有张力合适时，才能确保承印物的形状不变，保证印刷的正常进行。

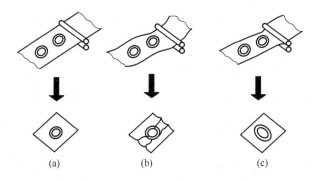

图 5-14　不同张力情况下印品的变形状况

（a）张力合适　（b）张力过小　（c）张力过大

3. 保证尺寸精度和套色精准

当承印物的张力不合理或时常变化时，承印物在尺寸上会发生伸缩变形，从而影响其宽度、厚度、孔距及折痕等参数。在多色印刷中，若印刷单元的张力不均匀或时常出现变化等张力波动超出要求时，会导致图文颜色超界、咬色、变形等故障发生。如图5-15所示为不同张力控制下，多色套印效果的比较。

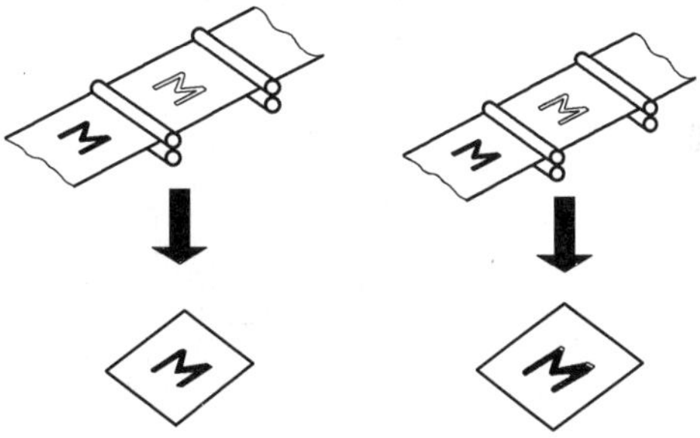

4. 保证收卷质量

进行料带收卷时，若张力控制不当，会

图 5-15　不同张力控制下套印效果比较

（a）张力合适　（b）张力控制不良

出现褶皱、横向偏移、收卷不齐等故障，导致料卷在保管以及后续工作中会发生各种变形，如图 5-16 所示。其中（a）为料卷端部菊花状，（b）为料卷端部凹陷辊状，（c）为料卷弯弧状，（d）为料卷竹笋状，（e）为料卷坍肩状收卷故障。

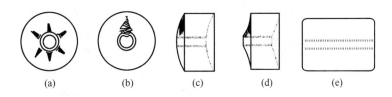

图 5-16　张力控制不当产生的料卷变形

（a）料卷端部菊花状　（b）料卷端部凹陷辊状　（c）料卷弯弧状　（d）料卷竹笋状　（e）料卷坍肩状

（二）张力控制的原理

根据张力控制的原理，张力控制分为基于扭矩式张力控制模式和基于速度式张力控制模式。

1. 基于扭矩式张力控制模式

在收放卷过程中，料卷的卷径是不断变化的。根据公式扭矩（T）＝张力（F）×半径（$D/2$），可以得出料卷的纸带张力（F）与电机施加于卷轴的扭矩（T）和料卷卷径（D）

之间的关系如下：

$$张力(F) = \frac{扭矩(T)}{半径(D/2)} = \frac{2 \times T}{D} \tag{5-1}$$

由式（5-1）可知，当电机输出扭矩一定时，张力与卷径成反比。因此，在放卷或者收卷时，为了确保料带张力值恒定，需要伴随卷径的变化改变扭矩，这种控制方式称为基于扭矩式的张力控制。图 5-17 所示为卷径变化与张力之间的关系曲线。

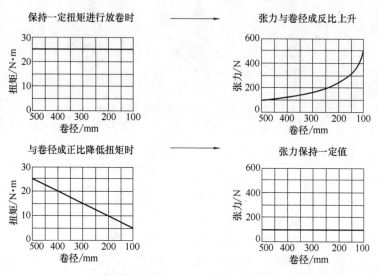

图 5-17 卷径与张力变化关系

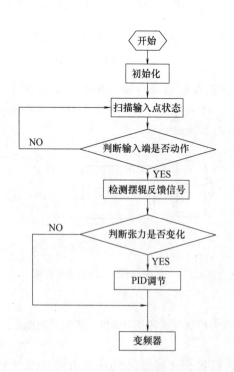

图 5-18 PLC 控制变频器的主工作流程

2. 基于速度式张力控制模式

对于基于速度式的张力控制而言，料轴的电机扭矩是恒定不变的。如在收卷过程中，开始转速不变时，随着料卷半径的增大，表面线速度增大，会引起收卷的张力变化，PLC 通过调节收卷变频电机（基于速度式调控的收放卷采用变频电机）降低转速，使表面线速度保持不变，达到张力控制的目的。一般计算轴的减速比时要考虑（选用电机时要确定）电机的工作频率区间，变频电机在 $5 \sim 50\,\mathrm{Hz}$ 是恒扭矩段，在 $50 \sim 100\,\mathrm{Hz}$ 是恒功率段工作模式，即扭矩不变，可采用角速度调控。

如图 5-18 所示为 PLC 控制变频器的主工作流程。系统开始工作时，PLC 中的 CPU 会首先将之前的工作状态初始化，然后扫描各个输入点的状态，判断其是否动作。当输入端开始工作时，会检测张力传感器反馈到的张力信息，并判断张力是否变化。当张力发生变化时，PLC 中的 PID 控制器会根据张力的变化对变频器进行速度调节，保证张力的相对稳定。

图 5-19 所示为变频器的工作原理图。变频器可以将商用交流电源通过三相全波整流、直流平滑后，经过 PWM（脉宽调制）方式对逆变电路的半导体开关进行开闭，再通过调整输出脉冲的宽度，将平滑电路输出的直流电源转换为频率和电压都任意可调的交流电源，以实现对电机（角）速度的控制。

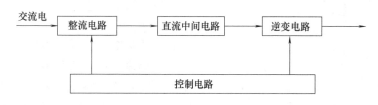

图 5-19　变频器控制原理图

二、张力控制及检测装置

（一）张力控制装置的分类

基于扭矩控制原理的张力控制方式根据自动化程度可分为手动张力控制方式、卷径检测式张力控制方式（半自动方式）以及全自动张力控制方式三种。

1. 手动张力控制装置

所谓手动张力控制就是在收卷和放卷时伴随卷径的变化，分阶段地对离合器和制动器的励磁电流进行手动调整以得到张力的控制方式。为此，使用的电源装置有对电源电压的变动进行自动补偿的电源装置以及不受离合器和制动器励磁线圈温度变化影响，可以得到一定电流的定电流方式的装置，如图 5-20 所示。

图 5-20 的控制过程中，一般都是依据经验，人为地调节调谐器来调节磁粉离合器/制动器的转矩以达到调节张力的目的。图中 M 为电机，驱动主轴的转动。这种控制方式由于主要是根据人为经验调节，误差范围较大。因此只能进行大致的张力控制，控制精度不高。

手动控制不仅用于张力控制，而且在使用离合器以及制动器向电机以及各种执行机施加

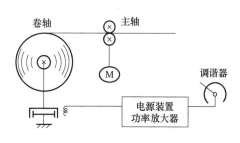

图 5-20　手动控制

恒扭矩负荷时，它还作为励磁电源装置使用。由于保持一定的扭矩非常重要，所以这时通常使用相对电源电压变动以及线圈电阻变化，也能获得一定励磁电流的恒电流方式的电源装置。

此外，希望利用可编程控制器 D/A 变换器等装置控制离合器/制动器的励磁电流时，可以使用另一种手动电源装置——功率放大器。功率放大器可以作为张力控制器的输出功率放大器使用，通过与外设调谐器并用，还可以作为手动电源装置使用。

2. 卷径检测式张力控制装置

卷径检测式张力控制装置又称开环半自动控制方式，是指在放卷和收卷过程中自动检测卷筒外径，并根据卷径调节放卷扭矩和收卷扭矩。这种方式在恒定张力控制时，根据卷

筒径与卷轴扭矩的比例关系进行控制。与后叙的张力检测方式相比，这种方式不受剧烈干扰的影响，可以进行稳定的张力控制，但是由于受到执行机扭矩变化、线性和机械损耗等影响，张力控制精度较低。这种方式适合于不能使用张力检测器的机械控制以及简单的锥度张力控制的场合。图 5-21 所示为卷径（半自动）控制装置。

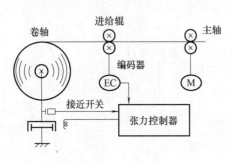

图 5-21　卷径检测张力控制方式（半自动）

卷径检测方式主要有累计厚度检测方式和比例演算（采用超声波传感器等直接测量）方式两种。

累计厚度检测方式：利用设在卷轴的接近开关检测卷轴转速，然后根据该卷轴转速和卷轴径的初始值及材料厚度来计算卷径的厚度累计检测方式，如图 5-22 所示。设初始卷径为 D，纸张厚度为 t，卷轴每旋转一周产生的脉冲个数为 n，累计脉冲个数为 N。

根据公式 $\dfrac{D}{2} = \dfrac{D_0}{2} \pm \dfrac{N}{n} t \times 10^{-3}$（收卷取 "＋"）即可计算出当前卷径的大小。根据收卷卷径值调节收卷电机的输出扭矩大小，即采用改变扭矩方式，以达到调节收卷料带张力恒定的目的。

比例演算方式：利用卷筒料旋转周期长度随卷径增加而增长，同时安装在的进给辊上（直径一定）的旋转编码器，其脉冲数在恒速时不发生变化这个原理，通过对卷轴每旋转一周时进给辊脉冲数进行计数，从而演算出当前的卷径。如图 5-21 所示，在放卷和收卷轴上安装接近开关作为基准脉冲，并在进给辊上安装旋转编码器作为计数脉冲。由于在放卷和收卷过程中卷径会不断变化，当接近开关检测放卷和收卷轴每转动一圈时，旋转编码器检测的脉冲数都会发生变化。假设接近开关每转一次发出 n 个脉冲，旋转编码器每转一圈发生 m 脉冲，则有 $N = \dfrac{m}{\pi d} \times \dfrac{\pi D}{n}$（$N$＝计数脉冲量个数，

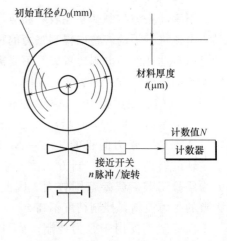

图 5-22　累计厚度检查方式

d＝进给辊直径，D＝料卷直径），可以推导出 $D = \dfrac{nd}{m} \cdot N$（mm）。因此，在没有因材料拉伸而产生材料厚度变化以及卷材时渗入空气导致误差的情况下，只要进给辊和材料间不产生滑动，这种比率演算方式的精度将高于厚度累计检测方式。

3. 全自动张力控制装置

所谓全自动张力控制方式是指使用张力检测器直接测量材料张力，并通过反馈控制方式使测量值达到张力控制目标值的控制方式，也称为闭环方式。如图 5-23 所示，将张力传感器（也叫张力检测器）安装在检测辊上直接对张力进行检测，并将检测出的张力值传到到张力控制器中，经过张力控制器内部的负反馈系统，输出扭矩控制信号，以达到张力

控制的目的。这种方式的张力控制精度较高，但应对突发的短期干扰能力不强，容易出现挠振现象，所以一般进行比例积分控制由于使用反馈控制张力的方式，所以与卷径检测式控制装置相比张力精度较高。

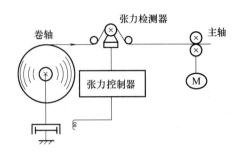

图 5-23　全自动张力控制

全自动张力控制装置可在运行和停止时对自动控制进行计时，或者作为惯性补偿的序列器使用，具备启动计时、停止计时、停止增益以及多轴控制时为切换控制输出使用的卷轴切换输入等张力控制所必需的外部序列输入功能。此外，利用恒定张力控制时卷径和扭矩输出几乎成正比的关系，还内置了随着输出增加可降低控制目标张力的内部锥度张力控制功能，以及根据外部卷径信号改变控制目标张力的外部锥度张力控制功能。

在最新的全自动控制张力控制装置中，有的还内置了根据张力的阶段应答情况，对自动控制的增益和时间常数进行调整的自动调谐功能，以及与可编程控制器之间的数据链接功能。

（二）张力检测装置的分类

根据检测方式的不同，可分为张力传感器检测方式、浮辊式张力检测方式及浮辊/反馈复合式张力检测方式三种。

1. 张力传感器检测方式

它是对张力直接进行检测，与机械紧密的结合在一起，没有移动部件的检测方式。通常两个传感器配对使用，将它们装在检测导轨两侧的端轴上。料带通过检测导轨施加负载，使张力传感器敏感元件产生位移变形，从而检测出实际张力值，并将此张力数据转换为张力信号反馈给张力控制器，最终实现张力闭环控制。

市场上张力传感器的类型较多，经常采用的有板弹簧式微位移张力（如日本三菱 LX-TD 型），应变电阻片张力传感器（如美国蒙特福 T 系列）和压磁式张力传感器（如中国的 ABB 枕式系列）等。其优点是检测范围宽，响应速度快，线性好。缺点是不能吸收张力的峰值，机械的加减速难以处理，不容易实现高速切换卷等。因此，当处于静平衡状态的张力控制系统受到较强干扰时，系统瞬间来不及作出反应，料带上的张力变化幅度值较大，对张力控制尽快重新进入平衡状态不利。

2. 浮辊式张力检测方式

这是一种间接的张力检测方式，实质上是一种位置控制。当张力稳定时，料带上的张力与气缸作用力保持平衡，使浮辊处于中央位置。当张力发生变化时，张力与气缸作用力的平衡点被破坏，浮辊位置会上升或下降，此时摆杆将绕一定点转动并带动浮辊电位器一起转动。这样，浮辊电位器可以准确的检测出浮辊位置的变化，并将位置信号反馈给张力控制器，控制器经过计算并输出控制信号，控制伺服驱动系统进行纠偏调节。然后使浮辊恢复到原来的平衡位置。

由于浮辊式张力检测装置本身是一种储能结构，对大范围的张力跳动有良好的吸收缓冲作用，同时也能减弱料卷的偏心（椭圆）以及速度变化对张力的影响。此系统要求气缸摩擦系数小，响应速度快，气源稳定。浮辊和摆辊的重量要轻，转动要灵活。

3. 浮辊/反馈复合式张力检测方式

它可同时检测由浮辊电位器输出的浮辊位置信号和张力传感器输出的张力信号，从而可向系统提供更高精度的张力控制。其特点是：它不但具备浮辊控制对大范围张力跳变的吸收或缓冲功能，而且还对机器加、减速时有很好的缓冲平稳作用，并容易实现高速切换卷，具有张力传感器闭环控制的高精度、高重复性的特点。例如美国蒙特福（MONTAL-VO）公司的 X/3000 型浮辊/反馈复合式张力控制装置就属于该种类型。

三、张力控制系统及应用

（一）张力控制系统的基本结构

对于卷筒纸印刷而言，在印刷过程中收、放料机构的张力不断变化，通常以印刷机构的张力为基准，对收、放卷机构张力进行控制。

卫星式柔版印刷机的张力控制主要是对收、放卷机构张力的控制。如图 5-24 所示，张力控制的基本结构包括放卷机构、进给机构和收卷机构。

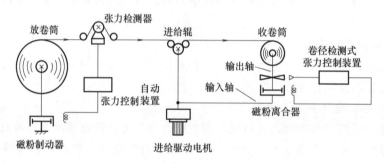

图 5-24　张力控制的基本结构

① 放卷机构。放卷张力由设置在放卷架上的磁粉制动器的制动扭矩决定。为了保持一定的张力，需要随着卷径的减少相应地减少制动扭矩。在图中，用张力检测器检测张力，并通过控制磁粉制动器的扭矩保持张力恒定。

② 进给机构。进给电机驱动进给辊，将长尺寸材料从左至右传送，进给速度（线速度）由该电机速度决定，与张力无关。然而，张力越大，电机输出马力越大。

③ 收卷机构。只要始终使收卷端的周速度高于线速度，就可以确定磁粉离合器的输入转速。由于线速度由进给辊决定，离合器端会产生滑动。因此，收卷端的张力由设置在收卷筒上的磁粉离合器的传送扭矩决定。在图中，根据收卷端旋转量检测卷径来控制磁粉离合器，并要设定磁粉离合器输入转速大于最大输出转速（最小卷径）。随着卷径的增大，输出转速降低，离合器滑动速度将增大。

（二）张力控制系统在实际中的应用

卫星式柔版印刷机的张力控制系统主要包括收放卷机构和进给机构（牵引机构）的张力控制。根据实际生产需求，印刷机会增加其他辅助机构（如上光油机构）实现某种特定功能，需要对其进行张力控制。下面以 YRK1350 卫星式柔印机张力控制系统为例，介绍张力控制系统在生产中的基本应用。

1. 张力控制原理及过程

如图 5-25 所示为 YRK1350 卫星式柔印机张力控制系统结构，根据印品的用途在收卷前可以增加上光油机构。其张力控制系统采用基于速度控制的张力控制模式，对收、放卷机构和上光油机构的张力进行分段控制。张力检测的方式有两种，分别是摆辊式间接检测和张力传感器直接检测两种检测方式。通过张力检测装置检测出张力的大小后反馈给张力控制装置 PLC。PLC 根据张力的大小输出控制信号调节变频电机，改变电机的执行转速，达到调节纸带的张力的目的。

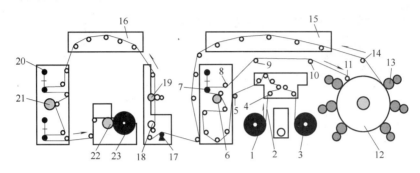

图 5-25　卫星式柔版印刷机张力控制系统结构

1—放料纸卷　2—纸带　3—储备纸卷　4、5、8、9、10、11、14—导辊　6、18、21—牵引辊
7、20—摆辊机构　12—中心压印滚筒　13—印刷版辊　15、16—干燥箱　17—张力检测辊　19—上光油辊
22—收卷圆周驱动辊　23—收料卷

卫星式柔版印刷机张力检测及调节的过程：张力的控制采用分段调控的方法，共分为五个区域。从放料纸卷 1、导辊 4、经过若干导辊到导辊 5，再到放料牵引的牵引辊 6 是第一张力控制区。若这段区域中的张力发生变化，由张力检测器检测，反馈给放料电机，调节电机转速，从而控制放卷区的张力；从放料牵引辊 6、摆辊机构 7、导辊 8、9、10、11 到中心压印滚筒是第二张力控制区，该区内的张力波动由摆辊机构 7 检测，通过控制牵引辊 6 的牵引电机转速达到张力控制的目的；从中心压印大滚筒到上光油辊 19 是第三张力控制区，该区域内张力波动由张力检测器直接检测出来，通过改变牵引辊 18 的电机转速来实现张力调节；从上光油辊 19 到收料牵引辊 21 是第四张力控制区，该区内的张力波动由摆辊机构 20 检测，通过调节收料牵引辊 21 的驱动电机转速进行张力控制；从收料牵引辊 21 到收料部件（收卷圆周驱动辊 22 和收料卷 23）是第五张力控制区，该区域纸带或料膜的张力波动仍靠摆辊检测，并通过控制收料电机转速对收料张力进行控制。

2. 摆辊式间接张力检测机构

摆辊机构是用于检测张力的机构，结构图如图 5-26 所示。该摆辊检测机构主要由机架 1、大摆臂 10、小摆臂 55、摆辊 16、横撑 23 以及气缸 24 组成。

走料时，纸带包裹在摆辊 16 上。当张力合适时，摆辊 16 处于设定好的位置。在这个位置处，在气缸 24 提供的推力和纸带给摆辊的拉力作用下，摆辊 16 处于平衡状态。气缸 16 只有一路气管，且只有进气口，没有回气出口，使气缸提供一个恒定的推力。当纸带上的张力发生变化时，摆辊 16 的平衡状态被破坏，就会绕轴 4 相应地左右摆动（见图 b）。纸带张力增加，摆辊 16 右摆，大摆臂 10 随之摆动，从而引起轴 4 的定轴摆动，轴 4

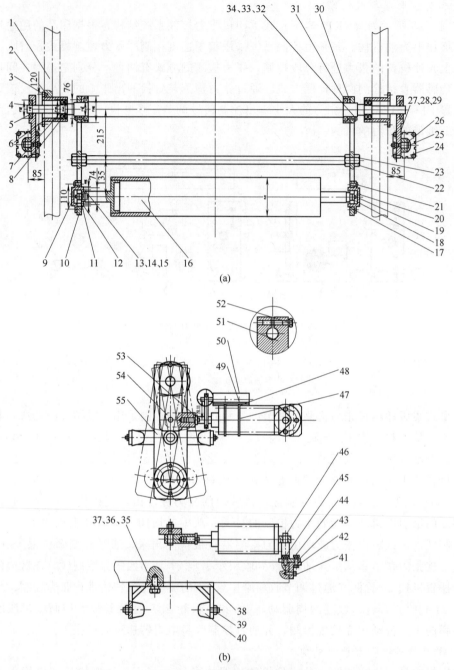

图 5-26 摆辊机构结构图

（a）摆辊机构主视图　（b）摆辊机构侧视图及局部放大图

1—机架　2—内六角螺栓　3—标准型弹簧垫圈　4—轴　5—胀紧套　6—轴承座　7—A 型轴用弹性挡圈

8—调心轴承　9—端盖　10—大摆臂　11—压盖　12—调心轴承　13、19、21、31、34、40、43、44、51—六角头螺栓

14、28、35、32—标准型弹簧垫圈　15、33、36、54—平垫圈—C 级　16—摆辊　17—压盖　18—挡片　20—油嘴

22、27、38、48—六角螺母　23—横撑　24—气缸　25—销轴　26、45—A 型轴用弹性挡圈　29—胀紧套座

30—胀紧套　37—限位架　39—限位块　41、42—气缸支座　46—U 形卡　47—胶垫　49—直线位移传感器

50—连板　52—圆螺母　53—气缸接头　55—小摆臂

的摆动进而带动小摆臂 55 摆动，气缸 24 的活塞推杆与小摆臂 55 连接，因此摆臂 55 带动气缸 24 的活塞推杆和直线位移传感器 49 的推杆向气缸体内部压缩，即活塞推杆往右移动。直线位移传感器 49 将这个移动位移的大小转化为电压信号，通过采集系统把该电压信号传给 PLC 系统，将该电信号换算成驱动电机的驱动转速数值，以此改变纸带驱动电机速度来调节纸带的张力。驱动调节后摆辊 16 又回复原来平衡位置。所以随着系统张力的不断波动和不断调整校核，摆辊 16 总是围绕在平衡位置附近绕轴 4 做左右微小摆动，纸带张力也随着摆辊 16 的摆动而不断趋于恒定状态。

摆辊机构检测出张力值后，反馈到 PLC 中。PLC 系统通过可编程逻辑控制器、可编程的存储器以及内部存储程序，执行逻辑运算、顺序控制、定时、计数与算术操作等面向用户的指令，并通过数字或模拟式输入/输出控制及调节运动印刷纸带生产过程中的张力，保持纸带或料膜在恒定的张力下完成传输和印刷过程。如图 5-27 所示，PLC 系统通过一定的算法，将输出信号传给牵引电机的变频器，由变频器控制牵引电机的转速降低，牵引辊的牵引速度减小，纸带的速度相应地减小，纸带相对更加松散，张力减小。

控制放料和收料电机的 PLC 和普通的牵引电机的转换算法不同。因为在放料和收料的过程中纸卷的大小会发生变化，当收料纸卷的转速一定时，随着料卷直径变大，纸带的线速度会增大，相当于收料变快，由此会导致张力变大。同时随着料卷直径的变大，

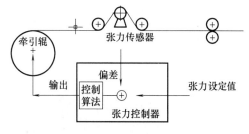

图 5-27　张力控制原理

收卷的力矩就会增大。所以收料和放料的地方，摆辊的直线位移传感器反馈给收料电机的算法需要重新绘制一条单独的反馈曲线。

3. 张力检测器直接检测机构

张力检测器也称为张力传感器，是用于测量张力的仪器，可直接测出张力的大小。按工作原理可分为应变片型和位移型张力检测器。

① 应变片型张力检测器。张力应变片和压缩应变片按照电桥方式连接，当受到外压力作用时，应变片的电阻值会随之改变，改变的数值与张力的大小成正比。

② 位移型张力检测器。通过外力施加负载，使板簧产生位移，然后通过差接变压器检测出张力，由于板簧的位移量极小（大约 $\pm 200 \mu m$），所以又称作微位移型张力检测器。在该张力控制系统中采用的是直线位移传感器和穿轴式张力传感器。

（1）直线位移传感器　如图 5-28 所示，它属于微位移型的传感器，基本功能是把直线机械位移量转换成电信号。为了达到这一效果，通常将可变电阻滑轨定置在传感器的固定部位，通过滑片在滑轨上的位移测量不同的电阻值。传感器滑轨连接稳态直流电压，允许流过微安培的小电流，滑片和始端之间的电压，与滑片移动的长度成正比。将传感器用作分压器可最大限度降低对滑轨总阻值精确性的要求，因此由温度变化引起的阻值变化不会影响到测量结果。直线位移传感器装在浮动摆辊的气缸上，根据气缸活塞杆随摆辊移动的位移，来检测确定摆辊的位移情况，然后实施反馈控制。

（2）穿轴式张力传感器　穿轴式张力传感器如图 5-29 所示，为应变片型传感器，用在张力检测辊的两端。当纸带将导辊压住时，张力通过两端轴头使传感器的应变片发生应

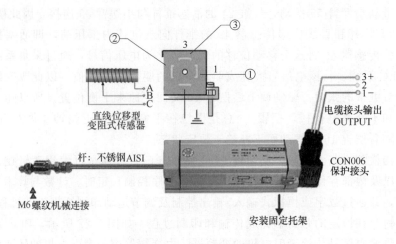

图 5-28　直线位移传感器

变，再将此应变转化为电压信号。其原理与直线位移传感器相似。图 5-29（a）圈中的部件就是卫星式柔印机上穿轴式传感器的实际安装位置，图 5-29（b）为穿轴式张力传感器的结构。

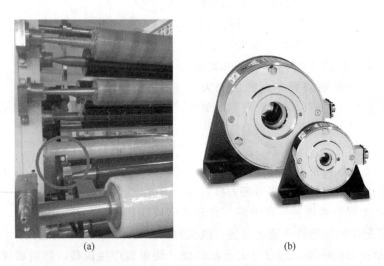

(a)　　　　　　　　　　　　　　　(b)

图 5-29　穿轴式张力传感器

(a) 实际安装使用的穿轴式传感器安装位置　(b) 穿轴式张力传感器的结构

（3）两种传感器区别及应用　直线位移传感器和穿轴式张力传感器从原理上来说，都是将被测量（线位移或角位移）转换为电阻（或电压）变化的一种传感器，在应用上略有区别。直线位移传感器用在摆辊机构上，穿轴式传感器用在单独的张力检测辊上。摆辊机构与张力检测辊都可以检测张力，它们的最大的区别是摆辊机构可以提供较大的摆辊位移量，而单独的张力检测辊检测的是测微小位移。这两种检测张力的方式各有特点。摆辊机构虽然带来了大的纸带扰动，但当纸带张力特别大时，如果张力发生变化，摆辊机构可以依靠摆辊的浮动减小对纸带张力的影响。而张力检测辊则不能提供这样的纸带位移，有时会将一些强度较低的承印材料绷断。这也是摆辊机构的一个优点。摆辊机构的缺点是，这个纸带位移会影响套准精度。所以在柔印机上光油部分时，使用了张力检测辊，这可以保证在上光油时的印刷精度。在放料牵引和收料牵引单元，通常使用摆辊机构，因为这个单元离印刷单元较远，对套印精度影响较小。由此可知，若能精确地计算出纸带受到的扰动，便可只采用张力检测辊来检测张力，这样可以得到更高精度和高质量的印刷品。

4. 料带牵引机构

牵引机构的作用就是保证平稳、高效、高速地向印刷单元传送承印对象——料膜。牵引机构包括牵引辊与牵引压辊。有动力带动转动的辊子通常称为牵引辊，没有旋转动力的辊子通常称作牵引压辊。牵引辊与牵引压辊在一定的压力下对滚，纸带从两辊接触表面穿过，在两辊对压力产生的摩擦力的作用下，向前传送料膜。只有一个牵引辊和一个牵引压辊构成的牵引单元，叫一级牵引；纸带接连经过两个牵引辊和牵引压辊的对滚，将料膜向前传输印刷的牵引方式叫二级牵引。显然，因二级牵引经两次牵引摩擦传递，对料膜的牵引力成倍增加。

（1）一级牵引机构　如图 5-30 所示为一级牵引单元结构，主要由机架 1、气缸 2、摆臂 3、牵引辊 4、牵引压辊 5 及横撑轴 6 组成。

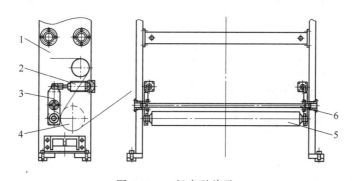

图 5-30　一级牵引单元

1—机架　2—气缸　3—摆臂　4—牵引辊　5—牵引压辊　6—横撑轴

走料时，纸带缠绕在牵引辊 4 上，靠气缸 2 推动两个墙板内侧的对称安装的两个摆臂 3 绕横撑轴 6 摆动，将牵引压辊 5 压在了牵引辊 4 上（牵引压辊 5 支撑安装在摆臂 3 的端部两个对应的孔中）。此时缠绕在牵引辊 4 上的料膜在牵引辊 4 和牵引压辊 5 摩擦力作用下向前高速传送。通常卫星式柔印机的传输印刷速度为 300～400m/min。

正常工作状态下，气缸的推力通常是恒定的。当张力变化时通过调节气缸进气阀，可以调整和控制气缸推力的大小，进而改变牵引压辊给牵引辊的压力，使纸带运动的牵引力发生变化。一般情况下，气缸的压力一般是设定好的。改变纸带张力的大小，靠改变牵引电机的转速来实现。由前面对摆辊机构的叙述可知，张力的反馈由摆辊机构实现，调节由牵引单元实现。

（2）二级牵引机构　与一级牵引相比，二级牵引相当于是两个一级牵引的串联结构，它比一级牵引能提供更大的牵引力。二级牵引结构如图 5-31 所示，图 5-32 为二级牵引的局部放大图。由图 5-31 可知，二级牵引机构主要由气缸 3、牵引压辊 5、7、牵引辊 6、纠偏机构 2、滑块部件 4 以及导辊 8 组成。

走料时，纸带先进入牵引部分，绕上牵引辊 6，牵引压辊 5、7 装在滑块 4 上，滑块 4 可以在气缸推动下在滑槽内滑动。当牵引工作时，气缸 6 推杆推动滑块，使牵引压辊 5、

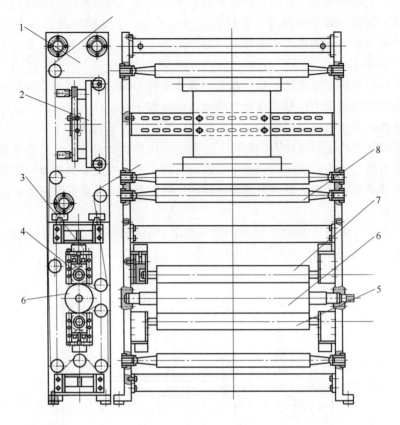

图 5-31　二级牵引结构

1—机架　2—纠偏　3—气缸　4—滑块部件　5、7—牵引压辊　6—牵引辊　8—导辊

7 压紧在牵引辊 6 上，牵引原理同一级牵引原理。若此处是放料牵引，接下来纸带进入纠偏部分进行横向纠偏处理，然后进入印刷单元。若是收料牵引，则牵引后直接进入收料收卷单元。改变牵引电机的转速调节纸带张力的大小，通过气缸的气压大小调节可改变牵引辊与牵引压辊间的压力，以改变牵引辊与牵引压辊副的驱动能力。气缸的气压通常是根据承印材料进行预设，也可在控制面板上调节和改变。

（3）二级牵引与一级牵引的比较　理论上二级牵引能提供比一级牵引大一倍的牵引力，这是二级牵引最大的优点，而一级牵引比二级牵引结构简单。因此在实际使用中具体选用哪种牵引方式，要根据使用的承印材料确定。在实际使用中，一级牵引大多数情况下都能满足牵引力要求，所以一级牵引应用更普遍一些。例如常用的 20g 的纸（或塑料薄膜），1.5m 宽，使用 50kgf/m 的张力，而一级牵引能提供 100kgf/m 的牵引力，所以能满足使用要求。只有在印刷较厚的纸带时，需要使用二级牵引。另外，如果从放料部件到下一个单元（一般是印刷部分）的距离太远，此时就需要更大的牵引力，适合采用二级牵引方式。

另外，一级牵引的牵引力仅由一个压辊提供，不存在力量分配的问题，而二级牵引由两个压辊提供，需要考虑牵引力分配的问题。通常两个牵引压辊结构尺寸相同，所以只能靠调节两个压辊与牵引辊的压力来分配牵引力。如图 5-32 所示，纸带的输送方向是从下到上（图 5-32 中箭头方向），一般来说，为了保证两个牵引压辊发挥最大的牵引作用，气缸 1 推动牵引压辊压在牵引辊上的力需要大于气缸 8 推动牵引压辊压在牵引辊上的力量。实际中，由于牵引压辊的重力的作用，气缸 1 施加给牵引压辊的压力包含增加的一个缸体重力，而气缸 8 施加的力需要减去一个重力，所以当气缸调节的压力相同时，气缸 1 牵引压辊与牵引辊之间的压力就必然大于下面气缸 1 的压力。这个压力分布关系在实践中证明满足使用要求。

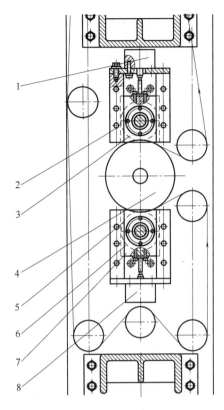

图 5-32　二级牵引局部结构放大图

1、8—气缸　2、7—滑块部件

3、5—牵引压辊　4—牵引辊

四、张力控制系统典型执行机构

放卷用执行机构主要有磁粉制动器、磁滞制动器、空气制动器等制动器。收卷用执行机构主要有磁粉离合器、磁滞离合器、扭矩电动机、AC 伺服电机等各种执行机构。

在设计选择执行机构时，最重要的两个指标是执行机构的机械性能和经济性。首先要了解各种执行机构机械性能的特点和规格，然后进行详细的选定计算，以验证所选产品是否符合技术要求。

(一) 磁粉离合器和制动器

1. 磁粉离合器工作原理

张力控制器用执行机构最具代表性的是磁粉离合器和制动器，图 5-33 所示为其工作原理图。主传动体和从动体之间填充着微粒铁粉（磁粉），通过励磁线圈使磁粉产生磁性后，可在动体和从动体之间传递扭矩，这是磁粉离合器的工作原理。如果固定从动体，则称为制动器。

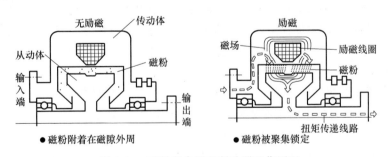

图 5-33　磁粉离合器和制动器工作原理

2. 磁粉离合器和磁粉制动器的特点

① 图 5-34 示出了励磁电流与扭矩关系。由图 5-34 可以看出，励磁电流与传送扭矩基

本成正比，传送扭矩可以控制在额定扭矩 3%～100%范围内（空转扭矩约在 1%以下）。

② 图 5-35 示出了滑动转速与扭矩关系。由图 5-35 可以看出，不论输入、输出转速和滑动转速如何变化，传送扭矩基本为恒定值。

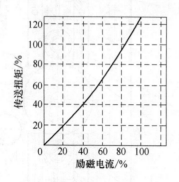

图 5-34　励磁电流与扭矩关系

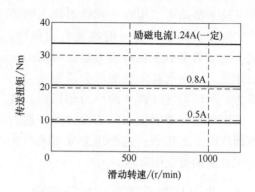

图 5-35　滑动转速与扭矩关系

③ 可以在连续滑动运行下使用，在规定滑差功率（滑动转速 r/min 与传送扭矩 N·m 之积）下使用时，磁粉寿命约为 5000～8000h。

与电机相比，小型磁粉离合器和制动器也可以传递很大的扭矩。此外，与电机的电枢控制方式相比，磁粉离合器和制动器，体积可以做得很小，因此可以使控制装置小型化，并降低成本。

3. 磁粉离合器和制动器的分类

根据其结构，磁粉离合器和制动器分为伸出轴型和空心轴型两类。

磁粉离合器和制动器的冷却方式除了自冷方式外，还有以下的强制冷却方式。

① 扇冷却方式。利用内置风扇冷却离合器和制动器的外周。

② 强制空冷方式。注入压力空气，冷却离合器和制动器的内部。

③ 水冷式。利用自来水以及冷却塔水，冷却离合器和制动器的内部。

④ 散热块式。利用散热块把制动器内部的热量传导到托架上，用内置风扇进行强制冷却。

（二）磁滞离合器和制动器

磁滞离合器和制动器的特征与前述磁粉离合器和制动器几乎一样，适用于张力控制。但它没有磁粉离合器和制动器那样需要更换的零部件，可免于维修。与磁粉离合器和制动器产品相比，仅限于小型产品，备有额定扭矩范围为 0.003～10N·m 的产品（均为自冷式）。

1. 工作原理

如图 5-36 所示为磁滞离合器的原理图。由内外连成一体的第 1 转子构成磁极，与圆筒状的第 2 转子（尚未磁化的永久磁铁）之间产生扭矩。图 5-37 所示为励磁电流与扭矩特性，图 5-38 所示为滑动转速与扭矩特性的关系。

磁滞制动器则把上述的第 1 转子与励磁线圈固定在一起。

2. 磁滞离合器和制动器特点

① 励磁电流和传送扭矩大致成比率，传送扭矩可控制在额定扭矩的 3%～100%范围以内。

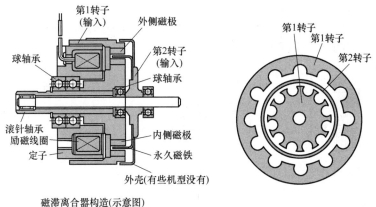

磁滞离合器构造(示意图)

图 5-36 磁滞离合器原理图

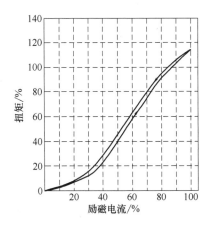

图 5-37 励磁电流与扭矩特性

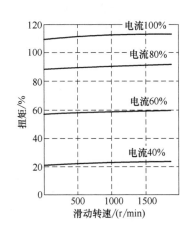

图 5-38 滑动转速与扭矩特性

② 不论输入输出转速和滑动转速变化如何,传送扭矩大致保持恒定。

③ 可以在规定滑差功率以下连续滑动运转,且没有磨耗部分。

④ 与电机相比,控制功率较小,控制装置小型化。

(三) AC 伺服电机、矢量变频器/电机

1. 工作原理

AC 伺服电机和矢量变频器在扭矩控制模式下运转,即可进行收卷和放卷作业。

设置伺服电机以及矢量变频器/电机为扭矩控制模式,可控制其得到与输入指令成比例的扭矩。因此,只要发出与收卷直径成比例的输入指令,即可得到恒定的张力。

电机的公称输出功率由额定转速和此时的连续运转输出功率决定。在收卷和放卷作业中,最大卷径时需要较大的扭矩,而在最小卷径时则为高速旋转,所以卷轴比(最大卷径/最小卷径的比率)变大时,需要相应大容量的电机。但是,输出功率恒定时,有时也需降低电机容量。

在用于张力控制时,电机扭矩的选定是根据连续运转扭矩,而非短时间最大扭矩。

与 AC 伺服电机相比,矢量变频器/电机的扭矩控制范围狭小,不适合用于扭矩比(最大卷径/最小卷径×最大张力/最小张力)较大的系统。

此外，伺服电机一般适合在高转速下使用，与磁粉离合器和制动器相比其输出扭矩非常小，在驱动卷轴时，需要减速器。该减速器的变速比过大的话，将不能进行正确的张力控制。图 5-39 示出了 AC 伺服电机和矢量变频器转速与扭矩的关系。

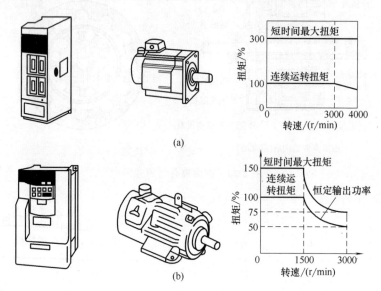

图 5-39　AC 伺服电机和矢量变频器转速与扭矩的关系
(a) AC 伺服电机　(b) 矢量变频器

2. AC 伺服电机、矢量变频器/电机特点

① 与磁滞离合器/制动器相同，没有磨耗部分，可免于维修。

② 电机可用于制动与驱动，简化张力控制系统结构；电机作为制动器时，与放卷控制相同，需要与再生选择和再生转换器并用。

③ 在用于基于扭矩式张力控制系统中，难以使用变速比较大的减速器，适用于低扭矩放卷。

④ 适用于中等容量的收卷，用于高扭矩的收卷时，需要与磁粉离合器与定滑动并用。

（四）空气离合器和制动器

空气离合器/制动器是通过气压压迫摩擦板传送扭矩的装置。如图 5-40 所示为其在放

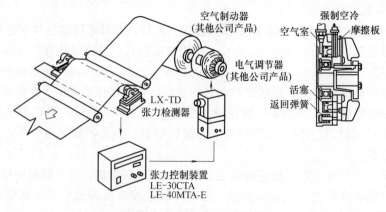

图 5-40　空气离合器和制动器

卷机构中的应用及内部构造图。与磁粉离合器/制动器相比，空气离合器/制动器应用于扭矩热容量较大的收卷、放卷领域。

（五）扭矩电机

扭矩电机是特殊设计的交流箱式电机。它具有随着转速增加，输出扭矩减少的特性。因此，扭矩电机的特点是对于卷轴比（最大卷径/最小卷径之比）较小，大致以恒定速度运转的收卷作业，使用滑动式等简单的电压调谐器即可轻松进行收卷。市场销售的多为最大限定扭矩为 1～50N·m 的产品。图 5-41 示出了扭矩电机及其特性曲线。

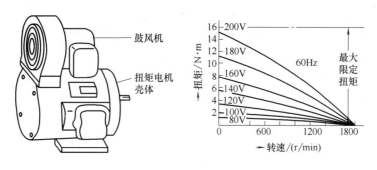

图 5-41　扭矩电机特性

思　考　题

1. 目前胶印机印品质量控制的典型系统有哪几个？简述 CPC1 墨量控制的基本原理。
2. 什么是 CP Tronic 控制系统？什么是罗兰的 RCI 及 CCI 控制系统？
3. 什么要进行张力控制？张力控制的模式有哪几种？
4. 印刷机张力控制系统由哪几部分组成？各部分的作用是什么？
5. 说明摆辊式张力检测的原理。

第六章 裁切工艺与设备

第一节 开 料

将全张或对开等大幅面页张、图表等纸叠，根据尺寸规格及要求，用单面切纸机裁切成所需规格幅面的工作过程，叫开料。

广义上讲，在印刷及印后加工过程中，除成品裁切外，对所有材料的裁切都叫开料。开料前，要求操作人员分析待开料的版面设计，正确确定开料方法。

一、开料的方法

开料的方法主要有以下三种，分别是正开、偏开和变开。

1. 正开

正开是将大幅面页张连续对裁，直至裁切到所需幅面的开料方法。这是最常用的一种开料方法，如图6-1（a）所示。

2. 偏开

在大幅页张上开出的各版块幅面相等，但又不是采用连续对裁的开料方法叫偏开。如将全张幅面平均划分成三块为三开，五块为五开，七块为七开等。这种开料方式较对开有一定难度。在一般书刊中，常用正开的开料方式，在挂历、画册等工作物上常采用偏开的开料方式，如图6-1（b）所示。

3. 变开

变开也称异开，指在一张全张纸上裁切出不同形状、不同开数的开料方法，如图6-1（c）所示。书刊中的插图常采用变开的方法。这种开料方式版面安排复杂，没有规律性。开料前需仔细确定开料方案。

开料所用的机器是单面切纸机，其规格不等，有全开、对开、四开三种。开料时可根据加工纸张幅面的大小及要求选用其中的一种。

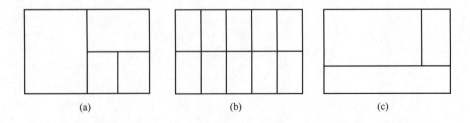

图 6-1 开料方法
（a）正开 （b）偏开 （c）变开

二、开料的质量要求

开料是印刷品制作过程的一个重要环节。开料的精度及正确性直接影响着印品套印的精度及印刷品装订的质量。开料的具体质量要求是：①裁切大张及各种常规插图的尺寸误差小于 2mm；②裁切图表时，以书刊正文尺寸为基准，误差小于 2.5mm；③裁切封皮时，书背与前口误差小于 2mm，天头、地脚误差小于 3mm；④裁切精装书壳硬纸板、中型纸板时，以书芯尺寸为基准，误差小于 1mm。

第二节 开料设备

开料所用的设备是单面切纸机。切纸机是印刷包装的重要设备，切纸机的性能直接影响到印刷包装的质量。提高切纸机的性能可以较大地提高包装产品的档次及印刷厂的工作效率。

目前的切纸机自动化程度有了很大提高，高档的切纸机都采用了触摸屏式的电脑控制。德国海德堡公司的波拉切纸机可通过控制系统 CIP4 的数据传输及控制，实现印前、印刷、印后连续的印刷工作流程。电脑程控切纸机的主要优点有：电脑控制推纸器前进和后退，且定位精度高；消除因丝杠机械磨损而产生的丝杠传动间隙，从而减少传动误差；工作更安全可靠；大屏幕液晶显示功能，每屏可查看几十个刀位，操作方便可靠；电脑自动编程，并可长期保存用户编写的裁切程序。

一、切纸机的分类与组成

裁切设备分为单面切纸机和三面切书机两大类。单面切纸机主要用于开料，也可裁切印刷的成品及半成品。三面切书机主要用于裁切各种书籍和杂志的成品，是印刷厂的装订专用设备。

按规格分，切纸机可分为全开、对开、四开等多种型号。使用时可根据裁切对象幅面的大小进行选择。按结构分，切纸机分为机械式、液压式和数控式三种。机械式切纸机指切纸机的压纸器和裁刀的工艺动作都是由机械结构（如连杆机构、滑块机构或是螺旋机构）完成的；液压切纸机压纸部件的压纸动作则是由液压系统实现和控制的；数控切纸机的推纸器、压纸器、裁刀的动作均由电脑程序控制，操作者输入预裁切的纸叠信息，机器便会自动生成最佳的裁切方案，并按最佳方案进行裁切。

图 6-2 所示为单面切纸机的主要部件组成图。不论是机械式切纸机、液压式切纸机还是数控式切纸机，其核心工作部件主要有

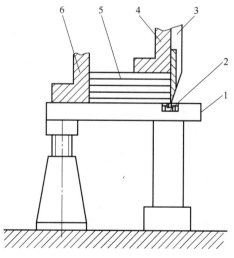

图 6-2 切纸机主要部件

1—工作台 2—刀条 3—裁刀

4—压纸器 5—纸张 6—推纸器

推纸器 6、压纸器 4、裁刀 3 和工作台 1。其中推纸器 6 是作为规矩用的，它推送纸张 5 并使其定位；压纸器 4 的作用是裁切过程中将纸叠压住，使纸张不能移动。裁刀 3 是由刀架和刀片组成的裁切装置，用来对纸叠施行裁切。在工作台 1 上的凹槽中嵌有胶木刀条 2，当裁刀下落裁切纸叠到达底层时，刀刃切入刀条内保证下层纸张完全裁断及保护刀刃。

二、常见的切纸机及技术规格

常见切纸机及技术规格如表 6-1 所示。

表 6-1　　　　　　　　　　　　常见切纸机及技术规格

产品名称	全张高速切纸机	全张切纸机	全张切纸机	全张切纸机
型号	QZHI-1A/QZHI-1B	QZ102	QZ103	QZ104
最大裁切宽度/mm	1245	1550	1300	1300
切断长度/mm	1250	1550	1300	1300
最大裁切高度/mm	125	130	130	130
裁切速度/(次/min)	32～34	25	30	25～36
工作台前部长度/mm	645	650	670	
工作台距离地面高度/mm	920	920	820	890
电机功率/kW	4.8	11.1	4	8.25
外形尺寸(长×宽×高)/mm	2520×1280×1720	2905×3360×1760	2528×2715×1600	2500×2800×1600
机器重量/kg	3000	5600	3500	3500
产品名称	全张高速切纸机	对开工切纸机	对开切纸机	对开切纸机
型号	QZ1300	DQ201	DQ202	QZ201T
最大裁切宽度/mm	1370	914	920	914
切断长度/mm	1300	940	920	1000
最大裁切高度/mm	130	120	120	120
裁切速度/(次/min)	30	23	30	23
电机功率/kW	4.5	1.5	3	1.5
外形尺寸(长×宽×高)/mm	2500×2900×1600	2110×1970×1740	2400×2100×1800	2100×1970×1740
机器重量/kg	3500	1100	1500	1100
产品名称	对开切纸机	液压切纸机	高速切纸机	切纸机
型号	QZ201	QZ205A	QZY1150 QZYK1150	QZX920 QZK920
最大裁切宽度/mm	920	920	1150	920
切断长度/mm	940	920	1150	920
最大裁切高度/mm	120	120	130	120
裁切速度/(次/min)	23	40	40	
最大压纸压力/kg		2000	4000	3000
电机功率/kW	1.5	5.3	3	3
外形尺寸(长×宽×高)/mm	2100×1970×1740	2115×1820×1630	2332×2350×1635	2060×2120×1445
机器重量/kg	1300	1900	2700	2100

第三节　机械式切纸机

机械切纸机是最基本也是应用最普遍的切纸机。它是液压式和数控式类型切纸机的基础。对机械切纸机加以自动控制装置及显示部件即可成为数控切纸机。将压纸器的压纸动力由曲柄连杆机构改为液压系统利用油压压纸时，机械切纸机就成为液压切纸机。

一、机器组成及结构特点

图 6-3 为 QZHI-01A 型切纸机的外形图。它由机座、机架（分前、后机架）组成一个龙门式的机体。工作台安装在机体上，自然形成前工作台（长 645mm）和后工作台（长 1250mm），推纸器安放在工作台后方，由丝杠带动其前后移动。

为操作安全，只有当双手同时按下开关时，机器才能被开动，裁刀才下落裁纸。

二、主要机构及调节方法

（一）裁刀的结构

裁刀是切纸机的主要部件之一，它的刃磨角度和裁切下落方式，对机器结构和裁切质量都有着重要影响。

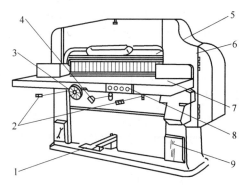

图 6-3　QZHI-01A 型切纸机

1—脚踏板　2—开车杆　3—手轮　4—控制杆

5—裁刀　6—压纸器　7—工作台

8—操纵按钮　9—电源开关

裁刀由刀体和刀片组成。刀片又分为刀片基体和刀刃两部分，刀片基体材料为低碳钢，刀刃则要求采用硬度高及耐磨性好的特种钢或合金钢，如图 6-4 所示。刀刃的裁切角 α 应根据被裁切物的软硬即被裁切物抗切力的大小来确定。很明显，α 角度越小刀越锋利，裁切物对刀刃的抗力亦小，机器磨损和功率消耗相应降低，裁切质量较高，切口整齐、光洁度好。但 α 角度如果太小，则刀刃的强度和耐磨性差，会影响裁切质量和裁切速度。我国目前所用刀片，其裁切角 α 的大小一般为 $16\sim25°$。如被裁切物是较硬的纸板，α 角可略大一些。

裁切不同纸张或其他物品裁刀的推荐角度如表 6-2 所示。

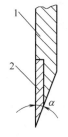

图 6-4　裁刀

1—刀体　2—刀刃

表 6-2　　　　　裁切各类与裁切角度对照表

裁切物的种类	裁切角 α
软纸（卷烟纸、复写纸、滤纸、吸墨纸）	16°
工业用织物、漆布和布料	16°
硬和密实的纸（铜版纸、书写纸、打字纸）	19～22°
绝缘纸、透明纸、涤纶纸、玻璃纤维织物	19～24°
硬纸板、胶合板	20～30°
铝、锡、锌金属薄膜	19°

（二）裁刀的运动形式

裁刀下落的运动形式直接影响机器结构和裁切质量，通常有下列三种运动形式。

1. 垂直下落运动

如图 6-5（a）所示，裁刀下落时，做垂直下落运动，裁切的运动方向与工作台面垂直，$\theta=90°$。在运动过程中，刀刃 1 始终平行于工作台 2。这种运动形式简单，机构容易实现。但由于刀刃全长同时与被裁切物接触，而且是垂直向下直碰纸叠，造成刀刃突变的冲击力。此时，纸叠会对裁切产生一突加的较大裁切抗力，纸叠弯曲变形大，因而影响裁切质量。

2. 倾斜直线下落运动

如图 6-5（b）所示，裁刀下落方向不再垂直下落而是与工作台成 θ 角（$\theta\neq90°$）。这种裁切下落方式，由于裁刀倾斜下落，其运动可以分解为垂直和水平两个方向，从而减少了裁刀向下的冲击力，裁切抗力较垂直下落时减少，因而裁切质量会有一定提高。

3. 复合下落运动

如图 6-5（c）所示，复合下落运动指裁切下落时不再作轨迹为直线的平行运动（像第一、二种形式那样）而是作复杂的平面运动。这种运动形式使得裁刀下落时，既有移动又有微小转动。裁刀开始下落时刀刃不平行于工作台面，裁刀 1 在开始下落时与工作台面夹角为 α（$\alpha=1\sim2°$），在裁切过程中，刀片作微小转动，使 α_1 逐渐减小，当裁刀下落到与刀条接触时，α_1 减小到 0，这时刀刃平行于工作台面。这种裁切方式的优点是刀刃最初与被裁切物不是全长接触，而是逐渐进入纸张进行裁切的，载荷没有突变，裁切质量高。当前国内外的切纸机大都采用这种裁切运动形式。

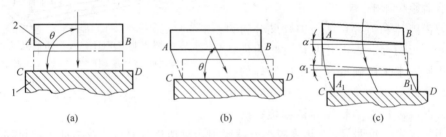

图 6-5　裁刀下落运动形式
1—裁刀　2—工作台

（三）压纸器结构

压纸器的作用是将裁切纸张压紧定位，使纸张在裁切过程中，不发生偏移，保证裁切精度。为满足这些要求，压纸器的压力大小须适当，调整方便，压纸器的起落时间和行程都必须和裁刀协调一致。

根据机器的结构，压纸器有以下三种不同形式。

1. 手动螺杆压纸器

图 6-6 所示为螺杆结构压纸器。手轮 6 和螺杆 5 固接在一起，工作时，旋动手轮 6，通过螺母 4 与螺杆旋合，螺杆下降，从而推动压纸器 3 向下运动，压住纸叠 2。纸叠被压紧后，螺杆不能继续向下运动。此时裁刀下落，裁切纸叠。这种压纸器所产生的压力在压紧定位后，不能自动调节。裁切过程中随着裁切力的逐渐增大，裁刀使纸叠压缩变形，压纸器施加于纸叠的压力逐渐减小，故裁切精度较差。如需改善这种情况，只能在一开始对纸叠施加超过裁切力的压力。这种压纸器常用于小型、简易切纸机上。

2. 弹簧结构压纸器

图6-7所示为弹簧结构压纸器。在该机构中，压纸器4对纸叠5的压力来自拉杆9上的拉伸大弹簧8。其工作过程为，凸轮2转动，使得弹簧8拖动压纸器下降。当凸轮2与滚子接触的部分由小面转向大面时，凸轮推动滚子带动摆杆1顺时针摆动。杆1、9、10及机架组成四杆机构，使杆10绕固定铰链顺时针转动，杆10带动杆11，杆11使三角板12绕三角板平面内的固定铰链逆时针转动，从而拉动杆13向下运动，进而拉动压纸器左边向下运动。当三角板12绕固定铰链逆时针转动时，通过三角板12右上角的铰链拉动杆15左移，从而使其右边三角板14绕其固定铰链顺时针转动，拉动杆3向下运动，杆3拉动压纸器右端向下运动。杆15是做成两截的，中间用一调整螺母7连接。转动螺母，可以改变杆15的长度。通过调节杆15长度可调节压纸器与工作台面的平行度。

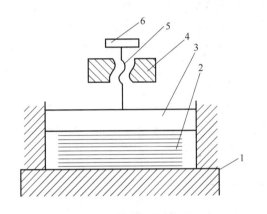

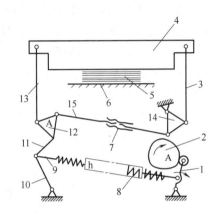

图6-6 螺杆结构压纸器

1—工作台 2—纸叠 3—压纸器

4—螺母 5—螺杆 6—手轮

图6-7 弹簧结构压纸器

1—摆杆 2—凸轮 3—拉杆 4—压纸器 5—纸叠

6—工作台面 7—调整螺母 8—拉簧

9、10、11、13、15—杆 12、14—三角板

具体调节结构是，在杆15的两接头部位车有螺纹，两端的螺纹旋向是相反的，即一端为左旋，一端为右旋。相应的调节螺母上的内螺纹也制成左右旋段螺纹。螺母与杆上螺纹旋合时，内外螺纹旋向相同的才能旋合在一起。这样拧动螺母时，杆的两接口端运动方向相反，从而实现杆的总体伸长或缩短。杆9上的大弹簧8是刚度很大的强拉力弹簧，主要是起缓冲作用。通常切纸机的裁切参数中，裁切高度为120mm，这就是说压纸器设计的最小工作范围应能压紧120mm高的纸叠，而当工作台表面的纸叠只剩下一张纸时，压纸器也应当压紧纸张。拉簧8就是为满足这一要求设计的。

当纸叠较低时，当凸轮小面转向大面时，压纸器下降，且下降距离较大，此时拉簧8拉伸不严重或者说只有较小的拉伸量。当纸叠较高时，当凸轮的最大面还没有接触到滚子时，压纸器已接触纸叠并压紧，此时，凸轮继续转动，若杆9上没有拉簧8，则杆9必被拉断，或机器过载。机构中加了拉簧8后，凸轮继续转动，大面作用于滚子时，拉簧8伸长，等于杆9又伸长了一节一样，使凸轮继续转动，杆1继续右摆，但两个三角板没有运动，即压纸器以压紧时的正常压力压紧纸叠，不会产生过载问题。

另外，两三角板的尺寸及转动铰链位置设计时应精确计算，以保证（背面）压纸器两端的拉杆 3 和 13 同步运动，从而保证压纸器平行压向纸叠。

使用中可根据实际情况调整压力，在裁切过程中压力基本保持不变。裁切时，纸叠被裁刀压缩，压纸器也随之下降将纸叠压实，裁切质量较高。这种机构应用范围广，其缺点是压力调整范围小，裁切过程中压力稍有降低。

第四节　液压切纸机

一、机器组成及结构特点

液压切纸机的主要工作部件与机械式切纸机相同，都由压纸器、推纸器、裁刀及工作台四部分组成。本节内容主要介绍液压切纸机的液压系统及工作原理。

液压切纸机的压纸器靠液压的作用使压纸器上下运动，并对纸叠加压。它的工作原理如图 6-8 所示。手动二位三通阀 1 有开、关两个位置，当手柄右移油路接通时，油泵 6 的高压油被送至油缸 2 底部，推动活塞 3 上升，经杠杆机构使压纸器 8 下压。其压力的大小，可以调节溢流阀 5 来得到。裁切完毕，扳动手柄使油缸接通油箱，在弹簧 4 的作用下，压纸器 8 上升复位。液压压纸器可以根据不同性质的纸张或裁切物来调整所需的压力。其压力的调节范围较大，且在裁切过程中，压力随纸叠高度的变化而自动调整，保持压纸器压力恒定。

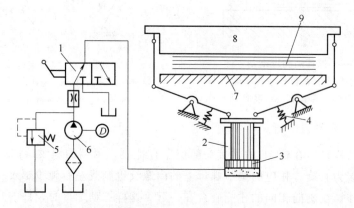

图 6-8　液压压纸器

1—二位三通阀　2—油缸　3—活塞　4—复位弹簧　5—溢流阀
6—油泵　7—工作台　8—压纸器　9—纸堆

二、QZ104 型液压切纸机

QZ104 型液压切纸机采用液压动力作为压纸器的压力源，压力大小调节容易、稳定性好、裁切精度高。裁刀下落运动采用蜗轮蜗杆传动，结构简单。工作台面上设有气垫装置，摩擦力小、纸叠移动滑行轻便。

QZ104 型切纸机技术规格

裁切最大宽度：1300mm

裁切最大长度：1300mm

裁切最大厚度：130mm

裁刀速度：26 次/min

压纸器下降速度：100mm/s

压纸器最大压力：3150kg

推纸器移动速度（机动）：140mm/s

裁纸机构电机：4kW/1450r/min

压纸油泵电机（2D）：2.2kW/960r/min

推纸器电机（4D）：0.37kW/1350r/min

气垫气泵电视（1D）：1.5kW/1450r/min

三、SQZKNJZ 型液压程控切纸机

SQZKNJZ 型切纸机是上海申威达机械有限公司生产的液压程控切纸机。

切纸机的型号及技术规格

1. SQZKNJZ 型切纸机的型号和主要规格（表 6-3）

表 6-3 　　　　　　　　　　**SQZKNJZ 型切纸机的型号和主要规格参数**

主要规格　　　型号	780	920	1150	1370	1550
最大裁切门幅（mm）	780	920	1150	1370	1550
最大裁切长度（mm）	780	920	1150	1370	1550
最大裁切高度（mm）	120	120	165	165	165
裁切速度（次/min）	40	40	42	42	36
最大压纸压力	30	30	40	45	55
工作台前伸出长度（mm）	500	610	715	725	750
工作台离地高度（mm）	900	900	900	900	900

2. SQZKNJZ 型切纸机主要技术参数（表 6-4）

表 6-4 　　　　　　　　　　**SQZKNJZ 型切纸机主要技术参数**

主电动机	100L2-4	3kW	1420r/min	（780，920 型）
	Y112M-4	4kW	1440r/min	（1150，1370 型）
	Y132S-4	5.5kW	1440r/min	（1550 型）
推纸电动机	DC	0.5kW	2500r/min	（780—1550 型）
风泵电动机	A1-7132	0.75kW	2860r/min	（780—1550 型）
机器外形尺寸（长×宽×高）	1880×2044×1445 mm　（780 型）			
	2130×2184×1445mm　（920 型）			
	2585×2625×1650mm　（1150 型）			
	2900×3340×1650mm　（1370 型）			
	2990×3052×1740mm　（1550 型）			
机器净重	1800kg　（780 型）			
	2100kg　（920 型）			
	3560kg　（1150 型）			
	3800kg　（1370 型）			
	4930kg　（1550 型）			

机器结构使用与调节

1. 裁切部件

切刀的传动是以主电动机经由 V 带带动带轮，通过液压摩擦离合器驱动蜗杆轴、蜗轮、可调拉杆组拉动刀床达到裁切目的。当刀床完成一次循环动作后，蜗轮轴后端的凸轮碰撞行程开关使液压系统的两个直流电磁阀复位。在弹簧作用下，液压摩擦离合器制动盘将杆轴制动，皮带轮即在蜗杆轴上空转。

在裁切过程中，双手必须同时揿住两裁切按钮，直到刀床下降到最低点，切刀切入塑料刀条为止。在此以前，操作者任何一只手或双手离开按钮，刀床均会立即停止下降，只有双手再同时揿动按钮，刀床才能继续下降裁切。在刀床完成一次循环动作后，若双手不释放按钮，刀床回升到最高位置后，由于电气的保证，刀床不会再次下降，保障操作者安全。

由于制动机构经常性工作，因而其制动带容易磨损，如不及时调整和更换，不仅会使间隙加大，使摩擦离合器动作缓慢，而且会造成极其危险的滑车现象，因此必须经常注意其磨损情况，并定期进行调整及更换制动带。

每次磨刀口时，必须注意冷却液是否充分，以免刃口退火。为了使刃口更锐利和更光洁，在裁切工作前应先用油石将刀片进行极精细的刃磨。同时在刀刃上经常涂抹一些肥皂和石蜡，以延长刃口的使用寿命。如果在裁切过程中发现部分裁切面有刀片拉纸现象时，也应该及时刃磨刀片。

2. 液压系统工作原理

SQZKNJZ 液压系统的工作原理如图 6-9 所示。图 6-10 所示为液压控制阀的位置结构图。

当需裁切纸叠时，双手揿住工作台前的两个切纸按钮，这时电磁阀 7 关闭，常闭电磁阀 6 变通路，主油泵的高压油进入压纸油缸，使压纸器下降压紧纸叠。到达预定压力时，主油泵后续的油通过压纸压力调节阀 2 流回油箱。

揿动裁纸按钮后，压纸器下降压纸，在主油泵油路到达一定压力时压力继电器 5 动作，使电磁阀 9 关闭，使副油泵的油改变流向进入离合器油缸，推动摩擦盘使蜗杆蜗轮转动，带动刀床进行切纸工作，副油泵后续的油通过裁切力调节阀 10 流回油箱。

当刀床完成一个循环后，蜗轮轴后端的凸轮碰撞行程开关，电磁阀 9 和电磁阀 7 即复位成通路，主、副油泵输出的油仍流回油箱，刀床停止运动，压纸器靠回位拉簧上升至最高位置，电磁阀 6 复位成闭路。

在裁切过程中，如红外线安全保护开关被遮，切刀立即停动，电磁阀 6 关闭，而压纸器仍稳压在纸叠上。

传动原理图 6-9 与液压、控制阀位置（图 6-10）上的阀件编号是一致的，所以按传动原理图 6-9 所提到的阀件编号与图 6-10 编号相对应。

机器进入裁切时，压力油进入压纸油缸，压纸油缸活塞上移，推动压纸器下移压紧纸叠，同时一部分压力油进入液压摩擦离合器的活塞推动离合盘与皮带轮接合，通过蜗轮蜗杆拉动刀床下降，进行裁切。图 6-11 为压纸油缸的结构图。

一次工作循环结束后，蜗轮轴后端的凸轮碰撞行程开关，压纸油缸卸荷，压纸器上移复位，叶片泵的输出油经过溢流阀回油箱。

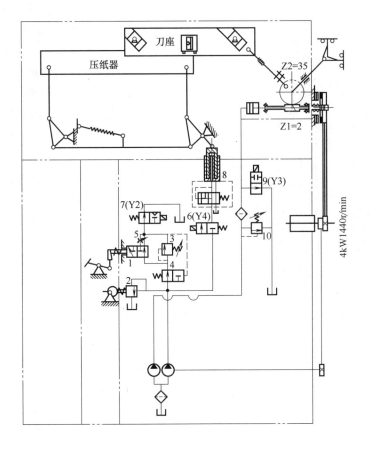

图 6-9　传动原理图

1—脚踏试压阀　2—主压力调节阀　3—脚踏压力调节阀　4—压纸压力测量点　5—压力继电器

6—压纸常闭电磁阀　7—压纸常开电磁阀　8—裁切力测试点　9—裁切电磁阀　10—裁切力调节阀

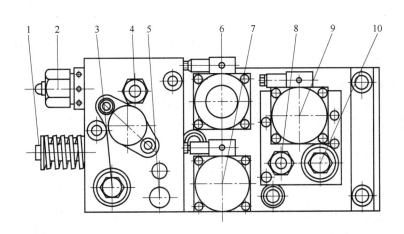

图 6-10　液压控制阀位置图

1—脚踏试压阀　2—主压力调节阀　3—脚踏压力调节阀　4—压纸压力测量点　5—压力继电器

6—压纸常闭电磁阀　7—压纸常开电磁阀　8—裁切力测试点　9—裁切电磁阀　10—裁切力调节阀

油箱所用的液压油需根据环境温度选择不同黏度的油。一般季节可用 10# 机械油，夏季可用 20# 机械油。液压油箱内的容油量为 30L 左右。液压油要定期检查更换，一般半年至一年更换一次。在灌油前应先把油箱进行清洗，灌油时用 120 目的过滤网过滤。

四、QZYK92E 液压程控切纸机

QZYK92E 切纸机是浙江国威机械有限公司生产的液压程控切纸机。该机使用液压系统作为动力使压纸器压纸，具有压力恒定和持续保压的优点。

QZYK92E 切纸机传动系统采用蜗轮蜗杆减速机构，结构紧凑。该机在工作台的结构上做了较大的改进，将传统的后工作台中间开槽结构取消，使工作台面中间无槽缝，避免了灰尘进入导轨和传动丝杠中。在工作台面的两侧设有两根平行导轨，推纸器向前推纸平稳，克服了传统切纸机上推纸器左右两端因受力不均而产生的摆动，从而提高了纸张裁切的定位精度。该机具有光电安全保护装置、刀床防连刀安全装置、过载保护装置和双手连锁操作安全保护系统等。

图 6-12 所示为 QZYK92E 切纸机的外形图。从图中可见，液压系统在机器的右箱体内。在机器的副机架（前墙板）右上部安放电脑操作面板。面板上有显示屏、编程控制

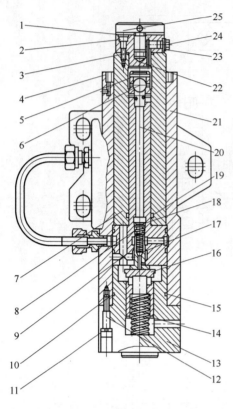

图 6-11　压纸油缸结构图

1—垫片　2、12—圆柱头内六角螺钉
3、10、15、19—橡胶密封圈　4—骨架式油封
5、8—弹性圆柱销　6—钢球　7—活塞柱
9、14—弹簧　11—弹性垫圈　13—油缸盖
16—下阀芯　18—上阀芯　20—油缸阀芯
21—油缸　22—活塞盖　23—垫圈
24—内六角螺塞　25—活塞顶

按钮，可方便地设计裁切程序，裁切精度较高。

（一）QZYK92E 切纸机主要技术规格（表 6-5）

表 6-5　　　　　　　　　QZYK92E 切纸机主要技术规格

最大裁切宽度(mm)	920	送纸电机	0.37kW
最大裁切长度(mm)	1100	风泵电动机	0.55kW
最大裁切高度(mm)	120	整机系统反应(ms)	≤125
裁切速度(次/min)	40	整机消耗功率	4kW
裁切压力(N)	6000～35000	刀片尺寸(mm)	1100×127×12.7
工作台前伸长度(mm)	650	外形尺寸(长×宽×高)(mm)	2200×2150×1500
工作台距地面高(mm)	880	机器重量(kg)	2600
主电动机	3kW/380V	外包装尺寸(长×宽×高)(mm)	2280×1400×1850

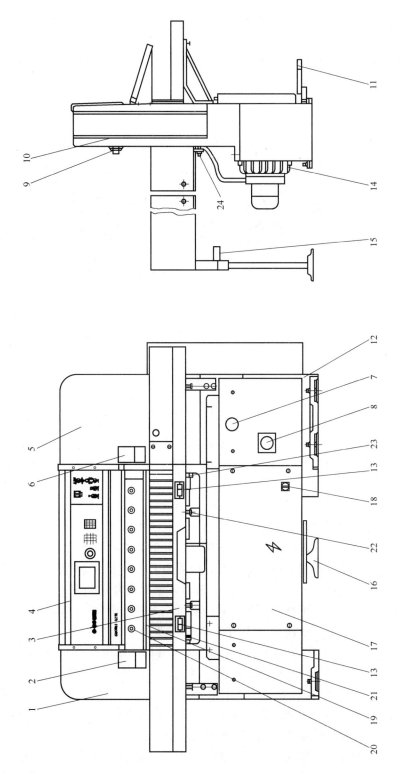

图 6-12　QZYK92E 切纸机的外形图

1—副机架　2—光电保护发射盒　3—主工作台　4—电脑操作面板　5—开关面板　6—光电保护接收盒　7—压力表
8—调压力手轮　9—滑块偏心轮　10—主机架　11—脚踏板　12—液压系统　13—裁切按钮　14—气泵　15—伺服电机
16—工作台后支承　17—电器箱　18—总电源开关　19—压纸器　20—刀床　21—内六角螺栓（M12×50）
22—外六角螺栓（M12×55）　23—主机架凸台　24—方头螺栓（M12×85）

（二）QZYK92E 切纸机液压油路及传动

1. 机器主传动原理

机器主传动原理图如图 6-13 所示。机器的主传动包括裁刀的运动、压纸器的运动及推纸器的运动三部分。

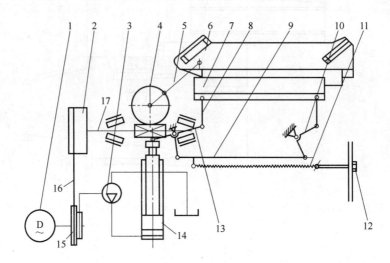

图 6-13　传动原理图

1—主电机　2—皮带轮　3—液压油泵　4—蜗轮　5—拉杆　6—刀床　7—压纸器　8—压纸器拉杆　9—摆杆
10—连杆　11—回位拉簧　12—螺钉　13—摆杆　14—液压油缸　15—皮带轮　16—皮带　17—蜗杆轴

（1）裁刀的运动　主电机 1 通过皮带轮 15、皮带 16、皮带轮 2 带动蜗杆轴 17 转动。蜗杆轴 17 带动蜗轮 4 转动，在蜗轮 4 上有一销孔，通过销孔与拉杆 5 形成活动铰链，因此蜗轮通过活动铰链、拉杆 5 拉动刀床上下运动。刀床的左右两端各有一个滑槽，两槽不平行，有 2°左右的差异。在切纸机的墙板（机架）上对应刀床滑槽的位置用活动铰链安装滑块，左右滑块分别处在左右刀床的滑槽中。此滑块与墙板连为一体，不能滑动，但可以绕固定中心转动。裁刀被拉杆 5 带动下落时，裁刀两端的滑槽和滑块产生相对滑动。因两滑块中心距离固定，而两滑槽却不平行，因而裁刀在向下移动的同时会产生一个整体的微小转动，角度一般为 1~2°。这就形成了裁刀下落的复合运动形式。这种滑块式运动形式，工作较摆杆式更平稳可靠，目前在高档切纸机上多采用这种裁切结构。

（2）压纸器的运动　如图 6-13 所示，电机带动油泵 3 工作后，油泵中的高压油进入油缸 14 底部，高压油推动活塞向上运动，活塞上移时又推动摆杆 13 左端上摆，其右端则下摆，从而通过压纸器拉杆 8 向下拉动压纸器左端，又通过一套杆机构，压纸器 7 右端也被同步向下拉动。摆杆 13 的下端通过连杆 10 拉动摆杆 9 顺时针摆动，从而通过连杆拉动压纸器 7 右端向下运动。压纸器靠弹簧 11 的作用返回原位。压纸器返回时，压力油变低压并流回油箱，在弹簧恢复力作用下活塞复位，缩入缸体中。

（3）推纸器的运动　推纸器由专门的电机带动，其传动如图 6-14 所示。从图中可以看出，在切纸机的后工作台底部装有伺服电机 1，电机 1 通过同步带带动螺杆 3 转动，推纸器中间部位有螺纹孔。螺纹孔与螺杆旋合，螺杆沿轴线无移动，因而相当于螺母的推纸器由于螺旋运动的结果，必然沿着螺杆轴线方向移动，实现了推纸器的推纸动作。图中

2、5 为轴承座，螺杆两端通过轴承安装在轴承座中。

本推纸器固定在一个由支撑梁、传动臂及左、右侧板组成的矩形刚性框架上。推纸器以工作台底面两侧导轨定位导向，通过丝杠转动在工作台上前后移动推动纸叠。丝杠置于工作台下中心线上。工作台两边的导轨保证了推纸器的运动方向和工作精度。推纸器的工作端齿板底面与工作台面贴在一起，推纸器在工作台面上滑动。

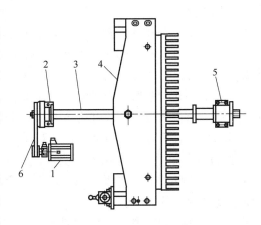

图 6-14　推纸器传动图

1—伺服电机　2—后轴承座　3—螺杆

4—推纸器　5—前轴承座　6—同步带

推纸器的调节如图 6-15 所示。调节推纸面与工作台面的垂直度是通过调整螺杆 3 来实现的。其调节步骤是：先松开两螺钉 14（M16 × 95）和锁紧螺钉 8 以及螺母 6（M24），顺时针旋转调节螺杆将推纸器壳体尾部上提，使推纸面与工作台面的夹角减小。逆时针旋转则使转动夹角增大。调好后稳定调节螺杆，再将螺母 6 及锁紧螺钉 8 紧固，将两螺钉 14 锁紧。

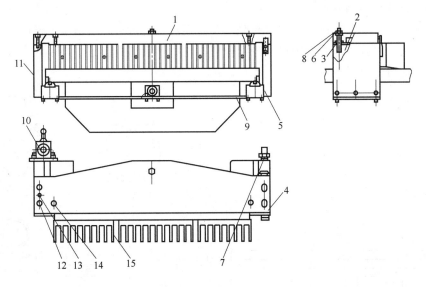

图 6-15　推纸器的调节

1—支撑梁　2—壳体　3—垂直度调节螺杆　4—压簧挡板　5—右侧板　6—螺母　7—平行度调节螺杆　8—螺钉
9—传力臂　10—手撳油泵　11—左侧板　12—螺钉　13—转销　14—螺钉　15—齿板

调节推纸面与刀口平行度是通过调整平行调整螺杆 7 来实现的，调整前先用内六角扳手松开锁紧螺钉 8 和锁紧螺母 6，同时松开与左、右侧紧固的四个 M16×85 螺钉 12，再旋转平行度调整螺杆 7，并检测推纸面与刀口的平行度是否合格。调好后，先锁紧螺钉 8，再紧固锁紧螺母 6，拧紧推纸器支承两端的 M16×85 螺钉 12。

操作工作台前手柄可控制推纸器的运动。拉出手柄，推纸器快进；用手指按手柄中心的小按钮，使推纸器快退。若需少量的调整推纸器的位置时，推动手柄并旋转即可。

2. 推纸部件

工作台上装有气垫装置，当风泵电动机开始运转，风泵开始工作，借助气垫的作用，操作者可以轻快地移动纸叠，从而大大降低劳动强度。为了保证裁切精度，在压纸裁切和推纸器自动往返移动时，气垫不送气，只有当手动推纸器及用手移动纸叠时气垫送气。

推纸器必须与裁切线始终保持平行状态，否则会使裁切的纸张左右长短不一，造成废品或返工。所以当失去平行时就必须调整推纸器。

推纸器的运行有以下四种方式可以选择：

① 按动面板手动按钮可实现快进、慢进、快退、慢退。

② 数字输入法。按动数字键，输入一个尺寸，然后按 MOVE 键，推纸器就会自动运行到给定的尺寸位置上。

③ 半自动方式。当一个裁切过程结束后，推纸器自动进给到下一个裁切位置，这种工作方式称为半自动方式。

④ 全自动方式。除第一次裁切循环按裁切按钮外，在程序段内的其他尺寸位置上都是自动定位，自动裁切。这种工作方式称为全自动方式。

（三）QZYK92E 切纸机程序控制

QZYK92E 切纸机属于程控切纸机。图 6-16 为该机的程控面板功能图，图 6-17 为该机的开关面板符号说明图。

通过程控面板，可以设置裁切的极限尺寸。通过键盘可以设定若干个极限尺寸。按程序裁切时，推纸器推至一个极限尺寸处定位、裁切，然后再进行下一个极限尺寸的相同操作。还可以通过键盘对裁切尺寸输入编程。

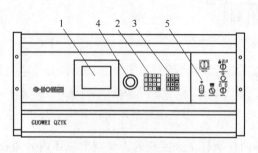

图 6-16 QZYK92E 切纸机程控面板功能图
1—液晶显示器 2—计算功能键
3—程控功能键 4—微调手轮
5—功能开关

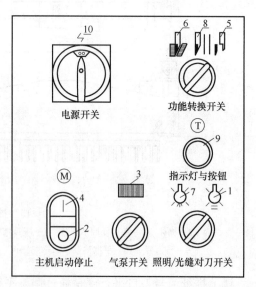

图 6-17 开关面板符号说明
1—对刀灯 2—主机停止 3—气垫开关 4—主机调动
5—换刀 6—正常裁切 7—照明灯 8—点动功能
9—切刀指示灯与点动按钮 10—电源

输入完一个尺寸，按下确定键保存。输入的尺寸数值要在极限范围内，否则数据无效。

第五节 三面切书机

切书是指将经过印刷的页张，经折、配、订、包等工序加工后切去三面毛边的操作过程。在精装工序中切书是指书芯在扒圆起脊造形前进行天头、地脚及前口裁切的工序。三面裁切在三面切书机上进行。三面切书机的裁切质量高、速度快，是现代化装订机械中不可缺少的书刊裁切专用设备。

一、机器的组成及结构特点

三面切书机由机架、传动机构、操纵机构、送书夹书机构、压紧机构、裁切机构、收书机构等部分组成。

在三面切书机上，侧刀和前刀是主要的工作部件。侧刀和前刀下落时，必须作曲线运动，以保证裁刀受到较小的裁切抗力，顺利裁断纸张。为保证操作工人的安全，在机器上设有联锁安全装置。当刀罩开启，操作人员检修机器时，若有人开动机器，联锁安全装置起作用，机器不能开动，防止发生事故。

夹书机构中的夹书器由夹书凸轮控制，通过凸轮连杆机构将需要裁切的书叠夹紧后送至裁切位置。

压书机构是通过凸轮运动使拉簧产生强拉力，在拉力作用下，压书器压紧书叠。前刀的下落采用凸轮连杆机构及滑块辅助作用实现。侧刀的下落由两滑块与刀床上两条不平行的滑道做相对运动获得。

二、传 动 系 统

图 6-18 是 QS-02 型三面切书机的传动系统图。切书机的动力来自主电机 1，经 V 带和摩擦离合器 2 带动轴 I，再经斜齿轮 27、26 和直齿轮 21、19 两次减速，带动主轴 III。主轴 III 上装有夹书凸轮 C_1、配对送书凸轮 C_2、压书凸轮 C_3、出书凸轮 C_4、停车凸轮 C_5 以及控制侧刀和前刀作间歇运动的齿轮 20 和 24。其余各机构运动均受主轴 III 的控制。

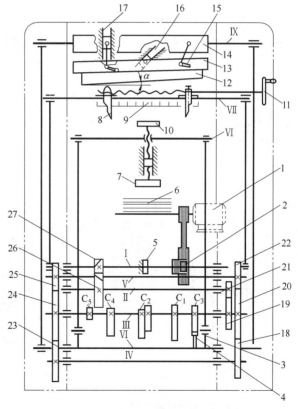

图 6-18 三面切书机传动系统

1—主电机 2—离合器 3—曲柄 4—滚子 5—电磁闸 6—书叠
7—压书器 8—侧刀 9—标尺 10—手轮 11—侧刀手轮
12—前刀 13—刀体 14—横梁 15—调整手柄 16—斜滑道
17—直滑道 18～27—齿轮

三、主要机构及调节方法

三面切书机的工作过程是，脚踏操纵器→夹书器夹书→送书→压书器下降→侧刀下→前刀下→出书。

三面切书机的主要机构有脚踏操纵机构、夹书机构、送书机构、压书机构、侧刀机构、前刀机构、出书机构等。

1. 脚踏操纵机构

脚踏板操纵机构工作原理如图6-19所示。踏下脚踏板时，通过杆1、2和3，开关杆4向左移动，再经杆5使摩擦离合器6结合，开动机器。

脚踏板操纵机构与前刀罩18有一联锁安全装置。当前刀罩18开启时，不允许开动机器，否则易造成伤亡事故。为此在前刀罩18的内侧装有一跷杆17，当前刀罩18开启时，跷杆17放松弦线16，挡板12被弹簧11拉下，将墙板14上的小孔13挡死，开关杆4不能向左移动，脚踏板10也就无法踏动，机器不能开动，起到保护作用。若前刀罩放下，跷杆17被压下，弦线16拉紧，挡板12提起，开关杆4向左穿过小孔，离合器合上，机器可开动工作。

2. 夹书机构

夹书机构如图6-20所示。夹书机构的作用是将书叠夹紧，而后由送书机构送往裁切位置。夹书机构的张开和夹紧由凸轮7控制，凸轮7安装在轴6上。凸轮7每转一周，通过

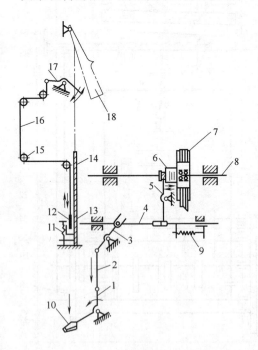

图6-19 脚踏板操纵机构

1、2、3、5—连杆 4—开关杆 6—离合器
7—带轮 8—轴 9、11—弹簧 10—脚踏板
12—挡板 13—小孔 14—墙板 15—滑轮
16—弦线 17—跷杆 18—前刀罩

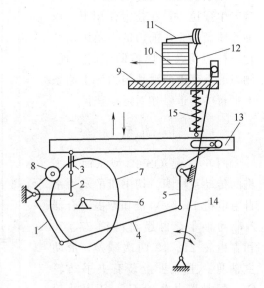

图6-20 夹书机构

1~5—杠杆 6—轴 7—凸轮 8—滚子
9—工作台面 10—书叠 11—压舌板
12—夹书器 13—抬杆 14—摆杆 15—弹簧

杆 2、3、1、4 和 5 迫使抬杆 13 作两次抬升。当抬杆上升时，弹簧 15 被压缩，压舌板 11 上升，书叠 10 被放松。抬杆 13 下降时依靠弹簧力将书压紧。

根据书堆高度可以调整压舌板的高度。依靠送书摆杆 14，夹书器 12 完成向前送书和后退复位工作。

3. 送书机构

送书机构的作用是将被夹紧的书叠连同夹书器一起送至裁切位置。

送书机构原理如图 6-21 所示。送书摆杆 15 用以带动夹书器 16，机构的动力来自主轴 6 上的凸轮 5。凸轮 5 推动滚子 1 和滚子 2，使整个摆架绕固定轴 3 摆动。摆架上的连杆 7 带动主体 9 绕另一固定轴 4 摆动，于是在主体 9 上的送书摆杆 15 带动夹书器 16 作往复运动，完成送书工作。

微动开关 14 是一安全装置。当夹书器被卡住无法前进时，送书摆杆与主体 9 发生相对转动，拨动微动开关 14，切书机停车。当压书器下降把书叠压紧后，夹书器复位，准备下一工作循环。

裁切不同宽度的书籍时，（因前刀的位置是固定的）应调节送书摆杆 15 向前摆动的幅度，即改变夹书器 16 向前送书的行程。方法是，先松开螺母 8，然后旋动手柄 11，使螺母 8 沿丝杆上升下降，观察标尺箭头 13 在标尺上的移动量，当达到所需要的数值时，再将螺母 8 紧固。

4. 压书机构

压书机构如图 6-22 所示。压书机构是在被裁切的书叠到达裁切位置后，凸轮 5 由大

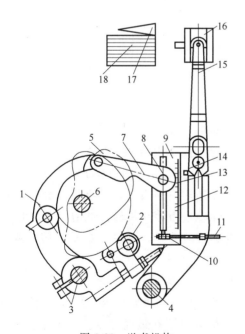

图 6-21　送书机构

1、2—滚子　3、4—固定轴　5—凸轮　6—主轴
7—连杆　8—螺母　9—主体；夹书器　10—齿轮
11—手柄　12—标尺　13—标尺箭头　14—微动开关
15—摆杆　16—夹书器　17—压舌板　18—书叠

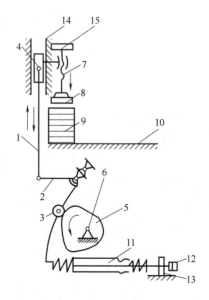

图 6-22　压书机构

1—拉杆　2—摆杆　3—滚子　4—滑块　5—凸轮
6—轴　7—螺杆　8—压书板　9—书叠
10—工作台面　11—拉簧　12—手摇柄
13—机架　14—滑道　15—手轮

面转向小面与滚子接触，在强力拉簧 11 的作用下，通过摆杆 2、拉杆 1 以及滑块 4，使压书板 8 下降，压住书叠 9。凸轮 5 装在主轴 6 上，轴 6 每转一周，压书板升降一次。

可转动手轮 15 调整压书板的高度以压紧不同厚度的书叠。转动手柄 12，可以调整强力拉簧 11 的拉力，即调整压书板下压时的压力。

5. 侧刀机构

侧刀下落运动是由齿轮间歇机构完成的，如图 6-23 所示。

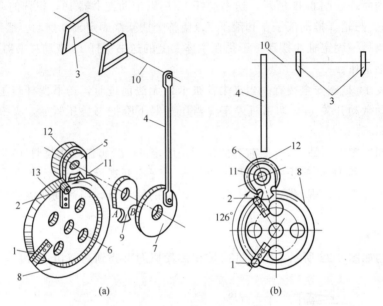

图 6-23　侧刀齿轮间歇运动机构

（a）立体图　　（b）平面图（不含曲柄轮 7）

1、2—拨柱　3—侧刀　4—连杆　5—止动块　6、10、11—轴　7—曲柄轮

8—止动环　9—拨盘　12—扇形齿轮　13—齿轮

图中图 6-23（a）是按装配位置画出的立体图；图 6-23（b）是移去曲柄轮 7 看到的视图。其中扇形齿轮 12、止动块 5、拨盘 9 和曲柄轮 7 是用螺栓固定在一起的。

当机器运转时，由轴 6 带动齿轮 13 作匀速转动，固定在 13 上的拨柱 1 随着转动进入拨盘的 B 槽，带动拨盘和齿轮 12 转动。由于齿轮 12 是非完整齿轮，其有齿部分与齿轮 13 啮合时，被齿轮 13 带动旋转，齿轮 12 上有齿部分转过后停止旋转。此时拨盘 9 也随着转了一周，其上的 A 槽正好对准拨柱 2。齿轮 13 继续转动时，拨柱 2 进入 A 槽，带动拨盘 9 转一角度使其复位。图 6-23（b）是拨柱 2 刚脱离 A 槽时的情况。

大齿轮 13 的边缘上装有一止动环 8。非完整齿轮 12 上固结一马蹄形止动块 5，正好跨在止动环上方。其作用是当非完整齿轮 12 上无齿部分转到与齿轮 13 相对时，能使曲柄轮 7、非完整齿轮 12 处在一定的位置固定不动，而侧刀停留在最高位置。由于止动块 5 卡在止动环 8 上，侧刀 3 才不致因重力作用滑下，造成事故。另外，曲柄轮 7 和非完整齿轮 12 每次停止位置固定不变，拨盘 9 的停止位置也就相应不变，从而保证了拨柱 1 每个周期都能顺利地进入 B 槽内。止动环 8 及止动块 5 在此起止动和固定作用。

大齿轮 13 转一周，非完整齿轮 12 就作一次间歇运动。从图 6-23（b）中可以看到在拨柱 1 和 2 之间的 126° 是非完整齿轮 12 和齿轮 13 的啮合区，只有在此范围内非完整齿轮 12 是转动的，从而带动曲柄轮 7 和连杆 4，使侧刀 3 完成一次升降、剪切动作。

侧刀滑道结构如图 6-24 所示。当侧刀轴 10 沿机架两侧的斜滑道 3 下滑时，与轴 10 固接在一起的滑块 5 还要沿着辅助滑道 4 下滑。由于这两个滑道不平行，彼此相交一个很小的角度，使侧刀下降时既有移动又有转动。侧刀在最高位置时，与工作台面夹角为 $\alpha(2\sim3°)$，裁切结束到达工作台面时应与台面平行。侧刀下落采用这种复合运动的形式，可减少冲击力，增加工作稳定性。

6. 出书机构

出书机构的作用是将裁切好的书本送走。图 6-25 所示为出书机构的工作原理图。输送带 9 在微电机 17 带动下连续转动，把已经裁切好的书本送走。输送带 9 和微电机 17

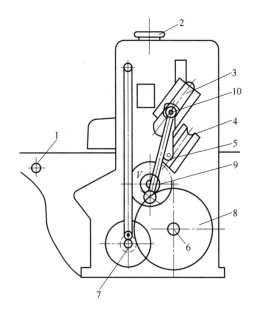

图 6-24　侧刀滑道
1—停车按钮　2—压书器手轮　3—斜滑道　4—辅助滑道　5—滑块　6、10—轴　7、8、9—齿轮

等做一个整体往复运动，即裁切书本时，它向前移离开工作台（L 增加），以便使裁切下来的纸屑迅速掉入屑斗内。随后出书台又移回接近工作台（L 减小了），接住推送过来的已裁切好的书本。

出书台往复运动的动力源是轴 6。在轴 6 上装有一端面槽凸轮 13，槽凸轮 13 转动，通过滚子 14 使摆杆 1 作上下摆动，再经过中间连杆 4、摇杆 3 和连杆 2，出书台即可往复运动。

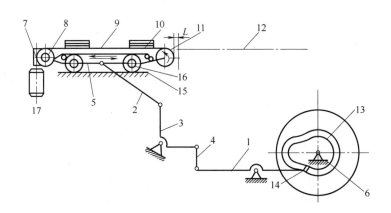

图 6-25　出书机构
1—摆杆　2、4—连杆　3—摇杆　5—出书台　6—轴　7—蜗杆　8—蜗轮　9—输送带　10—书叠
11—传动轮　12—工作台面　13—槽凸轮　14—滚子　15—机架　16—滚轮　17—微电机

思考题

1. 什么叫开料？图示说明开料的种类？
2. 简述裁切设备的分类及组成。
3. 简述 SQZKNJZ 液压系统的工作原理。
4. 三面切书机由哪几部分组成？对照机构简图，说明各部分的工作原理。
5. 裁刀的运动形式有几种？各有什么特点？
6. 说明气垫工作台的作用？

第七章　书芯加工工艺与设备

第一节　折页工艺与设备

折页是书刊装订的第一道工序。通过折页，将较大幅面的印张折叠成一个个小幅面书帖，然后经过配帖、包本和裁切等工序，完成通用书刊的装订工作。

一、折　页　工　艺

(一) 从印张到书帖

将印张按照页码顺序折叠成书刊开本大小的帖子，将大幅面印张按照要求折成一定规格的幅面，这个过程称为折页。折成几折后成为多张页的一沓，称为书帖。

大页印张在书刊装订时首先要加工成书帖，才能进行下一工序的加工。

(二) 折页形式

折页形式随版面排列方式的变化而变化。在选择折页形式时，还要考虑书芯的规格、纸张厚薄等因素的影响。折页可分为平行折、垂直交叉折和混合折三种形式，图 7-1 所示。

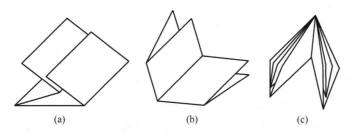

图 7-1　折页方式

（a）平行折　（b）垂直交叉折　（c）混合折

相邻两折的折缝相互平行的折页方式称为平行折页法。平行折页法适用于纸张结实的儿童读物、图片等。平行折又可分为扇形折、卷筒折（即卷心折）及对对折三种，如图 7-2 所示。

相邻两折的折缝相互垂直的折页方式称为垂直交叉折页法。大部分印张都采用垂直交叉折页法进行折页。

在同一书帖中，折缝既有相互垂直的，又有相互平行的，这种折法称为混合折页法。根据折页的方向又可分为正折和反折。逆时针折页为正折，顺时针折页为反折，如图 7-3 所示。

(三) 折页的质量要求

折页的质量对书刊加工的优劣有直接关系。一般情况下，书帖折数越多，其误差越

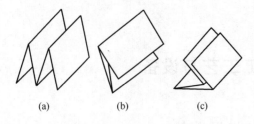

图 7-2　扇形折和卷筒折

（a）扇形折　（b）卷筒折　（c）对对折

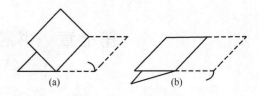

图 7-3　正折和反折

（a）正折　（b）反折

大，折数越少，误差越小。因此，书帖一般折叠次数最多为四折（即最多为十六张页厚）。实践证明，进行 4 次折页后的书帖还能够保证书帖页码与纸边的精度要求，即符合装订成册的加工质量要求。其质量标准及要求如下：①所折书帖无折反页、颠倒页、双张、套帖、白版、折角等问题；②书帖页码位置误差不超过 3mm，折口齐边误差不超过 2mm；③折完后的书帖外折缝中黑色折标居中一致，整齐地露在书帖最后一折的外折缝处；④打孔刀打孔位置准确，能正确地划在折缝中间处，破口以划透、划破、不掉落页张为宜；⑤用于锁线订的书帖前口毛边比前口折齐边大 4mm，以配合锁线机的自动搭页工作的顺利进行；⑥折完的书帖页面整齐、清洁、无撕页、无死折，保持书帖平整。

二、刀式折页机

刀式折页机是利用折刀将印张压入相对旋转的一对折页辊中完成折页工作的。刀式折页机的优点是折页精度高，操作方便。缺点是折页速度低，结构较复杂。

折页机的型号编制方法如下：

$$\frac{ZY}{折页（ZheYe）机} \quad \frac{1}{全张纸} \quad \frac{04}{顺序号} \quad 全张刀式折页机$$

（一）机器组成及工作原理

刀式折页机由给纸系统、折页系统和电器控制系统三部分组成。它适用于折叠 40～100g/m² 的纸张，可实现自动给纸、分切并折叠成各种规格的书帖。

其结构特点是，每一折的折刀都是由凸轮连杆机构带动，做往复的直线运动或接近直线的定轴摆动，以将待折印张或书帖送入折刀下方一对高速旋转的折页辊之间的缝隙处。通常在第一折后装分切刀，用于纸张的分切。在第二折与第四折之间装花轮刀，用以给下一折的折线处打孔，以便排出书帖中的空气，为后面的装订工序做好准备。

图 7-4 所示为刀式折页机的工作原理。折页机上印张的分离和输送由自动给纸机完成。给纸机将印张 1 交给传送带 2，由传送带 2 带着印张 1 向前运动。当印张快要到达一折刀 4 下面时，由于有四个压纸球 3 压在正在前进的印张上，增加了纸张前进的阻力，使印张缓慢而平稳地运行到一折刀 4 的下面。此时，第一折页辊 8 的盖板 7 正处于合拢位置，印张顺利通过，到达前挡规 5 进行纵向定位。这时，压纸球 3 的中心压在后纸边上，使印张不能后退，进行纵向准确定位。完成纵向定位后，安置在一边的侧拉规 6 将印张朝侧向拉齐，进行横向定位。

两个方向定位完成后，凸轮控制折刀 4 向下运动，将待折印张插入两折页辊之间的缝

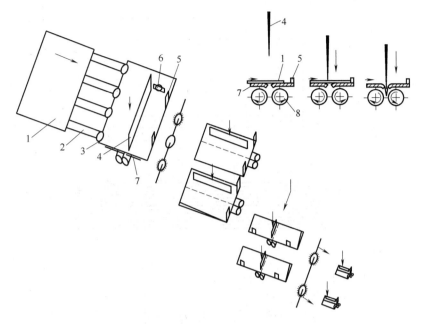

图 7-4　刀式折页机工作原理图

1—印张　2—传送带　3—压纸球　4—折刀　5—前挡规　6—侧拉规　7—盖板　8—折页辊

隙处。在一折刀的刀片上装有 6 根定位针，折刀下落时，首先由定位针扎住印张，保证定位好的印张在受到折刀冲击时不致歪斜和错位。折刀继续下降，印张被折刀压入两块盖板 7 的开口中，折刀下降到一定的深度后（约离折页辊中心 4.2mm）就不再下降，随即上升复位。印张 1 由于传送带的推动和折刀冲击的惯性作用仍继续向下运动，进入两个相对旋转的折页辊 8 之间的缝隙中，依靠折页辊和印张之间的挤压和摩擦作用完成一折折页工作。当印张从一折页辊下面的滑纸块经过时，切断刀在印张中间进行切断，同时打孔刀在二折线上进行打孔。被切断和打孔的一折书帖由传送带送到二折位置，重复上述过程。进行第二、三折时，同时在下一折的折缝处打孔，以利于排出书帖内的空气。之后依次完成三折、四折。

图 7-5 所示为全张刀式折页机的平面布置图。从图中可以看出，折页前每一折书帖都要进行前后方向和侧向的定位。在第一折后装有分切用的切断刀 10，将一折后的书帖分成两个书帖。然后，两个书帖同时转向二折、三折或四折折页处进行折页。从图上可以看出，从二折开始，各折页工位都有两套。因此一个周期可同时加工出两个书帖。但一折后的切断刀也有不用的时候。此时二折后的每一工位就只有一套机构工作。

图 7-5 中 26 为分纸片，它的作用是将切断刀切开的纸张分开，使二折侧向定位。

（二）传动系统

全张刀式折页机的传动系统包括给纸机的传动系统和主机传动系统两大部分。主机传动部分是折页机的主要部分，因此，这里仅介绍主机传动系统，如图 7-6 所示。主机传动系统包括主体传动、折刀传动和折页辊传动三部分。

（1）主体传动　电动机通过带轮 D_1、D_2 带动轴 I，将动力分三路传给轴Ⅲ、一、二折页辊和给纸机。具体传动如下：轴 I 上固定安装着三个齿轮：直齿轮 Z_1、Z_2 及锥齿轮

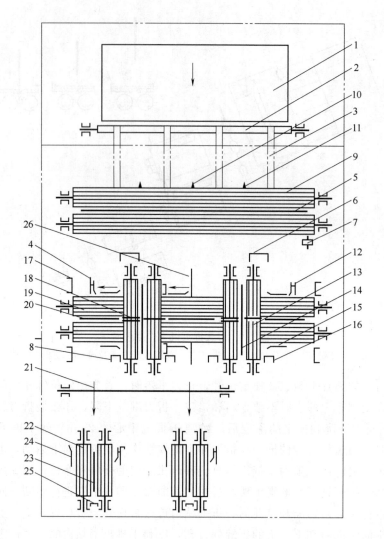

图 7-5　全张刀式折页机平面布置图

1—印张　2—布带辊　3—传送带　5—折刀　6—前挡规　7—侧挡规　9—折页辊　10—切断刀　11—打孔刀

4、12—弹簧片　13—二折页辊　14—二折刀　15—三折侧挡规　8、16—二折前挡规　17—三折前挡规

18—打孔刀环　19—三折页辊　20—三折刀　21—打孔刀　22—四折页辊　23—四折刀

24—四折侧挡规　25—四折前挡规　26—分纸片

Z_3。Z_1 与轴Ⅲ上的齿轮 Z_{16} 相啮合，带动轴Ⅲ转动。轴Ⅲ为折页机的分配轴，它将动力分配给全机四个折页部分，齿轮 Z_2→齿轮 Z_5→齿轮 Z_7→齿轮 Z_4→齿轮 Z_{13}，带动第一折页辊组运动。齿轮 Z_5→齿轮 Z_7→锥齿轮 Z_8→锥齿轮 Z_9，带动第二折页辊组 8 转动。Ⅱ轴上有一固定齿轮经过一介轮将运动传给切断刀，带动切断刀转动切断书帖。给纸机的传动动力来自圆锥齿轮Ⅰ轴上的 Z_3，Z_3 与锥齿轮 Z_4 啮合，通过万向联轴器将动力传给给纸机。轴Ⅲ转动一周，各折刀完成一次折页动作。

（2）折刀的运动　折刀的运动都是由凸轮连杆机构来实现，通过从动杆来控制的。凸轮 C_1、C_2、C_3、C_4 分别控制一折刀 5、二折刀 7、三折刀 9、四折刀 11 的运动，折刀凸轮分别安装在Ⅲ轴、Ⅴ轴和Ⅶ轴上。

在Ⅲ轴上固定有 2 个凸轮 C_1 和 3 个凸轮 C_3，C_1 通过杆 4 上下往复运动。在杆 4 上固定有一折刀 5，一折刀 5 随杆 4 上下运动，将纸张压入相对旋转的折页辊 6 之间的缝隙处。因第一折刀长度大，质量也大，所以沿刀的长度方向，在刀的两端有两套相同的机构同步工作，一起将折刀举起和落下。当凸轮 C_1 由大面转向小面时，一折刀 5 在弹簧 4 回复力和自身重力的作用下下落，凸轮 C_1 由小面转向大面时，杆 4 将一折刀 5 抬起，大面圆弧的长度对应一折刀抬起后在上方停顿的时间。

凸轮 C_3 固定安装在Ⅲ轴上。从Ⅲ轴的水平投影可以看出，在Ⅲ轴上装有三个相同的凸轮 C_3。从平面布置图上看到，在三折工位上共有三套相同的折页机构。根据书帖折页方式（正折或反折）可以选用左边两套或是右边两套机构。每一套机构都由一个凸轮 C_3 控制。二折工位和四折工位都是由两组机构工作，每组机构各由一个凸轮控制。凸轮 C_2 装在Ⅶ轴上，用于控制二折刀 7 动作。凸轮 C_4 装在Ⅱ轴上，用于控制四折刀 11 动作。另外，从传动系统图中，可以看到在轴 Ⅴ 上还装有一折收帖凸轮 C_1'、四折收帖凸轮 C_4'、二折收帖凸轮 C_2'，在Ⅶ轴上装有三折收帖凸轮 C_3'。凸轮 C_1'、C_2'、C_3'、C_4' 为四个收帖机构用凸轮。

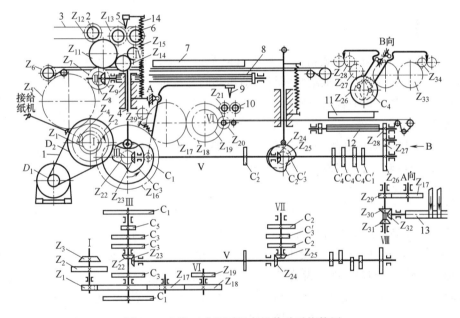

图 7-6　全张刀式折页机主机传动系统简图

1—皮带　2——折布带辊　3—传送带　4—杆　5——折刀　6——折页辊　7—二折刀　8—二折页辊

9—三折刀　10—三折页辊　11—四折刀　12—四折页辊　13—三折布带辊　14—弹簧

图 7-7 所示为全张刀式折页机四把折刀的凸轮时间分配图。从图 7-7 可知，该时间分配图的零点位置设在一折开始上抬的时刻。在一周 360° 的时间内，一折刀是在 0～110° 内上抬，然后停留在折页辊上方。到 250° 时，停留结束，开始下落折纸，至 360° 时下落折纸动作结束，一折刀又停留在最低点，即回到原来的零点位置，一折刀完成一个周期动作。二折刀是在 240° 开始上抬，第一周期结束后二折刀继续上抬，直到下一周期的 18° 完成上抬动作。18～138° 时间内停留在折页辊上方，在 138～240° 时间内二折刀下落折页。从时间分配图可见，二折刀开始上抬的时刻（240°）比一折刀下落时刻（250°）提前 10° 的

时间。三折刀、四折刀的时间分配动作叙述从略，读者可自己从图中用同样的方法分析得出。

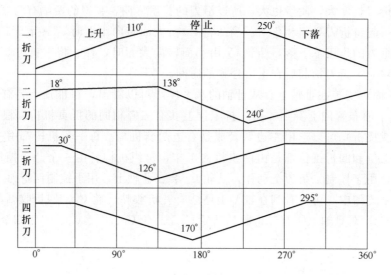

图 7-7　折轮时间分配图

（3）折页辊的运动　刀式折页机每组有两个折页辊，其中一个折页辊的位置是固定的，另一个是可调的。折页辊组协同折刀动作共同完成折页工作。如前所述，两个折页辊的相对转动是由两个相啮合的齿轮传动实现的。固定位置的齿轮为主动轮，带动可调的折页辊上的齿轮转动。

① 一折页辊运动。电机→皮带轮 D_1 →皮带轮 D_2 → Ⅰ 轴→齿轮 Z_2 →齿轮 Z_5 →齿轮 Z_7 →齿轮 Z_{11} →齿轮 Z_{13} ，齿轮 Z_{13} 带动一折页辊 6 转动。

一折皮带辊 2 转动。

Ⅰ 轴转动→齿轮 Z_2 →齿轮 Z_5 →齿轮 Z_7 →齿轮 Z_{11} →齿轮 Z_{12} ，带动一折皮带辊 2 转动，从而带动皮带运动，皮带上有待折书页，从而实现了书页的输送。

② 二折页辊运动。电机→皮带轮 D_1 →皮带轮 D_2 → Ⅰ 轴→齿轮 Z_2 →齿轮 Z_5 →齿轮 Z_7 → Ⅱ 轴→齿轮 Z_8 →齿轮 Z_9 ，齿轮 Z_9 带动二折页辊 8 转动。

Ⅱ 轴上还安装有一个齿轮（在传动系统图中未示出），该齿轮通过一个介轮带动切断刀轴转动，从而带动切断刀转动，切断书帖。

一折后打孔刀的运动也同切断刀的运动一样，但带动打孔刀架上齿轮的是Ⅲ轴上的两个齿轮。

与切断刀、打孔刀配合使用的刀环安装在Ⅳ轴上，Ⅳ轴是由电机通过 D_1 → D_2 → Ⅰ 轴→ Z_2 → Z_5 → Z_7 → Z_{11} → Z_{14} → Z_{15} 带动的。

二折皮带辊 13 的运动由 Z_5 与 Z_6 啮合实现。

③ 三折页辊运动。三折页辊 10 的运动是由轴Ⅲ通过齿轮 Z_{16} →齿轮 Z_{17} →齿轮 Z_{18} →齿轮 Z_{21} 的一系列传动来实现。

三折皮带辊 13 的传动路线如图 7-6 的 A 向视图所示。 Z_{17} 带动 Z_{29} 、 Z_{29} 带动轴Ⅷ轴。Ⅷ上有两个圆锥齿轮 Z_{30} 、 Z_{31} ，当 Z_{32} 与 Z_{30} 啮合时，皮带运动的方向如图中箭头所示，这就是进行反三折皮带辊运动的方向。当 Z_{32} 与 Z_{31} 啮合时，皮带辊运动方向要与前者相反，实现正三折。

④ 四折页辊运动。Ⅲ轴上圆锥齿轮 Z_{22} 与 Z_{23} 相啮合，带动Ⅴ轴。再由Ⅴ轴上齿轮 Z_{26} 经介轮 Z_{27} 及 Z_{28} 带动四折页辊 12 转动，如图 7-6 的 B 向视图所示。

四折皮带辊的传动路线：

Ⅲ轴→ Z_{16} → Z_{17} → Z_{18} →Ⅵ轴→ Z_{19} → Z_{20} 。 Z_{20} 转动时带动第四折皮带辊转动。

（三）主要机构及调节方法

全张刀式折页机的主要机构有给纸机构、折页机构、拉规、切断和打孔装置、自动控制装置、收帖装置等。这里只介绍折页机构、拉规、切断和打孔装置，对给纸机构、自动控制机构等从略。

1. 折页机构

刀式折页机的折页机构主要由折刀和折页辊两大部件组成。折页机构是折页机上最主要的机构，折页机构的精度直接影响折页质量。

（1）折刀运动机构　折刀的运动形式有往复移动式和往复摆动式两种，它们的运动一般都是利用凸轮机构或者凸轮连杆机构来实现的。图 7-8（a）、（b）中折刀是往复摆动

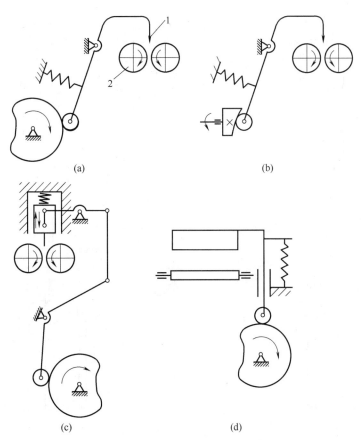

图 7-8　折刀的运动形式

（a）往复摆动式折刀 1　（b）往复摆动式折刀 2　（c）往复移动式折刀 1　（d）往复移动式折刀 2

1—折刀　2—折页辊

的，(c)、(d) 中的折刀是往复移动的。在 ZY104 折页机上，一、二折刀的运动形式如图
7-8 (d) 所示，而三、四折刀的运动如图 7-8 (a) 所示。从运动迹线上分析，(c)、(d)
结构中折刀做的是往复移动，运动精确度高，折页质量高。而 (a)、(b) 结构中是微小的
定轴摆动，折刀是用弧线代替直线，所以精度较低，且由于悬臂较大，易产生一定的振
动，机器的工作稳定性差。但有时设计中考虑到工作空间等因素，还是经常采用图 7-8
(a)、(b) 这种往复摆动式结构。

图 7-9 所示为 ZY104 折页机第一折折页机结构图。折刀部件主要由刀体 17、刀片 14、
长杠 11、拉杆轴 6、滑块套 3、滑块 1 等零件组成。刀体 17 上装有长杠 11，刀片 14 用螺
钉 15 紧固在长杠 11 上。刀体 17 和拉杆轴 6 由垫圈 7、刀体套盖 9 及螺母 10 紧固在一起
并随之升降。导向套 5 用螺钉紧固在机架上，作用是为拉杆轴 6 导向。拉杆轴 6 下端安装
着滑块套 3，滚子 2 用螺栓销轴装在滑块套 3 上。滑块套 3 上有一个长槽 K，滑块 1 安装
在长槽 K 内，并能在槽内滑动。一折刀凸轮 C_1 的轴Ⅲ就装在滑块 1 的孔里。在弹簧 8 和

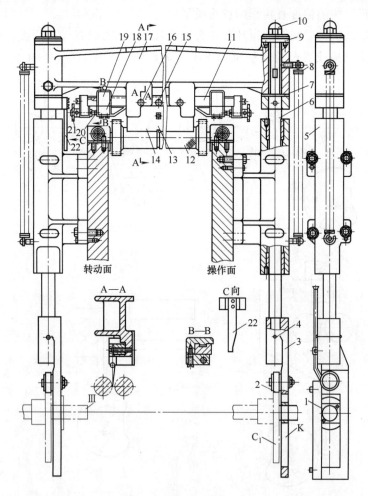

图 7-9　折页机构结构示意图

1—滑块　2—滚子　3—滑块套　4—圆锥销　5—导向套　6—拉杆轴　7—垫圈　8—弹簧　9—刀体套盖
10—螺母　11—长杠　12—折页辊　13—定位针　14—刀片　15—螺钉　16—螺钉　17—刀体
18—楔块　19—滑块　20—螺杆　21—手轮　22—斜面凸块

折刀自重的作用下，滚子 2 始终和一折刀凸轮 C_1 保持接触。随着轴 Ⅲ 的传动，凸轮 C_1 带着一折刀做上下往复移动，将印张插入两折页辊之间的缝隙处。

长杠 11 两端的调节装置用来调节一折刀的高低位置。调节时松开螺钉 16，转动手轮 21，使螺杆 20 带动楔块 18 左右移动，则长杠 11 连同紧固在其上的刀片 14 升高或下降，楔块 18 往里移动，折刀位置降低；反之，折刀位置就升高。调好后再紧固螺钉 16（见图 7-9 A-A 视图）。根据需要，两套调节装置可同时调整，也可单独调整。刀片刃口沿长度方向应与折页辊轴线平行，即刀片两端的高低应一致。如图 7-9 B-B 所示，与楔块 18 与滑块 19 紧固在一起，滑块 19 起导向作用。

折页辊上面的盖板开合由斜面凸块 22 来控制，如图 7-9 C 向视图所示。两块盖板中有一块固定在机架上，另一块可以移动。纸张定位完成后，一折刀下降时，斜面凸块 22 随之下降，将活动盖板向侧面推动。这样在固定盖板与活动盖板之间形成一定缝隙，刚好使折刀能够下降插入其中，并将印张插入两折页辊之间。随着折刀的回升，斜面凸块 22 也同步上升，活动盖板在弹簧作用下复位，两盖板又处于合拢状态，等待下一张纸通过，完成一个工作循环。

（2）折页辊　刀式折页机上每一对折页辊之间的缝隙应当合适，应能保证书帖顺利通过，且使两辊与书帖之间能够形成一定的摩擦力。两折页辊就是靠这个摩擦力将书帖碾出，完成折页的。由于纸张或书页的厚度经常变化，因此要求两个折页辊之间的间隙可调。为此，每对折页辊中有一个折页辊轴两端的轴套固定在轴承座上，而另一折页辊两端的轴套则是可以移动的。图 7-10 所示为 ZY104 折页机一折页辊结构简图。折页辊 1 两端的轴颈装在轴套 4 里，轴套 4 装在轴承座上，折页辊 1 安装有齿轮 11（即传动图中的齿轮 Z_{13}）和齿轮 12，齿轮 11 转动带动折页辊 1 转动，折页辊 1 上另一端的齿轮 12 与折页辊 2 上的齿轮 13 啮合，带动折页辊 2 转动。纸张由折刀压入，折页辊相对旋转完成折页工作。折页辊 2 两端轴颈装在滑动轴套 5 里，滑动轴套 5 上装着螺杆 7。旋转螺母 9 可以

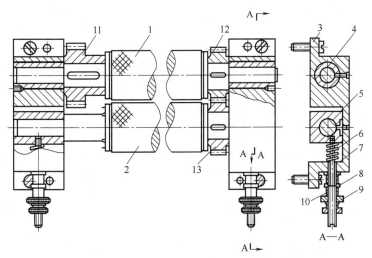

图 7-10　折页辊

1、2—折页辊　3—轴承座　4—轴套　5—滑动轴套　6—压簧　7—螺杆　8—垫圈
9—螺母　10—垫管　11、12、13—齿轮

使螺杆 7 带动轴套 5 移动,从而实现两个折页辊之间距离的调节。由于被折纸张厚度变化微小,实际上两个折页辊之间的距离调节量很小,因此,两折页辊上的齿轮齿隙虽有变化,但对传动影响不大。在印刷机械设备上常采用这种方法改变两滚筒或两折页辊的中心距。

因为折页辊的形状误差和位置误差会直接影响折页精度和质量,因此对折页辊的形状及两折页辊之间的轴线平行度都有严格的要求。标准 JB 1879-77 规定:①第一、二折折辊组工作面和装齿轮轴面对两端轴颈面的径向跳动不大于 0.03mm,组装后径向跳动不大于 0.04mm;②折辊组装后轴向窜动 0.05~0.10mm;③折辊工作表面全长圆柱度公差见表 7-1;④折辊外圆的椭圆度不大于 0.02mm;⑤第一、二折折辊和栅刀混合式折页机第二折折辊组装后,折辊与基座的不平行度公差不大于 0.05mm,每组两折辊相对不平行度不大于 0.05mm;⑥折辊传动齿轮的精度不低于 JB 179-60 规定的 8 级。

表 7-1   折辊工作表面全长圆柱度公差

规 格	全张		对开		四开	
折 辊 组	一折	二折	一折	二折	一折	二折
全长不圆柱度公差/mm	0.03	0.02	0.02	0.015	0.015	0.015

2. 拉规

纸张一般在横、纵两个方向定位。用来进行前后方向定位的规矩称为前规,用来横向定位的规矩称为侧规。因前规机构比较简单,在此只介绍侧规机构。侧规又分为侧拉规和侧推规。

侧规上的规矩挡板与纸张前进方向平行,侧规需专门的传动机构将纸张向左右方向拉动或推动,从而使纸张在侧挡板靠齐定位。

拉规运动简图如图 7-11 所示。当摆杆 1、连杆 2 摆动到图 7-11 (a) 所示位置时,合板 5 张开,纸张从合板 5 与底板座 9 之间穿过。随着Ⅲ轴的转动(传动系统图中),带动凸轮连杆机构,使得拉杆 6 向左运动。摆杆 1 带着连杆 2 绕 O 点顺时针摆动。当连杆 2、摆杆 1 即将处于共线位置时[图 7-11 (b)],合板 5 与底板座 9 之间间隙变小,胶辊 4 压在纸张的表面上,在拉杆 6 继续向左运动的同时,齿条 7 也向左运动,齿条 7 与齿轮 3 啮合带动胶辊 4 逆时针转动。依靠摩擦力,小辊 10 围绕自己的轴心顺时针转动,胶辊 4 与小辊 10 对滚,夹住纸张并将其推向挡板 8 处进行侧向定位。当摆杆 1 到达图 7-11 (c) 所示位置时纸张定位已完成,合板 5 即将张开。到 7-11 (d) 所示位置时,合板 5 已张到最大高度,连杆 2、摆杆 1 运动到了左边极限位置。此时,定好位的纸张早已离开胶辊,而后摆杆 1、连杆 2 又在凸轮连杆机构控制下由拉杆 6 带回到右边极限位置,合板 5 再次张开准备迎接下一张纸的通过。螺钉 15 的作用是调节合板 5 的起始位置。螺钉 14 的作用是改变胶辊的工作起始位置,从而改变胶辊 4 与小辊 10 之间的压紧力。另外,弹簧 13 为压缩弹簧,起机构缓冲作用。

3. 切断与打孔装置

纸张折页数越多,书帖抗弯能力越强,折页质量降低。又因折页过程中,书帖中的空气不易逸出,导致折页时纸张产生皱褶。折页机上设有切断与打孔装置。其中切断的作用将一个书页分成两个书页,这样可使出来后的书帖厚度变薄,降低书帖的抗弯能力。打孔装置的作用是在下一折的折缝处打孔,将书帖内的空气排出,便于下折折页,防止纸张产

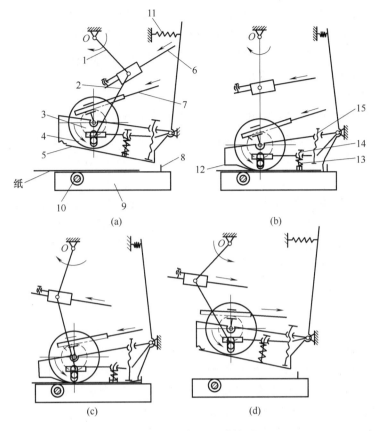

图 7-11　拉规运动简图

(a) 合板 5 张开，纸张通过　(b) 纸张向挡板 8 运动，进行侧向定位

(c) 侧向定位完成　(d) 合板 5 张到最大，准备下张纸通过

1—摆杆　2—连杆　3—齿轮　4—胶辊　5—合板　6—拉杆　7—齿条　8—挡板　9—底板座

10—小辊　11、13—弹簧　12—弹簧片　14、15—螺钉

生皱褶。

全张刀式折页机一折辊下面装有两个打孔装置和一个切断装置。它们都装在Ⅱ轴上和Ⅱ轴同步旋转。切断装置位于两个打孔装置的中间。打孔装置与切断装置的结构基本相同，区别在于切断装置上装的是切断刀片，而打孔装置上装的是打孔刀片。

图 7-12 所示为切断装置结构简图。手柄 1 空套在轴 8 上，齿轮 Z_1、Z_2 和 Z_3 分别固定在轴 10、轴 9 和小轴 5 上。齿轮 Z_1 的动力来自轴 10，齿轮 Z_1 经介轮 Z_2 带动 Z_3，齿轮 Z_3 所在的小轴 5 上装有切断刀片 4，切断刀片 4 与装在轴 8 上的刀环 7 相配合，使得从一折辊下来的纸张经滑纸块 6 进入切断刀片 4 和刀环 7 之间，通过两者的相对运动将其切断。刀环 7 的转动由轴 8 带动。图 7-12 A 为切断刀工作时手柄的位置。如不用切断

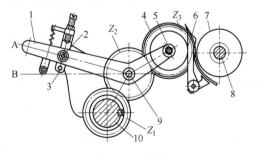

图 7-12　切断装置

1—手柄　2、3—定位销孔　4—切断刀片

5—小轴　6—滑纸块　7—刀环　8、9、10—轴

刀，可将定位销从孔 2 拔出，使手柄绕轴 9 逆时针转到 B 位置，再将定位销插入孔 3。此时小轴 5 也随手柄 1 绕轴 9 的固定轴线转过相应的角度，切断刀片 4 抬起，刀片 4 与刀环 7 之间距离加大，机器再工作时，刀片 4 与刀环 7 尽管仍在转动，但不能再将纸张剪切断，即此时机器的分切功能不起作用。

（四）栅栏式折页机

栅栏式折页机利用折页栅栏与相对旋转的折页辊相互配合完成折页工作。栅栏式折页机的折页速度快，折页方式多，但折页精度较低，不适宜折叠较薄或挺性较差的纸张。栅栏式折页机应用也较为广泛。

1. 机器组成

栅栏式折页机由机架、传动机构、给纸机、折页系统、收帖台及气泵等组成。栅栏式折页机通常适用折 $40\sim100\text{g/m}^2$ 的新闻纸、有光纸、凸版纸、胶版纸、铜版纸等。机器从给纸到收帖自动完成，无级变速。调节折页系统，可实现以不同的折法连续生成的书帖。

2. 工作原理

栅栏式折页机与刀式折页机的折页机构不同，刀式折页机由折刀和折页辊配合完成折页，而栅栏式折页机则是由折页栅栏和折页辊配合完成折页工作。

ZY201 栅栏式折页机工作原理如图 7-13 所示。纸张由给纸机进行分离和输送，当纸张被送到输纸辊台上时，由于传送辊在水平面上倾斜安装，使得纸张自动向着挡规的一面靠齐定位。纸张继续向前运行，当运动到折页辊时［如图 7-13（a）所示］，两个相对旋转的折页辊 2、3 将纸张高速送入上折页栅栏 4，撞上栅栏挡规。由于纸张后部继续向前运动，而纸张前部又无法继续向前，纸张被迫折弯。如图 7-13（b）所示，折弯的纸张由相对旋转的折页辊 3、7 带动向下运动，如遇到下栅栏 5 封闭，则继续转弯，从折页辊 7、8 之间的缝隙中出来，完成第一折页，如图 7-13（c）所示。纸张在三个折页系统中的折页原理都是一样的，如纸张被二折输纸辊组输送到二折系统中的两个折页辊之间，然后由这两个折页辊高速对滚将书帖送入某一栅栏中，进行折页。依次重复上述过程，可完成三折和四折。

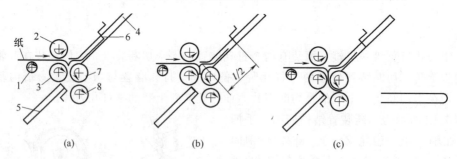

图 7-13　ZY201 折页机工作原理简图

（a）纸张进入上折页栅栏　（b）纸张进入折页辊 3、7 之间，向下运动　（c）纸张进入折页辊 7、8 之间，完成一折
1—传送辊　2—折页辊　3—折页辊　4—上栅栏　5—下栅栏　6—挡规　7、8—折页辊

栅栏式折页机折页方式多，调节或封闭折页栅栏可实现不同形式的折页。ZY201 折页机第一折页系统能完成卷筒三折、扇形四折等平行折。利用第一折页系统与第二、三折页系统配合可实现垂直交叉折，单独使用第三折页系统也可进行平行折。

图 7-13 是进行了一次折页，且是正折页方式。反折、平行折、扇形折、卷筒折的折

页过程见图 7-14～图 7-17。其中，l 为被折纸张长度。

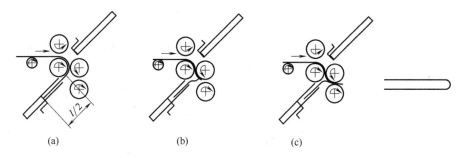

图 7-14　反折的折页过程

（a）纸张进入下折页栅栏　（b）纸张折弯，向折页辊 7、8 之间运动　（c）纸张进入折页辊 7、8 之间，完成一折

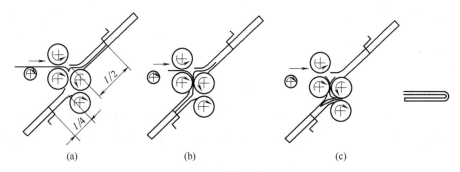

图 7-15　平行折的折页过程

（a）纸张进入上折页栅栏　（b）纸张进入下栅栏　（c）完成二折平行折页

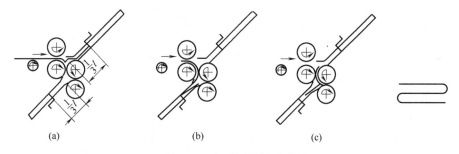

图 7-16　扇形折的折页过程

（a）纸张进入上折页栅栏　（b）纸张进入下栅栏　（c）完成二折扇形折页

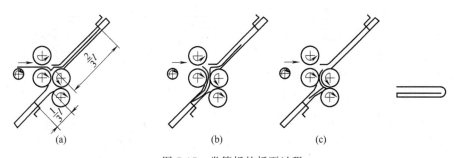

图 7-17　卷筒折的折页过程

（a）纸张进入上折页栅栏　（b）纸张进入下栅栏　（c）完成二折卷筒折页

第二节　配页工艺与设备

配页又叫配帖，是指将书帖或单张书页按页码顺序配集成书册的工序。配页工序是书刊装订的第二大工序。大张印页经折页工序变成了所需幅面的书帖，一本书刊的书芯由若干个书帖按页码顺序集配组成。

一、配页工艺与设备

1. 配页工艺

配页的方式有两种：套配法和叠配法，如图 7-18 所示。

套配法常用于骑马订法装订的杂志或较薄的本、册，一般是用搭页机配页。其工艺是将书帖按页码顺序依次套在另一个书帖的外面（或里面），使其成为一本书刊的书芯，如图 7-18 （a）所示。

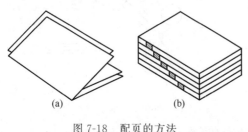

图 7-18　配页的方法
（a）套配法　（b）叠配法

叠配的工艺是按各个书帖的页码顺序叠加在一起，如图 7-18 （b）所示。叠配法适合配置较厚的书芯。用叠配法完成配页的机器叫配页机。配页机生产效率高，在工厂应用广泛。目前，大部分书籍都是用叠配法进行配页的。

2. 配页设备

将书帖按照页码顺序配集成册的机器叫配页机。书册采用套配法配页时，配页机就是骑马订生产线中的搭页机。

根据配页机叼页时所采用的结构及其运动方式的不同，可分为钳式配页机和辊式配页机两种。辊式配页机又分为单叼辊式配页机和双叼辊式配页机两种。

配页机由机架、贮页台、传递链条、气泵、传动装置、吸页机构、叼页机构、检测装置及收书装置等构成。

图 7-19 （a）所示为钳式配页机的工作原理图。叼页工作是由往复移动的叼页钳 2 完成。叼页钳往复运动一次，叼下一个书帖。叼页钳的张合由凸轮机构控制。当叼页钳向斜上方运动时，张开钳口准备叼页；咬住书帖之后，叼页钳返回，把书帖放到下面的传送链条上。

图 7-19 （b）所示辊式配页机的工作原理图。叼页部分是利用连续旋转的叼页轮与叼页轮上的叼牙配合完成叼页的。叼页轮带着叼牙旋转，叼牙转到上方时叼住书帖，转到下方时放开书帖，使书帖落到传送链条的隔页板上。叼牙的张合由叼页

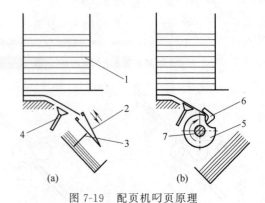

图 7-19　配页机叼页原理
（a）钳式配页机的工作原理　（b）辊式配页机的工作原理
1—书帖　2—叼页钳　3—拨书棍　4—吸嘴
5—叼页轮　6—叼牙　7—配页机主轴

凸轮控制，叼页凸轮每转动一周，完成一帖（双叼配页机为两帖）的叼页工作。

配页机的工作原理如图 7-20 所示。配页机的贮页台 3 上装着挡板 2，将待配的书帖 1 按页码顺序分别放在挡板内。挡板下面装有吸页装置和叼页装置（图中未画出）。当机器运行时，吸页装置将挡板内最下面的一个书帖向下吸约 30°的角度，配页机的叼页装置将此书帖叼出并放到传送链条 6 的隔页板上（图中未画出），再由传送链条上装着的拨书棍 4 将书帖带走。配齐后的散书芯由传送辊 7 通过皮带传动运走。

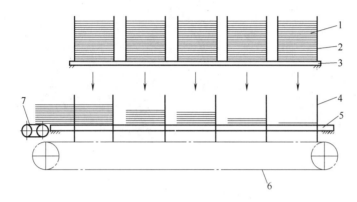

图 7-20 配页机工作原理

1—书帖 2—挡板 3—贮页台 4—拨书棍 5—机架 6—传送链条 7—传送辊

如果配页过程发生多帖、缺帖等故障时，配页机的书帖检测装置会发出信号，由抛废书机构将废书抛出。当传送链条上发生乱页现象时，机器自动停机，并示出发生乱页的部位，以便操作人员进行及时的调整与维修。

二、辊式配页机及主要机构

辊式配页机由机架、贮页台、吸页分页机构、辊式叼页机构、传递链条、传动装置、气泵、书帖多帖或少帖的检测装置及收书装置等组成。

辊式配页机按叼页主轴转一周叼书帖的数量分为单叼辊式配页机和双叼辊式配页机。主轴转一周叼下一个书帖的配页机为单叼辊式配页机，叼下两个书帖的配页机为双叼辊式配页机。

辊式配页机的主要机构有分页机构、叼页机构、收书机构及检测装置等。

1. 分页机构

分页机构的作用是把挡板里最下面的一个书帖与成叠书帖分开，并通过分页爪与吸嘴配合将其向下吸一个角度，为叼页机构咬住此书帖作好准备。各种辊式配页机的分页机构的工作原理和结构大致相同。

PY05 配页机的分页机构如图 7-21 所示。该机有 18 个贮页台，每台由一个分页凸轮控制分页爪和吸嘴的往复摆动。每 6 个贮页台共用一个气阀控制凸轮。分页凸轮和气阀控制凸轮都固定在配页机主轴上。配页机主轴每转一周，分页机构就在分页凸轮、气阀控制凸轮的协调控制下进行两次分页工作。

当主轴转动时，带动分页凸轮 21 转动。弹簧 15 使扇形板 14 上的滚子 17 紧靠分页凸轮 21。因此，分页凸轮转动时，扇形板 14 便绕轴 13 的轴心往复摆动。当分页凸轮大面

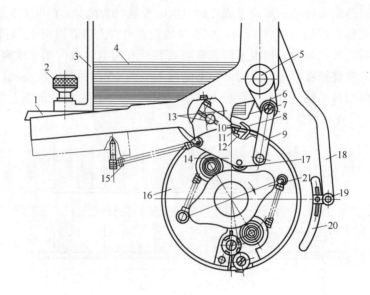

图 7-21　PY05 配页机分页机构

1—贮页台　2—螺母　3—挡板　4—书帖　5、13—轴　6—摆杆　7—分页爪　8—叼牙　9—连杆
10—书帖　11—吸嘴　12—吸嘴气管　14—扇形板　15—弹簧　16—叼页轮　17—滚子
18—落页支架　19—托页杆　20—落页挡板　21—分页凸轮

作用于滚子 17 时，扇形板 14 连同轴 13 绕其轴心逆时针方向摆动，固定在轴 13 上的吸嘴 11 也随之逆时针摆动，逐渐接近挡板内最下面的书帖 10。与此同时，扇形板 14 通过连杆 9 推动摆杆 6 带动转轴 5 也逆时针摆动，轴 5 上的分页爪 7 逐渐摆离书帖群。此时弹簧 15 被拉伸。当吸嘴 11 贴近书帖 10 时，分页爪已摆离书帖叠，吸气管 12 内形成了真空，吸嘴 11 将书帖 10 吸住。当凸轮 21 由大面转向小面，在弹簧 15 恢复力的作用下，扇形板 14 连同轴 13 顺时针摆动，吸嘴 11 吸住书帖 10 向下摆动 30°。同时，分页爪 7 也在扇形板 14 的带动下摆回书帖群，托住其余的书帖。书帖 10 被叼页轮 16 上的叼牙 8 咬住后，吸嘴 11 就将其放开，完成一次分页工作。

在托页杆 19 上装有落页挡板 20，其作用是防止叼下的书帖抛出，使书帖平稳地落到隔页板上。分页机构吸嘴的吸页动作是靠气泵吸气实现的。气路工作原理是：气泵工作时，从吸嘴到气泵吸气接头的气路吸气。如果吸嘴被书帖堵住，则进气阀门关闭，全气路形成真空。此时，外部大气对书帖的压力大于吸嘴内压力，书帖即被吸住。若进气阀门被顶开，气路中真空状态被破坏，则书帖被吸嘴松开。主轴每转一周，吸嘴吸页两次，放页两次。

2. 叼页机构

叼页机构是配页机的关键机构。其结构形式和运动特点对配页机的速度、平稳性影响很大。叼页机构主要有两种形式，一种是单叼辊式配页机的行星叼页机构和双叼辊式配页机的双叼页机构。行星叼页机构的结构较复杂，它由行星轮机构、回转导杆机构、凸轮机构三部分组成。叼页轮变速运转，结构不对称，有偏心现象，工作中振动较大，因而速度较低。双叼页机构结构简单、对称，叼页轮匀速运转，振动较小。由于叼页轮转一周叼两次书帖，所以配页速度较高。下面对这两种叼页机构分别作一介绍。

（1）行星叼页机构　PY01、PY02 配页机构采用行星叼页机构，图 7-22 所示为其结构示意图。

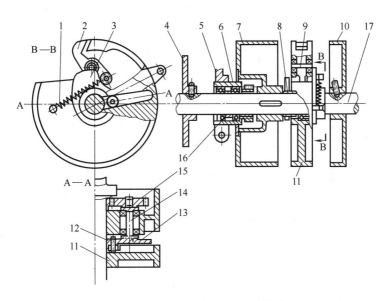

图 7-22　PY02 配页机行星叼页机构

1—弹簧　2—叼牙　3—叼页凸轮　4—分页凸轮　5—连接架　6—中心齿轮　7、10—托页轮　8—套　9—轴

11—叼页轮　12—轴　13—偏心轮　14—轴　15—行星齿轮　16—套　17—轴

从图中可见，分页凸轮 C 分、叼页凸轮 C 叼、托页轮 7、10 都固定在配页机主轴 Ⅵ 上，由主轴带动旋转；连接架 5 和中心齿轮 6 则固定在贮页台下面的机架上，机器运转时，中心齿轮 6 静止不动；叼页轮 11 空套在主轴上，叼牙与叼页轮配合，咬纸和放纸由叼页凸轮控制。叼页轮的变速转动是由行星齿轮带动回转导杆机构实现的。

叼页轮的具体传动如下：主轴带着托页轮 7 匀速转动，在托页轮 7 上装有轴 14，行星齿轮 15 固定在轴 14 上，并与中心齿轮 6 相啮合。行星齿轮 15 既绕主轴和中心齿轮转动（即公转），又在中心齿轮的作用下绕自己的轴心转动（即自转），轴 14 上装有偏心轮 13，在偏心轮 13 上装有小轴 12，小轴 12 上的滚子嵌在叼页轮 11 的滑道里。偏心轮在行星运动时便推动滚子在滑道里往复滑动，由此带动了叼页轮 11 绕主轴转动。滚子在滑道里位置不断改变，因而滚子带动叼页轮转动的速度也不断变化。

图 7-23 为行星叼页机构简图。设配页机主轴的角度为 ω，则托页轮 3 的角度速度也为 ω（等速运动），行星齿轮及偏心轮的角速度可以根据相对运动的原理算出。假设给整个行星轮系加上一个与原系杆（即托页轮 3）转动方向相反、大小相同的公共角速度"$-\omega_H$"，使它绕系杆的轴线即配页机主轴回转，则各个构件之间的相对运动关系仍然保

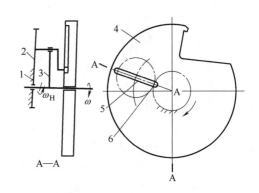

图 7-23　行星叼页机构简图

1—中心齿轮 Z_1　2—行星齿轮 Z_2

3—托页轮　4—叼页轮　5—滑道　6—小滚

持不变。这时，系杆 H（即托页轮 3）的绝对运动角速度为零，这样就可以按定轴轮系进行计算。

$$\because Z_1 = Z_2$$

$$\therefore i_{12}^H = \frac{\omega_1 - \omega_H}{\omega_2 - \omega_H} = -\frac{Z_2}{Z_1} = -1$$

$$\omega_2 - \omega_H = -(\omega_1 - \omega_H)$$

$$\because \omega_1 = 0$$

$$\therefore \omega_2 = 2\omega_H$$

$$又 \because \omega_H = 2\omega$$

$$\therefore i_{2H} = 2\omega / \omega = 2$$

式中：ω_1—中心齿轮的角速度；ω_2—行星齿轮的角速度。

因为偏心轮与行星齿轮为刚性联接，所以 ω_2 也为偏心轮的角速度。i_{2H} 等于 2 说明偏心轮的角速度是主轴及托页轮 3 角速度的 2 倍。即主轴转一周，偏心轮除相对主轴转一周外，还自转一周。

行星叼页轮机构的工作过程见图 7-23。当小滚 6 处在滑道 5 中距主轴最近位置时，叼页轮瞬间转速为零。配页机主轴带着叼页凸轮匀速转动，使叼牙合上，书帖被叼住。由于这时叼页轮速度为零，保证了叼页的平稳、准确。而后随着小滚 6 在滑道中由里向外滑动，叼页轮的转速逐渐加快。当小滚 6 滑到滑道距主轴最远位置时，叼页轮达到最高转速。随后小滚 6 又向里面滑动，叼页凸轮较大面作用于叼牙上的小滚，叼牙张开。此时，书帖靠惯性仍随叼页轮一起转动，当到达放页位置碰到机架上的挡块时，书帖被挡下。叼页轮在小滚 6 带动下仍继续以较快速度转动，叼牙开到最大。随着小滚 6 继续滑向滑道里面，叼页轮的转速逐渐减慢，当返回到叼页位置时，叼页轮转速又变为零，叼牙也从张开到关闭，又开始了下一工作周期。

因为叼页凸轮随主轴作匀速转动，安装在叼页轮上的叼牙随叼页轮作变速转动。这样，叼页凸轮作用于叼牙小滚，使得叼牙相对于叼页轮作张开或闭合的运动，叼牙与叼页轮配合共同完成叼页动作。

（2）双叼页机构　图 7-24 为 PY05 配页机双叼页机构。叼页轮 10 固定在配页机主轴 I 上，每个叼页轮上装有两组由叼牙 1、扇形齿轮 5、叼牙齿轮 6、

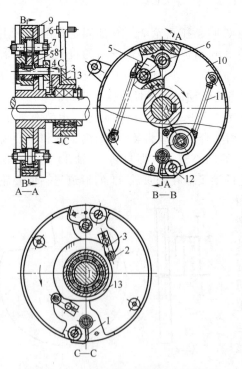

图 7-24　PY05 配页机双叼页机构
1—叼牙　2—滚轮　3—曲柄　4—曲拐轴　5—扇形齿轮
6—叼牙齿轮　7—小轴　8—叼页凸轮架　9—轴承支架
10—叼页轮　11—弹簧　12—胶轮　13—叼页凸轮

胶轮 12 等组成的叼牙装置。叼牙的张开、闭合由叼页凸轮 13 控制。叼页凸轮 13 空套在主轴Ⅰ上，而固定在叼页凸轮架 8 上，因而叼页凸轮是固定不动的。叼页轮 10 上的曲拐轴 4 一端装有扇形齿轮 5，另一端装有曲柄 3。曲柄轴上装着小滚 2，它依借弹簧 11 的力量紧贴叼页凸轮 13 表面。扇形齿轮 5 与叼牙齿轮 6 啮合，由扇形齿轮 5 的往复摆动带动与叼牙齿轮同轴的叼牙产生张开或闭合动作。而扇形齿轮的摆动是由叼牙凸轮作用于小滚 2 实现的。

因为扇形齿轮 5 的半径远远大于叼牙齿轮 6 的半径，因而齿轮啮合时，扇形齿轮转过一个较小的角度，就会使叼牙齿轮 6 转过一个较大的角度。因而这实际上是一个角度放大机构。当曲柄 3 由于叼页凸轮 13 表面的作用，沿曲拐轴 4 产生一个较小的摆动角度时，即扇形齿轮转一较小角度，而叼牙齿轮 6 会转一较大角度，即开牙会张开一较大角度。因而叼页凸轮 13 的表面廓线可设计得较为平坦，因而机构运动冲击会大大减少。在双叼页机构的配页机上，叼页轮 10 做的是匀速转动。分页机构和叼页机构在分页凸轮和叼页凸轮的控制下有节奏地进行分页和叼页。图 7-24 C-C 剖视图上的一组叼牙尚未转到叼页位置。当叼页轮上的叼牙到达叼页位置时，小滚 2 由叼页凸轮 13 的小面转向大面，通过曲柄、曲柄轴传动，使得扇形齿轮 5 逆时针方向旋转。而叼牙齿轮 6 则顺时针方向旋转。在此之前，分页机构已将书帖送到叼页位置，叼牙由开变为合，将书帖压紧在胶轮 12 上，叼牙弹簧被拉伸。同时，主轴上的气阀凸轮大面顶开进气阀门，吸嘴将书帖放开。当小滚 2 由叼页凸轮大面转向小面时，靠叼牙弹簧的回复力，书帖由叼牙与胶轮咬着随叼页轮旋转。此时扇形齿轮、叼牙齿轮的旋转方向与合牙时相反。当叼页轮叼着书帖转到叼页轮下方时，叼牙张开书帖落下，由拨书棍带走。张开的叼牙继续随叼页轮旋转，再转过 180°时，又叼取书帖，进入下一工作循环。

3. 抛废书机构

当配页过程中出现废书时，应及时将废书抛出。PY05 配页机上设有抛废书机构。抛废书机构根据杠杆放大书帖检测装置发来的信号将废书抛出。如果连续出现三本废书，机器即自动停车。

图 7-25 所示为抛废书机构，其工作原理是：自动控制装置发现废书后，把出现废书的信号传递给机器末端的抛废书机构，使电磁铁 2 得电动作，拉着活动书槽 3 绕转轴逆时针转动一个角度（约 20°左右），使活动书槽 3 对准传送带 4。传送链条上的拨书棍将废书推到传送带 4 上后，电磁铁 2 断电，弹簧 14 拉着活动书槽 3 顺时针转回到原来的位置，使正常书芯的运送通道恢复畅通。传送带 4 由带轮 15 带动，而传送链条上链轮 12 则经轴 16、万向接头带动带轮 15 不停地转动。传送带 4 上的废书被传送到废书台 5 上，抛废书槽形凸轮 21 控制的推废书杆 6 将废书推出。抛废书凸轮 21 装在轴 18 上。轴 18 只有在废书到达废书台上时才转动。齿轮 20 空套在轴 18 上，并与轴 17 上齿轮 19 啮合。齿轮 19 随轴 17 不停转动，因而齿轮 20 也不停地转动，但不能带动轴 18。当自动控制装置使电磁铁 10 得电，拉动杠杆 9 接通离合器 8 时，齿轮 20 带动轴 18 转动，轴 18 上凸轮 21 带动推废书杆 6 向前把废书推出废书台。完成推废书动作后，电磁铁 10 失电，在弹簧 11 恢复力作用下，离合器 8 断开，齿轮 20 与齿轮 19 始终啮合转动，但凸轮 21 不再带动轴 18 转动，抛废书机构处于不工作状态，直到下一本废书的到来。

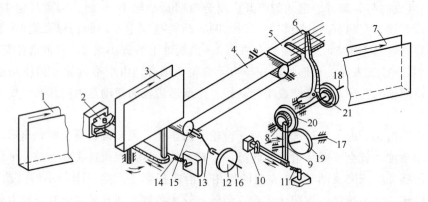

图 7-25　抛废书机构

1—书槽　2—电磁铁　3—活动书槽　4—传送带　5—废书台　6—推废书杆　7—书槽　8—离合器　9—杠杆

10—电磁铁　11、14—弹簧　12—链轮　13—万向接头　15—带轮　16、17、18—轴　19、20—齿轮　21—凸轮

4. 收书机构

收书机构是用来将配页机配好的待加工书芯收集在一起的机构，它位于机器的头部。

PY05 配页机收书机构的工艺过程为：推书→拉书→翻书→输出。

收书机构的推书装置如图 7-26 所示。图中，齿轮 9 带动轴 10 转动。推书轴架 3 装在轴 10 上，摆节 4 一端装有小滚 5，它在空套在轴 10 上固定不动的推书内凸轮 8 的曲线槽

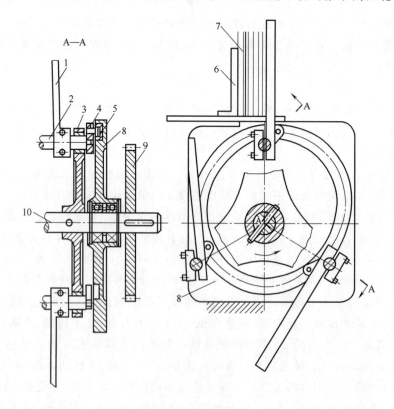

图 7-26　推书装置图

1—推书杆　2—小轴　3—推书轴架　4—摆节　5—小滚　6—挡书板　7—书芯　8—槽凸轮　9—齿轮

内滑动，另一端与小轴 2 连接。当轴 10 带着推书轴架 3 转动时，带动了摆节 4 在绕轴 10 转动的同时还进行摆动，而推书杆 1 也随之摆动。当推书杆运动到上部时就将书芯 7 横向推出传送轨道到收书台上。

第三节　订联工艺与设备

订联工序是通过某种联接方法将配好的散帖书册装订在一起，使之成为可翻阅书芯的加工过程。在书刊的印后加工中，订联工序是一道重要工序，订联的质量关系到书刊的使用寿命。多年来订联工序的研究、发展以及与工艺相适应的新设备的研制与开发都备受关注。

一、书芯订联方式

目前，书芯订联的方法有订缝连接法和非订缝连接法两种。

订缝连接法是用纤维丝或金属丝将书帖连接起来。这种方法可以用于书帖的整体订缝和一帖一帖的订缝。锁线订和缝纫订是用纤维订缝，铁丝订和骑马订是用金属铁丝订联。

非订缝连接法是通过胶黏剂把配好的散帖书页连接在一起，使之成为一本书芯的加工方法，又称为无线胶订法。

按照书刊装订装饰技术的发展及演变过程，现代书刊订联的方法可分为三眼订、缝纫订、铁丝订、骑马订、锁线订、无线胶订和塑料线烫订等多种装订方法。

二、锁线订工艺与设备

将配好的书帖逐帖以线串订成书芯的装订方式叫锁线订。经过锁线工艺加工成本的书帖称为锁线订书芯。由于这种装订工艺是沿书帖订口折缝订联的，因此各页均能摊平，阅读方便，牢固度高，使用寿命长。锁线后的书芯，可以制成平装或精装书册。要求高质量和耐用的书籍多采用锁线装订。

锁线装订方法分为平订和交叉订两种。在装订中相邻书帖的订镉互相平行的锁线方式为平订。只要有一锁线组中相邻书帖的订镉不互相平行而是交叉互锁，这样的锁线方式为交叉订。

（一）平订

平订又分为普通平订和交错平订两种订联形式。

1. 普通平订

普通平订锁线后的书芯形状如图 7-27 所示，各个订镉互相平行。纱线从穿线针孔 1 穿入，沿着书帖折缝内侧由钩线针孔 2 穿出，并留下一个活扣，如此连续将书帖依次串联，将配页后的散帖通过纱线连在一起。根据书芯开本的大小在一本书芯的订联中还可采用不同的锁线针组数或锁线订镉数，如图 7-27 中为用两组锁线针进行锁线而形成的两组订镉。一般 32 开书刊采用 3 组；64 开采用 2 组。

锁线机上的主要锁线部件是底针、穿线针、钩线针和牵

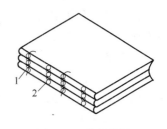

图 7-27　普通平订

1—穿线针孔　2—钩线针孔

线钩爪。

在普通平订中，每一根穿线针、一个牵线钩爪和一根钩线针构成一组，它们的相互位置和动作顺序如图 7-28 所示。穿线针 2 的作用是将纱线引入书帖，牵线钩爪 6 的作用是将纱线拉动交给钩线针 4。齿轮 3 与齿条 1 的作用是互相啮合，使钩线针 4 产生一定轴摆动以形成纱线活结。

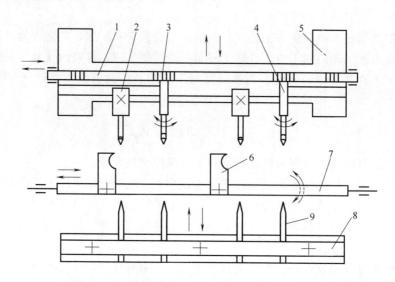

图 7-28　打孔针、穿线针、牵线钩爪及钩线针位置

1—齿条　2—穿线针　3—齿轮　4—钩线针　5—升降架　6—钩爪　7—滑杆　8—底针板　9—底针

普通平订的工作过程如图 7-29 所示。书帖沿着订书架进入锁线位置后，底针 2 向上运动，从收帖的中间沿折缝从里向外将所有订书孔打好，如图 7-29（a）所示，然后安装在升降架上的穿线针 4 和钩线针 5 一起向下移动，使穿线针和钩线针（此时钩槽向外）从相应的订孔中将线穿入书帖内，同时底针退回如图 7-29（b）所示。钩线针在伸入书帖的同时，逆时针旋转 180°，使钩线针 5 的钩槽向里，准备钩线。当穿线针将线引入书帖后，穿线针和钩线针随升降架回升一定距离，使引入的纱线形成线套，便于钩爪 1 牵线。钩爪从左向右移动，将纱线套拉成双股；当钩爪越过钩线针时，钩爪向外稍微抬头并将纱线送入钩线槽中如图 7-29（c）、（d）所示。接着，钩爪开始退回原位如图 7-29（e）所示。钩线针接住线后，钩线针和穿线针被升降架带动回升，此时钩线针又反向（顺时针）旋转180°，将钩出的纱线在书帖外面绕成一个活扣如图 7-29（f）所示。同时，钩爪向里低头并退回到原始位置。一个书帖的锁线过程结束。

接下来是开始锁第二帖，其锁线过程与第一帖相同。钩线针钩出的活扣从前一帖的活结中拉出来的，如此一个套一个形成一串锁链状，直至锁完一本书芯。

一本书芯的最后一个书帖锁完后，不送书帖，让机器空运转一次，所有的针再空工作一次，最后一帖勾出的线圈也被打成活扣留在书帖外面，将线割断后，最后一个书帖的外边形成一个死扣，纱线不会自动松开，完成一本书芯的锁线过程。

2. 交错平订

交错平订的书芯如图 7-30 所示，在每组锁线中，各帖书页跳间互锁。交错平订是平订的另一种锁线方式，当纸张较薄或纱线较粗时，为了避免书背锁线部位过高的鼓起，就

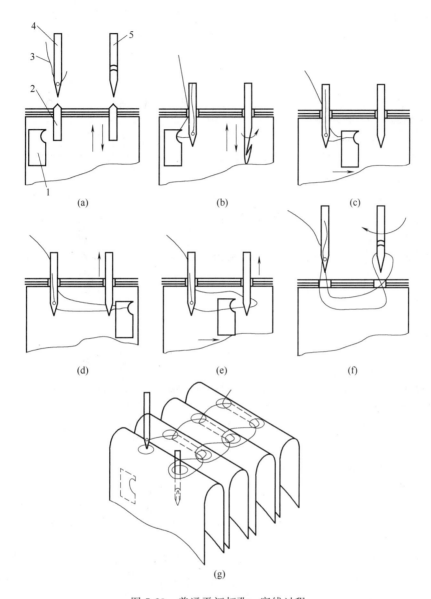

图 7-29　普通平订打孔、穿线过程

(a) 打孔　(b) 穿线　(c) 牵线　(d) 钩线　(e) 退回　(f) 打结（转 180°）　(g) 互锁成册

1—牵线钩爪　2—底针　3—纱线　4—穿线针　5—钩线针

采用这种交错平订。

　　图 7-31 所示为交错平订的锁线过程。由两根穿线针、两个牵线钩爪和一根钩线针构成一组，动作相互配合，完成锁线工作。原理基本与普通平订相同。锁第一帖书页时，左钩爪 1 工作，钩住左穿线针 4 引入的纱线向右移动，将纱线牵送给钩线针 5，而后复位；此时右穿线针 6 也被升降架带着穿入书帖中，右钩爪 7 和左钩爪 1 同步运动，此时右钩爪不起作用，只是空走行程，钩不住纱线。因而此时右穿线针

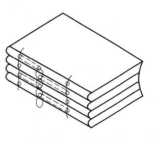

图 7-30　交错平订

6 和右钩爪 7 无作用。在第二帖锁线时，打孔和穿线后，右钩爪 7 向左移动，将右穿线针 6 引入的纱线牵送到钩线针上，而后复位；此时左穿线针和左钩爪不起作用。

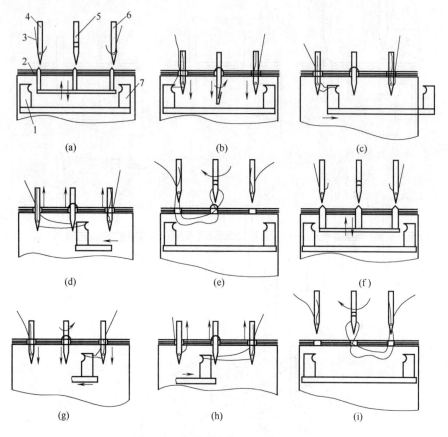

图 7-31　交错平订打孔和穿线过程

（a）打孔　（b）穿线　（c）左钩爪右移　（d）复位　（e）打结　（f）打孔　（g）右钩爪左移　（h）复位　（i）打结

1—左钩爪　2—底针　3—纱线　4—左穿线针　5—钩线针　6—右穿线针　7—右钩爪

图 7-31 中（a）、（b）、（c）、（d）、（e）所示是对第一帖书帖进行打孔、穿线、左钩爪右移、复位和打结的动作；（f）、（g）、（h）、（i）所示是对第二帖书帖进行锁线时的动作。由于纱线对各书帖是跳间互锁，纱线在各书帖间互相错开，装订线分布均匀，装订成册的书脊比较平整。不会出现书背部分比书册的其他部分厚度明显增大的情况。

（二）交叉订

交叉订是锁线订中最为复杂的一种装订形式。交叉订的书芯和锁线工艺过程如图7-32所示。其和交错平订的原理基本相同，区别在于交叉订的两根固定穿线针之间还设有一根活动穿线针 11，活动穿线针除正常的穿线外，还可以做左右往复运动，锁第一书帖时插入左端穿线孔，将纱线交给牵线钩爪；锁第二书帖时，又向右移动插入右端穿线孔，将纱线交给另一牵线钩爪。这样往复工作，将纱线跳间穿入各帖书页内，互锁成册。图 7-32中（a）、（b）、（c）和（d）是对第一帖书页打孔、穿线、钩爪牵线和钩线针打结的过程。活动穿线针 11 从第一帖书页出来后，随即向右移动一段距离 L，然后进入第二帖书帖。图 7-32 中（e）、（f）和（g）表示的是第二帖书页的打孔、穿线和打结的过程。

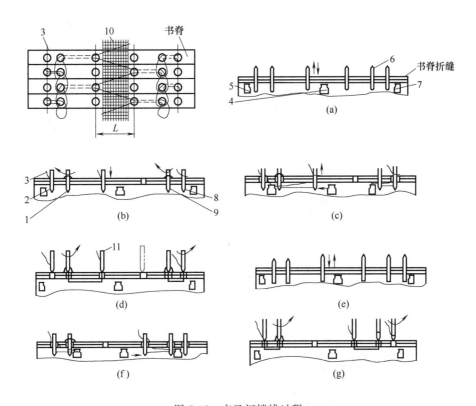

图 7-32　交叉订锁线过程

1—左钩线针　2—左穿线针　3—纱线　4—中间钩爪　5—左钩爪　6—底针　7—右钩爪
8—右穿线针　9—右钩线针　10—纱布　11—活动穿线针

三、铁　丝　订

利用铁丝订进行订联书册的方法称铁丝订书法。铁丝订书在书刊装订中是一种常见的订联形式，使用广泛，操作方便，易加工。

铁丝订书主要指平面订。书芯的书页采用叠配法集配在一起，铁丝订的钉锔在书背附近沿整个书册厚度从书册的第一页订透至最后一页，完成铁丝订的订联工作。能够完成订书操作的机器称为订书机。订书机的主要操作部位为订书机机头部分。

铁丝订书中一个重要的结构是送料结构。通过送料结构，铁丝不断地从铁丝盘中倒出输送给订书机头，然后进行装订。目前常用的订书机头有两种输料形式，一是利用输丝辊（或麻轮）与输丝滑板（图 7-33）经摆动摩擦输送铁丝。一种是利用单向滑轮与送丝轮的旋转进行送料（图 7-34）。铁丝订书的全过程包括送料、切料、成型、订书、托平和复位六个工序，如图 7-35 所示。

1. 送料

送料即输送铁丝，订书机头开始订书时［图 7-35（a）］，铁丝被压料辊 2 和夹料辊 3 输送至导丝孔 4，直达成形钩 6 内。将铁丝送到预定位置后，压辊 2 抬起复位。

送料工作要求是：送料长短一致，输送铁丝的长度等于订书所需订锔的总长度。

239

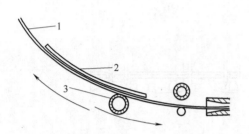

图 7-33　输丝轮与输纸滑板送料过程
1—铁丝　2—输丝滑板　3—输丝轮

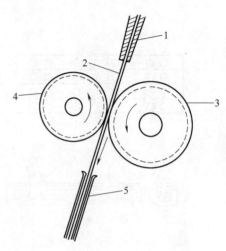

图 7-34　单项输丝轮工作过程
1—穿丝嘴　2—铁丝　3—单向轮
4—送丝轮　5—导丝管

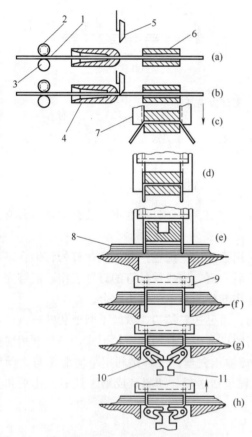

图 7-35　铁丝订书机头工作过程
1—铁丝　2—压料辊　3—夹料辊　4—导丝孔　5—切丝刀
6—成形钩　7—成型双滑板　8—书芯　9—压钉滑板
10—紧钩爪　11—推板

2. 切料

铁丝穿过成形钩达到合适位置后，压料辊 2 和夹料辊 3 将铁丝夹住固定，同时切丝刀 5 下压与导丝孔的端面形成剪刀形式，将铁丝剪切断。然后切刀上升复位，完成切料过程，见图 7-35（b）。

切料时要求切丝刀应保持锋利，导丝孔应保持表面光滑，尽量减小摩擦力。铁丝在导丝孔中应能顺利通过。切丝刀与导丝孔端面理论上在竖直方向应位于一个平面上。上下底刀配合将铁丝剪断。因此在竖直方向上，切刀平面应与导丝孔端面的距离越小越好。切刀下压程度以超过导丝孔眼将铁丝完全剪切断为标准，如图 7-36 所示。铁丝要切断，切后的铁丝两端应整齐，不出现局部弯曲现象。图 7-36（a）为正确的切丝位置，由该位置切出的铁丝端面平直，无弯曲。而图 7-36（b）中切断刀的位置离导丝孔端面太远，属错误位置，切出的铁丝端面附近会有局部弯曲，不符合做钉的质量要求。

3. 成形

铁丝按预定规格被切断后，成形钩内的压料板立即将铁丝夹住并送入成形滑板 7 内。这时左右两个成形滑板 7 沿成形钩两边压下，将铁丝由 "——" 直形状挤压后弯成 ⊓ 形 90°垂直锯钉，如图 7-35（c）和图 7-35（d）所示。

成形时要求：成形滑板钉槽（铁丝沟槽）与铁丝直径号数要适应，不得过宽或过窄。若钉槽宽度大于铁丝直径，则铁丝在槽内来回游动影响订书质量；若钉槽宽度小于铁丝直径，铁丝不能进槽无法成形订书。成形后的钉锯弯角必须保证 90°，不得有任何

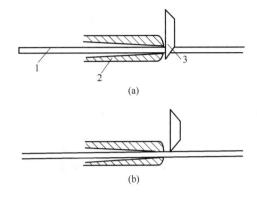

图 7-36　切丝刀切丝及规格
(a) 正确的切丝位置　(b) 错误的切丝位置
1—铁丝　2—导丝孔　3—切丝刀

歪斜，以避免铁丝不进沟槽无法订书或订后锯子扎歪，造成次品坏钉。

4. 订书

铁丝成形后，压钉滑板 9 随之下压，与此同时，弹性舌形板与压钉滑板 9 配合，托着被压下的钉锯，将钉锯扎入下面的书册内，完成订书过程，如图 7-35（e）和（f）所示。

订书时要求：压钉滑板钉槽的宽度要与铁丝的直径号数相适应，订书机头下压时力度要适当，压力不得过大或过小。压力过大，书册表面页张出现压痕，翘背或将铁丝压断裂造成废品。在图 7-37 中，图 7-37（a）为压力适当时订出的订镉，图 7-37（b）为压力过大时钉出的钉镉状况。在钉镉附近的纸张因压力过大而翘曲。

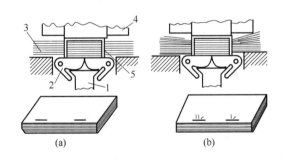

图 7-37　压钉滑板压力与订书后的效果
(a) 压钉滑板的压力合适　(b) 压钉滑板的压力不合适
1—推板　2—紧钩爪　3—书芯　4—成型滑板　5—钉镉

响后续工序的加工。

5. 托平

钉锯被压钉滑板压下扎钉在下面的书册后，推板 11 顶着紧钩爪 10 上升，与上面的压钉滑板形成挤压力，将扎穿过书册的两个铁丝钉脚向里弯折并托平压实，如图 7-35（g）和图 7-35（h）所示。

托平时要求推板高度得当，不可过高或过低。过高时使紧钩爪顶劲过重，造成订镉出尖或铁丝断裂，影响订书质量；过低时则钉脚托不平钉脚，两钉脚翘起易扎破下本书册表面，造成撕页、撕封面或影

6. 复位

紧钩爪 10 和推板 11 上升将书册订完后，各部位复位，完成一个工作循环。

思　考　题

1. 画出下列帖子的栅栏折页过程。

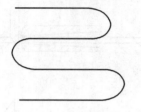 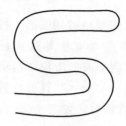

2. 画出刀式折页机工作原理图并加以说明。

3. 画出抛废书机构简图，说明抛废书过程。

4. 什么是单叼辊式配页机，什么是双叼辊式配页机？辊式配页机由几部分组成？

5. 折页机有几种？以哪种用得最广泛？

6. 填画挡规并注明其位置，以完成下列折页。

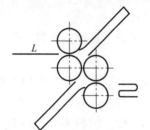 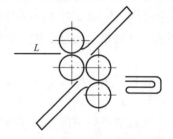

第八章　包本工艺与设备

为完成订本的书芯包上封面的工艺过程称为上封面或包本。对书芯背脊自动上胶并粘贴封皮的机器，叫包封皮机。采用骑马订方法装订的书刊在订本时能一次完成订本、上封面，其余平订书刊的书芯均需要经过独立的（或在装订联动机上设有上封面工序）上封面工序。包好封面的书刊称为毛本，毛本经裁切后就成为成品书刊。

平订书刊的封面有有"勒口"和无"勒口"两种。所谓"勒口"是指在平装本外切口处留有部分封面折转到里封去的折痕。"勒口"又称"折口"，有"勒口"书与无"勒口"书在装订工艺上差别很大。无"勒口"的平装书称为普通平装书，它是先包封面后三面裁切成光本；有"勒口"的平装书称为"勒口"平装书，它是先将书芯切口裁切，后上封面，再将封面宽出部分折转到里封去，最后进行天头、地脚的裁切而成为光本。"勒口"一般用手工折出。"勒口"平装书美观，但成本较高。包本机所包的封面都是无"勒口"平装书的封面。

第一节　包　本　工　艺

过去，在机器自动化程度不高的情况下，书籍包本主要依靠手工作业完成。现在除了个别高端印刷品以外，书籍包本大多数都在生产线上完成。现代的包本工艺主要指自动包本工艺和无线胶订工艺。

一、包　本　工　艺

（一）自动包本工艺

1. 包本机的类型及规格

代替手工包本的机器称为包本机。平装书芯包本机能为缝纫订、铁丝订、锁线订、无线胶订、塑料线烫订的书芯包上封面。

按机器的外形分，包本机分为长条式、圆盘式和椭圆式三种类型。

长条式包本机有 BBZ-02 型单联自动包本机，SFS701 型双联薄本包本机。此外，BT-201 型双联包烫机，它除完成包本工作外，还能完成烫背的工作。

圆盘式包本机有 YBF-103 型、SFD-201 型和 SFD-2001 型等，其特点是整个刷胶包本过程在一个圆盘形的流水线上进行，这种类型的包本机大多用于厚本、单联平装书籍的包本。

椭圆式包本机有 PRD-1 型无线胶订包本机等自动包本机型。

几种常见的平装包本机的主要技术规格如表 8-1 所示。

2. 自动包本机的工艺流程

（1）圆盘式包本机的工艺流程　下面以 YBF-103 型包本机为例，说明圆盘式包本机的工艺流程。YBF-103 型圆盘式包本机有 10 组夹书器，5 组夹书器为一套，每个书夹夹紧

表 8-1 平装包本机的主要技术规格

性能	YBF-103 型	SFD-2001 型	BBZ-02 型	BT-201 型
包本方式	托夹式		滚包式	
最大包本尺寸/mm	310×215	260×187	大小 32 开	32 开双联
包本厚度/mm	5~25	5~25	3~25	3~8
包本速度	5000 本/h	5000 本/h	35、43、55 本/min	60~80 本/min
夹组数	10 组			
烫背台表面温度				50~150℃

书芯转动半周即可完成一本书的包本工作。机器上对称分布着两个进书口和两个出书口，故这种包本机又称为双头圆盘包本机。它由送书芯、夹紧、刷胶、上封面、成型、出书等五个工位组成，其工艺流程如图 8-1 所示。工作时，将书芯背脊朝下，放入进本架 1 的规定位置，由大夹盘的夹书器 2 将书芯夹紧，之后转动至刷胶装置 3 上，对书芯的脊背和侧面刷胶。与此同时，封面输送机构 4 将封面分离并送到包本台 5 上，当刷好胶的书芯转到包本台上方与封面对齐时，包本台上升把封面托起贴在书背上，两侧的夹板同时向书芯运动，将封面平整牢固地包覆在书芯上。当大夹盘转到收书台 6 时，书芯落在收书台板上，由推出机构将书推出。由于该机是两套执行机构同时工作，因此对每一个书夹来说，转动半周即完成一本书的包本工作。

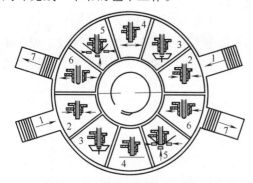

图 8-1　圆盘式包本机工作过程示意图

1—进本架　2—夹书器　3—刷胶装置

4—封面输送机构　5—包本台　6—收书台　7—出本架

（2）长条式包本机的工艺流程　BBZ-02 型自动包封机是国产长条形包本机，其工艺流程如图 8-2 所示。

其工作过程是，先将书芯背向下放在进本台板上，随着机器运转，书芯进入刷胶工位，由两个相对旋转的小轮对订口两侧刷胶，而后对书背刷胶。刷胶完毕后书芯由夹书器送到包本工位。与上述工序进行的同时，装在机器另一端的封面，由输送带水平送到压痕工位，并在书背处压出两条印痕，其宽度与书芯厚度相同。经辊式包本机构，使封面包裹在书芯上，并挤紧压实。压实后的书籍传送到收书台上，由推出机构将其推出，完成一本书的包封工作。

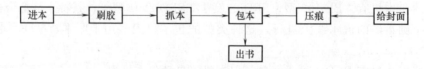

图 8-2　BBZ-02 包封机工艺流程图

（二）无线胶订工艺

现代的包本工艺都是在平装书芯加工设备上集中完成的，并以对无线胶订的书芯进行包本的居多。配页机将书帖配成书芯，翻转立本后，松散的书芯通过交换链条送入胶订机的进本机构，并由进本机构的链条传送装置带动爬坡，进入胶订机的夹书器。

固定在椭圆形封闭链条上的夹书器夹持着待加工书芯连续运行，在通过胶订机的各个工位时，顺序完成对书芯的加工和包本成型。

无线胶订工艺包括书芯加工和包封面两部分。书芯的加工又包括铣背、打毛、上书芯胶和贴纱布卡纸等四道工序。

（1）铣背　将书芯书背用刀铣平，成为单张书页，以便上胶后使每张书页都能受胶粘牢。书背的铣削深度与纸张厚度和书帖折数有关，纸张愈厚、折数愈多，铣削量愈大，应以铣透为准，一般在 1.4～2.2mm。

（2）打毛　"打毛"即是对铣削过的光整书背进行粗糙化处理，使其起毛的工艺方法。打毛的目的是使纸张边沿的纤维松散，以利于吃胶和互相粘结。另一种广为采用的方法，是在经过铣削的书背上，切出许多间隔相等的小沟槽，以便储存胶液，扩大着胶面积，增强纸张的粘结牢度。

沟槽的深度一般为 0.8～1.5mm，间隔 h 所取范围较大（2～20mm）。铣背切槽后的书芯书背如图 8-3 所示。

用预先经过处理的书帖（如花轮刀轧口和塑料线烫订），所配成的书芯在进行胶订时，不再做铣背、打毛的加工处理，可直接进入上胶工位。

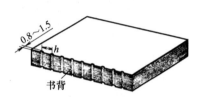

图 8-3　经过铣背切槽后的书芯

（3）上胶。在经过机械处理的书芯书背上涂一定厚度的黏合剂，以固定书脊，粘牢书页。上胶应使整体书芯的脊背部分具有足够的粘结强度，这是书芯加工中的关键工序。

（4）贴纱布卡纸。对于厚度大于 15mm 的书芯，为提高书脊的连接强度和平整度，在上过胶的书背上粘贴一层相应尺寸的纱布或卡纸条。

粘贴纱卡后，再上一次胶即可进行包本。厚度小于 15mm 的书芯不贴纱卡，上书芯胶后直接进行包本。

二、书刊包本的质量要求

包封皮前，书芯需经压平、扎捆、上胶、贴无纺布、割本等工艺加工。应视不同工艺选用不同黏合剂，手工或低速机包封皮，采用聚乙烯醇溶液（PVA 与水以 1∶7 比例加热溶剂）；高速包封皮机需采用开放时间小于 1s、固化时间小于 5s 的 EVA 热溶胶。

包封皮工艺质量要求：书芯与封面粘牢；书脊无损、服帖；底面浆口宽度为 2～4mm（缝纫订平装以略过订线为宜）；浆口平直。

第二节　PRD-1 型无线胶订包本机

PRD-1 型无线胶订包本机是一种椭圆型的包本机，它具有生产效率高、使用方便等优点。

一、直线型包本机组成及结构特点

PRD-1 型无线胶订包本的外形如图 8-4 所示，它由动力传动部分、主机架和链夹部分、进本部分、铣背打毛部分、上书芯胶部分、贴纱布卡纸部分、上封皮胶部分、给封皮部分、贴封皮部分和包封皮等部分组成。

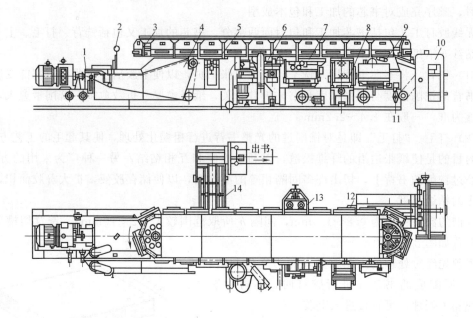

图 8-4　PRD-1 型无线胶订机外形

1—动力传动部分　2—转速表　3—链夹　4—进本部分　5—定书台　6—铣背打毛部分
7—上书芯胶部分　8—贴纱布卡纸部分　9—上封皮胶部分　10—给封皮部分　11—油泵
12—贴封皮部分　13—包封皮部分　14—计数堆积机

配页机将书帖配成书芯，翻转立本后，松散书芯通过交换链条被送入胶订机的进本机构，并由进本机构的链条带着爬坡，然后进入胶订机的夹书器。

固定在椭圆形封闭链条上的夹书器夹持着待加工书芯连续运行，在通过胶订机的各个工位时，由诸机构或装置顺序完成对书芯的加工和包本成型。

为提高装订精度，在机器上设有闯齐工位，由一振荡装置完成对松散书芯的定位和闯齐。另外，本机在很多传动轴上都加有过载保护装置，如在进本链轮轴上加有一定载离合器，当轴上超过规定载荷时动力即被切断。

二、工　艺　流　程

PRD-1 型无线胶订机的工艺流程为：

进本→铣背→打毛→上胶→贴纱布卡纸→上封皮胶→给封皮→贴封皮→加压成型→出书

书芯在进入铣背打毛工位之前，要先进入夹书器并完成定位和夹紧，称为进本。运行着的书芯在前进方向上遇到高速旋转的圆刀，书背即被铣平，称为铣背。高速旋转的刀盘，沿圆周安装有四把打毛刀，上端面有毛刷刀盘，盘上嵌有许多小毛刷。来自铣背工位的书芯经过打毛工位时，被随刀盘旋转的打毛刀切出许多间隔相等的小沟槽，同时毛刷揎净沟内残存的纸屑。来自打毛工位的书芯向前运行，在载着胶膜的胶轮上方通过，胶膜便转移给书背，完成了书背上胶。

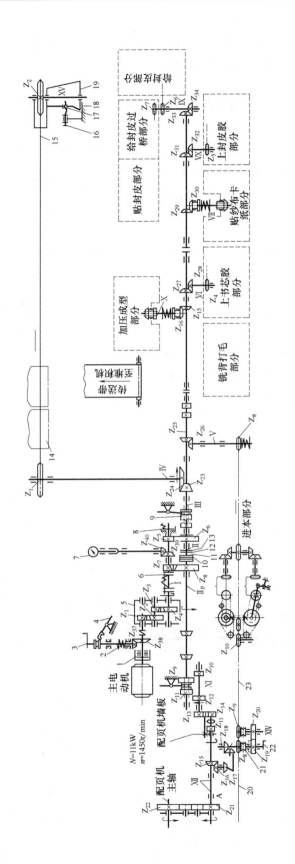

图 8-5　PRD-1 型无线胶订机传动系统

1—滑差离合器　2—弹簧　3—摇车手柄　4—摇车轴定位手柄　5—减速器　6—片式电磁离合器　7—计速表　8—片式电磁制动器
9—爪形离合器　10—左同步轮　11—干簧管　12—永久磁铁　13—右同步轮　14—夹书器　15—胶订机夹书链条　16—调节螺栓
17—螺母　18—主机架　19—从动链轮支架　20—配页机传送链条　21—定载离合器　22—配页机摇车手柄　23—过桥送书链条

当书芯厚度超过15mm时应加贴纱卡。来自上胶工位的书芯行至指定位置时，托板到达最高点，将预先裁好的卡条贴在带胶的书背上。

给封皮机构与过桥部分配合，从续纸台上将封皮一张张送往贴皮工位。贴封皮是将到达此工位、已刷胶的书芯与封皮准确地复合在一起。贴封皮是本机的重要工序之一，它直接影响书籍的外观和装订质量。

加压成型是胶订机的最后一道工序，由加压成型机构来完成。它的作用是把在贴封皮工位贴上的封皮进一步包拢，并通过加压使书脊成型美观，封皮粘贴牢靠。

三、传动系统及主要结构

（一）传动系统

PRD-1型无线胶订机的传动系统如图8-5所示，全机由11kW的异步滑差电机带动，其传动路线为：主电机→滑差离合器1→Z_1→Z_2→Z_3→Z_4→传动轴Ⅰ，然后分为二路，一种传向胶订机，一种传向配页机和过桥传送链。

① 由Z_5→Z_6爪形离合器9→主轴Ⅲ，然后经传动轴Ⅳ、Ⅴ、Ⅵ、Ⅶ、Ⅷ、Ⅸ、Ⅹ将动力分配给胶订机的各个工作部分。

② 传动轴Ⅰ→片式电磁离合器6→Z_7→Z_3→Z_9→Z_{10}→Z_{13}→Z_{14}→Z_{15}→Z_{16}→Z_{17}→Z_{18}→轴Ⅶ→定载离合器21→链轮Z_3→配页机送书链条20。在轴ⅩⅢ上还装有齿轮Z_{19}，以相同的齿数与轴ⅩⅣ上的齿轮Z_{20}相啮合，从而带动过桥传送链条23工作。同时，由Z_{13}→Z_{14}→轴Ⅻ→Z_{21}→Z_{22}，使配页机叼页轮主轴旋转。

（二）主要结构

1. 进本部分

进本和书芯的传送过程如图8-6所示，配页机送书链条2将翻转立本后的书芯1交给过桥交换链条3，然后送向胶订机的进本机构。在过桥交换链条和进本机构之间有一加速轮4，它以较高的速度通过皮带接过即将离开过桥的书芯，迅速完成交接动作。书芯在进本链条6中由拨书棍5拨动继续前进。为了使书芯顺利地进入夹书器8，进本链条在其最

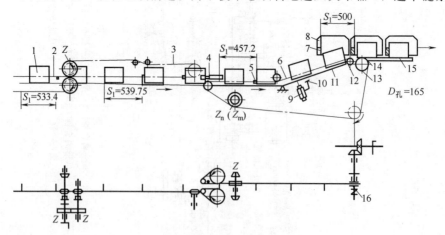

图8-6 进本过程示意图

1—书芯 2—送书链条 3—过桥传送链条 4—加速轮 5—拨书棍 6—进本链条 7—挡规 8—夹书器
9—定载器 10—托架 11—滑道 12—涨轮 13—托书块 14—托书轮 15—定位平台 16—定载离合器

后两个工位上倾斜送书，斜面与水平方向成 15～17°夹角。在传送过程中，书芯从下面徐徐进入运动着的夹书器，当其被托书轮 14 托上定位平台 15 时，便离开进本链条，完全进入夹书器。这时书芯失去了传送动力而停在定位平台上。待夹书器的挡规 7 碰到书芯时，带动它在平台上作短暂滑行，并在滑行中完成松散书芯在两个基准面上的定位，随后将其夹紧，送往各个工位。

2. 铣背打毛部分

（1）铣背　铣背是将配好页的书芯在书背上铣削下一定深度，使组成书芯的各书帖的书背铣削成单张书页，便于每张书页都能在上胶时粘上胶液。图 8-7 所示为铣背示意图。运行着的书芯 4 在前进方向上遇到一高速旋转着的圆刀 5，通过圆刀以后，书背即被铣平。一般铣背的铣削厚度为 1.5～2.2mm，夹书器夹住书芯时，夹书器最下端距离书背10～12mm。

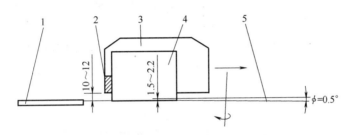

图 8-7　铣背示意图

1—定位平台　2—夹书器挡规　3—夹书器　4—书芯　5—圆刀

为减少铣削过程中的摩擦，改善切削条件，圆刀盘及转轴倾斜安装，使刀片在铣削过程中形成偏角 ϕ_1，ϕ_1 通常约为 0.5°。

铣削时为防止书背让刀变形，用两靠轮从两侧压紧夹书器和书背，如图 8-8 所示。靠轮 1 和 5 依靠弹簧与夹书器和伸出的书背间保持一定的压力。在夹书器内、外夹板下端分别镶嵌着夹条 6 和 7，并借助摩擦由内、外夹镶条 6 和 7 带动旋转，既固定了书背，又防止了夹书器在铣背时产生较大的摆动。

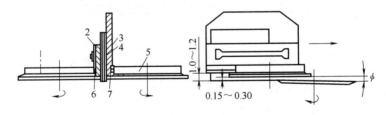

图 8-8　靠轮工作示意图

1—外靠轮　2—夹书器外夹板　3—夹书器内夹板　4—书芯　5—内靠轮　6—外夹镶条　7—内夹镶条

（2）打毛　打毛过程如图 8-9 所示。在高速旋转的刀盘 7 上，沿圆周安装四把打毛刀 1，上端面有一毛刷刀盘 5，盘上嵌有许多小毛刷 6。来自铣背工位的书芯经过打毛工位时，被随刀盘旋转的打毛刀 1 切出许多间隔相等的小沟槽，同时毛刷掸净沟内残存的纸屑。

打毛时，高速冲击性的切削运动会使书背发生变形，从而造成切槽不净。所以在开始切槽之前，书背进入如图 8-10 所示的固定在机座上的夹板机构。由于弹簧 6 的作用，外夹板 5 通过平行杆系对书背保持着一定的夹紧力，又能使得书芯顺利地沿着夹板向前滑行。在固定的内夹板 3 上有一防止切槽不净的刀垫 2，刀垫上的刀槽与刀刃相符，更换刀垫时刀槽由打毛刀自行切出。打毛刀盘的旋转平面与书芯的前进方向也有 0.5°左右的夹角。

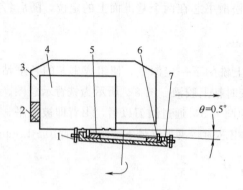

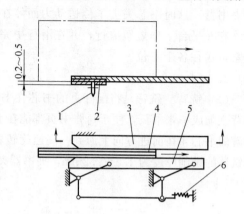

图 8-9　书背打毛示意图

1—打毛刀　2—夹书器挡规　3—夹书器　4—书芯

5—毛刷刀盘　6—毛刷　7—刀盘

图 8-10　切槽夹板和刀垫结构示意图

1—打毛刀　2—刀垫　3—内夹板　4—书芯

5—外夹板　6—弹簧

3. 上书芯胶部分

上书芯胶装置如图 8-11 所示。上胶轮 J_1 和 J_2 在胶锅内旋转，浸胶部分将胶液带起，经过刮胶板 8 和 12，上胶轮上附着了适当厚度的胶膜。调节螺钉 7 可以改变胶膜厚度，双层凸轮 6 和 10 控制上胶幅度。

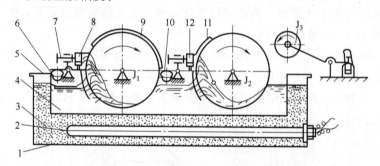

图 8-11　上书芯胶装装置

1—热锅　2—电热管　3—汽缸油　4—热熔胶　5—胶锅　6、10—凸轮　7—螺钉　8、12—刮胶板　9、11—胶膜

热熔胶在 170～185℃时兼有较好的黏度和浸润性，所以在使用中需持续加热并保持恒温。本装置以 350℃的高沸点油为介质，对热熔胶进行间接加热。在图 8-11 中，胶锅 5 置于装有 62# 汽缸油的热锅 1 中，电热管 2 将汽缸油 3 加热。胶锅的热油不断地将热传给胶锅，加热锅中的热熔胶。通常胶温控制在 170～185℃。

如果锅内保留受热过久的胶料，就会使热熔胶的机械物理性能大大下降，从而影响书本的黏结强度。所以胶锅容量不宜过大，而应在工作中不断补充胶液。

4. 贴纱布卡纸部分

书芯厚度超过 15mm 时应加贴纱卡。如图 8-12 所示，托板 1 与双曲柄 3、4 组成平行四边形机构，该机构使托板 9 按照生产节拍连续平动。当来自上胶工位的书芯行至图示位置时，托板 1 已到达最高点，将预先裁好的卡条 2 贴在带胶的书背上。

贴纱卡的要求是，在天头处空出 2～3mm，地脚处空出 3～5mm，两侧各空出 0.5mm。同时，为了避免粘胶，托板的上表面四边尺寸应比卡条略小，长度方向如图所示，宽度方向各边要小于卡条 2mm 左右。在改换开本及厚度时，托板的尺寸需要相应地调整。胶订机上均备有不同规格的托板。

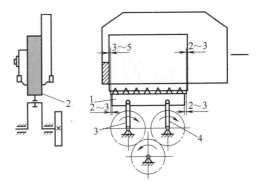

图 8-12　贴纱卡示意图
1—托板　2—卡条　3、4—曲柄

5. 上封皮胶部分

上封皮胶部分与上书芯胶部分的原理基本相同，只是在机构上做了某些简化，如刮胶板固定在机座上只控制胶膜厚度，不控制上胶幅度。这是因为该工位要求的胶量较小，胶膜较薄，对书背两端的带胶影响不大。另外，上胶轮只有一个，为悬臂支承，如图 8-13 所示。

当书背不贴纱卡时，上封皮胶机构退离工作位置，上书芯胶后直接贴封皮。因书背上卡条后胶液尚未完全凝固，在本工位要求上胶轮 13 的圆周速度和书背同步，避免因搓动而造成卡条错位。

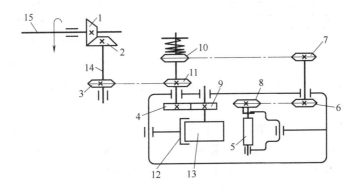

图 8-13　上封皮胶机构简图
1、2—锥齿轮　3、6、7、8、10、11—链轮　4、9—齿轮　5—热胶辊（$D=30$mm）
12—刮胶板　13—上胶轮（$D=200$mm）　14、15—轴

6. 给封皮与封皮过桥部分

给封皮机构与封皮过桥部分配合，从续纸台上将封皮一张一张地送往贴皮工位。给封皮机构与印刷机上的给纸系统基本相同，这里只介绍封皮的传送和运动控制。

封皮输送过程如图 8-14 所示。吸气嘴 2 吸起一张封皮，送至点纸辊 3 和传纸辊 12 之间，点纸辊 3 随即压在旋转着的传纸辊 12 上，将封皮送到过桥的接纸辊 13 上。这时，点纸辊 3 抬起继续下一个工作循环，过桥压纸辊 5 压下接过封皮。接过的封皮被旋转着的接纸辊 13 送至前方的通道台板上，待送封皮链条 7 上的拨爪 8 行至封皮的后端时把封皮带走。

7. 贴封皮部分

贴封皮是本机的重要工序之一，它直接影响书籍的外观和装订质量。它具有机构简单，同步可靠等优点，其结构原理与贴卡机构相同，不再赘述。

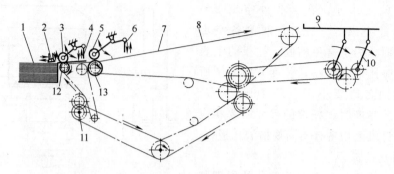

图 8-14　封皮的传送

1—封皮　2—吸气嘴　3—点纸辊　4、6—连杆　5—过桥压纸辊　7—送封皮链条　8—拨爪　9—托板

10—曲柄　11—给封皮机构凸轮轴　12—传纸辊　13—接纸辊

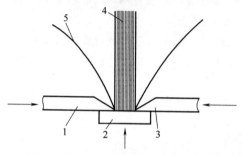

图 8-15　书本加压成型

1—内挤板　2—托板　3—外挤板　4—书芯　5—封皮

8. 加压成型部分

加压成型是胶订机的最后一道工序，由加压成型机构来完成。它的作用是把在贴封皮工位贴上的封皮进一步包拢，并通过加压使书脊成型美观，封皮粘贴牢靠。

书本的加压成型原理如图 8-15 所示，书芯带着刚粘好的封皮到达成型工位，在行进中由托板 2 和两个挤板 1、3 从三个方向对书背加压，从而将封皮包拢，完成对书背的整形。成型后书本被释放继续向前，然后夹书器打开，包本成型后的毛书便离开胶订机，落入出书传送带。

加压成型机构如图 8-16 所示，它采用了三个平行双曲柄机构分别对书背底面及其两侧加压。两个水平放置的挤板 1、3 作对称运动，从两侧压向书背，与此同时，托板 2 从下部托挤书背底面。因运动是从主分配轴通过轮系 1∶1 地传给齿轮的，所以挤板 1、3 和托板 2 的运动是严格按照节拍进行的。在托挤书背时内、外挤板及托板都有与被夹书册同方向的速度，且大小相等，满足速度同步的要求，保证书背造型良好。

变更书芯厚度时转动手柄 8，使滑座 4 与齿轮 12、13 和外挤板 3 等一起作水平移动，从而改变挤板两工作面间的距离。锁紧螺母 5、弹簧 6 和滑套螺母 7 组成了侧向挤压的缓冲装置。调节锁紧螺母 5 可改变挤压缓冲力。

9. 夹书板及链条部分

主机架用以支承传动轴和各工作部件，链夹是载运书芯通过各加工工位的主要传送装置。它们由机架、链条、夹书器和调整装置组成。

（1）链条　主动链轮通过一对直齿圆锥齿轮带动。两传动链轮带动大节距链条，链条上装有均匀分布的书夹子，链条呈椭圆形布置。在节距为 250mm 的链条上挂有 23 个夹书器，以夹持书芯沿规定路线运行。链条向前移动两个链节，夹书器恰好向前移动一个工位。本机最高生产能力为 6500 本/h，可以算得链条的最高工作速度为 54.2mm/min。

在机械传动中，链传动具有结构简单、成本低廉、传动效率高、不受中心距限制等优点。同时，在链条上增设一些附件，能较容易地完成某些节奏性的动作，所以在印刷机械中大量采用链传动。

在链传动中，其瞬时速度和瞬时传动比是按照每一链节的啮合过程作周期变化的，而我们通常所指的链条速度只是它在一个变化周期中的平均值。链条的这种运动特性是使传动产生抖动和噪声的主要原因。

（2）夹书器和涨轨装置　夹书器依次装在链板架上，通过导轨中的滚子随链条运行。在靠近主动链轮一端有一固定在机架上的涨轨装置，它的作用是控制夹书器张开的大小。

夹书器进入进本工位之前，滚子压在进本导轨上，通过横梁和导向块将外夹板推起，夹书器张开并随链条继续向前运行。当完成进本和定位等动作后，滚子已行至进本导轨的末端，在滚子脱离导轨控制的一瞬间，弹簧将外夹板压向内夹板，书芯被夹紧运向各个工位。

书芯在行进中完成各项加工处理后，在机器的末端由出书导轨开夹落书。

当改换书芯厚度时，要求夹书器张开的大小应随之改变。旋动涨轨装置的手轮，通过蜗杆、蜗轮和丝杠螺母传动，改变夹书器的开启量。

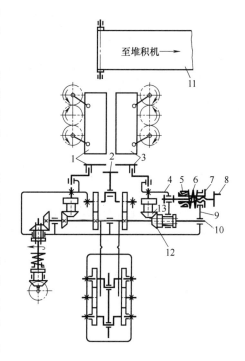

图 8-16　加压成型机构简图

1—内挤板　2—托板　3—外挤板　4—滑座

5—锁紧螺母　6—弹簧　7—滑套螺母

8—手轮　9—箱体　10—花键轴

11—出书传送带　12、13—锥齿轮

夹书器的结构如图 8-17 所示，偏心轴 10 可以调整夹书器的高度和水平度。

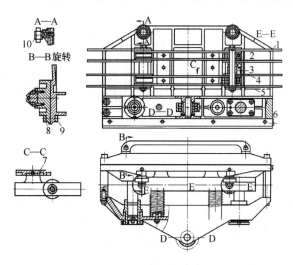

图 8-17　夹书器结构图

1—端链板　2—中链板　3—套筒　4—销轴　5—链板　6—定位螺钉　7—链板架

8—外夹链条　9—内夹链条　10—偏心轴

第三节　YBF-103型圆盘式无线胶订包本机

YBF-103型圆盘式包本机是应用较多的一种回转型包本机。它由主机、电气柜、气泵等三大部分组成。因为它有两套执行机构同时工作，故又常称为双头圆盘包本机，生产效率较高。

一、机器组成及结构特点

图8-18所示为YBF-103型圆盘式包本机外形，俯视图即本机的平面布置图。

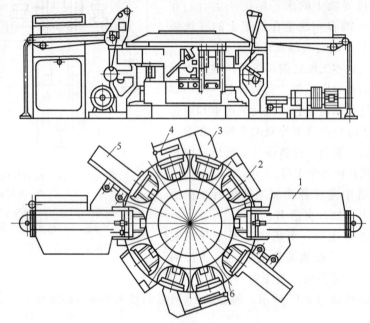

图8-18　YBF-103型圆盘式包本机

1—进本架　2—刷胶架　3—封面输送机构　4—包封台　5—收书台板　6—大夹盘

YBF-103型圆盘式包本机主要由机架、大夹盘、进本、刷胶、封面输送、包本、收本、传动及自动控制等部分组成。除大夹盘外，其余部分都是两套机构同时工作。YBF-103型圆盘式包本机上有10个夹书器，大夹盘转一周，可完成20本书的包封皮任务。

二、工艺流程

圆盘式包本机的工艺流程是：

间歇机构进本→将书芯送入转动的大夹盘→夹书器夹紧书芯→对书芯的背脊和侧面刷胶→封面输送机构分离输送封面→托打包本→收书

书芯背脊向下放在进本架1上，凸轮控制的进本机构间歇地将书芯推送到进本架1的顶端，由吸书芯板将书芯送入连续匀速转动的大夹盘6的夹书器中。在凸轮机构作用下，夹书器将书夹紧，转送至刷胶架2上，对书芯的背脊和侧面刷胶。同时，封面输送机构3将封面分离并送到包封台4上。此时，涂好胶的书芯也随大夹盘6转到包封台4上方，包封台上升把封面托起包在书芯上并夹紧，完成包本动作。为了防止在输送中封面从书芯上掉落，大夹盘 6 上的两个吸嘴将封面吸住，大夹盘 6 转到收书台板 5 时，吸嘴提前停止吸气，放开封面，之后由凸轮机构作用松开书芯，书本落到收书台板 5 上，由推书机构将其推出。

三、传动系统及主要结构

(一) 传动系统

YBF-103 型圆盘式包本机的传动系统如图 8-19 所示。电机 6 经带轮 7、皮带 8 及蜗轮副 1 将动力传给轴 10，轴 10 为动力分配轴。轴 10 上的齿轮 13、14 及锥齿轮副 3 分别将动力分配给大夹盘、轴 11、轴 12 及轴 15，摆动架的往复摆动由轴 10 上的凸轮 C_9 控制。

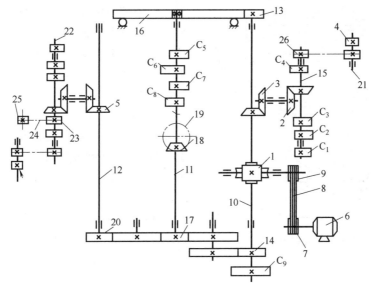

图 8-19　YBF-103 型圆盘式包本机传动系统图

1—蜗轮副　2、3、5—圆锥齿轮副　4—偏心轮　6—电机　7、9—带轮　8—皮带　10、11、12、15、21、22—轴　13、14、16、17、20—齿轮　18、19—锥齿轮　23、25、26—链轮　24—链条

1. 大夹盘的运动

大夹盘的作用是夹住书芯并将其输送到各个工位。大夹盘安装在齿轮 16 上，在齿轮 16 的带动下以轴 11 为中心匀速转动，齿轮 16 由轴 10 上的齿轮 13 带动，齿轮 13 和齿轮 16 的齿数比为 1∶10，即轴 10 转一周，大夹盘仅转动 1/10 周。

大夹盘的结构如图 8-20 所示。活动夹书板 3 与固定夹书板 1 组成夹书器。在大夹盘上安装有十个夹书器。活动夹书板 3 相对固定，夹书板 1 作往复移动，从而完成夹紧、松书的动作。活动夹书板 3 的往复移动由固定在机架上的凸轮 4 控制。靠规 2 安装在固定夹书板 1 上，托书板 5 固定在机座上。由进本机构下落的书芯首先落到托书板 5 上，在靠规 2 的推动下书芯随大夹盘一起运转。当书芯全长的 1/5 离开托书板 5 时，夹书器将书芯夹紧随大夹盘继续运转，在运动中完成铣背、打毛、包封面等工作。

2. 凸轮轴 11 的传动

图 8-19 中轴 11 是本机的主要凸轮轴。轴 11 上装有控制刷胶板、包本台板升降的凸轮 C_8、C_7 和控制刷胶板的侧板和包本机构夹紧的凸轮 C_6、C_5。轴 11 的动力由轴 10 上的

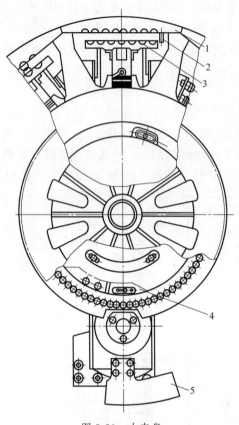

图 8-20 大夹盘

1—固定夹书板 2—靠规 3—活动夹书板
4—凸轮 5—托书板

齿轮 14 经介轮传给齿轮 17 得到,齿轮 17 还通过一个介轮将动力传给轴 12。大夹盘齿轮 16 空套在轴 11 上。轴 11 上还装有锥齿轮 18,该齿轮与两锥齿轮 19 啮合,将动力传给两套封面输送机构。齿轮 14、17、20 齿数相同,所以轴 10、轴 11、轴 12 的转动方向、转速均相同。

3. 凸轮轴 15 的传动

在图 8-19 中轴 15 是本机又一主要凸轮轴,它的动力由轴 10 经圆锥齿轮副 3、圆锥齿轮副 2 传来。轴 15 上安装有控制收书机构的凸轮 C_2、C_3,还安装有控制进本机构前挡规和吸书芯板的凸轮 C_4、C_1,链轮 26 也装在轴 15 上,它通过链条传动轴 21。轴 21 上装有偏心轮 4,通过连杆带动棘轮机构,使进本台板上的书芯向前移动。轴 22 的动力是由轴 12 上圆锥齿轮副 5 传给,它上面有链轮 23,通过链条 24 和链轮 25 带动气阀盘进行气的分配。

(二) 主要结构

YBF-103 型圆盘式包本机为两套包封机构同时工作,因此,除机架、大夹盘外,其余都是两套机构对称布置和工作。当进本工位发生双本、多本、空本等现象时,本机可自动停车。

1. 进本机构

图 8-21 为 YBF-103 型圆盘包本机进本机构简图。进本机构主要完成三个动作:书芯的前移、前定位、送入夹书器。为此,进本机构相应地设置了三个装置分别完成这些动作。

书芯被放在进本皮带 16 上,随着皮带向前运动,利用前挡规 10、上挡片 12 及侧规完成书芯前定位;连杆 8 带动吸书芯板 11 及吸嘴 9 将书芯送入夹书器。由图 8-21 可知,Ⅳ轴上的链轮 Z_2 通过链条带动轴 Ⅴ 作同方向转动。轴 Ⅴ 上的偏心轮 4 通过连杆 22 带动棘爪 13 绕棘轮 21 的轴心往复摆动。当偏心轮 4 拉着连杆 22 向下运动时,棘爪 13 推动棘轮 21 顺时针转动,装在同一轴上的进本皮带轮 16 也随之顺时针转动,皮带 16 带着书芯间歇地向前移动。偏心轮 4 转一周,书芯向前移动的距离可根据书芯的厚度调节:改变棘爪 13 推动棘轮 21 转过的角度可调节皮带即书芯向前移动的距离。棘轮 21 转过的角度是由月牙环 19 及调节板 17 控制的。

月牙环 19 空套在棘轮 21 的轴上,高出棘齿。调节板 17 装在月牙环 19 的外边,月牙环 19 的位置由调节板 17 通过销子 18 调节。当棘爪 13 左右摆动时,小滚 14 沿月牙环 19 的上表面滚动,棘爪被抬起,不能落入棘齿。只有小滚 13 离开月牙环时,棘爪才能落入棘齿，推动棘轮顺时针转动。此时，进本皮带 16 带动书芯向前移动。当棘爪逆时针摆动，棘爪被月牙环上表面抬起，棘轮停止转动，带轮 20 也停止转动，进本皮带不再向前运动。

当书芯前移时，上挡片 12 和前挡规 10 正处于图示位置，避免了书芯向右倾斜，为吸书芯板 11 吸书作好准备。在书芯侧面的侧挡规对书芯进行侧定位。上挡片 12 是个簧片，一般要略低于书芯高度。前挡规 10 由凸轮 C_4 控制作上下摆动，当凸轮 C_4 大面作用于小滚时，连杆 1 推着前挡规 10 向上摆动，挡住第二本书芯。此时，吸书芯板 11 吸着前一本书芯向右摆动，书芯离开进本台板 15 后，气阀关闭，吸嘴 9 放开书芯 6，使其落入活动夹书板 5 与固定夹书板 7 中。当凸轮 C_4 小面与滚子接触时，

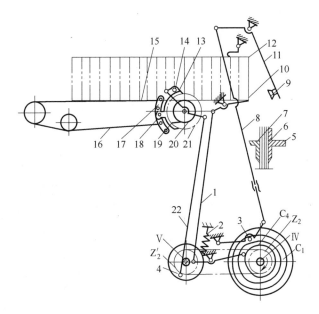

图 8-21　YBF-103 型圆盘包本机进本机构

1—连杆　2—弹簧　3—小滚　4—偏心轮　5—活动夹书板
6—书芯　7—固定夹书板　8—连杆　9—吸嘴　10—前挡规
11—吸书芯板　12—上挡片　13—棘爪　14—小滚
15—进本台板　16—皮带　17—调节板　18—销子
19—月牙环　20—带轮　21—棘轮　22—连杆

由于弹簧 2 的作用使得前挡规 10 向下摆动。此时，吸书芯板 11 又摆回到进本台板前，贴近第二本书芯，进行下一个循环的吸书动作。

吸书芯板 11 的左右摆动是由槽形凸轮 C_1 控制的。吸嘴 9 的吸气和放气由气阀盘控制。吸书芯板 11 摆动的角度可以根据书芯的厚度进行调节，调节时只要改变连杆 8 的长度即可。

2. 刷胶机构

大夹盘带着夹书器里的书芯匀速转动，刷胶、封面输送、包本都是在书芯运动中进行的。为保证质量，刷胶、包本的工艺要求要在相对静止的条件下进行。为此，本机上装有摆动架 6，刷胶机构 2、封面输送机构 3 和包本机构 4 均装在摆动架 6 上（如图 8-22 所示）。摆动架 6 空套在轴 10 上，受槽凸轮 17 控制绕轴 10 往复摆动。只有当凸轮 17 在图示 40°范围内的廓线作用小滚子时，摆动架 6 与大夹盘 5 才同步运转。在刷胶机构和包本机构中都要求有升降和夹紧动作，二者的升降由凸轮 9、12 控制；夹紧由凸轮 8、13 控制。9 与 12、8 与 13 的廓线形状两两相同，只是在安装上相差 180°。四个凸轮分成两组分别控制升降和夹紧动作。

刷胶机构简图如图 8-23 所示。刷胶机构用来对书脊背、侧面刷胶。在刷胶之前，要求内、外刷胶片 4、8 及底刷胶片 9 下降到最低点，刷胶片在胶盒 10 里沾上胶水，然后升到最高点。底刷胶片 9 把胶水涂在书背上。内、外侧刷胶片 4、8 同时对订口侧面刷胶。升降凸轮和夹紧凸轮控制刷胶片的上升、下降以及内、外侧刷胶片的夹紧。升降凸轮 13

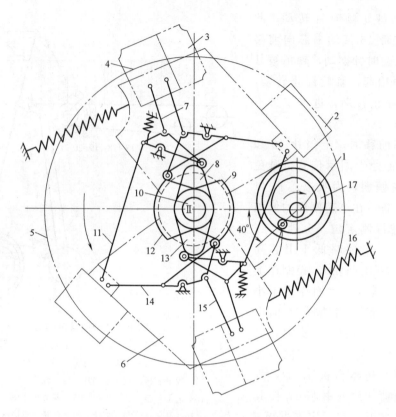

图 8-22　刷胶和包本机构凸轮控制

1—主轴Ⅰ　2—刷胶机构　3—封面输送机构　4—包本机构　5—大夹盘　6—摆动架

7、11、14、15—连杆　8、9、12、13、17—凸轮　10—主轴Ⅱ　16—弹簧

固定在轴 23 上。随着轴 23 的转动，凸轮 13 通过杆系使升降轴 19 上下移动。底刷胶片 9、侧刷胶片 4、8 及齿条 1、22、齿轮 2、21 都装在升降架上，由升降轴带动上下移动。当刷胶机构升到最高位置时，刷胶片正好与书脊及订口侧面相接触。升降机构的升降距离可以通过调节连杆 18 的长度进行少量调整。需注意，升降架不能与大夹盘相碰。

　　内、外侧刷胶片的夹紧动作由凸轮 13、14 通过夹紧轴 20 往复转动，使齿条 1、22 相对移动而实现。内、外侧刷胶片 4、8 分别与齿条 1、22 相接，齿条 1、22 又分别与齿轮 2、21 啮合，齿轮 2 空套在轴 20 上，齿轮 21 固定在夹紧轴 20 上。齿轮 2、21 的端面组成牙嵌离合器。拧动螺母 3，齿轮 2、21 端

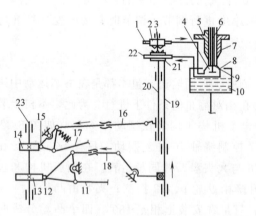

图 8-23　YBF-103 圆盘包本机刷胶机构简图

1、22—齿条　2、21—齿轮　3—螺母　4—内侧刷胶片
5—活动夹书板　6—书芯　7—固定夹书板　8—外侧刷胶片
9—底刷胶片　10—胶盒　11—连杆　12、15—小滚
13、14—凸轮　16、17、18—连杆　19—升降轴
20—夹紧轴　23—凸轮轴

面牙啮合，齿轮 2 即随齿轮 21 旋转。由图 8-23 可知，齿条 1、22 安装时相差 180°。当齿轮旋转时，齿条 1、22 移动方向相反，使得内、外侧刷胶片之间距离变小（夹紧）或者变大（松开）。图 8-23 中连杆 11、17 用来控制包本台板的升降和包本机构的夹紧动作（参见图 8-25）。

3. 封面输送机构

封面输送机构的工作原理如图 8-24 所示：封面 13 封里向上整齐地平放在封面架 22 上，封面架上装有侧挡规 15 和后挡板 17，它们都可根据封面的规格调节位置。在封面的前面还有前挡规 12，也可以进行调节。在封面叠的前面和侧面都装有吹风管 16，其作用是将下面的几张封面吹松，便于吸嘴分离封面。侧吹风管距离前约 5～10mm，它们的吹风口方向应向下偏 20°～40°，以帮助吸嘴 14 顺利地将封面吸过前挡规 12 上的螺钉尖端部分。

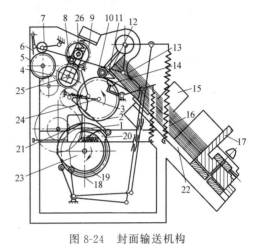

图 8-24　封面输送机构

1—触点　2—接纸轮　3—摆杆　4、5—过纸辊
6—拨脚　7、10—压纸轮　8—小滚　9—压纸辊
11—托纸板　12—前挡规　13—封面　14—吸嘴
15—侧挡规　16—侧吹风管　17—后挡板
18、19、20—凸轮　21—杠杆　22—封面架
23、24、25、26—轴

当凸轮 18 的小面作用于小滚子时，经杠杆机构使吸嘴 14 向上摆动，贴近封面最下面的一张并将其吸住。随着轴 23 的转动，作用于小滚 18 的曲率半径逐渐增大，促使摆杆带着吸嘴向下摆动，凸轮 19 控制的压纸轮 10 和托纸板 11 也随之摆下，托纸板 11 将其余的封面接住不致下落。当凸轮 18 的最大曲率半径廓线与小滚子相接触时（即 18 的大面作用于小滚子时），吸嘴向下摆动到最低点。此时，凸轮 20 的大面也作用于摆杆 3 的小滚，摆杆 3 使得接纸轮 2 向上摆动到最高点（即图示位置），吸嘴吸下的封面到达接纸轮 2 的圆弧表面上，压纸轮 10 压在封面上。同时，吸嘴将封面放开。随着轴 24 的转动，接纸轮 2 和压纸轮 10 将封面传给过纸辊 4 和压纸辊 9，然后再传给过纸辊 5。这时，拨脚 6 在凸轮 19 的控制下也摆向右边，为封面通过做好准备。在过纸辊 5 和压纸轮 7 的带动下封面到达已降到最低点的包封台板上，拨脚 6 向左摆回时，将其推到台板前规处定位，完成一张封面的分离和输送工作。

在封面输送机构中，设有多张停车控制装置。图 8-24 中的 1 为微动开关触点，封面在输送过程中要从过纸辊 4 和压纸辊 9 之间通过，当一张封面通过时，轴 26 上升，小滚 8 也随着上升，杠杆 21 下端向左摆动，但此时碰不到微动开关触点。如果通过的封面是双张或多张时，轴 26 上升距离增大，压纸辊压簧架上的小滚 8 被抬起的距离增大，使得杠杆摆动幅度加大，杠杆 21 下端撞击触点 1 将电路切断导致停机。根据封面的厚度，微动开关的位置可进行调整。

吸嘴 14、压纸轮 10 的摆动幅度可分别用改变各自的拉杆长来实现。拉杆越长，摆动幅度越大。

4. 包本机构

图 8-25 为包本机构简图。包本机构是包本机最主要的机构。在包本工位上要完成书

芯的包本工作。

包本前，要求包封台板 7 下降到最低位置，接受输送机构送来的封面并进行定位。然后，包封台板 7 上升到最高点与已经刷过胶水的书脊相粘合。同时，夹紧板 2、8 相对移动，使得订口侧面也粘牢。包本机构具有升降和夹紧两个动作，并且分别受升降凸轮、夹紧凸轮的控制。由图 8-25 可知，随着轴 21 的转动，当凸轮 15 的大面作用于小滚 14 时，连杆向右移动，使得升降轴 12 向上运动。当包封台板 7 上升到最高位置时，凸轮 16 大面作用于小滚 17，使连杆 19 向右推动杠杆 9，杠杆 9 的上端绕支点向左摆动，推动夹紧板 8 左移。同时，与杠杆 9 相连的拉杆 11 向右拉，杠杆 1 绕支点向右摆动，推动夹紧板 2 向右移动。于是封面在夹紧板 2、

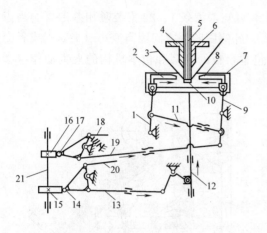

图 8-25　包本机构简图

1、9—杠杆　2、8—夹紧板　3—封面　4—活动夹书板
5—书芯　6—固定夹书板　7—包封台板　10—底板
11—杠杆　12—升降轴　13、18、19、20—连杆
14、17—小滚　15、16—凸轮　21—轴

8 的相对作用下，使订口两侧的封面粘合牢固。当凸轮 15 小面作用于小滚时，升降轴 12 下降，夹紧板 2、8 向相反的方向移动，准备接收下个书芯的封面。

改变连杆 13 的长度可以调节包封台板 7 升降距离；根据书芯厚度调节连杆 19 的长度可改变夹紧板 2、8 之间的夹紧距离。

5. 收书机构

包好封面的毛本随大夹盘转到收书工位时，夹书器松开，书本落到收书台板上，由收书机构将其推出。

为避免刚落下的书倒向里面和及时输出，收书机构中设置了挡书部件和推书部件。挡书部件和推书部件分别由凸轮控制。图 8-26 为收书机构简图。挡书部件由凸轮 9、连杆 12、挡书板 15 等组成。当夹书器松开，书 1 落到收书台板 2 上时，凸轮的大面作用于小滚 10，将连杆 12 向上推，使挡书板 15 下摆，把刚落下的书 1 挡住，使其不致倒向里面。当凸轮的小面作用于小滚 10，在弹簧 8 的作用下连杆 12 下移，挡书板 15 向上摆动离开书 1。挡书板 15 只在推书板推书时才向上摆动。

推书部件由凸轮 17、推杆 4、推书板 3 及杆 5、7 等组成。当凸轮 17 小面作用于小滚 18 时，也正是凸轮 9 的小面作用于小滚

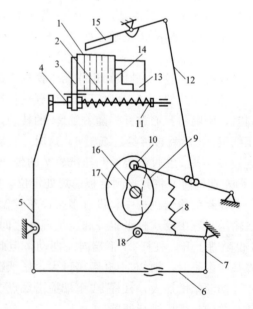

图 8-26　收书机构简图

1—书　2—收书台板　3—推书板　4—推杆
5、7—杠杆　6、12—连杆　8、11—弹簧
9、17—凸轮　10、18—小滚　13—收书台侧板
14—挡块　15—挡书板　16—轴

10 的时刻，弹簧 8 将杠杆 7 向上拉，连杆 6 向左运动，杠杆 5 通过推杆 4 使推书板 3 向右推动书 1。当凸轮 17 的大面作用于小滚 18 时，推杆 4 带着推书板 3 向左移动恢复原位，等待下一本书的到来。挡书板 15 的摆动幅度和推书板 3 的移动距离都可以调节，收书台板 2 和收书台侧板 13 组成收书斗，它的高度和倾斜度可视书刊规格进行调节。

思　考　题

1. 包本机的作用是什么？包本机分为哪几类？
2. 书芯加工包含哪几道工序？分别说明各工序实现的过程。
3. 说明圆盘式包本机和长条式包封机的典型机构及其工作原理。
4. 画出抓本机构的机构简图，并计算该机构的自由度。
5. 说明无线胶订机构的基本组成。

第九章　生产线工艺与设备

第一节　生产线概述

生产线又称流水生产线，是着眼于提高全面生产效率的生产组织形式。它是将顺序完成一项工作的若干台单机按被加工对象的加工工序组合在一起，中间附加工序间的传送或翻转工位，使各台单机能步调一致地同时转入下一工序。在印后加工的平装和精装生产中，生产效率要求越来越高。因此，装订生产线的应用也越来越广泛。

一、生产线的作用、特点及分类

采用生产线作业法，被加工的对象如装订生产线中的书芯或书册，有节奏地连续输入生产线，定时在工序间传送和从生产线中输出。采用生产线作业，有利于缩短生产周期，减少中间制品的堆积，增加单位生产面积的产量，能更充分提高设备利用率和产品质量，提高了总生产效率。

流水生产线具有如下特点：

（1）在生产线中，各种生产设备严格按照规定的工艺路线顺序排列组成流水生产线。在平装或精装的生产线中，被加工的书芯按照工艺流程，从一台设备移向下一台设备。

（2）生产线中各道工序的加工时间应一致，以保持同步化，使各道工序的半成品同时转入下一工序。

（3）流水生产线中相邻工序相邻设备间有专用运输工具，将半成品及时地转送到下一工序。

（4）流水生产线中的半成品必须严格按时间间隔有节奏地送入流水生产线中，定时地按加工工序传送并从流水生产线中送出。

由于流水生产线中所有工序具有统一的工作速度，因而不可避免地会出现这种情况：具有较高工作速度的设备要降低速度，以保持与低速设备的同步，从而影响了机器生产率的发挥。流水生产线中，若一台机器出现故障，将会影响全线的工作。为了解决这个问题，在许多平装、精装生产线上都增设了中间储存工位。若一台机器出现故障，不会造成全线停机，从而提高了整机的生产率。

生产线按其机械化与自动化的程度可分为简单的、机械化的与自动化的生产线三类。

简单的生产线中，设备、工作场地是按工艺路线组织和安排的。线上的设备和工具不够完善，机器的生产率各不相同，可靠性低，辅助工序的自动化程度不高，各工序的加工时间不尽相等，仍存在许多手工操作，占地面积和工人人数都较多。这种初级的流水线与单机分散加工相比，较为先进，整体生产率也得到了提高。它是生产线的最初级形式，还不能充分体现流水生产的优越性。

机械化的生产线中，主要工序在专用机器上完成。工序间用连续的或周期的输送装置连接起来运送半成品，各工序的加工基本实现了机械化，但一些辅助工序如上下料、搬运半成品等还需人工参与。

自动化的生产线是流水生产的高级形式，自动线中每台设备都是全自动的。各设备之间的运输装置也是自动的，它能根据下一工序的需要在输送过程中改变半成品的状态，使书芯竖放、平放、背朝上、背朝下、转 $90°$ 等，在成批加工书芯的机器之前，把书芯堆积成叠。加工之后又能把书叠分开，把流水线联系成为一个完整的自动化系统，缩短了生产循环的时间，提高了总的生产率。目前，这种自动化的生产线在大型印刷企业占据主导地位。自动化程度更高的生产线，将印前、印刷和印后三大工序组合到一起，整个印刷过程全部采用自动化方式完成。

自动化的生产线，除工序自动化完成之外，还有中间自动检查和监控装置、联锁装置。一旦机器出现故障，应立即使前面各工位停机，或将半成品输入到中间存贮器，以减少废品的产生。此外，在自动化的生产线中还设有联动系统及程控系统，以适应小批量生产的需要。

自动的生产线中，操作人员不直接参与加工过程，产品的搬运和装卸由机器自动完成，节省了人力。操作人员的作用是熟练地在生产线上检查产品的质量、调整机器和排除故障，保证生产线的正常运行。

二、自动生产线的节拍与工序同步

自动生产线正常工作的基本条件是：各工序以相同的时间完成半成品的加工并同时转向下一工序，即工作有节奏地进行。在生产线中，完成一道工序所需的时间称为节拍，用 τ 表示。在装订生产线上，每一节拍加工出一本书刊；生产线中，一个节拍表示半成品从一个工序移向下一工序。

1. 节拍计算

在装订生产线中，节拍以秒计。在设计自动生产线时，节拍 τ 可根据每班要求的计划产量 $N_{计}$ 来确定。

$$\tau = T_{班.有效} / N_{班} \times 60 \quad (s) \tag{9-1}$$

式中 $T_{班.有效}$ 为每班有效工作时间（min）；$N_{班}$ 为每班产量。

$$N_{班} = N_{计}(1+\alpha) \quad (本) \tag{9-2}$$

式中，α 为废品率（%）。

若利用现有的机器组成自动线，其生产率已知，则可根据主要机器每班生产能力 $N_{班}$ 来求出节拍 τ。设机器主轴每分钟转数为 n，每转一周生产 m 本书册，则 $N_{班} = n \times m \times T_{班.有效}$，从而有

$$\tau = T_{班.有效} / N_{班} = T_{班.有效} / (n \times m \times T_{班.有效}) = 1/(n \times m) \quad (min) \tag{9-3}$$

多数情况下 $m=1$，即分配轴每转一周加工出一本书册，则

$$\tau = 1/n(min) = 60/n \quad (s) \tag{9-4}$$

在进行自动线的组织和实际中，节拍确定后，接下来应进行工序同步化的工作，把自动线中每一工序单件的时间与节拍对比，进行调整使之符合节拍的要求。

2. 工序同步

自动生产线正常工作的基本条件是各工序以相同的时间完成半成品的加工并同时转向

下一工序。当采用现有的机器组成生产线时，各单机的工作速度不尽相同，也难以满足生产线的要求。为此，可以采取将工序分散或集中的方法进行调控，使生产线中的单机都能按节拍工作。

工序集中是指在生产线中把几个所需时间短于一个节拍的工序合并在一个工位加工，使之与整条线的节拍相适应。例如精装生产线中冲圆、扒圆工序所需时间较短，则可以把冲圆和扒圆工序集中在一个工位上，在一个节拍中进行加工。而起脊工序所需时间等于冲圆和扒圆时间之和，因此起脊工序可单占一个工位。也可以这样设计：冲圆和扒圆各占一个工位，起脊则分在两个工位上进行，这样整条线的节拍变得更短。起脊放在二个工位上加工采用的就是工序分散的思想。工序分散是指把所需时间较长的工序分在几个工位上加工。如精装生产线中的书芯压平、上书壳后的压槽和整形工序等所需时间较长，根据节拍要求，可将这些工序分散到4～6个工位上加工。

若工序单件时间为节拍的整倍数，则可采用增设同种设备的方法解决设置多工序问题。在节拍 τ 不变的情况下，可以加长该工序的单件工时，$T_{单件} = m\tau$，m 为该工序的工位数。

在流水线中，重复设备可按顺序法或平行法排列，顺序法排列如图9-1（a）所示。设有两台同样的单工序机器c、d，用以加工单件工时为节拍2倍（2τ）的工序，在c、d的前后应各安排两个空位a、b和e、f。半成品进入c、d工序加工之前先按一般方法，即每节拍送一本书册到空位。

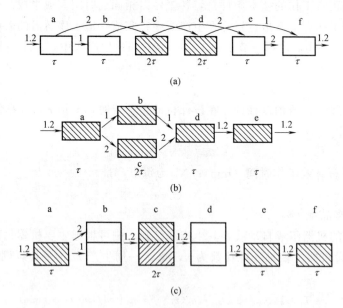

图 9-1 流水线设备排列方式

（a）重复设备顺序排列 （b）重复设备平行排列 （c）按批进本排列

第一本先到a再到b，从b直接到d，在d工位加工 2τ 的时间后，直接传送到f工位，在f工位加工一个节拍 τ 后输出。

第二本书到a，从a直接到c，在c工位加工 2τ 的时间后，又直接传送到e工位，在e工位加工一个节拍 τ，下移至f工位，在加工一个节拍 τ 后输出。

这样设置的生产线，全机的生产节拍为 τ，每一节拍 τ 时间内生产出一本书册，而在生产线中的 c、d 工序，半成品的加工时间均为 2τ。这种工序的安排就遵循了工序分散的原则。

顺序排列法适用于较简单工序的生产组织。当某单机的工序时间过长，则需重复设备较多，空位数也应相应加多，生产线就会变长，不仅占地面积增大，工位之间的运输机构也变得更加庞大。

平行排列法如图 9-1（b）所示。其中 b、c 为两台同样的机器，其加工工时为 2τ，其余几台 a、d、e 的加工时间各等于 τ。半成品 1、2 按节拍逐本输入 a，然后轮流送到 b 和 c，即第 1、3、5… 本输入 b，第 2、4、6… 本输入 c，加工 2τ 时间后送给 d。其中 1、2 本送入 d 的时间相差 τ，以后又按节拍输送。平行排列法不需要安排空位，因此由这种排列法组成的生产线较短，结构较紧凑。

有些工序尽管所需加工时间较长，但因成批输入加工而不需要增加机器设备。在三面切书机上整叠裁切书刊，在压力机上整叠对书芯压实等都属于此种情况。工作时只需把半成品的书芯成批按节奏地输入加工位置即可。此时成批输送的节拍等于 $m\tau$，其中 m 为每批一次加工的数量。此种排列法加工原理如图 9-1（c）所示，c 为所需时间较长的加工位置，需用时 2τ，每次加工两本书芯即 $m=2$。此时在加工位置前后都应留有空位（b 和 d）。加工之前先在 b 位置上把书堆积成叠，然后再按叠送入加工工位 c，加工之后再一起送到空位 d，在此把书叠分开，逐本送往后面工位 e 和 f。e 和 f 工位属正常工位，此二工位的加工工时均为 τ。

自动线上的节拍通常是很短的。对于单件时间很长的工序，例如精装生产线中的压实、烘干、压槽等工序，其加工时间是节拍的几倍甚至几十倍，此时无论采用顺序排列法、平行排列法，还是成批加工法来实现工序同步都不太现实。在这种情况下，常采用转盘式结构或循环链条式结构，使书芯在多个工位上及运输过程中进行加工。整个机构的工作循环仍可按原来的节拍工作，即每一节拍完成一本书的加工。如生产线中烘干的工序较长，通常在风车结构上设置若干个书夹子，机器上的书夹数即为工位数，通过多工位来保证较长的加工时间。

三、生产线的生产率

将单机组成流水生产线，目的是为了提高生产率。生产线的生产率取决于单机的生产率。单机的生产率高，则生产线的生产率也会较高。但生产线的生产率往往会制约某些单机生产率的发挥。

1. 理论生产率

机器或流水生产线在单位时间内生产出合格品的数量称为生产率。装订生产线则以单位时间内生产的合格书册数来表示。

在单位时间内，假设机器连续不间断地工作，在无废品的条件下生产出的合格书册数称为理论生产率，用 $Q_{理论}$ 表示。

若在时间 T 内，机器连续不间断地工作，在无废品的条件下生产出的合格书册数为 N，则有：

$$Q_{理论} = N/T$$

设机器主轴每转完成 K 个工作循环，每一工作循环时间 $T_{循环}$（min）内加工 m 本书册，z 为 T 时间内的工作循环总数，n 为主轴每分钟转数，$T_{循环} = \dfrac{1}{nK}$。

则其理论生产率：

$$Q_{理论} = N/T = (z \cdot m)/(z \cdot T_{循环}) = m/T_{循环} = mKn \quad （本/min） \tag{9-5}$$

通常，$m = 1$，$K = 1$。

2. 实际生产率

实际生产率是指单位时间内，机器或流水生产线实际生产出的合格书册的数量。实际生产率考虑了机器停车等的各种时间损失及出现的废品。

$$Q_{实际} = N/T_{总} \tag{9-6}$$

式中：$T_{总}$ 为生产 N 本合格书册实际所用的时间。

$$T_{总} = T_{有效} + T_{损失} = T_{有效} + (T_{废品} + T_{停机}) \tag{9-7}$$

其中，$T_{有效}$ 为没有停机和不出废品时生产 N 本合格书册所用的时间；$T_{废品}$ 和 $T_{停机}$ 分别表示生产废品和停机所用的时间。

3. 流水生产线评价指标

流水生产线的工作情况，常采用利用系数、完善系数进行评价。这两个系数的数值越大，说明生产线的生产率越高。

利用系数 $K_{利用}$ 是机器的有效利用时间与规定时间之比

$$K_{利用} = \frac{T_{有效}}{T}$$

由此得到

$$Q_{实际} = K_{利用} \cdot Q_{理论}$$

若不计废品，则

$$K_{利用} = \frac{T_{有效}}{T_{有效} + T_{停机}} = \frac{Q_{实际}}{Q_{理论}} \tag{9-8}$$

利用系数反映了由于技术上和生产组织上的原因而引起的停机情况，它说明机器结构的完善程度及其在具体企业中被利用的程度。

在需要为机器做鉴定时，则不计生产组织方面的停机损失，而利用完善系数 $K_{完善}$：

$$K_{完善} = \frac{T_{有效}}{T_{有效} + T_{故障}} \tag{9-9}$$

利用完善系数说明了机器的可靠程度。

整条生产线的完善系数也可按类似方法计算，但一般比单机的完善系数低。这是因为当各单机装在流水线中时，其各自的故障对全线的可靠性都不利，因而全线的故障停机时间要大得多。

自动线完善系数利用下式计算：

$$K_{完善·线} = \frac{1}{\dfrac{1}{K_1} + \dfrac{1}{K_2} + \cdots + \dfrac{1}{K_m} - (m-1)} \tag{9-10}$$

式中：m——组成自动线的单机数；

$K_1 \cdots K_m$——自动线中各单机的完善系数。

设自动线由 m 台单机组成,各机由于故障而停机的时间各为 T_1、T_2、$\cdots$、T_m;

因为这些单机在同一条自动线中工作,其总的工作时间相同,即 $T_{有效1} = T_{有效2} = \cdots = T_{有效m} = T_{有效}$;

由式(9-9)可以求得各单机的完善系数

$$K_1 = \frac{T_{有效}}{T_{有效} + T_1}, K_2 = \frac{T_{有效}}{T_{有效} + T_2}, \cdots, K_m = \frac{T_{有效}}{T_{有效} + T_m}$$

自动线由于故障而停机的时间应是各单机因故障而停机的时间和,即

$$T_线 = T_1 + T_2 + \cdots + T_m = \sum_{i=1}^{m} T_i$$

自动线总的工作时间也是 $T_{有效}$,所以自动线的完善系数为:

$$K_{完善 \cdot 线} = \frac{T_{有效}}{T_{有效} + \sum T_i} = \frac{1}{1 + \frac{\sum T_i}{T_机}} = \frac{1}{1 - m + \frac{mT_{有效} + \sum T_i}{T_{有效}}} = \frac{1}{\frac{1}{K_1} + \frac{1}{K_2} + \cdots + \frac{1}{K_m} - (m-1)} \quad (9-11)$$

例如,一条由 5 台单机组成的自动线,各单机的完善系数 $K_1 = K_2 = \cdots = K_5 = 0.9$,则由式(9-11),可得自动线完善系数为:

$$K_{完善 \cdot 线} = \frac{1}{\frac{5}{0.9} - (5-1)} \approx 0.64$$

说明这条自动线的完善系数很低,不能认为是能正常工作的自动线。

第二节 平装生产线

一、平装生产线的作用与组成

平装生产线用来对平装书刊的半成品连续进行成书加工。运行中,各工序利用相应的机器或机构,按照工艺顺序自动地对加工对象进行不同的加工处理。加工对象的传送、换位及废品的剔除等均系自动完成。

多数平装生产线都是由若干能完成各种不同工作的单机或机构(如配页机、订书机、包本机、烘干机、三面切书机和书籍打包机等)组成。各机组间都保持着同步联系,使全线在统一的节拍下运行。

目前,在平装生产线上能够完成的加工有以下工序。

1. 配页

将折好的书帖按页码次序配成书芯,供后面各工序进行加工处理。在配页出书芯之前,均设有废书芯剔除工位,防止由于误配所产生的多帖、少帖书芯流入下一工序。配页由配页机完成。

2. 闯齐

将配好帖的松散书芯以书脊和地脚为准闯齐,用来提高书籍的装订精度。

3. 压平

书芯闯齐后进行加压,将书页间的残留空气挤出,使书芯平整坚实。由于书帖在进入配页工位之前,一般都经过了打捆加工处理,所以在多数平装生产线中取消了压平工序。

闯齐和压平均为书芯加工的预备工序，有的在书芯的传送过程中由附加的装置完成，有的则在装订机的预备工位上进行。

4. 订书芯

将互不相连的书帖固结在一起，成为整体书芯。它对书籍的装订质量和使用寿命有直接影响，是平装生产线中的关键工序。目前，已纳入生产线的订书芯工艺有两种，即铁丝订和无线胶订。书芯的无线胶订工艺包括铣背、打毛、上胶和贴纱布、卡纸等几道工序。

5. 上封面

在书脊带胶的书芯上包贴一软皮封面。封面应与书芯套准，而且封面的脊部尺寸应与上封前的书芯厚度相适应。

上封面工序有的在包本机上进行，有的在装订机的专门机构上进行。

6. 加压成型

书芯包贴封面后，进一步将其包拢粘牢，并在脊背部沿互相垂直的两个方向对两侧和脊背加压，使书背棱平直美观。加压成型在装订机的加压机构（又叫托打机构）上进行。上封面和加压成型统称包本成型，因此也有将上封面和加压成型视为一个工序的。

7. 定型干燥

即对成型后的毛书进行人工干燥处理。目的是使胶液在较短的时间里充分干固，以便进行三面裁切。在生产线上进行书背烘干的方法很多，有利用微波进行烘干的；有利用红外线等热源进行烘干的；根据不同的胶料，也有利用吹热风或冷风来加速书背干燥的。凡是采取一定的烘干措施来加速书背干燥的，都叫强迫干燥。强迫干燥一般都要消耗大量的热能，但它可加快干燥过程，缩短出书时间。

书背的定型干燥在烘干机或专门的干燥装置上进行。采用速干胶（如热熔胶等）作为黏合剂时，因其凝固或干燥速度快，不必进行强迫干燥，一般是采取加长生产线传送路程的办法，使书背在传送过程中自然干燥。

8. 三面裁切

按照规定的尺寸切去毛书的三个毛边。三面裁切在三面切书机上进行，分单本裁切和多本裁切两种方式。高速平装生产线上专用的三面切书机多为单本裁切，因为这样传送简便，裁切抗力小，可使机器设计得紧凑。多本裁切时，必须有专门的装置将单本传送的毛书按所要求的本数进行堆积，然后一次送往切书机的进书工位。其最高堆积本数由书的厚度和机器的允许高度决定。

9. 书籍打包

书籍打包是将裁切好的成品书籍按一定本数包装起来。书籍打包在打包机上进行。除此之外，书籍打包在生产线上还能完成某些附加工序，如插页等。

二、无线胶订生产线

无线胶订，以热熔胶作为黏合剂，能装订厚度为 3～30mm 的平装书刊。无线胶订生产线通常从配页开始，能连续自动完成配页、书芯加工、包本成型和堆积出书等工序的工作。也可手工续本，单独使用胶订机来完成经过线订或铁丝订的书芯的包本成型工作，是国内使用比较多的一种无线胶订设备。图 9-2 所示为国产 PRD-1 无线胶订生产线平面布置图。

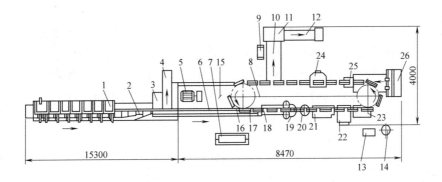

图 9-2 PRD-1 无线胶订生产线平面布置图

1—配页机 2—翻转立本 3—除废书 4—出书芯 5—主电机 6—交换链条 7、9—控制箱 8—胶订机
10、12—传送带 11—堆积机 13—吸尘器 14—预热胶锅 15—计速表 16—进本机构 17—夹书器
18—定位平台 19—铣背圆刀 20—打主刀 21—上书芯胶锅 22—贴纱卡机构 23—上封皮胶锅
24—加压成型机构 25—贴封皮机构 26—给封皮机构

由配页机 1 将书帖配成书芯，翻转立本后，松散书芯通过交换链条 6 被送入胶订机的进本机构，并由进本机构的链条传送装置带着爬坡，然后进入胶订机的夹书器。

固定在椭圆形封闭链条上的夹书器夹持着待加工书芯按箭头所示方向连续运行，在通过胶订机的各个工位时，由诸机构或装置顺序完成对书芯的加工和包本成型。夹书器行至传送带 10 处便松开，包本成型后的毛书掉落在高速传送带 10 上，被迅速送往堆积机 11 进行计数堆积。按规定堆积好的毛书最后由慢速传送带 12 送至搬运台，进行人工搬运和堆放，以完成书背的干燥过程。其工艺流程如图 9-3 所示。

图 9-3 PRD-1 型无线胶粘装订生产线工艺流程

1—配页 2—翻转立本 3—除废书 4—爬坡 5—定位 6—铣背 7—打毛 8—上书芯胶
9—贴纱布卡纸 10—上封皮胶 11—给封皮 12—贴封皮（一次托打） 13—加压成型（二次托打）
14—落书 15—计数堆积 16—出书

为提高装订精度，有的机器上仍保留或增设闯齐工位。如图 9-2 所示的定位工位 5，它由一振荡装置同时完成对松散书芯的定位和闯齐。

在无线胶订中，书芯的加工通常包括铣背、打毛、上书芯胶和贴纱布卡纸等四道工序。

1. 铣背

如图 9-3 所示的工位 6，它将书芯书背用刀铣平，成为单张书页，以便上胶后使每张书页都能受胶粘牢。书背的铣削深度与纸张厚度和书帖折数有关，纸张越厚、折数越多，铣削量越大，应以铣透为准，一般在 1.4～2.2mm。

2. 打毛

"打毛"即是对铣削过的光整书背进行粗糙处理，使之起毛的工艺方法。打毛的目的是使纸张边沿的纤维松散，以利于吃胶和互相粘结。另一种广为采用的方法，是在经过铣削的书背上，切出许多间隔相等的小沟槽，以便储存胶液，扩大着胶面积，增强纸张的粘结牢度。本机进行书背打毛时采用了切槽的方法，如图9-3所示的工位7。

沟槽的深度一般为0.8~1.5mm，间隔 h 所取范围较大（2~20mm）。铣背切槽后的书芯书背如图9-4所示。

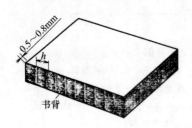

图9-4 经过铣背切槽后的书芯书背

经预处理的书帖（如花轮刀轧口和塑料线烫订）所配成的书芯，在进行胶订时，不再做铣背、打毛的加工处理，可直接进入上胶工位。

3. 上胶

经过机械处理的书芯书背上涂有一定厚度的粘结剂，以固定书脊，粘牢书页。上胶应使整体书芯的脊背部分具有足够的粘结强度，这是书芯加工中的关键工序。

4. 贴纱布卡纸

为提高书脊的连接强度和平整度，对于厚度大于15mm的书芯，在上过胶的书背上需粘贴一层相应尺寸的纱布或卡纸条。

粘贴纱卡后，再上一次胶即可进行包本。厚度小于15mm的书芯不需贴纱卡，上书芯胶后直接进行包本。

三、典型无线胶订平装生产线

ZXJD-440C型平装胶订联动线是上海紫光机械公司生产的装订设备。它由配页机组、平装胶订机、分切机、书芯堆积机、三面切书机及各类直线、回转输送机等组成，是实现书籍装订作业机械化、联动化、自动化的装订设备。装订效率较高、质量较稳定。

1. JD440C平装胶订机

JD440C平装胶订机主要由机架、主变速箱体、书夹、进本装置、斜坡传送装置、书帖闯齐装置、铣背打毛装置、上胶装置、封面输送压痕装置、托打装置、书本输出装置、预热胶锅部分等组成。ZXJD440C平装胶订联动线平面布局图如图9-5所示。

2. PYGD440B滚式订书配页机

PYGD440B型滚式订书配页机采用电气检测系统，带有记忆功能，可自动将多帖、少帖的书芯剔除至坏书斗，保证了书刊的质量，提高了劳动生产率。

PYGD440B滚式订书配页机的工作过程是：由21个储页台组成的滚式配页机进行配页，储页台下面各叼页辊上的分页爪、吸嘴和叼牙配合动作，按页码顺序分别将书帖送至承书斗中，再由传送链上的拨书棍将书帖带走。在配页过程中发生多帖、缺帖现象时，检测装置发出信号，拨书棍带动书帖前行时，下一个配页台在电磁阀的作用下关闭气泵，停止配页，整条联动线不停车。拨书棍将书帖送至废书剔除工位，翻板抬起，不合格书芯输出至坏书斗。正常的书帖经配页成册，通过输送翻转机、振动输送机、胶订机、分切机、堆积机、三面切书机等，完成包本工作输出光本书册。

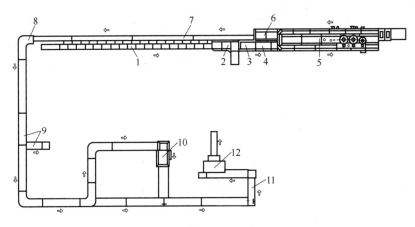

图 9-5　ZXJD440C 平装胶订联动线平面布局图

1—滚式配页机　2—废书芯剔除装置　3—输送翻转机　4—振动输送机　5—胶订机　6—翻转输送机　7—直线输送机

8—回转输送机　9—中间储存部分　10—分切机　11—书芯堆积机　12—三面切书机

第三节　精装生产线

书刊的精装加工主要包括书芯加工、封皮加工及套合加工三大工序。精装书与平装书的主要区别是精装书芯的造型加工、书封造型加工和套合造型加工。

一、精装生产线的作用与组成

精装生产线的任务是对需精装的已锁好线的书芯进行继续加工，直至成书为止。若干台完成不同精装加工工序的单机及中间连接装置按照预定的工艺流程连接起来，就形成了精装生产线。调整好的自动线可以把书芯自动加工成书，操作工人只需在线外看管，调整机器，排除故障，添加用完的材料如胶、纱布、卡纸、书壳等，大大提高了劳动生产率和降低了劳动强度。

在精装线上应完成以下工序。

1. 压平

对书芯整个幅面用压板进行压实，其目的是将书芯书页间残留的空气挤出，使书芯平整、结实、厚度均匀，以利于后面工序的加工，提高书籍质量。压平的压力应适当，以保证书芯不产生过大的变形。压平后的书芯厚度应与制成的书壳相适应。

2. 刷胶烘干

书芯压平之后在书背上刷胶，将书帖粘结在一起，使书芯基本定型，防止后续加工时书帖之间的相互错动。胶固的程度应使书芯在后面起脊工序的压力下不致散开，刷胶后应进行干燥，一般在扒圆时书芯以干燥到 80% 左右较为合适，过分干燥会影响扒圆质量。在手工精装中常用自然干燥法。在生产线中，为了缩短干燥时间，常采用专门的烘干设备，使刷胶后的书芯在规定的时间内完成干燥。

3. 压脊

经过刷胶烘干的书芯书脊部分往往有少许膨胀，叠在一起后造成书芯倾斜影响裁切质量。为此，在生产线中，常在刷胶烘干与三面切书之间增设一压脊工位。压脊一般多工位进行（一般为 3 个），后面压脊工位的压脊压力较前一工位大，压脊压力逐工位增加。书芯输送装置将书芯送到压脊工位，压脊块在机械力的作用下同时挤压书籍两侧，然后退离书芯。经过三个工位后，压脊完成。

4. 裁切

刷胶烘干、压脊后的书芯放到三面切书机上进行裁切。为了提高工效，较薄的书芯应堆叠在一起在切书机上进行裁切。因此，生产线中三面切书机前应附加堆积装置，裁切后又将叠起的书芯分成单本的分本装置。

5. 扒圆

把书背做成圆弧形，使书芯的各个书帖以至书页相互均匀地错开，切口形成一个圆弧以便于翻阅，同时也提高了书芯与书壳的连结牢度。

在有的机器上，为了提高扒圆质量，在扒圆之前又加上"冲圆"或"初扒圆"工序。

6. 起脊

将扒圆后书芯的书背向两侧揉倒，以防止扒圆后的圆弧继续回圆的过程，称为起脊。起脊的主要作用是为了防止扒圆后的书芯回圆变形，也有书背造型的作用。起脊工艺使装上硬质书壳后的书籍外形更加整齐美观。起脊是精装书装订中的一道关键工序，它提高了书籍的耐用性，造型更加美观大方。

7. 贴背

贴背包括在书脊上粘纱布、粘背脊纸（又称卡纸）、粘堵头布（又称花头）三道工序，故又称"三粘"，该工序在扒圆起脊后进行。前两粘的目的是掩盖书脊的线缝，提高书脊牢固程度；堵头布贴在书脊两头，使书贴连接得更加牢固，并起装饰作用。在生产线中，贴纱布为单独工序，堵头布先粘贴在背脊纸上，裁切成适当宽度，再连同背脊纸一起贴到已粘纱布的书脊上。

8. 上书壳

把加工好的书壳套到书芯外面，书壳由另外的制壳机制成。

9. 整形压槽

加上书壳的书籍再次加压定型，并在前封和后封靠近书脊边缘处压出一道凹槽，使书籍更加美观和便于翻阅。

在精装生产线上，压平、刷胶烘干、裁切、压脊、扒圆、起脊、贴背等工序都是自动完成的，为此专门设有压平机、刷胶机、压脊机、三面切书机、扒圆起脊机、贴背机、上书壳机、整形压槽机等。根据不同情况，这些机器部分合并，例如刷胶和烘干合并为刷胶烘干机、扒圆起脊和贴背合并为扒圆起脊-贴背机（也有称为书芯加工联动机的）等。德国柯尔布斯公司的"紧凑-25"及"紧凑-40"型又进一步合并了扒圆起脊、贴背和上书壳机。在一台机器上完成较多的工序可以缩小占地面积，但工序合并越多，对机器可靠性就要求越高，一道工序发生故障将造成全机停车。

除上述完成各道工序的单机外，生产线中还需要中间连接运输装置，如输送翻转机；进本和收本装置，如自动供书芯机、自动堆积机等。

国内外应用较多的精装生产线主要有如下几条：JZX-01 型精装自动线，德国柯尔布斯 70 精装自动线，美国司麦斯（Smyth）精装自动线，柯尔布斯紧凑 25（Compact-25）

精装自动线，德国 BL100 精装自动线等。

二、书芯压平工艺与设备

锁线后的书芯虽已将各书帖连成一体，但帖与帖的连结还比较松散，而且纸张经过多次折叠也造成了书页间的蓬松不实。通过对书芯加压来排除书页间的残留空气，使书芯平整、结实，并以稳定的厚度尺寸与书壳相适应。在精装生产中，将这种对书芯加压的方法称为压平或压实。

压平是精装书芯加工的第一道工序，也是后面各道工序的基础。

影响本工序加工质量的主要因素是压力的大小。目前对书芯的最大压力可达 50kgf/cm²，特殊的有达到 75kgf/cm² 的。

因为纸张的变形过程是需要一定时间的，因此压平时，书芯压平机多采用单本多工位加压的方式来增加加压的时间及纸张变形的时间，以适应全线统一的生产节拍。

由于折叠和锁线的缘故，书芯脊部的厚度和变形程度与其他部位有差别，因而在工序排列上是先对脊部加压，然后进行整个书芯的压平。

压平时书芯的位置多取书背朝下放置，这除了受生产线传送方式的制约外，还因为它与平放相比具有能自然定型的优点。

压平前应依据书芯厚度调整压平机的压力。书芯压平后要整齐，无歪斜卷帖、缩帖等现象。压平后的书芯厚度基本一致。

我国目前采用的国产压平机主要是 YP 型书芯压平机。YP 型书芯压平机由进本部分、振荡器、压脊部分、压平部分、出书部分、传送机构、箱体部分和电气控制箱组成。在机器的传送机构中，通过马尔他机构和一系列链传动使拨书棍拨动书芯作间歇送进运动。在机器工作的每一个循环之内，由主电机带动凸轮-连杆机构利用送书的间歇停顿时间对书芯和书脊部分加压。

机器的调速方式为手摇机械无级调速，并与 SJ 型刷胶烘干机灵活连接。因生产线有联锁控制系统，所以不要求 YP 型书芯压平机和 SJ 型刷胶烘干机之间在速度上严格同步，只要压平机能对刷胶烘干机供足书芯又不发生毛坯拥挤现象即可。

YP 型书芯压平机的工作原理如图 9-6 所示。该机各工位成直线排列，书芯进入送书链条 9 后，按节拍从一个工位移向另一个工位，由加压机构对其进行多次加压。现按工位顺序介绍如下。

工位 Ⅰ，进书。书芯从 GX 型供书芯机进入压平机上连续运行的进书传送带 1，在进书槽 13 中向前运行。最前一本书芯 3 行至挡板 4 处即被挡住。后面的书芯则依次排列在传送带上打滑。需要送本时，两分书闸块 2 便收拢闸住后一本书芯，同时挡板 4 下降放过前一本书芯。经过加速传送带 5 时，书芯被快速送进下一工序。然后挡板 4 抬起，分书闸块 2 分开，放过后一本书芯向前行至被挡板 4 挡住，进入机器的下个工作循环。这样，书芯便一本一本地被送上加压工位。挡板 4 和分书闸块 2 受凸轮控制，严格地按照节拍进行工作。

工位 Ⅱ～Ⅳ，在三个工位上进行三次压脊。书芯在离开加速传送带 5 进入定位平台 7 之前，有一振荡器将其振齐（图中未示出）。然后，随链条做周期运动的拨书棍 6 推送书芯，使其在机器的每一个工作循环中前进一个步距。在停歇期间，两压脊条 8 同时挤压书

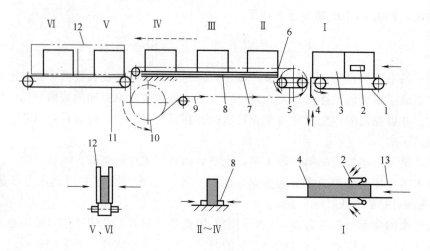

图 9-6　YP 型书芯压平机工作原理

1—进书传送带　2—分书闸块　3—书芯　4—挡板　5—加速传送带　6—拨书棍　7—定位平台　8—压脊条
9—送书链条　10—链轮　11—传送带　12—压平板　13—进书槽

脊两侧，然后退离书芯。接着拨书棍 6 又开始向前，把书芯推送一个步距，如此在三个工位上完成对书芯的三次压脊。长条型的压背板能同时对 Ⅱ、Ⅲ、Ⅳ 三个工位上的书芯进行加压。

各拨书棍 6 在送书链条 9 上按相等距离分开，其两端铰接在两条平行的套筒滚子链上。各拨书棍间的距离等于书芯传送的步距。链轮 10 的周期运动由马尔他机构获得。

通过调节三组压脊条间的距离，使得三次压脊的压力逐工位增加。

工位 Ⅴ～Ⅵ，书芯压平。与链条 9 作同步运动的传送带 11 接过压完脊的书芯，由压平板 12 在两个工位上进行两次全面压平，然后交给出书传送带送出机外。

在工位 Ⅵ 上，两压平板间的距离调整得比工位 Ⅴ 上的小，其目的是使工作压力逐渐增大。

压脊条 8 和压平板 12 的挤压运动分别从两组相类似的凸轮连杆机构获得。因压平的总压力远大于压脊的总压力，所以二者分开传动。

三、书背刷胶烘干工艺与设备

刷胶烘干是指在压平后的书芯书背上涂刷黏合剂，然后采用一定的方法烘干固定书背。对压平后的书芯进行刷胶，其作用是使书芯初步定型，为后续的裁切、扒圆、起脊等工序作准备。

刷胶烘干工序所用的粘结剂必须富有弹韧性，切忌使用易脆裂的黏合剂，否则在扒圆起脊时会将胶层搓裂。刷胶烘干机一般采用强制烘干。为了在刷胶后使书背既能被固定，又能在扒圆起脊时顺利变形，背胶不能烘得十分干燥，否则，在起脊时胶层也会被搓破，从而影响装订质量。

SJ 型刷胶烘干机是专为 JZX-01 精装生产线配备的刷胶烘干设备。

SJ 型刷胶烘干机系书芯是采用横向排列、书背朝下、单本间歇输送的自动机。在生产线中，它接收从 YP 型书芯压平机送来的书芯，经分本、送进后完成对书背的刷胶烘干处理,最后由出书和输送机构将上完胶的书芯送向压脊机。书芯经压脊、三面裁切后进入扒圆起脊机。

SJ 型刷胶烘干机的工艺流程如图 9-7 所示。

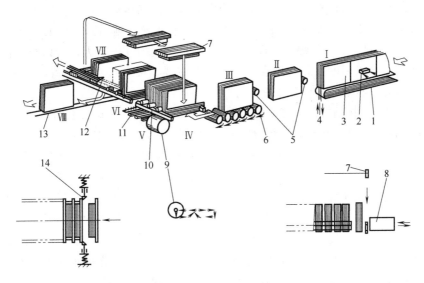

图 9-7 SJ-刷胶烘干机工艺流程图

1—传送带 2—分书挡块 3—书芯 4—挡板 5—拨书爪 6—组合辊子 7—夹板 8—推书装置
9—上胶辊 10—下导轨 11—烘干槽 12—落书拨杆 13—出书传送带 14—单向爪

工位 Ⅰ,分本。书芯从压平机出来后进入连续运转的传送带 1,行至挡板 4 处被挡住。后面的书芯依次端面相顶在传送带上打滑。在书芯通道的侧面有分书挡块 2,当挡板 4 向上挡住书芯时,分书挡块 2 不起作用,两挡块 2 分向两边。当工位 Ⅰ 的第一本书芯 3 要传到工位 Ⅱ 时,两挡块将传送带上第二本书芯夹住,挡板 4 下降,传送带上第一本书芯被传至工位 Ⅱ。接着挡板 4 抬起,挡块 2 分开,为送进下一本书芯作好准备。

这种传送装置能将连续或不规则排列的书芯按节拍间隔分开,送入下一工序,因而用它来连接两机可实现中间储存,能在一定范围内补偿前后两单机的节拍偏差。即压平机与刷胶烘干机之间不用保持严格的同步关系。只要压平机输出的书芯足够刷胶烘干机使用就可以了。

刷胶烘干机上设有联锁控制系统,若工位 Ⅱ 上的书芯不按节拍离开,书芯压平机会自动停车,避免书芯拥挤。

工位 Ⅱ,准备。在这里,书芯要进行一次交接。即当书芯离开传送带 1 失去传送动力时,由作往复运动的拨书爪 5 从后端拨动书芯向前移动一个工位,移至闯齐工位 Ⅲ。

工位 Ⅲ,闯齐。书芯进入工位 Ⅲ,落在一排组合辊子 6 上。每一个辊子都由若干小光轴组成,每一根小光轴可视为一个组合辊子的母线。当辊子旋转时,沿圆周分布的小光轴会对书背产生撞击,达到闯齐的目的。

整排辊子 6 各绕自己的中心沿顺时针方向旋转,会造成书芯的倒流。为此,在两个拨书爪 5 的起始位置上有两个侧向挡板(图中未示出),在拨书爪 5 送书时它退离送书平面;在拨书爪返回之前,挡板便伸入进书平面,从后端挡住书芯。因而书芯在工位 Ⅲ 上闯齐时具有底面和后端面两个定位面。

工位Ⅳ，进本。拨书爪5将工位Ⅲ上的书芯准确地推至工位Ⅳ后返回原位，书芯依靠可调的挡板扶住直立在推书装置8的前面。这时储存在上导轨上的夹板7被升降机构从最前面勾下，落于书芯和推书头之间。接着推书装置8向前运动，借助夹板将书芯推进成横向排列。夹板进入下导轨后被单向爪14挡住，推书装置8则返回原位准备下一个工作循环。由于沿导轨方向布有可调的阻尼装置施给夹板一定的前进阻力，所以与夹板相间排列的书芯始终处于被压紧的状态，形成一个整体书芯群，被夹板夹持着间歇性地向前移动。其移动的距离为一本书芯与一块夹板的厚度之和。

工位Ⅴ，刷胶。在书芯的下方安装有上胶辊9，它随胶盒一起沿书背作往复运动。同时，胶辊做接近和远离书背的运动，胶辊接近书背中间时抬起，接近书背两端时落下。在接近书背时，上胶辊9在书背上作无滑动的滚动，把胶转移给书背。上胶辊所做的这种复杂运动，能避免由于它从一端进入刷胶平面而使书背的两端粘满胶液且两端易产生溢胶的故障。

在上胶辊的同一轴线装有另一毛刷辊，它与上胶辊的旋转方向相反，其作用是继上胶辊之后进一步把胶揉入书帖和刷掉多余的胶液，使书背胶膜保持均匀。

在工作中，书芯以规定的速度和周期向前移动，通过刷胶平面时书背被依次涂布上胶。刷胶机构由单独的电机驱动，因此胶辊的运动与机器的工作循环无关。在确定胶辊的宽度和往复运动的速度时，应保证在加工最厚的书芯和最快的车速时至少使书背能获得一次上胶的机会。

工位Ⅵ，烘干。从刷胶后直至出书为止，均为烘干工位。在书芯间歇前进的过程中，书背下面的烘干槽持续向书背吹送热风，并通过循环管道将蒸发的水分排走。适当地确定烘干工位的长度，就可以在出书时将书背烘至所要求的干固程度。

工位Ⅶ，落书。书芯至烘干槽的末端，由对称分布的落书机构通过落书拨杆12将书芯拨落至出书传送带上，出书传送带13将刷胶烘干后的书芯送出机外。当两个落书拨杆12从两侧向前拨动书芯时，挡压在书芯前面的一块夹板也被推着向前移动，脱离带有阻尼部分的导轨，由连续工作着的传送链条将其送至机器的末端。当夹板在机器末端积存到一定数量（本机为5块）时，停在一组夹板下面的提升装置受到触发做提升运动，将夹板提升到上导轨上，然后返回原位。进入上导轨的一组夹板的两端搭在两根套筒滚子链条上，链条由棘轮机构带动做间歇运动，夹板随链条周期地向进本工位移动，补充不断消耗的夹板。一端不断消耗，一端不断补充，夹板的如此往复循环，保证了机器的正常工作。

当机身的长度确定后，即可确定能够维持机器正常工作的最少夹板数。

工位Ⅷ，出书。出书传送带13将刷胶烘干后的书芯直立地送出机外，准备送往压脊机进行二次的压脊。

四、书背扒圆起脊工艺与设备

1. 扒圆

扒圆的作用是将经过背脊刷胶和裁切后书芯的书背"扒"成圆弧状，使整本书芯中的各个书帖以至书页相互均匀地错开，以便翻阅。

扒圆的方法如图9-8所示。扒圆有书背朝上和书背朝下两种形式，图9-8所示为书背朝下的情况。扒圆前的书芯用实线表示。工作时，两个扒圆辊1、2从书芯两侧同时以一定的压力将书夹紧。然后扒圆辊按图示的箭头方向同时转过一个角度，书芯在扒圆辊的作用下向下移动，书背被扒成圆弧状，如图中虚线所示，其弧度大小与扒圆辊压力和转角有关。扒圆完成后，扒圆辊向两边退回。

2. 冲圆

为了给扒圆工序创造良好的基础，使扒圆辊的转角不至太大，有的机器在扒圆之前安排冲圆或称初扒圆工序，其方法如图 9-9 所示。

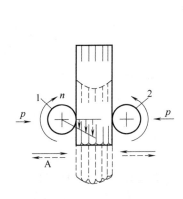

图 9-8　扒圆工作原理
1、2—扒圆辊

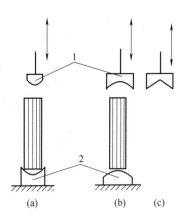

图 9-9　冲圆工作原理
1—冲模　2—底模

图中（a）为书背朝下的情况，（b）为书背朝上的情况。1 为冲模，2 为底模。（a）中冲模制成凸形，底模制成凹形，（b）中则与之相反。底模一般固定不动，书芯传送过来后停在底模 2 上，冲模 1 向下压向书芯，在 1 和 2 的作用下书芯被冲出圆弧。冲力不能过大，否则会影响加工质量。冲模和底模根据不同圆弧要求可以更换，由于此工序只能使书芯达到初步成型，冲模和底模准备几套即可。有的机器中冲模制成 V 形，如图 9-9（c）所示，适应范围更广，加工书芯厚度变化范围不大时，基本可以不换。

3. 起脊

在起脊工序中应使每个书帖背部受压变形倒向两侧。起脊的目的是为了使扒圆后的书芯不致变形回圆，也为了装上厚书壳后书籍外形整齐美观。手工装订中是将书芯夹紧后用槌子均匀地敲击书脊，这种工艺效果好，但劳动强度大、工效低，不适于大批量生产。目前在大批量生产中均采用机械化起脊。机械化起脊工序一般有以下几种：

（1）用辊子碾出书脊　其原理如图 9-10 所示。图中的书脊朝下，（a）为单辊式，（b）为双辊式。

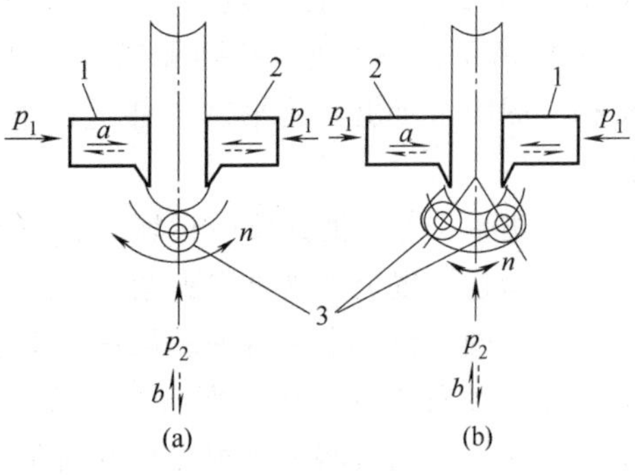

图 9-10　用圆辊起脊
1、2—夹书块　3—起脊辊子

书芯送到工位后，夹书块 1、2 分别从两面将书牢牢夹紧，之后起脊辊子 3 向上以压力 P 压紧书脊，同时左右摆动将书帖的书背部向两端揉倒，挤出书脊。由图可见，单辊式机构较简单，但摆动角度大，双辊式完成同样的工作摆角，只需单辊式工作摆角的一半。

辊碾式起脊需要的运动有夹书块的夹紧和放松运动 a，碾辊上挤运动 b，以及碾辊的摆动 n。其中，碾辊上的挤压运动和摆动需根据书芯要求进行调节。此外，辊子摆动半径与书脊形成的弧度有关，应根据需要进行调节。

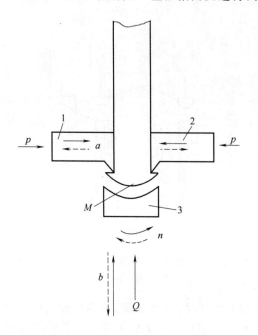

图 9-11　用起脊块起脊
1、2—夹书块　3—起脊块

（2）用起脊块挤出书脊　由于采用碾辊式起脊效果不够理想，现代起脊机构多采用起脊块挤压的方法，其原理如图 9-11 所示。

首先，书芯由夹书块 1、2 夹紧，而后起脊块以 Q 压力压紧书背并向两面摆动，此种摆动实际上近似于以书脊顶部中点 M 为中心的晃动，因而书脊基本上是在起脊块的挤压下产生变形。P、Q 力都要求较大。此种方法由于起脊块与书背全面接触，效果要比碾辊法好。

用起脊块起脊所需要的运动是：夹书块夹紧松开运动 a，起脊块上挤运动 b 和起脊块摆动 n。其中，上挤运动的位移大小以及起脊块左右摆动的幅度应根据被加工书芯的规格尺寸及书芯的厚度来调节。

用起脊块起脊时，起脊块应适合不同书芯尺寸的要求，因此需准备不同尺寸的起脊块，而碾辊式起脊中的辊子则可以适应不同书芯而不需更换。

BY 型扒圆起脊机由我国自行生产，可以作单机使用，前后连接送书与翻转运输部分后，也可纳入精装生产线中。

BY 型扒圆起脊机的外观如图 9-12 所示。图 9-13 是 BY 型扒圆起脊机的工艺流程图。如图 9-13 所示，书芯进行扒圆加工时，书脊向上，在一个工位加工完成后通过往复式传送机构（图中未示出）将书芯夹住送往下一工位。全机分进本、扒圆、起脊和出书 4 个工位。

（1）进本工位　通过皮带运输装置把待加工书芯送进，经过翻转机构将书芯翻成背脊朝上放到运送装置上并被书夹夹紧。

（2）扒圆工位　书夹将书芯从进本工位运送到扒圆工位后，书夹松开并退回。冲圆装置自上而下冲向书芯使其产生初步变形，书芯下面装有凸形模板，促进书芯变形。冲圆后，冲头退回，同时两个扒圆辊从两面压向书芯，压紧后扒圆辊旋转进行扒圆。扒圆后书芯又被运送书夹夹住送往起脊工位。

（3）起脊工位　书芯被书夹送到起脊工位后，由夹紧块将书芯牢固夹紧，起脊块以一定的压力自上而下将书背压紧，然后左右摆动揉搓形成书脊。起脊后起脊块退回，运送书夹又将书芯夹紧，用于起脊的夹紧块松开，书夹将扒圆起脊后的书芯送往出书工位。

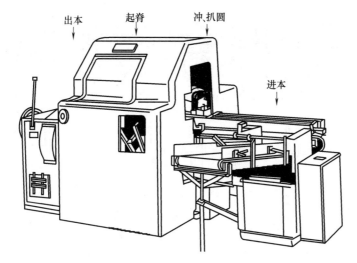

图 9-12　BY 型扒圆起脊机

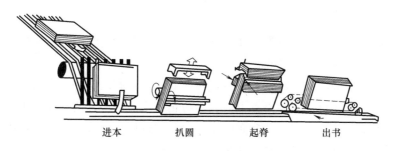

进本　　扒圆　　　起脊　　　出书

图 9-13　BY 型扒圆起脊机工艺流程图

（4）出书工位　经扒圆起脊的书芯送来后，由出书机构将加工完毕的书芯送出。

五、贴背工艺与设备

贴背也叫"三粘"，该工序是对起过脊的书芯进行贴纱布、贴背脊纸和堵头布等各项加工处理，旨在固定书背形状，提高书帖与书帖之间、书壳与书芯间的连接牢度，使上壳后的书籍耐用、美观和便于翻阅。贴背在专门的贴背机上进行。

按工艺顺序排列，书芯贴背工序位于扒圆起脊工序之后。贴背工序的顺序为：①上胶；②贴纱布；③上二遍胶；④贴背脊纸；⑤贴堵头布；⑥托实。

TB 型书芯贴背机是完成书背三粘的多工位自动机，在该机中，书芯的书背向下，且在连续行进中进行三粘工作。工艺上采用了多工位排列，在每一个工位上完成一个加工动作。由于机、光、电的结合，使机械部分的机构大为简化，并实现了机械动作的联锁控制，即下工序加工动作的停歇与继续，直接受上工序实测信号的支配。

如图 9-14 所示，书芯从扒圆起脊机出来后被输送至翻转机翻成书背朝下，接着进入TB 型书芯贴背机的辊式进本机构，开始进行三粘工作。

工位Ⅰ，进本。书芯进入由 11 个转动的凹形辊 1 组成的传送装置后，被强制送往履带式传送链条 5。为保证机器正常工作，书芯在进本工位要进行分本，使书芯按照一定间隔一本本地进入履带式传送链条 5。为此，当前一本书芯 3 撞歪探针 4 时，挡书闸块 2 的

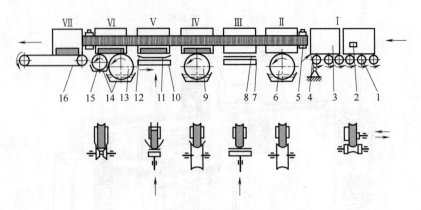

图 9-14　TB 型书芯贴背机工作原理图

1—凹形辊　2—挡书闸块　3—书芯　4—探针　5—履带传送链条　6—胶辊　7—托布台　8—纱布条
9—二胶辊　10—托纸台　11—背脊纸　12—堵头布　13—一托辊　14—水盒　15—二托辊　16—出书传送带

电磁铁立即得电，挡书闸块 2 则把书芯压在固定的墙板上，直到书芯 3 通过探针 4（或光电管）挡书闸块 2 才开始放开，并继续下一个工作循环。

为了防止缺帖的书芯进入机器，在进书通道中安装有测厚装置。当缺帖的书芯不能将测厚杠杆推开时，进本即自动停止。

工位 II，上胶。书芯进入履带式传送链条 5 后，被具有足够夹紧力的两组链条的两个边夹持着向前运行，在行进中给书背上胶。为防止胶水沾污书背两端，上胶辊需在规定的时间内抬起或落下。为此，当书芯碰到限位开关（或遮住光电管）时，转动的胶辊 6 立即抬起压向书背，给背脊部上胶。书芯通过等于其长度的距离后，胶辊 6 落下，完成一次上胶动作。

胶辊 6 浸在装有电热器并能进行温度调节的胶锅中，由独立的动力系统驱动，其表面圆周速度接近书芯的行进速度。辊子的表面制成与书脊形状相对应的凹形回转面。为适应不同厚度的书芯，机器备有不同规格的胶辊。

两组履带式传送链条 5 由许多矩形小板组成，在小板的夹书表面上粘有一层非金属弹性物质（如海绵等）。两夹书边的外侧沿长度方向布有可调节的弹簧，因而两边对书芯有足够的夹紧力且不致压伤书芯表面。

工位 III，贴纱布。书芯从工位 II 上胶工位移向工位 III 时，在预定的位置上遮住了光电管，控制系统得到有书芯信号后，控制贴纱布机构开始工作。托布台 7 带着从布卷上切下的纱布条 8 上升，将布条贴到运动着的书背上，然后下降返回原位。

工位 IV，二次上胶。将胶涂在粘有纱布的书芯书背上，原理同前一次上胶。

在 III、IV 工位之间的书芯两侧布有两条整形导板（图中未示出），在书芯去往二次上胶工位的过程中，把书背两边宽出的纱布收拢并服帖地粘在背脊上。

工位 V，贴背脊纸和堵头布。首先，由专门的机构把卷状背脊纸根据书芯的高度裁成所需长度，该长度等于书芯的高度。然后，将堵头布粘在背脊纸的两端，接下来根据书芯厚度切下背脊纸并由托纸台 10 送往运动着的书芯下面，由随动机构将背脊纸和堵头布贴在书背上。

贴背脊纸的机构需要做两个运动，一个是跟随书背的同步运动，另一个是向上的粘贴运动。机构的随动速度应严格与书芯速度同步。

工位Ⅵ，托实。书芯进入工位Ⅵ，由浸在水槽中的一托辊 13 和两个二托辊 15 把背脊纸和堵头布碾实到书背上。辊子 13 和 15 在工作中不间歇地按箭头所示方向转动。

工位Ⅶ，出书。三粘后的书芯，被履带式传送链条 5 送上出书传送带 16，将贴好背的书芯送出机外。

六、上书壳工艺与设备

精装书芯加工完毕后要粘上一层硬壳书皮，称为书壳的套合加工。其方法是在书芯两衬纸表面涂上胶液，然后套上预先制好的书壳，再施以一定的压力，使书壳粘在书芯上。夹在衬纸与书壳间的纱布增强了书芯与书壳的连结力。

上书壳是上壳机的主要工序。它要求书壳与书芯套合准确，粘结牢固，且粘在书壳上的衬页不能起皱。常见的上壳机多采用如图 9-15 所示的运动形式。即书芯书背朝上在一个平面内作竖直运动；与此同时，书壳平展在与书芯相垂直的平面内作水平送进运动，当前一本书芯套上书壳继续向上运动时，下一本书芯又开始重复前一个循环的运动。

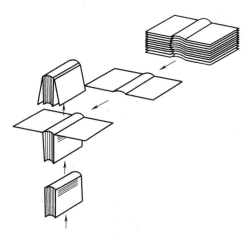

图 9-15 上书壳运动

SQ 型上书机壳机能对平背或扒圆起脊后的书芯装粘书壳。在 JZX—01 型精装生产线中，它位于 TB 型书芯贴背机之后，TB 型书芯贴背机与 SQ 型上书壳之间联有 FZ$_2$ 型输送翻转机。从贴背机出来后，书背朝下的书芯由输送翻转机翻转成书背朝上，进入 SQ 型上书壳机进行上书壳工序的加工。

该机的加工工艺流程如图 9-16 所示，依照加工顺序为：Ⅰ进本；Ⅱ上侧胶，使书芯两侧纱布处涂有较充足的胶液；Ⅲ分书，为挑书板 7 进入书芯作好准备；Ⅳ上衬页胶；Ⅴ送书壳；Ⅵ书壳烙圆；Ⅶ上书壳；Ⅷ滚压，使衬页与书壳粘结平整牢靠；Ⅸ出书。

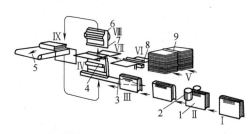

图 9-16 SQ 型上书壳机工艺流程图
1—书芯 2—上侧胶装置 3—分书刀 4—上胶辊
5—出书传送带 6—压辊 7—挑书板
8—书壳烙圆装置 9—书壳

SQ 型上书壳机的工作原理如图 9-17 所示。书芯 2 从输送翻转机的传送带落入上壳机的辊式进本机构 1 中。在辊式进本机构的末端有一同步挡板 3，它受电磁铁控制，按照机器的工作循环逐本放过书芯。当书芯沿着进书槽 4 向前运行时，上侧胶装置 5 把胶液涂在书背两侧的纱布和衬纸上。书芯继续向前，固定在进书槽上的分书刀 6 插入书芯将书打开。随链条 8 上升的挑书板 7 从下方穿过分书刀 6 中间的缝隙将书挑起，垂直地

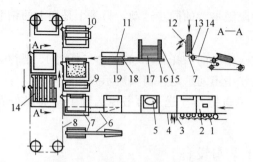

图 9-17 SQ 型上书壳机工作原理图

1—进本机构　2—书芯　3—挡板　4—进书槽
5—上侧胶装置　6—分书刀　7—挑书板
8—链条　9—上胶辊　10—压辊　11—压刀
12—挡板　13—收书台　14—出书传送带
15—书壳槽　16—导轨　17—书壳
18—推爪　19—烙圆模块

带往各加工工位。在通过挑书板两侧的上胶辊 9 时，书芯的两衬纸上便涂满了胶液。

在书芯完成上述运动的同时，硬壳书皮从书壳槽 15 中被做往复运动的推爪 18 推出送至电热烙圆模块 19 处，在停歇中进行脊背部烙圆。在烙圆的同时，模块 19 向上运动，将书壳的脊背部压在两条固定的压刀 11 上，两压刀的间隔与烙圆的弧长相对应。烙成后模块 19 下降，书壳仍落在送壳通道上，由送壳装置送向套壳工位。书壳在套壳工位上首先完成定位运动，这时，刚刚通过上胶辊两衬纸上涂满胶液的书芯在上升中将书壳自然地套上并把此书壳带走。当通过四个作垂直往复运动的压辊 10 之间的空当时，书本从两侧受到均匀滚压，书壳被套紧粘牢。

挑书板 7 铰接在三条套筒滚子链条上作平面平行运动。套完壳的书本被挑书板带到收书台 13 上，至此挑书板向下抽出，书本被挡板 12 翻到出书传送带 14 上，然后送往压槽成型机进行压槽和整型工作。

七、压槽整形工艺与设备

上完书壳的书本还要再经压槽和成型（整形）工序以完成精装书的最终加工。成型或称整形工序即是把上壳后衬页与书壳之间残留的空气排除掉，使书壳与书芯粘接得更牢固和平整。整形一般采用向书本两侧加压（压平）的方法实现。为了使书脊部分与书壳贴合，还需用成型模板从书的切口处向脊背方向加压。成型工序使加工完的书本外形稳定、平整美观。

压平和压槽工序都需用较长的时间，在流水生产线中为了跟上全线规定的节拍，多采用工序分散的方法，即将压平和压槽工序各分成若干相同的短工序，分在若干工位上平行进行。因此压槽成型机是一个进行同样工序的多工位加工机，书芯连续运送到若干个工位上进行同样的加工。

根据工位排列方式不同，压槽成型机有直线往复式和转盘式两种形式，采用直线往复式的如德国柯尔布斯公司的 FE 型压槽成型机，采用转盘式的如 VBF 精装线中的 EP-160 压槽成型机等。

YC 型压槽整型机属国产设备，可单机使用，也可联于 JZX-01 型精装生产线中进行连续化生产。

图 9-18 为 YC 压槽成型机的工艺流程图。上完书壳的书本被传送到书本翻转器上，由翻转器将平放的书本翻转成直立状态，且书背向下。按着成型模板下落，从书的切口处向脊背方向加压。然后，压平板对

图 9-18　YC 压槽成型机工艺流程图

挤书本排挤空气，最后，压槽板从书本两面对挤，在书脊背附近压出沟槽。

图 9-19 所示为 YC 压槽成型机的工作原理图。由图可知，机器上共分 9 个工位。上完书壳的书本由传送带 1 传至压槽成型机进本机构的传送带 3，由于书本的到来遮断了光电管 6 的光路，进本电磁铁 7 动作使挡书板 2 下降，书本被放进压槽成型机，送进时书本平躺，书背向前。传送带 3 把进来的书本送到翻书部分时，翻书栅板 5 把书翻起使之直立，书脊向下（工位 Ⅰ），然后由与溜板一同动作的运送推进器 8 把书送到成型工位 Ⅱ。板沿机器推向作间歇往复运动。

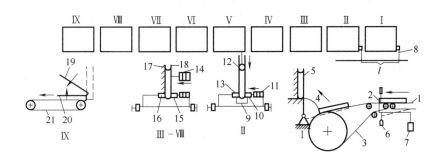

图 9-19　YC 压槽成型机工作原理

1—传送带　2—挡书板　3—传送带　4—托板　5—翻书栅板　6—光电管　7—电磁铁
8—推进器　9—下模板　10、13—夹紧爪　11、14—液压油缸　12—上模板
15、16—压槽器　17、18—压平板　19—推书板　20—托书栅板　21—出书传送带

在工位 Ⅱ 书本被放置在呈凹形的下模板 9 上，在书本停留时间内，上模板 12（凸形）下降压向书的切口使书籍压紧成型并紧贴书壳，模板 12 与 9 可根据书的厚度调换。当书籍被压紧成型时，溜板和推进器 8 一起返回原位（图中向右运动），并停在那里以便运送下一本书；同时，装在溜板上的夹紧爪 10、13 也被送到工位 Ⅱ 的书本两侧，在液压作用下，夹紧爪 10、13 将书在近书脊处夹紧，接着溜板又反向向左运动，于是书本被夹爪带到工位 Ⅲ。夹紧爪 10 装在液压油缸 11 的活塞杆上，可被液压推动前进或后退，夹紧爪 13 则相对滑板不动。

整个溜板被安装在机身的两排滚动轴承上，可以轻快地作往复运动。其上装有 7 对结构相同的夹爪装置，其中 4 对装有压槽器，其余仅用以运送书本。在第 Ⅲ 工位停止时间内，固定在机身上的一对压平板 17、18（不随溜板作往复运动）在液压油缸 14 的作用下把书本压紧，随后夹紧爪 10、13 松开退回，下一个夹紧装置上的压槽器 15、16（松开状态）被溜板带到工位 Ⅲ 书本两侧压平板下面，接着压槽器夹紧、压平板松开、溜板带着压槽器将书本带到工位 Ⅳ。

压平板共有 6 对，各装在工位 Ⅲ ～ Ⅷ 上，其压力用液压缸加压并控制在 1080～1470kg；压槽器共有 4 对，其压力为 120～145kg。每个压槽器中装有一个 0.3kW 的电热管，温度的高低由书壳的材料和书壳厚薄确定。

每本进入压槽成型机的书本在工位 Ⅲ ～ Ⅷ 工位上的停止时间内进行压平，压槽则在运送时间内进行。最后，加工完毕的书本被送到出书工位 Ⅸ，由推书板 19 及托书栅板 20 配合作用将书翻到出书传送带 21 上送出。

思 考 题

1. 什么是生产线的节拍?
2. 评价流水线的指标有哪些?
3. 画出无线胶粘装订生产线的工艺流程图。
4. 无线胶订工艺中,铣背打毛的作用是什么?
5. 典型国内外精装生产线有哪些? 简要说明其组成。
6. 借助图示方法,说明精装书书芯扒圆起脊的作用和原理。

第十章　表面整饰工艺与设备

印品的表面整饰技术是近年来随着人们对印刷品质量的要求不断提高而发展起来的对印品表面或形状进行加工处理的方法和工艺。通常印刷品的表面整饰包括覆膜、上光、模切、压痕、电化铝烫印、凹凸压印等。通过对印品进行表面整饰处理，可以提高印刷品的表面的物理化学性能，同时由于表面处理后的印品美观大方，赏心悦目，从而大大提升了印品的档次和价值。

第一节　印品表面的覆膜工艺与设备

一、覆膜技术与材料

将塑料薄膜涂上黏合剂，经加热、加压与纸印刷品粘合在一起形成产品的加工技术称为覆膜，覆膜产品结构主要为黏合剂、塑料薄膜和承印材料，覆膜后的产品断面结构如图10-1所示。通常加热的温度为70~115℃，工作压力为8~20MPa。经覆膜的印刷品，表面平滑光亮，图文颜色鲜艳，立体感强。因有一层塑料薄膜，还起到防水、防污、耐磨、耐拉的作用，有效地延长了印刷品的使用寿命。

黏合剂又称胶粘剂，其作用是把塑料薄膜和纸质印刷品，依靠粘附和内聚等作用牢固地连接在一起，在纸张、油墨层及塑料薄膜复合表面形成良好润湿、均匀扩散的胶粘层。黏合剂按其化学成分，分为有机黏合剂和无机黏合剂；按其形态，分为水溶液型黏

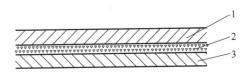

图 10-1　印品覆膜后断面结构图

1—塑料薄膜　2—黏合剂　3—纸质印刷品

合剂、溶液型黏合剂、无溶剂型黏合剂、乳液型黏合剂和固态型黏合剂。覆膜黏合剂必须适应覆膜工艺的要求性能，如对覆膜黏合剂的黏度、固含量、黏合性能和持久的黏合力、干燥时间、表面张力值等指标，都有较高的要求，要求无色且透明度高，光亮度好，不影响印刷品图文的色彩；无毒无味，且柔软、耐磨、耐水、耐热、耐腐蚀，较好的耐油墨性。常用塑料薄膜有聚乙烯薄膜（PE）、聚丙烯薄膜（PP）、聚酯薄膜（PET）及双向拉伸聚丙烯薄膜（BOPP）等，覆膜用塑料薄膜厚度通常为10~20μm。

二、覆　膜　工　艺

根据覆膜过程的不同，覆膜分为预涂覆膜与即涂覆膜两大类。即涂覆膜又分为干式覆膜和湿式覆膜两种方式。

预涂覆膜是指，预先将黏合剂涂布在塑料薄膜的表面上，形成预涂黏合剂的薄膜材料。在覆膜机上将预涂黏合剂的薄膜与纸质印刷品贴合并进行热压粘合的覆膜方式。

即涂覆膜是指，在覆膜机上首先将黏合剂均匀涂布在塑料薄膜的表面，通过加热及压

辊滚压使薄膜与纸质印刷品粘合在一起的覆膜方式。即涂覆膜方式中的干式覆膜是指在塑料薄膜上涂布一层黏合剂后，经过覆膜机的干燥烘道快速蒸发掉黏合剂中的溶剂，然后在热辊压合状态下将薄膜与纸质印刷品紧密粘合在一起的覆膜方式；湿式覆膜是指在塑料薄膜表面涂布一层黏合剂后，在黏合剂未干的状况下，通过压辊与纸质印刷品粘合的覆膜方式。

1. 干式覆膜

干式覆膜如图 10-2 所示，其工艺流程为：放卷→涂布→干燥→热压合→收卷。塑料薄膜在放卷工位在一定的张力下不断放出，在涂布工位通过涂布出胶辊在表面均匀涂布黏合剂，然后通过导辊导向进入热风干燥系统，将黏合剂中的溶剂挥发掉。挥发掉溶剂的薄膜再经过一对热压滚筒时，与从印品输入台输送来的单张印品相遇贴合、热压滚筒滚压，在一定的滚压压力下粘合在一起，完成覆膜工作。这种覆膜方式，使用溶剂型黏合剂，有溶剂挥发；即涂即压合，干燥程度不够，易产生气泡等覆膜不实的缺陷。

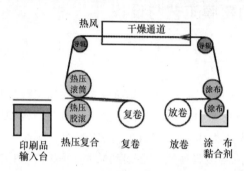

图 10-2　干式覆膜工艺过程

2. 湿式覆膜

湿式覆膜的工艺流程为：放卷→涂布→压合→收卷，如图 10-3 所示。与干式覆膜相比，湿式覆膜采用水溶性黏合剂，无溶剂挥发，省掉了干燥通道的干燥工序，即涂即压合，节能环保。此覆膜产品必须在覆膜产品干燥后才能使用。

3. 预涂覆膜

预涂覆膜如图 10-4 所示，其工艺流程为：放卷→热压合→收卷。放卷工位的塑料薄膜是经过涂布工艺涂布有黏合剂的干燥塑料薄膜，其涂布工艺为：放卷→涂布→干燥→收卷。带有黏合剂的薄膜经导辊进入一对热压滚筒时，与从印品输入台输送来的印品相遇贴合、热压滚筒滚压，在一定的滚压压力下粘合在一起，完成覆膜工作。该覆膜方式的特点是：无溶剂挥发，环保；覆膜质量好，不会出现气泡等覆膜故障。事先涂布好薄膜，需要时进行压合复合即可，使用方便灵活，但价格稍高。

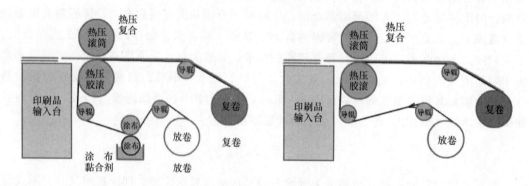

图 10-3　湿式覆膜工艺过程　　　　图 10-4　预涂覆膜的工艺过程

三、影响覆膜质量的主要因素

覆膜的工艺参数、环境因素及印刷品的墨层状况等共同决定了覆膜质量的优劣。

1. 工艺参数对覆膜质量的影响

覆膜温度、覆膜压力和覆膜速度称为覆膜的三要素。

温度决定了热熔胶黏合剂的熔融状态，决定了热熔胶分子向 BOPP 薄膜、印刷品墨层、纸张等渗透能力和扩散能力。温度过高会使薄膜产生收缩，产品表面发亮、起泡，产生皱褶。覆膜温度应控制在 70~100℃，常用 85~95℃。

覆膜压力决定了薄膜与印刷品的粘结强度。在适宜的压力下，热熔胶完全覆盖印品。压力小，粘结不牢；压力过大，产生皱褶，橡胶压辊表面受伤、变形，影响整机的使用寿命。对于纸质疏松的纸张，压力要大一些，反之则小一些。覆膜压力一般设定为 8~25MPa，常用 10~15MPa。

速度决定黏合剂熔化时间和接触时间。覆膜速度慢，黏合剂受热时间长，压合时间长，粘结效果好，但生产效率低。预涂膜覆膜设备速度一般控制在 5~30m/min，常用 8~12m/min。

2. 环境因素对覆膜质量的影响

生产环境的优劣对覆膜质量也有很大的影响。如果车间的空气洁净度太低，使印刷品与薄膜之间形成隔离层，将导致局部粘合力下降，从而影响覆膜质量。

3. 印刷品墨层状况对覆膜质量的影响

(1) 墨层厚度　墨层较厚、图文面积大时，导致油墨改变了纸张多孔隙的表面特性，封闭了许多纸张纤维毛细孔，阻碍了黏合剂的渗透和扩散，使得印刷品与塑料薄膜很难粘合，容易出现脱层、起泡等故障。墨层的充分干燥，是保证覆膜质量的关键。

(2) 油墨冲淡剂的使用　常用的油墨冲淡剂有白墨（粉质颗粒）、维利油（隔离层）和亮光油。其中亮光油是由树脂、干性植物油、催干剂等制成，它能将聚丙烯薄膜牢固地吸附于油墨表面。

(3) 燥油的加放　加入燥油，可加速印迹干燥，但燥油加放量大，影响覆膜的牢度，燥油的加放量应控制。

此外，对于覆膜的产品，应避免使用喷粉技术，已喷粉的印刷品，应用干布逐张除去粉质。同时，也应避免金、银墨印刷品的覆膜。

四、覆膜设备

覆膜设备分即涂型覆膜机和预涂型覆膜机两类。目前广泛使用的覆膜机是即涂型覆膜机。预涂型覆膜机，无上胶和干燥部分，体积小、造价低、操作灵活，目前国内已生产出采用计算机控制的较先进的预涂型覆膜机。预涂型覆膜机具有广阔的应用前景，代表着覆膜机的发展方向。

(一) 即涂覆膜设备

即涂型覆膜机是将卷筒塑料薄膜涂敷黏合剂后经干燥后，由加压复合部分使薄膜与印刷品复合在一起的专用设备。图 10-5 所示为即涂型覆膜机的外观图。即涂型覆膜机有全自动机和半自动机两种。其机型在结构、覆膜工艺上各有特点，但其基本结构及工作原理是一致的。主要由放卷 1、上胶涂布 2、干燥 3、复合 6、收卷 4 五个部分以及机械传动、张力自动控制、放卷自动调偏等附属装置组成，如图 10-6 所示。

图 10-5　即涂型覆膜设备

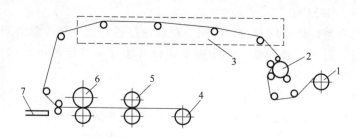

图 10-6　即涂型覆膜机结构简图

1—塑料薄膜放卷部分　2—涂布部分　3—干燥通道　4—收卷部分
5—辅助层压部分　6—热压复合部分　7—印刷品输入台

1. 放卷部分

塑料薄膜放卷类似于卷筒纸胶印机的放卷部分，要求薄膜保持恒定的张力。张力不稳定，易产生纵向皱褶，甚至断裂等故障，会严重影响黏合剂的涂布及同印刷品的复合质量。为保持恒定的张力，放卷部分设有张力控制装置，常见的有机械摩擦盘式离合器、交流力矩电机、磁粉离合器等。

2. 上胶涂布部分

覆膜过程中对塑料薄膜的上胶涂布形式很多，主要涂布形式有滚筒逆转式、凹式、无刮刀直接涂布以及有刮刀直接涂布等形式。

（1）滚筒逆转式涂胶　滚筒逆转式涂胶属间接涂胶，是目前采用最多的一种。其结构原理如图 10-7 所示。供胶辊 1 从贮液槽 8 中带出胶液，刮胶辊 3、刮胶板 7 将多余胶液刮回贮液槽 8。薄膜反压辊 5、6 将待涂薄膜压向涂胶辊 2 表面，在压力和粘合力的作用下胶液不断地涂敷在薄膜表面。改变刮胶辊与涂胶辊的距离、刮胶辊与刮胶板之间的间隙可调节涂胶量。

（2）凹式涂胶　凹式涂胶装置由一个表面刻有网纹的金属涂胶辊和一组薄膜反压辊组成，如图 10-8 所示。涂胶辊 1 浸入胶液中，随着辊子的转动从贮胶槽 5 中将胶液带出，由刮胶刀 2 刮去辊表面多余的胶液。在反压辊 4 作用下，凹槽中的胶液由定向运动的待涂薄膜带动均匀地涂敷于薄膜表面。调整涂布辊表面栅格网纹的线数、黏合剂的特性值、反压辊压力值等可控制涂胶量。凹式涂胶的优点是能较准确地控制涂胶量，涂布均匀。

（3）无刮刀辊挤压式涂胶　如图 10-9 所示，涂胶辊 1 浸入贮胶槽 5 的胶液中，涂胶辊 1 带出的胶液经匀胶辊 2 后，靠压膜辊 3 与涂胶辊 1 间的挤压力完成涂胶工作。涂胶量通过涂胶辊与匀胶辊、涂胶辊与压膜辊之间的挤压力来调节。这种涂胶结构形式对各辊表

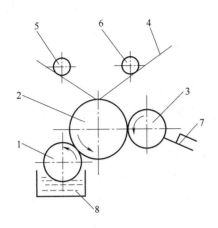

图 10-7　滚筒逆转式刮胶示意图

1—供胶辊　2—涂胶辊　3—刮胶辊　4—塑料薄膜

5、6—反压辊　7—刮胶板　8—贮液槽

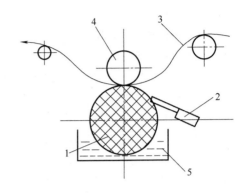

图 10-8　凹式涂胶示意图

1—网纹涂胶辊　2—刮胶刀　3—塑料薄膜

4—反压辊　5—贮胶槽

面精度有较高要求。

（4）有刮刀直接涂胶　如图 10-10 所示。涂胶辊浸 1 入胶液中并不断转动，从贮胶槽 6 中带出胶液，刮胶刀 2 除去多余胶液。涂胶辊 1 同薄膜表面接触完成涂胶。这种涂胶方式，在设计上要求刮胶刀刃口直线度、涂胶辊表面的精度较高。

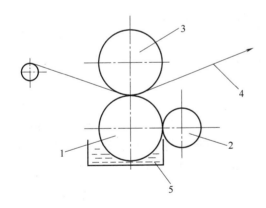

图 10-9　无刮刀辊挤压式涂胶示意图

1—涂胶辊　2—匀胶辊　3—压膜辊

4—塑料薄膜　5—贮胶槽

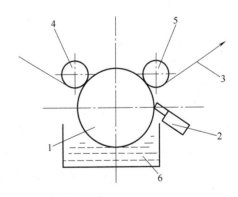

图 10-10　有刮刀直接涂胶示意图

1—涂胶辊　2—刮胶刀　3—塑料薄膜

4—反压辊　5—反压辊　6—贮胶槽

3. 干燥部分

涂敷在塑料薄膜表面的黏合剂涂层中含有大量溶剂，复合前必须进行干燥处理。干燥部分多采用隧道式，塑料薄膜在穿过隧道时溶剂被加热蒸发，一般干燥道长度在 1.5～5.5m。根据溶剂挥发机理，干燥道有三个区，即蒸发区、熟化区、溶剂排放区。

在蒸发区内能在薄膜表面形成紊流风，以挥发溶剂；在熟化区内，根据薄膜、黏合剂性质设定温度控制区，一般控制在 50～80℃，加热方式有红外线加热、电热管加热等，靠热敏感元件控制自动调节温度；在溶剂排放区，装有排风抽气装置，其作用为排除黏合剂干燥中挥发出的溶剂，减少干燥道蒸汽压。

4. 复合部分

主要由热压辊、橡胶压力辊及压力调整机构等组成。

（1）热压辊　热压辊为空心辊，内装电热装置，辊筒温度通过传感器和仪器仪表控制。热压辊的表面状态对覆膜质量有较大影响。通常覆膜工艺要求热压温度为 $60\sim80℃$，面积热流量 $2.5\sim4.5\mathrm{W/cm^2}$。

（2）橡胶压力辊　将被覆膜产品以一定压力压向热压辊，使其固化粘牢。橡胶辊本身没有加热装置。复合时的接触压力对粘合强度及外观影响较大，一般为 $15.0\sim25.0\mathrm{MPa}$。橡胶压力辊长期在高温下工作，且要保持辊面平整、光滑、横向变形小，不易撕裂及剥离等性能，因此该橡胶辊需用高性能的硅橡胶材料。

（3）压力调节机构　用以调节热压辊和橡胶压力辊间的压力。压力调整机构可采用偏心机构等。目前多采用液压式压力调节机构。

5. 印刷品输送部分

印刷品的输送方式有人工手动和机器自动输入两种，机器自动输入方式又有气动式与摩擦式两种类型。气动式输入是在印刷品前端或尾部装上一排吸嘴，依靠吸嘴吸放和移动来分离、输送印刷品。摩擦式输入主要靠摩擦头往复移动或固定转动与印品产生摩擦，将印品从贮纸台分离并向前输送。摩擦轮作间歇单向转动，每转动一次输送一张印品。

6. 收卷部分

覆膜机多采用自动收卷机构。为保证收卷松紧一致，收卷轴与复合线速度必须同步，且张力保持恒定。随着收卷直径的增大，若角速度不变，则线速度一定会变大，而其线速度又必须与覆膜的线速度一致，这就需要控制收卷轴的角速度。通常采用摩擦阻尼改变收卷轴的角速度值。

（二）预涂型覆膜设备

预涂型覆膜机是将印刷品同预涂塑料复合到一起的专用设备。同即涂型覆膜机相比，其特点是没有上胶涂布、干燥部分。预涂型覆膜机由预涂塑料薄膜放卷、印刷品自动输送、热压区复合、自动收卷四个部分，以及机械传动、预涂塑料薄膜展平、纵横向分切与控制系统等组成。预涂型覆膜设备如图 10-11 所示。

图 10-11　预涂型覆膜设备

1．印刷品输送部分

自动输送机构保证印刷品在传输中不发生重叠输入且等距地进入复合部分，一般采用气动或摩擦输纸方式，输送准确、精度高。

2．复合部分

由复合辊组和压光辊组两辊组组成（图10-12）。复合辊组由加热压力辊、硅胶压力辊组成。热压力辊是空心辊，内部有加热装置，表面镀铬，并经抛光、精磨处理；相对滚压压力的调整采用偏心凸轮机构，如图10-13所示。

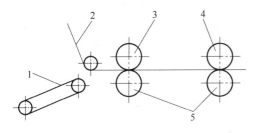

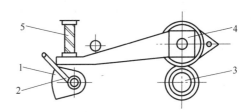

图 10-12　预涂型覆膜机复合部分

1—输纸部分　2—预涂薄膜　3—热压力辊
4—压力辊　5—硅胶压力辊

图 10-13　复合压力调整机构

1—离合凸轮　2—手柄　3—硅胶辊
4—热压辊　5—压缩弹簧

压光辊组与复合辊组的组成基本相同，即由镀铬压力辊、硅胶压力辊组成，但无加热装置。压光辊组的主要作用是提高覆膜后印品表面光亮度及粘合强度。因为预涂塑料薄膜同印品复合后，表面光亮度较低。经压光辊组挤压，表面光亮度及粘合强度会有明显提高。

第二节　印品表面的上光工艺与设备

在印刷品表面涂敷上一层无色透明的涂料，经流平、干燥、压光后，在印品的表面形成薄而均匀的透明光亮层，这个工艺过程叫上光。上光是改善印刷品表面性能的一种有效方法。由于上光的涂料薄层具有较高的透明性和平滑度，因而上光后的印品表面会呈现美丽的光泽。上光工艺被广泛应用于包装装潢、书刊封面、画册、商标、广告、大幅装饰等印品的表面整饰中。图10-14所示为上光后的印品。

图 10-14　上光后的印品

一、上　光　工　艺

印品表面的上光工艺包括上光涂料的涂布和压光两部分。

1. 上光涂料的涂布

对上光涂料的基本要求是：涂料应具有光泽性、稳定性、耐磨性、耐热性及柔弹性等性能。

光泽性是指上光涂料涂布在印刷品表面，经干燥或固化后，其固化膜应透明并有较好的光泽，具有对光的透射力和反射力较强的性能；稳定性是指上光涂料经干燥、固化后的结膜应无色、透明、不泛黄，不会因上光涂料的持续干燥、固化而引起印刷色彩的衰减等变化；耐磨性是指涂料在印品表面干燥固化后，其结膜应有一定的表面强度，在使用过程中能承受一定压力和摩擦力，印品表面具有不易损伤的性能；耐热性是指上光涂料及其结膜具有较好的耐热适性，具有在温度较高环境下结膜受热压力作用时不变质、不变形的性能；柔弹性是指上光涂料结膜后应具有一定的柔韧度和弹性，上光后的印品在折叠、模切时不发生碎裂、折断等现象。

上光涂料按其合成方法可分为溶剂合成型涂料和乳液聚合型涂料两种。溶剂合成型涂料是由成膜树脂等固体材料被有机溶剂溶解而合成的上光涂料；乳液聚合型涂料则由成膜物质单体、水乳化剂、溶于水的助剂及引发剂等四种成分组成。

上光涂料的涂布是指采用一定的方式，在印刷品表面均匀地涂布上光涂料的过程。在印刷品表面上涂布上光涂料后，通常还需压光机压光，以改变干燥后的上光涂层的表面状态，使其形成理想的光泽表面。常用的涂布方式有喷刷涂布、印刷涂布和专用涂布机涂布三种。喷刷涂布属手工操作，速度慢、涂布质量较差，但操作方便，适于小批量、表面粗糙不平的印刷品的涂布；印刷涂布是指在印刷机的最后一个色组上，安装了涂布装置，对印刷完的印品立即进行涂布的方式，又叫联机上光工艺；专用涂布机涂布是指印刷品在特定专用的涂布设备上进行表面涂布涂料的技术工艺，又叫脱机上光工艺，可实现涂布量的较准确控制，涂布质量稳定可靠，适合于各种档次印刷品的上光涂布加工，是目前普遍应用的涂布方法。

按上光涂料的不同，又有氧化聚合型涂料上光、溶剂挥发型涂料上光、光固化型涂料上光和热固化型涂料上光等；按产品上光范围的不同，又有全幅上光、局部上光之分。

2. 上光涂料的干燥与固化

溶剂合成型上光涂料和乳液聚合型上光涂料均通过干燥固化过程使涂料结膜。其干燥的过程如下：对表面涂布液体涂料的印刷品表面进行加热，促使液体涂料中溶剂含量蒸发而减少，从而引发由液态向固态的过渡相变，上光涂料干燥固化，在印刷品表面形成涂布膜层。

光反应型上光涂料在涂布后受到紫外光照射，发生光聚合反应，形成具有固体结构的涂膜层。这个由液态转变为固态的成膜过程，不是一般的溶剂的挥发，它在成膜过程中参与光聚合反应，成膜后成为涂膜的一部分。

二、上 光 方 式

印刷品的表面上光主要有涂布上光、压光上光和 UV 上光三种。

1. 涂布上光

涂布上光又称普通上光，是指将上光油涂布在印刷品上，然后进行干燥的上光方式。其工艺流程为：送纸（自动、手动）→涂布上光油→干燥→收纸，如图 10-15 所示。涂布上光时，完成印刷的印品经输纸装置传送至上光工位。上光工位由施涂辊、计量辊、衬辊、上光油槽等组成。吸气泵将上光油由上光油斗吸入上方管路，然后由喷嘴喷洒到施涂辊表面，印品经过施涂辊与衬辊的间隙时完成上光油的涂布过程。完成涂布的印品在输送带的作用下进入干燥工位，由红外线干燥装置对其进行干燥，最后由收纸装置完成最终涂布后印品的收集。涂布上光的特点是工艺简单，成本低，但上光效果一般。

2. 压光上光

压光上光是指普通上光+压光的工艺，即印品经过涂布上光后，再用压光机热滚压，以增加表面光泽度的上光方式。其工艺流程为：

普通上光→热滚压（使上光油软化、压平）→贴光（在经过抛光的不锈钢带上进行贴光）→冷却

如图 10-16 所示，压光上光时，经普通

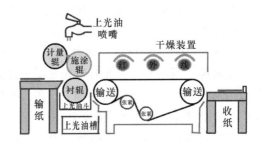

图 10-15　涂布上光（普通上光）过程

上光的印品传送至热压机构，在热压辊和加压辊的共同作用下，印品涂布上光油的一面因热和压的双重作用而粘到不锈钢压光钢带上，并随不锈钢带向前运动，此压光钢带对印品上光层的施压作用使上光表面更平整，光亮度更高。再经由冷却系统冷却后，印品由热变冷产生收缩，从压光钢带上自动剥离下来，落至印刷品的收集台，完成压光上光过程。压光上光的特点是，工艺较简单，成本较低，上光效果较好。

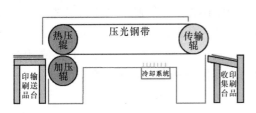

图 10-16　压光上光过程

3. UV 上光

UV 上光是通过紫外线照射光油层，形成光固化薄膜层的上光过程。其上光油主要由感光树脂预聚体、反应型溶剂、光引发剂和其他助剂组成，反应机理是预聚体中的不饱和双键吸收紫外线发射的能量后，打开双键，在引发剂的作用下与单体交联、发生聚合反应，从而固化成膜。由于是瞬间固化，UV 光油上光速度快、光泽饱满，且成膜后表面耐抗性能有较大的改善。另外，UV 光油在不同表面上的吸附性能良好，对环境的污染影响小、环保，因而该上光方式受到普遍的青睐。

UV 上光油主要由光引发剂、预聚物（齐聚物）、单体（活性稀释剂）、助剂（流平剂、增塑剂、抗氧剂）等组成。在有适当波长和光强的紫外光照射下，光引发剂被激发，产生游离基，接着引发预聚物和单体上的不饱和基团（通常为丙烯酰基）发生聚合反应，最终使涂料液体迅速变为固体。这个过程一般只需 $0.1\sim0.3s$。印刷品 UV 上光工艺主要有两个过程：

（1）涂布 UV 油　将 UV 光油涂布到承印物上，要求承印物表面致密，不渗光油。通常来说，UV 光油的粘度比油墨低得多，铜版纸、白板纸、金卡纸、塑料薄膜、金属等均可以涂 UV 光油。

（2）固化　UV 光油涂到承印物上，光油经过一段时间流平后，进入紫外线辐射区固化。固化过程是化学交联过程，即预聚物、单体中不饱和的碳碳双键（液体）接受光引发

剂传递的能量互相交联聚合成网状结构的分子（同体）。但固化随 UV 油的厚度、时间及 UV 辐射强度而变化。辐射能量传递与 UV 油厚度的关系是指数递减。例如，90% 的 UV 能量在最上层 $1\mu m$ 内被吸收，在下层 $2\mu m$ 内只能得到 9%，如欲使下层 $2\mu m$ 内也得到相同的能量，则最初的 UV 照射能量要提高 10 倍。一般涂布层厚度只有 $3\sim5\mu m$，很薄，上、下层光油几乎同时固化。

但当涂层较厚时（如用丝网机、滚涂机上光）会出现上层固化，下层未固化的现象。大量的光引发剂引发时间一般为 $0.1\sim0.3s$，但有一部分剩余的未充分反应的光引发剂会继续反应 $6\sim24h$，即所谓后聚合反应。若一开始光照过度，UV 油便会由于后聚合反应而越变越脆，因此 UV 上光时曝光量不易过大。使用 UV 固化机时，一般先用一支灯照，并适当调整灯管与被照物的距离，一般 $5\sim15cm$。固化随 UV 辐射强度变化，单位面积 UV 强度增加时，固化速率将加快。UV 上光设备是纸箱、纸盒等包装产品表面整饰加工生产的重要设备，它在改善印品的表面性能、提高印品的耐磨、耐污和耐水性能等方面，发挥着十分重要的作用。

三、上光涂布结构形式

上光涂布结构有逆向辊涂布与印版涂布两种形式。

1. 逆向辊涂布

逆向辊式涂布是上光涂布中最通用、涂布量能实现较精确控制的涂布结构形式。

逆向辊涂布原理如图 10-17 及图 10-18 所示。涂布时，施涂辊与待上光涂布的印品运动至相切位置时，其运动方向相反（见图 10-17、图 10-18）。在施涂辊与压辊之间压力及施涂辊与印品速差作用下，施涂辊将辊体表面粘附的一薄层涂料转涂到印品的表面完成涂布，它是在运动错位中将施涂辊表面物相的转移过程。为使上光涂料充分转移到印品表面，施涂辊既要对印品施加适当的压力，又要与印品保持一致的表面速差。

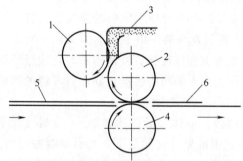
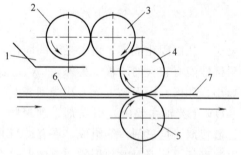

图 10-17　逆辊式涂布（自上方向辊向夹区自流式）
1—计量辊　2—施涂辊　3—供料系统　4—加压辊
5—待涂布的印刷品　6—完成涂布的印刷品

图 10-18　逆辊式涂布（浸润式）
1—贮料槽　2—料斗辊　3—匀料辊　4—施涂辊
5—加压辊　6—待涂布的印刷品　7—完成涂布的印刷品

上光涂布量由施涂辊与计量辊之间的间隙（图 10-17）控制，或者由料斗辊与匀料辊之间的间隙（图 10-18）控制。间隙大小一旦确定，施涂厚度即为定值，与印品纸张厚度的变化无关。上光涂布量还与施涂辊和上光纸张运行的速度比有关。当施涂辊与上光纸张运行速度比增大时，即施涂辊逆向转动的速度提高时，上光纸张在单位时间或单位运行距离中能更多地将涂布辊上的涂料带走转移，涂布量会增加；反之涂布量减小。此外，上光涂布量还与上光涂料的黏度有关，上光涂布量与上光涂料的黏度基本呈正比关系。

逆向辊涂布的上光涂料的供应，有自辊体上方向辊间夹缝区域的自流式（图 10-17）和浸润逆辊式涂布两种形式。

（1）自上方向辊间夹区自流式的逆辊式涂布　图 10-17 所示为自上方向辊间夹区的自流式逆辊式涂布装置。它由计量辊 1、施涂辊 2、加压辊 4、供料系统 3 组成。上光涂料由出料孔或涌喷口从涂布机构的上方均匀地流入计量辊和施涂辊之间的凹区，由计量辊控制施涂辊表面附着上光涂料的厚度。施涂辊与加压辊组合成施涂区。印刷品被输送到施涂区边缘，与施涂辊表面附着的上光涂料接触，进入施涂辊与加压辊组成的施涂区并与施涂辊相逆运动。在两辊相切的界面上，在加压辊的作用力下，将施涂辊表面附着的上光涂料转移到印品表面，完成涂布工作。

（2）浸润式的逆辊式涂布　图 10-18 所示为浸润逆辊式涂布装置。它由贮料槽 1、料斗辊 2、匀料辊 3、施涂辊 4 与加压辊 5 组成。供料系统将上光涂料输送至贮料槽 1 后，料斗辊 2 浸淹在贮料槽 1 中，料斗辊 2 转动时将上光涂料粘附在表面。上料辊 2 与匀料辊 3 对滚，上光涂料均匀地转移到匀料辊 3 上，多余的上光涂料滴落进贮料槽继续循环利用。上光涂料经匀料辊 3 打匀后，转移到施涂辊 4 表面。印品运动到施涂辊 4 与加压辊 5 之间，在施涂辊 4 的逆向运动与加压辊 5 的压力作用下，完成印刷品的涂布。

2. 印版涂布

印版涂布是利用印版作为涂布装置的涂布方式。常用的涂布印版有胶印版、网纹辊版和柔性版三种。

（1）胶印版涂布　胶印版是用橡皮布进行上光涂料的涂布方式，如图 10-19 所示。它主要由供料辊 1、胶印涂布橡皮滚筒 2、贮料槽 3 及加压滚筒 4 组成。供料辊 1 浸淹在贮料槽 3 中，供料辊 1 与胶印涂布橡皮滚筒 2 对滚，完成上光涂料的传递。待上光的印刷品 5 从胶印涂布橡皮滚筒 2 与加压滚筒 4 之间通过，完成上光涂料的涂布。

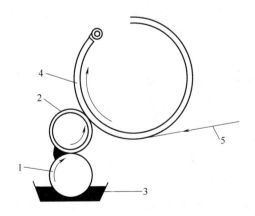

图 10-19　胶印版涂布示意
1—供料辊　2—胶印涂布橡皮滚筒（版）　3—贮料槽
4—加压滚筒　5—印刷品

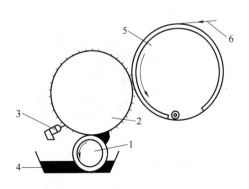

图 10-20　网纹辊版涂布
1—供料辊　2—网纹辊（版）　3—刮刀　4—贮料槽
5—加压滚筒　6—印刷品

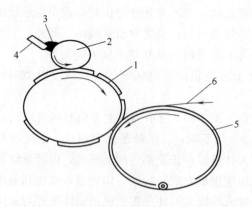

图 10-21　柔性版涂布

1—柔性版辊　2—供料辊　3—上光涂料

4—刮刀　5—加压滚筒　6—印刷品

（2）网纹辊版涂布　图 10-20 所示为网纹辊版涂布系统，它主要收供料辊 1、网纹辊 2、刮刀 3、贮料槽 4 及加压滚筒 5 组成。供料辊 1 浸淹在贮料槽 4 中，通过转动将上光涂料带出后，传送至网纹辊 2 上。与网纹辊紧贴的刮刀 3，将网纹辊表面多余的上光涂料刮去，留下不同深度网穴内的上光涂料进行涂布。待涂布的印刷品 6 传送至网纹辊 2 与加压滚筒 5 的间隙时，网纹槽穴内存贮的上光涂料 3 在网纹辊与加压滚筒的挤压下，实现上光涂料向印品表面的涂布转移。

（3）柔性版涂布　图 10-21 所示为柔性版涂布系统，它主要由柔性版辊 1、供料辊 2、刮刀 4 和加压滚筒 5 组成。上光涂布时，自输料系统供给的上光涂料 3 送至供料辊 2，由刮刀 4 确定涂布量后，供料辊 2 与柔性版辊 1 对滚，将上光涂料 3 传送至柔性版凸起的图文部分。待上光的印刷品 6 传送至加压滚筒 5 与柔性版辊 1 的间隙时，通过二者的滚压作用实现印刷品表面的上光涂布。

四、上 光 设 备

上光设备分为专用脱机上光设备、印刷联机上光设备以及印刷连线上光设备三类。其中专用脱机上光设备又分为普通脱机上光设备及组合式脱机上光设备。

1. 专用脱机上光设备

（1）普通脱机上光设备　普通脱机上光设备主要由印刷品输入机构、传送机构、涂布机构、干燥机构以及机械传动、控制器等部分组成，如图 10-22 所示。图 10-23 所示为 RHWJ-1100 局部 UV 上光机的结构简图，它由输纸装置 1、涂布装置 2、热风干燥装置 3、UV 干燥装置 4 及收纸装置 5 组成。上光时，首先由输纸装置 1 将待上光的印品传送至涂布装置 2 完成上光油的涂布。然后，印品依次经过热风干燥装置 3、UV 干燥装置 4 实现彻底的干燥，最后，经收纸装置 5 完成上光印品的收放与堆叠。

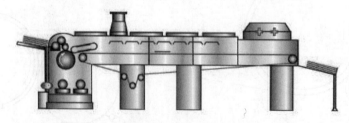

图 10-22　普通脱机上光设备

（2）组合式脱机上光设备　图 10-24 所示为组合式脱机上光设备。它主要由多个上光单元、上光单元间的干燥装置、集中干燥装置及喷粉装置等组成。组合式脱机上光设备的上光原理和过程与普通脱机上光设备类似，不同的是，它可选择多个上光机组实现多次上光。一个上光机组完成上光后，经上光单元间的干燥装置进行基本干燥，然后再进入下一

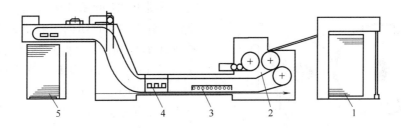

图 10-23　RHWJ-1100 局部 UV 上光机

1—输纸装置　2—涂布装置　3—热风干燥装置　4—UV 干燥装置　5—收纸装置

上光机组涂布上光。涂布完成后，进入集中干燥系统，进行彻底干燥。该上光设备的后端还配备喷粉装置，避免上光后的印品在堆叠时发生蹭脏。气垫传纸形成了对印品的非接触式支撑，减少了对上光纸张表面的摩擦。

图 10-24　组合式脱机上光设备

1、5—刮墨刀和网纹辊的上光单元　2—涂布上光辊　3、4—上光单元间的干燥装置

6—集中干燥装置　7—喷粉装置　8—气垫传纸

2. 印刷联机上光设备

图 10-25 所示为印刷联机上光设备，上光设备与印刷机的最后一个色组相连，印品印刷完成后直接进入上光设备进行上光，提高了生产效率。联机上光设备的上光过程与脱机设备类似，不再赘述。

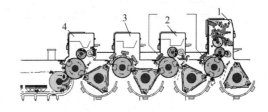

图 10-25　印刷联机上光设备

1—最后一个印刷单元　2、4—上光（UV/IR）单元

3—中间干燥单元

3. 印刷连线上光设备

（1）胶印连线上光设备　图 10-26 所示为海德堡速霸 CD102 胶印印刷连线上光设备。该设备主要由输纸装置、多色印刷单元、上光单元、干燥装置及收纸装置等组成。该机的涂布装置带有网纹辊，采用 UV 上光油，其上光过程参见网纹辊涂布上光。

图 10-26　海德堡速霸 CD102 胶印印刷连线上光设备

（2）柔印连线上光设备　柔印连线上光设备采用图 10-20 所示的网纹辊版上光涂布系

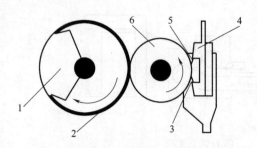

图 10-27　网纹辊腔式刮刀上光涂布系统
1—印版滚筒　2—柔印版　3—下刮刀
4—腔式刮刀系统　5—上刮刀　6—网纹辊

统，或图 10-27 所示的腔式刮刀上光涂布系统，后者采用了封闭的墨腔供墨系统，其上光原理如前所述。图 10-28 所示为 Steinemann 公司的 Colibri 柔印上光设备。

（3）凹印连线上光设备　图 10-29 所示为凹印轮转机涂布上光、模切联机示意图，它的上光印版采用凹版滚筒。不同类型的光油对凹版的网线数和网穴深度要求不一样。溶剂型光油要求凹版网线粗，网穴深度大；水性光油要求凹版的网线细，网穴的深度浅；而 UV 光油所要求的凹版网穴的深度是最浅的。

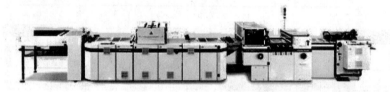

图 10-28　Colibri 柔印上光设备

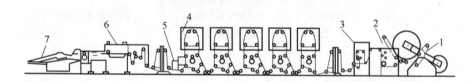

图 10-29　凹印轮转机涂布上光、模切联机示意图
1—放卷台　2—自动给纸装置　3—张力调整机构　4—UV 涂布装置　5—UV 干燥装置　6—模切　7—收纸

五、上光新技术

1. 覆膜产品的上光技术

对覆膜之后的印刷品进行 UV 上光是近几年发展起来的一种印后加工新技术。它是指对印刷品表面覆膜后再在印刷品整体或局部印一至两次光油，使印刷品表面获得光亮的 UV 光油膜层的技术。覆膜之后的产品再上 UV 光油可以增强油墨的耐光性能，提高印刷品光泽度与立体感，能形成强烈对比的效果。上光时可以采用满版上光，也可以采用局部上光。覆膜产品上光时必须注意薄膜材料与 UV 上光油的匹配，要求覆膜材料能耐受 UV 上光油固化时的温度。

覆膜产品 UV 上光的作用如下：

（1）提高产品的光泽度　如今市面上的书籍、杂志、卡片、传单等，其设计都讲究整体美观，不同的尺寸、厚度为的是给人以不一样的感觉。而覆膜产品 UV 上光则可以增强其质感，提高光泽度，令印刷品更加精致，更加多元化。

（2）形成鲜明的对比　覆膜产品 UV 上光之后，尤其是局部上光后，其高光泽部位与亚光泽部位的对比可产生奇妙的艺术效果。例如，在酒盒的表面覆膜，再在酒名的部位采取局部 UV 上光，可起到醒目的效果，使消费者易于记住酒的名字，满足商家的广告需要。所以覆膜产品 UV 上光工艺在化妆品盒、药盒、酒盒等的包装印刷中应用较多。

（3）产生立体感　现在多采用丝网印刷方式对覆膜后的印刷品表面进行局部 UV 上光，这种上光方式可形成较厚的膜层，与未上光覆膜区域形成对比，产生较强的立体效果。

（4）保护覆膜层　传统覆膜易引起印刷品表面起泡、光泽度不够等问题。覆膜产品 UV 上光后不仅可以提高印刷品表面的光泽度，更会对覆膜层起到保护作用。这是对覆膜的一种补充和改进。图 10-30 所示为覆膜产品的上光效果图。

2. 水性上光技术

水性上光技术是指以水性上光油进行涂布上光的新技术。水性上光油是以水为载体，通过印刷机联机或脱机离线上光涂布，用来增加纸质印刷品光泽度、耐水性、耐磨性的一种上光油。水性上光油具有无毒、无味、透明感强、无有机挥发物（VOCs）排放、成本低、原材料来源广等优点，能赋予印刷品良好的光泽性、耐折性、耐磨性和耐化学品性，尤其是其环保性能特别适合食品、药品和烟草等行业包装印刷材料的加工。

图 10-30　覆膜产品的上光效果图

3. UV 上光技术

UV 上光涂料是指在一定波长的紫外光照射下，能够从液态转变为固态的上光油和油墨。UV 上光技术是指通过紫外线照射 UV 光油，由光引发剂产生自由基或游离基，激发预聚物和单体聚合并产生新的链自由基，新产生的链自由基继续和下一个双键单体反应，可在印品表面形成一层光滑致密的膜层的上光新技术。UV 上光技术工艺流程简单，固化速度快，能耗低，可以使纸制包装品的装潢表面具有良好的耐磨性，不易出现划痕，因而越来越受到食品、医药、烟草企业的青睐。

UV 上光的优点是：

（1）无环境污染，无溶剂挥发，既安全又有利于环保。

（2）干燥速度快，生产效率高。由于光固化反应在瞬间即可完成，因此 UV 光油在印刷固化后，可以直接叠放或者进入下一道工艺，加快了生产流程，提高了生产效率。

（3）不受承印物种类的限制，不仅可以在纸张、铝板、塑料等材料的表面上光，而且还可用于聚合板、家具、金属材料、无线材料等表面的上光。

（4）节约场地和能源。由于 UV 光油在固化过程中，不需要干燥烘道等辅助干燥设备，且紫外光固化机的体积较小，节约了生产场地。

六、上光加工的故障分析及处理

（1）光亮度不足　其原因主要是纸张平滑度较差，上光涂料过稀或质量不好。

解决方法：凡需上光的印刷品应选择表面压光，平滑度较好的纸张，或者增加上光涂料的浓度和上光次数，选择质量好的上光涂料，增加膜层厚度，提高光亮度。

（2）涂膜表面不均　上光涂料的温度过低（低于 10℃）或过稠，是造成上光膜层不匀的主要原因。

解决方法：提高上光涂料的温度（一般为 20℃左右）。

（3）涂层发花　若印刷品表面图文墨层发生晶化，会使上光涂料结膜的膜层发花，影响产品的光亮度。

解决方法：可以在上光涂料中加入 5％的乳酸，搅拌均匀后使用，以增强上光涂料的固着能力。

（4）露底　若压光钢带（滚筒）表面粘有杂质或不平整则在热压时会造成压力不均匀而露底。

解决方法：压光前，必须对压光钢带进行清洗，擦拭，平整，以使钢带保持平滑、干净，压光均匀。

（5）膜面起泡　主要原因：压光带温度过高，使涂料层局部软化；上光涂料同压光工艺条件不匹配，印刷品表面的涂料层冷却后，同上光带剥离力差；压光压力过大。

解决方法：适当降低压光温度；降低压光机速，改善涂料与工艺条件使之匹配，增强剥离力；减小压光压力。

（6）表面易折裂　原因：温度偏高，使印刷品含水量降低，纤维变脆；压力大，使印刷品延伸性、柔韧性变差；上光涂料加工适性不良；印后加工工艺选择不合适。

解决方法：降低压光工作温度，采取有效措施，保持印刷品的含水量；减少压光压力；选择加工适性好的上光涂料。

（7）印刷品不粘压光带　主要原因：涂层太薄；涂料黏度太低；压光温度不足，压力太小。

解决方法：增大涂布量；提高涂料的黏度；提高温度，增强压力。

（8）膜层光泽度差　原因：压光带磨损，自身光泽度下降；压光压力不足。

解决方法：更换压光带或修理打磨使其平滑；增大压光压力。

（9）膜层亮度不一致　原因：压光带压力不均衡；压光带两侧磨损程度不一致。

解决方法：调整压光带两侧的压力使之均衡；调整上光涂布机构的距离，使两侧压光带一致。

（10）压光后印刷品空白部分是浅色，浅色部分变色　原因：油墨干燥不良，墨层耐溶剂性能不好；涂料溶剂对油墨层有一定溶解作用；涂层干燥不彻底，溶剂残留量高。

解决方法：待印刷品干燥后再上光；减少上光涂料中溶剂用量，条件允许可改变溶剂或选择水性涂料；降低机速，提高干燥温度，降低涂层内部溶剂残留量。

第三节　模切压痕工艺与设备

模切是用模切刀根据产品设计要求的图样组合成模切版，在压力作用下，将印刷品或其他板状坯料轧切成所需形状和切痕的成型工艺。

压痕是利用压线刀或压线模，通过压力在板料上压出线痕，或利用滚线轮在板料上滚出线痕，以便板料能按预定位置进行弯折的成型工艺。用这种方法压出的痕迹多为直线形，故又称压线。此外，利用阴阳模在压力作用下将板料压出凹凸或其他条纹形状的工艺也属于模切，这种模切工艺会使产品更富有立体感、更加精美。图 10-31 所示为模切压痕加工的产品。

图 10-31　模切压痕产品

一、模切压痕原理与模切工艺

1. 模压原理

模压前，需先根据产品设计要求，用模切刀和压线刀排成模切压痕版，简称模压版，将模压版装到模切机上，在压力作用下，将纸板坯料轧切成型，并压出折叠线或其他模纹。模压版结构及工作原理如图 10-32 所示。图（a）为脱开状态，图（b）为压合状态。

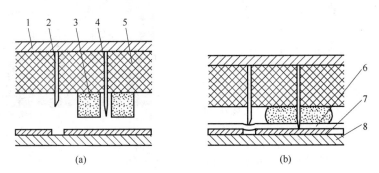

图 10-32　模切压痕工作原理图

1—版台　2—钢线　3—橡皮　4—钢刀　5—衬空材料　6—纸制品　7—垫版　8—压板

钢刀的作用是对坯料进行轧切；钢线或钢模通过施加压力，使坯料表面呈现折线等压痕；橡皮的使用是为了使成品或废品易于从模切刀刃上分离；垫版的作用类似砧板，起衬垫的作用。

2. 模切版

模切版由刀模版（版台/上压版/刀版/轧刀）和底模版（下压板）组成。其中，刀模版包含模版、模切刀、压痕线和模切胶条等；底模版包含底模钢板、压痕底模，如图

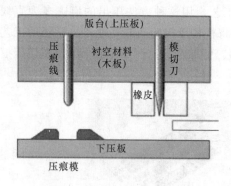

图 10-33　模切板构成示意图

10-33所示。刀模版常用的刀具实际上是比印刷铅字略高带锋口的钢线，在夹具上弯成各种所需要的形状，再组排成"印版"。它加工方便，组版灵活，材料可以拆版再用，一次组版可轧切几十万次。压痕线的版材也是钢线，只能比刀略低，没有锋口。

模切板分为平压模切板和圆压模切板两类，如图 10-34 所示。图 10-35 示出了平压模板和圆压模板的组成。

3. 模切工艺

模切压痕工艺包括制作模切版和模切压痕加工。

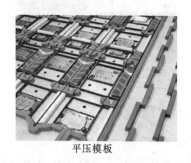
平压模板

圆压模板

图 10-34　平压和圆压模板

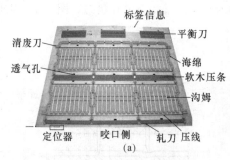
(a)

(b)

图 10-35　平压和圆压模板的组成
(a) 平压模板的组成　(b) 圆压模板的组成

（1）制作模切版　制作模切版分为两个阶段：第一阶段是制作底板，第二阶段是将弯曲成型的各种钢片，按照要求排放在底板内。

模切底板有金属底板和木板底版两类。金属底版有衬铅排版、浇铅版、钢型刻版等。目前常用的是衬铅排版。衬铅排版用大小空铅排成版面，将比空铅略高的带锋口的钢线弯曲成所需的形状，按照图文的要求嵌在底板上，做成模切版。用同样的方式，不带锋口的钢线可制成压痕版。

木底版有胶合版、木版、锌木合钉版等。近几年胶合版较常用。把拼版设计图转移到胶合板上，在线条处钻孔锯缝，再把刀线和折缝线嵌进去，在空白处钉上橡皮，即制成了模切压痕版。

（2）装模切版　模切上版是指将制作好的模压版，准确地安装固定在模切机版框中的工作过程。模切版装好后，就可以开机进行模切加工了。上版前，须校对模切压痕版，确认符合要求后，方可开始上版操作。安装完模切版后，需要调整版面压力。首先调整钢刀的压力：垫纸后，先开机压印几次，目的是将钢刀碰平、靠紧垫版，然后用面积大于模切版版面的纸板进行试压，根据钢刀切在纸板上的切痕，采用局部或全部逐渐增加或减少垫纸层数的方法，使版面各刀线压力均匀一致；然后调整钢线压力，一般钢线比钢刀低0.8mm，为使钢线和钢刀均获得理想压力，应根据待模压纸板的性质对钢线的压力进行调整。橡皮粘塞在模版主要钢刀刃口的两侧，利用橡皮弹性恢复力的作用，可将模切分离后的纸板从刃口部推出。通常，橡皮布需高出刀口 3～5mm。

对模切压痕加工后的产品，应将多余边料清除，这个过程称为清废。即，将盒芯从胚料中取出并进行清理。清理后的产品切口应平整光洁，必要时用砂纸对切口进行打磨或用刮刀刮光。

二、模切压痕设备

进行模切压痕加工的设备称为模切机或模压机。模切机由模切版台和压切机构两部分组成。

根据模切版和压切机构主要工作部件的形状，模压机可分为平压平（又分为立式和卧式两种）、圆压平和圆压圆三种类型；根据平压平模切机中版台及压板的方向位置不同，平压平模压机又可分为立式和卧式模切机两种，如图 10-36 所示。

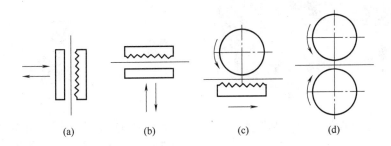

图 10-36　模切机的分类

（a）立式平压平　（b）卧式平压平　（c）圆压平　（d）圆压圆

1. 平压平模压机

版台及压切机构都为平板状，机器工作时两平板在一定的压力下对压完成模切压痕工作的模压机称为平压平模压机。工作时，版台和压板的平面处在水平位置的模压机为卧式平压平模压机。工作时，版台和压板的平面处在竖直位置的模压机为立式平压平模压机，图 10-37 所示为立式平压平模压机的外形及结构示意图。

工作时，版台固定不动，压板压向版台而对版台施压。通常按压板与版台接触情况，模切形式又可分为先后接触式和同时接触式两类。先后接触式平压平模切机，压板绕固定铰链摆动，在开始模压的一瞬间，压板工作面与模版面之间有一定倾角，使模切版较早地切入纸板下部，纸板上部区域最后接触模切刀。

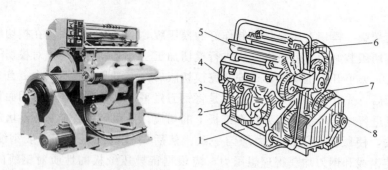

图 10-37　立式平压平模切机

1—机座　2—曲线滑槽　3—平导轨　4—圆柱滚子　5—压板　6—版台　7—电磁离合器　8—连杆

　　卧式平压平模压机的版台和压板工作面均呈水平状态，下面的压板压向上面的版台进行模切压痕工作，其经典机型如图 10-38 所示。卧式平压平模压机由纸板自动输入系统、模压部分、纸板输出部分、电器控制部分及机械传动等部分组成，有的还带有自动清废装置。

　　图 10-39 所示为卧式平压平模压机示意图，它主要由输纸单元、模切单元、清废单元及收料单元组成。输纸单元、收料单元的总体结构与单张纸胶印机的对应机构基本相同。模切单元由肘节、凸轮轴或双肘杆机构组成。模压部分属施压装置，该部分设有压力渐进和压力延时装置，可按模压工艺的需要设计保压时间，压力可以调节，且可实现不停机调节和停机调节。清废单元负责将模压后的废料清除回收。

图 10-38　卧式平压平模压机外观

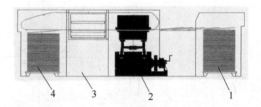

图 10-39　卧式平压平模压机示意图

1—输纸单元　2—模切单元　3—清废单元　4—收料单元

　　2. 圆压平模压机

　　图 10-40 所示为圆压平模压机外观。它主要由作往复运动的平面版台和转动的压力滚筒组成。工作时，版台向前移动，压力滚筒压住被模切的纸板，并与版台以相同的表面线速度转动，实现对纸板的模切与压痕。复位时，版台向后移动，压力滚筒工作表面不与模

图 10-40　圆压平模压机

切版接触。圆压平模压机根据模压滚筒在一个工作循环中不同的旋转情况，又可分为停回转、一回转、二回转等几种，正反转圆压平模压机属简易型模压机。

圆压平模压机采用了压力滚筒代替压板，模压时由平压平的面接触改为线接触，故机器在模压时承受的压力较小，机器的负载比较平稳，可进行较大幅面的模切。但压力滚筒与版台对滚时，产生的分力易引起刀线刃口的变形或移位，从而影响模切质量。

3. 圆压圆模压机

图 10-41 所示为圆压圆模压机。圆压圆模压机的版台和压切机构都加工成滚筒的形式，分别称之为模压滚筒和压力滚筒。工作时送纸辊将被模压的纸板送到模压版滚筒与压力滚筒之间，二滚筒夹住纸板对滚，完成模压工作。

图 10-41　圆压圆模压机

圆压圆模压机工作时滚筒连续旋转，更适合在高速下工作，因此生产效率是各类模压机构中最高的。圆压圆模压机的模切版需弯曲成曲面，因此制版、装版工艺更复杂，成本也较高。圆压圆型模压机适合于高速下的大批量生产。

圆压圆型模压机的模切方式，一般分为硬切法和软切法两种。硬切法是指模切时模切刀与压力滚筒表面硬性接触，模切力量大，但模切刀易磨损。软切法是指在压力滚筒的表面包覆一层弹性塑料。模切时，切刀可有一定的吃刀深度，这样既可保护切刀，又能保证完全切断。

模切设备目前正向着印刷、模切联机组合的方向发展。即，将模切机构和印刷机连成一条自动生产线，其结构形式也是多种多样的。这种生产线由即进料、印刷、模切、送出等四部分组成。

进料部分间歇地将被模切的纸板输入到印刷部分。印刷部分可由 4～8 色印刷单元组成，可采用凹版、胶版、柔性版等不同印刷方法，并配备专用的干燥系统。

生产线中的模切部分可以是平压平模压机，也可以是圆压平模压机，且都备有清废装置，可自动排除模切后产生的边角废料。

输送部分是将模压加工完成后的产品收集整理并送出。

图 10-42 是带有自动排废装置的双色印刷模切生产线简图。它主要由输纸部分（真空进料）12、两个印刷色组 2、圆压平模切机构 3、吸力自动清废装置 4 及成品输送部分 8 组成。工作时，真空进料装置 12 将纸板 1 输送至两个印刷色组 2 进行印刷，印刷完成后由吸力传送带 10、11 将纸板 1 传送至模切机构 3 进行模切加工，模切完成后，产生的边角废料通过吸力自动清废装置 4、风扇 5 的组合作用收集排出，模切完成的产品将传输送至成品输送部分 8 进行收集整理，印刷及模压过程结束。

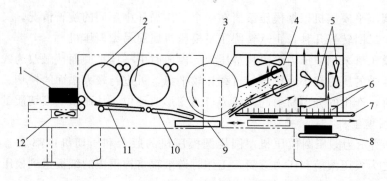

图 10-42　带自动排废装置的双色印刷模切机简图

1—纸板　2—印刷色组　3—模切机构　4—吸力自动清废装置　5—风扇　6—吹风　7—输送部分
8—成品输送部分　9—床台　10、11—吸力传送带　12—真空进料

第四节　电化铝烫印工艺与设备

电化铝烫印是一种不用油墨的特种印刷工艺，它借助一定的压力与温度，利用装在烫印机上的模版，将印刷品和烫印箔在短时间内压合。即将金属箔或颜料箔按烫印模版的图文转印到被烫印刷品表面，俗称烫金。

电化铝烫印的图文呈现出强烈的金属光泽，色彩鲜艳夺目。尤其是以金银电化铝烫印的印刷品，其表面更是呈现出富丽堂皇、精致高雅的格调。电化铝箔具有优良的物理化学性能，对印刷品也起到了保护的作用。因此，电化铝烫印工艺被广泛应用于高档精致的包装、商标和书籍封面等的装潢，在家用电器、建筑装潢、工艺文化用品等方面也有应用。

一、电化铝烫印工艺

电化铝烫印是利用热压转移的原理，将铝层转印到承印物表面，即在一定温度和压力作用下，热熔性的有机硅树脂脱落层和黏合剂受热熔化，有机硅树脂熔化后，其粘结力减小，铝层便与基膜剥离，热敏黏合剂将铝层粘接在烫印材料上，带有色料的铝层就呈现在烫印材料的表面。

如图 10-43 所示，电化铝箔由基膜层、隔离层、染色层、镀铝层及胶粘层组成。基膜层对其他各层起支承作用，材质主要有聚酯薄膜、涤纶等；隔离层（脱离层）在烫印时便于基膜与电化铝箔分离；烫色层提供颜色，保护铝层；镀铝层反射光线，呈现金属光泽；

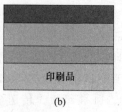

图 10-43　电化铝箔组成

（a）电化铝箔　（b）烫印后的印刷品

胶粘层的作用是将铝层粘到承印物上。

烫印前的准备工作包括准备烫料及烫印版。

烫料的准备包括电化铝型号的选择及按照规格下料。型号不同，其性能和适烫的材料及范围也有所区别。当烫印面积较大时，要选择易于转移的电化铝；烫印细小文字或花纹时，可以选择不易于转移的电化铝；烫印一般的图文时，应选择通用型的电化铝等。准备烫印版材时要考虑版材的性能及烫印的数量要求。铜版版材传热性能好，耐压、耐磨、不易变形。烫印数量较小时，可采用锌版。铜、锌版均要求使用 1.5mm 以上的厚版材。

烫料和烫印版准备好之后，就进行装版工作。将制好的铜或锌版固粘在机器上，并将规矩、压力调整到合适的位置，称为装版。电热板的中心位置受热均匀，因此印版应装在电热板的中心。

为了获得理想的烫印效果，还需正确地确定工艺参数。烫印的工艺参数主要包括烫印温度、烫印压力及烫印速度。这三个工艺参数确定的一般顺序是：以被烫印品的特性和电化铝的适性为基础，以印版面积和烫印速度来确定温度和压力；在确定温度和压力参数时，首先确定最佳压力，使版面压力适中、分布均匀；最后确定烫印温度。较低的温度和稍低的烫印速度对烫印效果较为有利。

二、电化铝烫印设备

(一) 烫印机的分类

烫印机是将烫印材料经过热压转印到印刷品的机械设备。烫印设备按烫印方式分，有平压平、圆压平、圆压圆三种类型，其工作原理如图 10-44～图 10-46 所示。

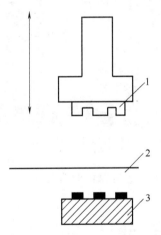

图 10-44　平压平烫印原理
1—电热烫印版　2—电化铝　3—被烫印物

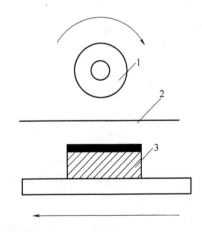

图 10-45　圆压平烫印原理
1—硅胶烫印版压辊　2—箔膜　3—被烫印物

如图 10-44 所示，平压平型烫印机的烫印版、压印版都是平面的，烫印方式为平面对平面。按其自动化程度分，平压平烫印机有手动、半自动、全自动三种；根据整机型式的不同，又有立式和卧式之分。

手动式（手续纸）平压平式烫印机的机身结构与平压式凸印机相似，无墨斗、墨辊装置，改装了电化铝箔上下卷辊。其特点是操作简便、烫印质量容易掌握，机器体积小，但

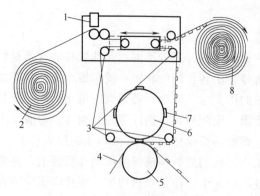

图 10-46　圆压圆烫印原理
1—自息探测器　2—箔纸打开　3—气动辊
4—卷筒纸　5—承印辊　6—烫印辊
7—烫金版　8—废箔回卷

机速较低，时速约为 1000～2000 印。

自动平压式烫印机的机身结构和装置与手动平压平式烫印机相似，区别是输纸和收纸均由机械咬口递送。其特点是自动化程度高，劳动强度低，时速约为 1200～2000 印。

圆压平式烫印机的机身结构与一般回转式凸印机相似，不同的是去除了墨斗、墨辊装置，改装了电化铝箔前后收卷辊。由于烫印机与烫印部位为线接触，其压力大于平面接触的烫印方式，同时，因往复旋转，速度也大于平压平的往复直线运动，一般时速可达 1500～2000 印。

圆压圆式烫印机，烫印方式也为线接触的连续旋转方式。

（二）烫印机的基本组成

以目前广泛采用的立式平压平烫印机为例，其主要由机身机架、烫印装置、电化铝传送装置等部分组成。图 10-47 所示为单张纸自动平压平烫印机外观。

机身机架包括外型机身及输纸台、收纸台等。

烫印装置包括电热板、烫印版、压印版和底版。电热板固定在印版平台上，内装有大功率的电热丝；底版为厚度 7mm 的铝版，用来粘贴烫印版。

电化铝传送装置由放卷轴、送卷辊和助送滚筒、电化铝收卷辊和进给机构组成。电化铝装在放卷轴上，烫印后的电化铝从两根送卷辊之间通过，由凸轮、连杆、棘轮棘爪构成的送卷机构带动送卷辊作间歇传动，进

图 10-47　单张纸自动平压平烫印机外观

给电化铝，进给的距离设定为所烫印图案的长度。烫印后电化铝卷在收卷辊上。图 10-48 所示为工作中的烫印机。

图 10-48　工作中的烫印机

三、电化铝烫印常见故障

（1）烫印不上（或不牢）　指电化铝不能理想地转移到承印物表面。引起的原因主要是温度低，时间短，压力小，底色墨含石蜡，底色墨厚实而光滑，底色墨干燥过快而晶化，电化铝型号不合适等。

（2）反拉　在烫印后不是电化铝箔层牢固地附着在印刷品底色墨层或白纸表面，而是部分或全部底色墨层被电化铝拉走。它与烫印不上的区别是：反拉时，基膜层留有底色墨痕迹。产生反拉故障的原因主要是底色墨层未干；底墨墨层使用白墨过多，易粉化等。解决办法：控制燥油加放量；将撤淡剂与白墨混合使用，烫印部位不印墨。

（3）烫印图文失真　主要包括字迹发毛，图文字迹缺损，烫印图文的光泽度差等。字迹发毛的主要原因是烫印温度过低；图文字迹缺损的主要原因是电化铝卷张紧过度；光泽度差的主要原因是烫印温度过高。

思　考　题

1. 影响印刷品覆膜的因素有哪些？
2. 什么是即涂式覆膜？什么是预涂式覆膜？简述其工艺流程其设备构成。
3. 什么是上光？上光的作用是什么？
4. 分析联机上光与脱机上光的优缺点。
5. 模切压痕设备有哪几类？其特点是什么？
6. 烫印机由哪几部分构成？说明烫印的工作原理。

参 考 文 献

[1] 冯昌伦. 胶印机的使用与调节 [M]. 北京：印刷工业出版社，2002.

[2] 冯瑞乾. 印刷油墨转移原理 [M]. 北京：印刷工业出版社，1992.

[3] 许文才，智文广. 现代印刷机械 [M]. 北京：印刷工业出版社，1999.

[4] 董明达. 柔性版印刷 [M]. 北京：印刷工业出版社，1993.

[5] 陕西机械学院印刷机械教研室. 装订机械概论 [M]. 北京：印刷工业出版社，1986.

[6] 张海燕等. 印刷机与印后加工设备 [M]. 北京：中国轻工业出版社，2004.

[7] 曹华等. 最新印刷品表面整饰技术 [M]. 北京：化学工业出版社，2004.

[8] 钱军浩. 印后加工技术 [M]. 北京：化学工业出版社，2003.

[9] 潘杰，金文堂. 印刷机结构与调节 [M]. 北京：化学工业出版社，2016.

[10] 潘杰. 现代平版印刷机操作指南 [M]. 北京：化学工业出版社，2005.

[11] 王淑华，朱松林. 现代凹版印刷机使用与调节 [M]. 北京：化学工业出版社，2007.

[12] 陆维强. 轮转机组式凹版印刷机 [M]. 北京：文化发展出版社，2014.

[13] 王淑华，朱松林. 凹版印刷机关键技术 [M]. 北京：化学工业出版社，2007.

[14] 美国柔性版技术协会基金会组织. 柔性版印刷原理与实践：principles & practices [M]. 第 4 卷. 北京：化学工业出版社，2007.

[15] 李小鹏. 华阳宽幅高速卫星式柔版印刷机 [J]. 印刷世界，2006，150-152.

[16] 霍李江. 包装印刷技术 [M]. 北京：印刷工业出版社，2011.

[17] 金银河. 柔性版印刷技术 [M]. 北京：化学工业出版社，2004.

[18] 赵秀萍，高晓滨. 柔版印刷技术 [M]. 北京：中国轻工业出版社，2003.

[19] Nelson R. Eldred.：包装印刷. 上 [M]. 北京：印刷工业出版社，2010.

[20] Nelson R. Eldred.：包装印刷. 下 [M]. 北京：印刷工业出版社，2010.

[21] 智川. 包装印刷 [M]. 北京：印刷工业出版社，2006.

[22] 中国印刷及设备器材工业协会. 印刷科技实用手册 [M]. 北京：化学工业出版社，1992.

[23] 翁洁. 印后加工机械 [M]. 北京：化学工业出版社，2005.

[24] 武吉梅. 单张纸平版胶印刷机 [M]. 北京：化学工业出版社，2005.

[25] 武吉梅，陈允春. 多色胶印机结构与操作 [M]. 北京：印刷工业出版社，2011.

[26] 武吉梅. 印后设备 [M]. 北京：化学工业出版社，2006.

[27] 马立项. 雕刻凹印机结构分析与设计 [D]. 南京理工大学，2011.

[28] Beth Cook . The Effects of Ink Viscosity of Water-Based Inks on Print Quality in Flexographic Printing [J]，GC 897，2004.

[29] Bould，D C. An investigation into quality improvements in flexographic printing [D]. University of Wales，Swansea，2001.

[30] Mac Phee，J，Shieh，J and Hamrock，B J. The application of elastohydrodynamic lubrication theory to the prediction of condition existing in lithographic printing press roller nips [D]. Adv Printing Sci Technol，1992.

[31] 黄康生，董明达. 轮转型印刷机的设计与计算 [M]. 北京：印刷工业出版社，1983.

[32] 高柳茂直. 胶印机的理论与操作 [M]. 北京：印刷工业出版社，1998.

[33] 智文广. 印刷机械概论 [M]. 北京：印刷工业出版社，1981.

[34] 王淑华，许鑫编. 印刷机结构与设计 [M]. 北京：印刷工业出版社，1994.

[35] 方振亚. 平版胶印刷机械 [M]. 北京：印刷工业出版社，1990.

[36] 吴自强，黄东伟. 胶印实践 [M]. 西安：陕西人民教育出版社，1993.

［37］ 李永强. 印刷机结构［M］. 西安：陕西人民教育出版社，1992.

［38］ 范群凌. 平版胶印印刷工艺［M］. 北京：印刷工业出版社，1994.

［39］ 高晶，江辽东. 印刷材料［M］. 北京：印刷工业出版社，1992.

［40］ 田如茹，袁金盛. 现代平版印刷设备手册［M］. 北京：印刷工业出版社，1995.